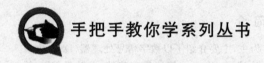
手把手教你学系列丛书

手把手教你学 DSP
——基于 TMS320C55x

（第 2 版）

陈泰红　刘亚侠　潘铁文　编著

北京航空航天大学出版社

内 容 简 介

本书以 TMS320C55x 系列高性能低功耗 DSP 为主，主要介绍了以数字信号处理器(DSP)为核心的实时数字信号处理器的硬件结构和片内外设，论述了 eXpress 算法标准软件，尤其是 CCS 的使用；详细说明了 DSP 与外围接口电路的设计以及最小系统的设计，给出了 DSP 相关软件编程和开发调试；还介绍了 MATLAB 在数字信号处理中的应用和 DSP/BIOS 的基础知识。在介绍功能模块的基础上，列出了相应的实战项目开发实例，并讲述了 DSP＋FPGA 复杂系统的设计。相比第 1 版，本书增加了 3D16 光立方的设计与制作、OMAP 简介和医疗电子医用等内容。本书提供的所有电路全部可实现，所有程序在设计的实验板上均已调试通过。

本书配套资料包括：书中程序源代码、开发板电路图源文件以及常用网站地址，读者可以到北航出版社网站(www.buaapress.com.cn)的"下载专区"免费下载。

本书可以作为本科生和研究生学习 DSP 的教材，也可以作为职业学校学生、DSP 开发人员、广大电子制作爱好者的参考书。

图书在版编目(CIP)数据

手把手教你学 DSP：基于 TMS320C55x / 陈泰红，刘亚侠，潘铁文编著. -- 2 版. -- 北京：北京航空航天大学出版社，2016.1

ISBN 978 - 7 - 5124 - 1975 - 9

Ⅰ. ①手… Ⅱ. ①陈… ②刘… ③潘… Ⅲ. ①数字信号处理②数字信号－微处理器－高等学校－教材 Ⅳ. ①TN911.72②TP332

中国版本图书馆 CIP 数据核字(2015)第 298239 号

手把手教你学 DSP——基于 TMS320C55x(第 2 版)

陈泰红　刘亚侠　潘铁文　编著

责任编辑　孙兴芳

＊

北京航空航天大学出版社出版发行

北京市海淀区学院路 37 号(邮编 100191)　http://www.buaapress.com.cn

发行部电话：(010)82317024　传真：(010)82328026

读者信箱：emsbook@buaacm.com.cn　邮购电话：(010)82316936

北京泽宇印刷有限公司印装　各地书店经销

＊

开本：710×1 000　1/16　印张：30　字数：639 千字

2016 年 1 月第 2 版　2016 年 1 月第 1 次印刷　印数：3 000 册

ISBN 978 - 7 - 5124 - 1975 - 9　定价：69.00 元

序

送给勤奋的探索者

有幸接到作者的邀请,要我为他的新书写序,奈何这几个月来一直沉溺于凡尘俗务,竟不得一块完整时间能静下心来完成这篇序,实在令我自己汗颜。

人其实都是如此,有一种惯性和惰性存在。处于一种工作状态时间长了,对于这个状态就习惯了,了解得多,做起来也比较轻松了,所以就懒得再去改变,因为换一种工作状态又要去熟悉和努力,这就是惯性和惰性。但人处于一种状态久了,就容易固步自封,磨灭心志,而时间就这样在浑浑噩噩中虚度了。对于有志向的年轻人来讲,正确的工作方法就是过一段时间停下来看一下,把自己过去这一阶段的工作总结一下,看看自己的方向是否有错误、有偏差。方向性的错误要及时调整,小的偏差则进行微调,这样才能保证自己在走向成功的路上尽量少走弯路。而方向的确定,就需要我们做一个勤奋的探索者,不断地实践,不断地尝试,分析得失,分析自己的优点和缺点,从而找到一条最适合自己的路。

很高兴看到作者就是这样一个勤奋的探索者。作者从大学二年级开始做项目,经历研究生阶段,一直到现在工作,这些项目的开发让作者积累了丰富的实践经验,从而使得这本书更具有实战指导性,而不仅仅是枯燥的理论和文字。

TMS320C55x DSP 是德州仪器(TI)C5000 DSP 系列里的新一代产品,C55x 对 C54x 有很好的继承性,与 C54x 源代码兼容,使用户代码有很好的可移植性,从而可以减少用户在软件上的重复投资。DSP 对于一般学习者而言,门槛显得稍微有点高,市面上关于 DSP 的书籍也不像单片机和 ARM 那么多,现在比较多的书籍还是基于早期的 TMS320C5402 DSP,而 DSP 的发展日新月异,新的工艺催生了更多功能更强大的 DSP 芯片,书籍配套显得有点跟不上发展。此书的出版可以填补这样一个缺失,使学习者多了一个实用的参考书。

作者曾主持了专门针对 TMS320VC5509A 的开发板 Easy5509 的开发工作,对于此系列芯片的开发和应用非常熟悉。本书的内容涵盖了硬件设计、软件设计、CCS 开发环境、常用算法、DSP/BIOS、工程实施等内容,并且基于 Easy5509 开发板有详尽的实验指导,可以说非常实用,是一本不可多得的 DSP 入门书籍。

勤奋,是成功者的必然态度;探索,是实践经验的积累手段。宝剑锋从磨砺出,梅花香自苦寒来。让我们做一个勤奋的探索者,在自我不断修正的过程中实现自我的价值,达到自我的成功。

开发板之家站长
21IC 知名版主　　涛行九天

第 2 版前言

  笔者读本科的时候,幸运地加入了学院科协以及学校创新实验室,接触电子设计比同级的同学较早一些。在学校里一直跟着导师做创新设计,毕业后一直从事军品和工控项目研发工作,如今从事物联网/智能硬件的开发工作。行业虽有跨度,但手艺不变,一直从事一线的电路设计研发工作。

  刚开始学习 DSP 时也经历了一些痛苦的过程,书店里的书琳琅满目,但翻译资料比较多,指导入门实践的相对较少,很多书籍不能深入到工程实践中去。即使一些名气比较大的开发板公司,也只是简单地把一些例程交给用户,而没有把学习的方法、学习中一些注意的问题明明白白地说清楚,而 TI 的数据手册则更是让人晕头转向。回想自己学习电子电路的时候,幸运地得到高年级的学长热心的指点;回想刚开始学单片机的时候,关于单片机的一些书籍也比较丰富,我认为比较好的有平凡老师的《平凡单片机教程》、肖洪兵老师的《跟我学用单片机》等一些比较贴近实际的入门书籍。电子技术是一门实践性很强的科目,如果只是停留在理论上而没有深入实践,就没有深刻的印象,当然在做项目的时候也不会正确地应用。鉴于此,笔者根据自己在做项目中经常使用的一些资料制作了 Easy5509 开发板,并结合自己的研发经验编写了这本书。笔者现在从事智能硬件的开发,可穿戴设备已经不再是科幻,这种设备正在进入快速发展期,并成为移动互联网新浪潮。希望有一天能从产品设计的角度来讲一下这些时代新宠。

  本书以 TMS320C55x 系列高性能低功耗 DSP 为主,主要介绍了以数字信号处理器(DSP)为核心的实时数字信号处理器的硬件结构和片内外设,论述了 eXpress 算法标准软件尤其是 CCS 的使用,详细说明了 DSP

与外围接口电路的设计以及最小系统的设计,给出了 DSP 相关软件编程和开发调试,还介绍了 MATLAB 在数字信号处理中的应用和 DSP/BIOS 的基础知识。在介绍功能模块的基础上,列出了相应的实战项目开发实例,并讲述了 DSP+FPGA 复杂系统的设计,第 2 版中增加了 3D16 光立方的设计与制作、OMAP 简介、医疗电子应用等内容。本书提供的所有电路全部可实现,所有程序在设计的实验板上均已调试通过。

笔者希望通过这本书,能让更多的初学者比较快地入门,也希望能对研发的同行们提供一些借鉴和参考。笔者精选了一些例程和工程实践项目,由浅入深,希望通过这种循序渐进的方式让更多的人受益,让 DSP 开发不再是一件痛苦的事。

在使用本书的时候,笔者建议读者要有一块自己的开发板,在本书配套资料中有所有与本书相关的程序以及开发板电路图,希望能在开发板上做一下试验,建立一个感性的认识,让学习 DSP 不再枯燥。笔者建议使用开发板之家(www. study-kit. com)提供的 Easy5509 开发板,因为本书中实例设计得以完成,此开发板功不可没。此外,TI 公司提供的参考文档是开发 DSP 必须要读的,这些文档在 CCS 安装目录里提供。面对繁杂的 TI 文档,笔者在书中论述了阅读方法和顺序,敬请读者浏览。

笔者在此推荐一个好的学习 TI DSP 的论坛:www. deyisupport. com,TI 的工程师会不定时在线解答;也有英文论坛,建议去 http://e2e. ti. com/,这是 TI 的大本营。学习 DSP 要会提问题,但是最基本的查找 datasheet 还是要自己解决。

感谢北京服装学院的刘亚侠老师和哈尔滨工程大学的潘铁文老师尽心尽力对本书做的修改工作。参加本书编写工作的有史厚兰、陈关龄、杨才远、杭欢欢、陈帅、吕会杰、陈静源、陈凯、何艳、陈萌萌同志,他们为本书提供了大量资料,进行了大量实验,编写验证了各个应用程序等,在此表示感谢。

本书成书过程中还得到北京航空航天大学出版社策划编辑人员的大力支持,没有他们的帮助,完成本书是不可想象的工作;在这里还要感谢所有与出版此书相关的工作人员,他们参与了编辑、校对和录入工作。感谢无名网友在网络上提供的资料,因诸多资料无法考证作者来源,如出版中涉及著作权,请联系笔者。

本书可以作为本科生和研究生学习 DSP 的教材,也可作为职业学校学生、DSP 开发人员、广大电子制作爱好者的参考书。本书配套资料包括：书中程序源代码、开发板电路图源文件以及常用网站地址，读者可以免费索取。

　　由于笔者水平有限，难免会出现一些疏漏，敬请谅解，有兴趣的朋友可发送邮件到 ahong007＠yeah. net 与笔者进行交流；也可发送邮件到 xdhydcd5＠sina. com 与本书策划编辑进行交流。

陈泰红

2015 年 11 月于北京

目 录

第 1 章

绪 论

1.1 数字信号处理器简介

DSP(Digital Signal Processor)芯片是指一类专用于数字信号处理的高速器件,广泛应用于实时快速进行信号处理的场合。DSP 芯片的特定应用目标使它具有的结构与通用处理器有明显不同。体系结构上的不断创新,是 DSP 芯片拥有惊人高性能的一个重要原因。

DSP 芯片一般具有如下主要特点。

① 在一个指令周期内可完成一次乘法和一次加法。通常,DSP 芯片都拥有专用的高精度并行高速硬件乘法器。当两个数相乘时,全精度的乘积位数应等于两个操作数的位数之和。一般的处理器只保留一定的有效位数,而大多数 DSP 芯片结构允许用户保留全精度乘积。DSP 芯片均配置有专为数字信号处理设计的 DSP 指令集,且指令系统具有高度并行性、灵活性和强有力的间接寻址功能。

② 以 PC 广泛使用的 x86 为代表的通用微处理器,其程序代码和数据共用一个公共的存储空间,这样的结构称为冯·诺依曼结构(von Neumann Architecture),它只具有有限的存储带宽。DSP 芯片则采用了与之完全不同的存储结构——修正的哈佛结构(Modified Harvard Architecture),即程序和数据空间分开,可以同时访问指令和数据,允许使用寄存器到寄存器操作指令,这使得 DSP 芯片具有非常高的存储带宽。

③ 在内部设计上采用快速存储器设计,大量使用多端口存储器,设置多个存储区域,采用流水线操作,加快指令执行速度,这些都极大地提高了 DSP 器件的性能。

④ 具有低开销或无开销循环及跳转的硬件支持。

⑤ 快速的中断处理和硬件 I/O 支持。

⑥ 具有在单周期内操作的多个硬件地址产生器。

⑦ 可以并行执行多个操作。

⑧ 支持流水线(Pipeline)操作,使取指、译码和执指等操作可以重叠进行。

随着 3G 技术和 Internet 的发展,要求处理器的速度越来越高、体积越来越小,DSP 的发展正好能满足这一发展的要求,因为传统的其他处理器都有不同的缺陷,如 MCU 的速度较慢,CPU 体积较大、功耗较高,嵌入 CPU 的成本较高。DSP 的发展使得其在许多速度要求较高、算法较复杂的场合,可以取代 MCU 或其他处理器,而其成本也有可能更低。

1.2 数字信号处理器的发展

世界上第一个单片 DSP 芯片是 1978 年 AMI 公司发布的 S2811,1979 年美国 Intel 公司发布的商用可编程器件 2920 是 DSP 芯片的一个主要里程碑。由于这两种处理器无内置乘累加器,极大地限制了它们的处理速度。

1980 年,日本 NEC 公司推出具有硬件乘法器的 DSP 芯片——μPD7720。1981 年,美国贝尔实验室推出具有硬件乘法器的 DSP 芯片——DSPI。1982 年,美国德州仪器公司(Texas Instruments,TI)的 DSP——TMS320C10,成为具有现代意义的 DSP,它以成本低廉、应用简单、功能强大等特点取得了巨大成功;随后又陆续推出了一系列产品,使得该公司产品目前约占据市场份额的 50%。此外,ADI、Freescale(原 Motorola)、AT&T 等公司相继推出了自己的产品。

目前,较为流行的 DSP 芯片有 TI 公司的 TMS320 系列、Freescale 公司的 DSP56000 和 DSP96000 系列、AT&T 公司的 DSP16 系列和 DSP32 系列、ADI 公司的 ADSP2100 系列、NEC 公司的 μDP77 系列等,最成功的 DSP 芯片当数美国 TI 公司的芯片。自 1982 年推出第一块 DSP 芯片以来,到 20 世纪 90 年代中期,TI 已先后推出了 C2000 系列、C5000 系列、C6000 系列、OMAP 系列和达芬奇系列 5 大主流产品。

① C2000 系列(定点、浮点控制器):TMS320X24x、TMS320X28x、TMS320X28xx 等。该系列芯片具有大量外设资源,如 A/D、定时器、各种串口(同步和异步)、WatchDog、CAN 总线/PWM 发生器、数字 I/O 引脚等。它们是针对控制应用较佳的 DSP。

② C5000 系列(定点、低功耗):TMS320C54x、TMS320C55x。相比其他系列,其主要特点是低功耗,所以适用于个人便携式上网以及无线通信,如手机、PDA、GPS 等应用。处理速度在 80～400 MIPS 范围内。TMS320C54x 和 TMS320C55x 一般只具有 McBSP 同步串口、HPI 并行接口、定时器、DMA 等外设。值得注意的是,TMS320C55x 提供了 EMIF 外部存储器扩展接口,可以直接使用 SDRAM,而 TMS320C54x 则不能直接使用。

③ C6000 系列:C62xx、C67xx、C64x。该系列以高性能著称,比较适合宽带网络和数字影像应用。32 位,其中:C62xx 和 C64x 是定点系列,C67xx 是浮点系列。

该系列提供 EMIF 扩展存储器接口且功耗较大。同为浮点系列的 C3x 中的 VC33 现在虽非主流产品且已经停产,却也存在一定应用领域,但其处理速度较低,最高在 150 MIPS。

④ OMAP 系列:OMAP 处理器集成 ARM＋TMS320C55x 内核,比较适合移动上网设备和多媒体家电。

⑤ 达芬奇系列:达芬奇视频处理器利用 TMS320C64x＋DSP 内核,包含可升级、可编程的处理器。从仅针对 ARM9 的低成本解决方案到基于数字信号处理器 (DSP)的全功能 SoC,以及针对范围广泛的数字视频终端设备优化的加速器和外设。

TMS320DM644x 架构是一款高度集成的片上系统(SoC),集成了数字视频所需的许多外部组件。DM644x 器件建立在 TI 性能卓越的 TMS320C64x＋ DSP 内核基础之上,ARM926 处理器、视频加速器、网络外设及外部存储器/存储设备接口等都专门为视频功能进行了调节。TMS320DM6443 针对视频编码与解码应用进行了调优,可提供数字视频解码所需要的全部组件,包括带集成式图像缩放工具、画中画 (OSD)引擎的模拟及数字视频输出。TMS320DM6446 特别适合视频编码与解码,其专门的视频处理前端添加了视频编码功能,能够捕获各种数字视频格式。其主要应用为网络照相机、机顶盒、视频电话、医疗成像等。

由于 DSP 独特的内部结构,在信号处理领域有着显著的优势,其应用领域得到了不断地拓展,现在已经广泛用于许多领域。具体领域如下所述。

➤ 经典算法:FFT、FIR/IIR、相关等;
➤ 现代算法:AR、ARMA、卡尔曼滤波、自适应滤波等;
➤ 快速处理:实时控制、机器人视觉、电机控制(如变频空调)等;
➤ 图形图像处理:三维动画、图像传输、图像压缩、电话会议、多媒体、图像识别等;
➤ 语音处理:语音压缩编码、语音识别、语音信箱等;
➤ 仪器仪表:医疗、数字滤波、谱分析等;
➤ 通信:Modem、程控交换机、可视电话、蜂窝站、ATM、移动电话(如手机)等;
➤ 民用:数字音响、数字电视、多媒体等;
➤ 军用:雷达、声呐、通信等。

1.3 DSP 处理器的性能指标及选择

DSP 作为系统信号处理的核心单元,其型号的选择将直接影响到系统主要功能的实现。通常根据系统所要求的运算速度、功耗等选择合适的 DSP 芯片,再根据该芯片确定外围电路设计。一般设计 DSP 系统时,选择 DSP 型号主要考虑以下几种因素。

① DSP 芯片的运算速度。DSP 芯片是数字信号处理的核心单元,其运算速度影

响系统的功能实现。一般 DSP 的运算速度可以从以下几个方面考虑。

指令周期　执行一条指令所需要的时间,通常以纳秒(ns)为单位。

MAC 时间　完成一次乘法-累加运算所需要的时间。

FFT 执行时间　运行一个 N 点 FFT 程序所需要的时间。

MIPS　每秒执行百万条指令。

MOP　每秒执行百万次操作。

MFLOPS　每秒钟执行百万次浮点操作。

② DSP 价格。当产品形成大批量并商品化时,价格就成为非常关键的选择要素。

③ DSP 芯片的运算精度。一般来讲,浮点器件运算精度比定点器件高。但由于价格的差异比较大,选择多大精度,要根据实际需要确定。在精度要求不高的情况下,可以使用定点处理器处理。

④ DSP 芯片的硬件资源。不同厂家提供的 DSP 芯片硬件资源不同,如数据宽度、片内 RAM 存储空间;即使同一厂家同一系列不同型号的 DSP 芯片,内部硬件资源也会有所不同。

对于不同的 DSP,可能要考虑片内外设资源情况,如表 1.3.1 所列。

⑤ DSP 芯片的功耗。根据产品需求,这是一个必须考虑的问题,如移动通信设备,就需要选用功耗低的 C5000 系列产品。

选择 DSP 芯片还应考虑封装形式、质量标准、供货情况、生命周期等。

表 1.3.1　DSP 片上资源需求

片上特性的因素	项目中是否需求	芯片上是否可用
数据处理宽度 16/32/64	16/32/64	16/32/64
高速缓存	是或否	是或否
内部 RAM	是或否,需求空间	是或否,存储空间
内部 ROM/EPROM/EEPROM	是或否,需求空间	是或否,存储空间
外部存储器空间	是或否,需求空间	是或否,存储空间
闪存	是或否,需求空间	是或否,存储空间
定时器	是或否	是或否
WatchDog 定时器	是或否	是或否
串行同步通信	是或否	是或否
输入捕捉和输出比较	是或否	是或否
PWM	是或否	是或否
片内 ADC,电压基准	是或否	是或否
DMA 控制器	是或否	是或否
功耗	低或普通	低或普通

1.4 DSP 系统的开发

1.4.1 DSP 系统设计开发流程

DSP 嵌入式应用系统设计是一个相对复杂的过程,它涉及硬件和软件的方方面面。对于一个基于微处理器的应用系统设计过程,其实就是一个对系统不断修改、不断完善的软/硬件协同设计过程。DSP 系统的设计流程如图 1.4.1 所示。

整个流程大致可以分成系统需求分析、DSP 器件选型、硬件设计、软件设计、硬件调试、软件调试、系统联合调试等几个大步骤。

系统需求分析主要是明确系统设计的要求和确定相关的技术、指标,并将其转化为硬件设计和软件设计要求。DSP 器件选型即根据系统运算量的大小、对运算精度的要求、成本限制、体积和功耗等方面的要求选择合适的 DSP 芯片。硬件设计是指按照硬件指标要求选择合适的器件,从硬件上保证其性能实现的可行性。软件设计是根据软件实现的功能进行功能模块划分以及各模块开发。

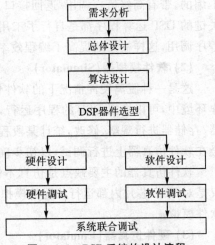

图 1.4.1 DSP 系统的设计流程

整个调试过程可分为 3 部分:独立的硬件调试、软件调试以及系统联合调试。独立的硬件调试确保整个系统中信号的总体流向不发生错误,保证其电源、地以及信号传输的正确性。独立的软件调试一般借助于 DSP 开发工具,如软件模拟器、DSP 仿真器等,确保各软件模块功能的实现以及整个软件功能的实现。系统联合调试将硬件和软件结合起来调试,将软件脱离开发系统而直接在开发出的硬件系统上调试,从中发现问题并做出相应的修改。

在项目设计初期,可以采用一些第三方的 DSP 仿真板,如 EVM(全称)板、DSK(DSP Starter Kit)板等,在其基础上进行开发和调试,这样可以有效地进行可行性验证。

1.4.2 DSP 系统软硬件开发工具

随着 DSP 处理器功能的不断强化和系统开发周期的不断缩短,设计和调试 DSP 系统越来越依赖于 DSP 开发系统和开发工具。各个厂家推出的开发调试工具主要有以下几种。

(1) 高级语言编译器(C Compiler)

一般厂家为了使开发 DSP 系统方便,减小编写汇编程序的难度,都提供了高级语言设计方法:目前主要是 C 语言。开发系统针对 DSP 库函数、头文件及编写的 C 程序,自动生成对应汇编语言,这一步称为 C 编译。C 编译器通常符合 ANSI C 标准,可以对编写的程序进行不同等级的优化,以产生高效的汇编代码;C 编译器还具有对存储器的配置、分配及部分链接功能,还具有灵活的汇编语言接口等多种功能。

C 编程方法易学易用,但编译出的汇编程序比手工汇编程序长得多且效率相对较低。为了克服 C 编译器的低效率,在提供标准 C 库函数的同时,开发系统也提供了针对 DSP 运算的高效库函数,如 FFT、FIR、IIR、相关、矩阵运算等,它们都是手工汇编的,带有高级语言调用/返回接口。一般为了得到高效编程,在系统软件开发中,关键的 DSP 运算程序都是自行手工用汇编语言编写的,按照规定的接口约定,由 C 程序调用,这样极大地提高了编程效率。

(2) 软件模拟器(Simulator)

这是一种脱离硬件情况下的软件仿真工具。将程序代码加载后,在一个窗口工作环境中,可以模拟 DSP 的程序运行,同时对程序进行单步执行、设置断点,对寄存器/存储器进行观察、修改,统计某段程序的执行时间等。通常在程序编写完以后,都会在软件仿真器上进行调试,以初步确定程序的可运行性。

软件仿真器的主要缺点是仿真不够完善,无法模拟 DSP 与外设之间的操作,仅仅是对 DSP 芯片内部运行状况的模拟,如 TI 的 CCS 就具有软件模拟器对程序进行软件模拟。

(3) 硬件仿真器(Emulator)

仿真器是将 DSP 目标系统和调试平台链接起来的在线仿真工具,它用 JTAG 接口电缆把 DSP 硬件目标系统和 PC 连接起来,用 PC 平台对实际硬件目标系统进行调试,能真实地仿真程序在实际硬件环境下的功能。TI 的 DSP 仿真器主要是 XDS510 系列和 XDS560 系列等。

(4) DSP 开发板

开发板一般是提供一个包含 DSP、存储器、常用接口电路的通用电路板和相应软件的软/硬件系统。通常开发板带有 JTAG 仿真接口,可以通过仿真器和目标系统连接。用户可在开发板上进行算法开发、验证、优化和调试,以方便 DSP 系统的软件开发。

第**2**章

TMS320C55x 的硬件结构

2.1 C55x DSP 简介

TMS320C55x(以下简称C55x)是德州仪器公司推出的新一代低功耗、高性能、16 位定点数字信号处理器(DSP)。C55x 是在 TMS320C54x(以下简称 C54x)的基础上发展而来的,其源代码也与 C54x 兼容。C55x 极大地降低了功耗,每执行一个 MIPS 只需要 0.05 mW,与目前市场上的主流产品 C54x 相比,C55x 周期效率是 C54x 的 2 倍,但其功耗只有 C54x 的 1/6,并且通过其强大的电源管理功能使省电特性进一步增强。C55x 以其优异的性能和极低的功耗成为具有相当竞争力的 DSP 产品。C54x 的指令与C55x 是兼容的,其程序可以很方便地移植到 C55x 平台上。

一般说来,C55x 主要针对个人消费及通信市场,对执行如语音编/解码、调制/解调、图像压缩/解压、语音识别及语音合成等方面所用到的数字信号处理算法是十分有效的。

2.2 C55x 的总体结构

C55x 由 CPU 内核、存储空间、片内外设组成。

2.2.1 CPU 内核

不同型号的芯片体系结构相同,具有相同的 CPU 内核,只是存储器和外围电路配置有所不同。

C55x 系列具有统一的 CPU 内核,如图 2.2.1 所示。CPU 内核由 4 个功能单元构成:指令缓冲单元(I 单元)、程序流单元(P 单元)、地址-数据流单元(A 单元)和数据运算单元(D 单元),具体构成和基本功能如下所述。

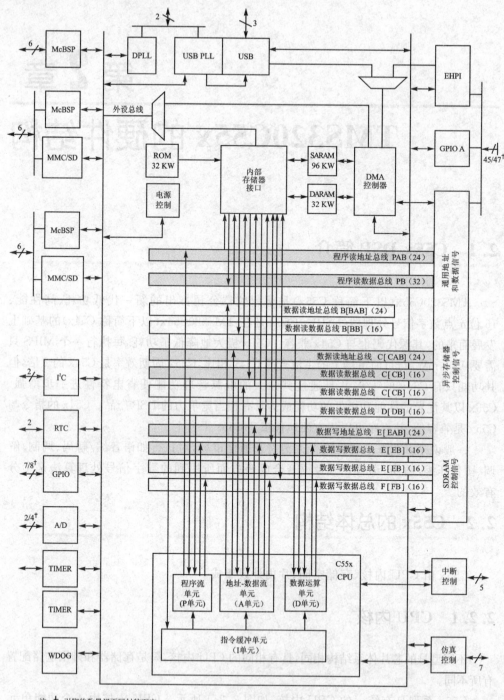

图 2.2.1 C55x 的内核结构

注:† 引脚的数量视不同封装而定。

① 指令缓冲单元(I 单元)：包括 32×16 位指令缓冲队列(Instruction Buffer Queue)和指令译码器。此单元接收程序代码并放入指令缓冲队列，由指令译码器解释指令，再把指令流传给其他的工作单元执行这些命令。

② 程序流单元(P 单元)：包括程序地址发生器和程序控制逻辑。此单元产生所有程序空间地址并送到 PAB 总线，达到控制程序流的目的。

③ 地址-数据流单元(A 单元)：包括数据地址产生电路(DAGEN)、16 位 ALU 和 1 组寄存器。此单元产生读/写数据空间地址，并送到 BAB、CAB、DAB 总线上。

④ 数据运算单元(D 单元)：包括 1 个 40 位的筒形移位寄存器(Barrel Shifter)、2 个乘加单元(MAC)、1 个 40 位的 ALU 以及若干寄存器。D 单元是 CPU 中最主要的部分，是主要的数据处理部件，完成大部分的算术运算工作。

2.2.2　C55x 存储空间

C55x 提供统一的程序/数据存储空间和 I/O 空间寻址。数据空间寻址用来访问通用存储器和存储器映射寄存器。程序空间寻址用于 CPU 从存储器中读取指令。I/O 空间用于和外设之间的通信。

C55x 的片内存储空间共有 352 KB，外部存储空间共有 16 MB。其中：双口 RAM(DRAM)在每个周期能执行两个访问操作，单口 RAM(SRAM)在每个周期可执行一个访问操作，外部存储空间由片选信号 CE[0~3]来选择。存储区支持的类型包括异步 SRAM、异步 EPROM、同步 DRAM、同步 SDRAM 及同步突发 SRAM。

整个 16 MB 存储空间作为程序空间和数据空间均可寻址。当 CPU 从程序存储区读指令时才访问；当重新从数据区或寄存器读写数据时，需访问数据空间。

C55x 的 I/O 空间与程序/数据空间分开，仅在访问 DSP 的片内外设寄存器才有效。I/O 空间的字地址是 16 位宽，能访问 64 KB 地址。CPU 用数据读地址总线读数据，用写地址总线写数据。当 CPU 读/写 I/O 空间时，将 16 位地址前补 0 来扩展为 24 位地址。C55x 通用的内存空间配置如图 2.2.2 所示。

2.2.3　C55x 片内外设

C55x 片内外设的主要功能包括采集原始数据、输出处理结果、控制其他设备等。C55x 主要的片内外设如下所述。

① 模/数转换器(ADC)：用于采集电压、面板旋钮的输入转换为数字量等。

② 可编程数字锁相环时钟发生器(DPLL)：C55x 最高时钟频率可达 300 MHz。

③ 指令高速缓存(I-Cache)：一个可配置的 24 KB 存储器，可最小化对外部存储器的访问，改善数据处理总量，维持系统能量，实现较低功耗。

块大小	字节地址	C55x芯片存储器资源	字地址
192 B	000000	存储器映射寄存器（MMR）保留	
192~32 KB	0000C0	DARAM/HPI访问	
32 KB	000800	DARAM	004000
192 KB	010000	SARAM	
	040000	外部扩展存储空间(CE0)	020000
4 MB	400000	外部扩展存储空间(CE1)	200000
1 MB	800000	外部扩展存储空间(CE2)	400000
	C00000	外部扩展存储空间(CE3)	
	FF0000		
32 KB		ROM 当MP/MC=0时有效 / 外部扩展存储空间(CE3) 当MP/MC=1时有效	
16 KB	FF8000	ROM 当MP/MC=0时有效 / 外部扩展存储空间(CE3) 当MP/MC=1时有效	
16 KB	FFC000	SROM 当MP/MC=0, SROM=0时有效 / 外部扩展存储空间(CE3) 当MP/MC=1时有效	
	FFFFFF		

图 2.2.2　C55x 内存空间配置

④ 外部存储器接口（EMIF）：可以实现与异步存储器 SRAM、EEPROM 以及高速 SDRAM 的无缝连接。

⑤ 直接存储器访问控制器（DMA）：带有 6 个信道的控制器，在无 CPU 涉入的情况下，为 6 个独立信道的上下位提供数据活动。

⑥ 多通道缓冲串行接口（McBSP）：双工多信道缓冲串口，给多种工业标准串行设备提供无缝连接，并提供与 128 个独立使能信道通信的能力。

⑦ 增强型主机接口（EHPI）：1 个 16 位的并行接口，用于提供主处理器对 DSP 上内部存储区的访问，可被配置为复用或非复用模式，以给更多的主处理器提供无缝接口。

⑧ 2 个 16 位的通用定时/计数器。

⑨ 多个可配置的通用 I/O 引脚（GPIO），I/O 引脚的数目和具体型号有关。

⑩ 实时时钟（Real Time Clock，RTC）。

⑪ 看门狗定时器(WatchDog Timer)。

⑫ USB。

C55x 片内外设配置的情况如表 2.2.1 所列。

表 2.2.1　C55x 系列 DSP 片内外设配置

外设或存储器	5501	5502	5503	5506	5507	5509	5510
模/数转换器(ADC)	—	—	—	—	2/4	2/4	—
带 DPLL 的时钟产生器	APLL	APLL	DPLL	D& APLL	D& APLL	DPLL	DPLL
直接存储器访问控制器(DMA)	1	1	1	1	1	1	1
外部存储器接口(EMIF)	1	1	1	1	1	1	1
主机接口(HPI)	1						1
指令缓存	16 KB	16 KB	—	—	—	—	24 KB
内部集成电路(I²C)模块	1	1	1	1	1	1	1
多通道缓冲串行接口(McBSP)	2	3	3	3	3	3	3
多媒体卡/SD 卡控制器	—					2	
电源管理/节电(IDLE)配置	1	1	1	1	1	1	1
实时时钟(RTC)	—						
通用定时器	2	2	2	2	2	2	2
看门狗定时器	1	1		1	1	1	
通用异步接收器/转换器(UART)	1		1				
通用串行总线(USB)模块	—			1	1	1	

2.2.4　C55x 低功耗特性

C55x 的结构设计以 C54x 为基础,通过结构设计和制造工艺的改进,使其功耗比 C54x 还要低。C55x 在结构设计上改进的地方如下。

① 采用多总线、双 MAC 和双 ALU 的结构,提高了并行处理的能力和单周期两条指令处理的能力,通过增加并行操作可以减少任务执行中所需的周期数。

② 运用灵活的指令集实现在 40 位 ALU 中进行复杂的运算和在 16 位 ALU 中进行简单的运算,进而节约了运算的能源(在 16 位 ALU 中运算比在 40 位 ALU 中运算节省能源)。

③ 缩短存储器的存取时间。存取时间对于功耗来说是一个非常重要的指标。C55x 可以实现 32 位的存取,并与变字长的指令集相结合实现了一次性读取多条指令的功能,再加上增加了代码的密度和缩短了代码的长度,使得存取时间大大缩短,能耗也大大被降低。

④ 采用外设和片内存储器阵列自动下电的机制。如某外设或片内存储器阵列没有被访问,就会自动切换到下电状态;而一旦有了存取的请求,就会立即返回正常的工作状态而无须等待的时间。

⑤ 设置可配置的 IDLE 域,使下电更加灵活。C55x 共有 6 个域:LPCPU、DMA、EMIF、外设、时钟和指令缓存域。每个域都可以工作在正常或低功耗的空闲状态。通过空闲控制寄存器(ICR)来决定哪个工作在空闲状态。

2.3 C55x 的封装和引脚功能

不同的 C55x 芯片通常有不同的封装,为满足不同的用途需求,相同的 C55x 芯片也往往有多种封装。图 2.3.1 为 TMS320VC5509A(以下简称 VC5509A)的两种封装。PGE 封装比 BGA 封装容易焊接,但是占用 PCB 空间相应增加。本节以 VC5509A PGE 封装为例讲述引脚配置及功能,只给出 VC5509A PGE 引脚的定义和简要描述,详细描述请见 TI 的数据手册 SPRS205J。表 2.3.1 为 VC5509A PGE 信号引脚对应表。

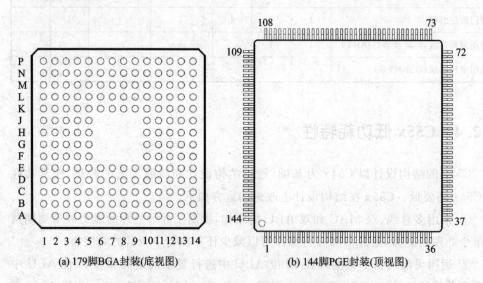

(a) 179脚BGA封装(底视图) (b) 144脚PGE封装(顶视图)

图 2.3.1 VC5509A 的两种封装

表 2.3.1　VC5509A PGE 信号引脚对应

引脚号	名　称	引脚号	名　称	引脚号	名　称	引脚号	名　称
1	V_{SS}	37	V_{SS}	73	V_{SS}	109	RDV_{DD}
2	PU	38	A13	74	D12	110	RCV_{DD}
3	DP	39	A12	75	D13	111	RTCINX2
4	DN	40	A11	76	D14	112	RTCINX1
5	$USBV_{DD}$	41	CV_{DD}	77	D15	113	V_{SS}
6	GPIO7	42	A10	78	CV_{DD}	114	V_{SS}
7	V_{SS}	43	A9	79	EMU0	115	V_{SS}
8	DV_{DD}	44	A8	80	$\overline{EMU1/OFF}$	116	S23
9	GPIO2	45	V_{SS}	81	TDO	117	S25
10	GPIO1	46	A7	82	TDI	118	CV_{DD}
11	V_{SS}	47	A6	83	CV_{DD}	119	S24
12	GPIO0	48	A5	84	$\overline{TRST}$	120	S21
13	X2/CLKIN	49	DV_{DD}	85	TCK	121	S22
14	X1	50	A4	86	TMS	122	V_{SS}
15	CLKOUT	51	A3	87	CV_{DD}	123	S20
16	C0	52	A2	88	DV_{DD}	124	S13
17	C1	53	CV_{DD}	89	SDA	125	S15
18	CV_{DD}	54	A1	90	SCL	126	DV_{DD}
19	C2	55	A0	91	$\overline{RESET}$	127	S14
20	C3	56	DV_{DD}	92	$USBPLLV_{SS}$	128	S11
21	C4	57	D0	93	$\overline{INT0}$	129	S12
22	C5	58	D1	94	$\overline{INT1}$	130	S10
23	C6	59	D2	95	$USBPLLV_{DD}$	131	DX0
24	DV_{DD}	60	V_{SS}	96	$\overline{INT2}$	132	CV_{DD}
25	C7	61	D3	97	$\overline{INT3}$	133	FSX0
26	C8	62	D4	98	DV_{DD}	134	CLKX0
27	C9	63	D5	99	$\overline{INT4}$	135	DR0
28	C11	64	V_{SS}	100	V_{SS}	136	FSR0
29	CV_{DD}	65	D6	101	XF	137	CLKR0
30	CV_{DD}	66	D7	102	V_{SS}	138	V_{SS}
31	C14	67	D8	103	ADV_{SS}	139	DV_{DD}
32	C12	68	CV_{DD}	104	ADV_{DD}	140	TIN/TOUT0
33	V_{SS}	69	D9	105	AIN0	141	GPIO6
34	C10	70	D10	106	AIN1	142	GPIO4
35	C13	71	D11	107	AV_{DD}	143	GPIO3
36	V_{SS}	72	DV_{DD}	108	AV_{SS}	144	V_{SS}

2.3.1　引脚信号定义与描述

C55x 系列的 DSP 引脚类型主要包括：电源引脚，并行总线引脚，初始化、中断和复位引脚，片内外设引脚，JTAG 仿真引脚等。

(1) 电源引脚

CV_{DD}：数字电源，+1.6 V，专为 CPU 内核提供电源。

DV_{DD}：数字电源，+3.3 V，为 I/O 引脚提供电源。

$USBV_{DD}$：数字电源，+3.3 V，专为 USB 模块的 I/O 引脚(DP、DN 和 PU)提供电源。

$USBPLLV_{DD}$：数字电源，+1.6 V，专为 USB PLL 提供电源。

RDV_{DD}：数字电源，+3.3 V，专为 RTC 模块的 I/O 引脚提供电源。

RCV_{DD}：数字电源，+1.6 V，专为 RTC 模块提供电源。

V_{SS}：数字地。

AV_{DD}：模拟电源，专为 10 位 A/D 模块提供电源。

AV_{SS}：模拟地，10 位 A/D 内核部分接地引脚。

ADV_{SS}：模拟数字地，10 位 A/D 模块的数字部分接地引脚。

$USBPLLV_{SS}$：数字地，用于 USB PLL。

(2) 并行总线引脚

A[13～0]：并行地址总线引脚，可以作为 HPI 地址线(HPI. HA[13～0])、EMIF 的地址总线(EMIF. A [13～0])，也可以作为通用输入/输出引脚(GPIO. A)。D[15～0]：C55x 内核的并行双向数据总线 D15～D0，它具有两种功能：一是作为 EMIF 的数据总线传输数据(EMIF. D[15～0])；二是作为 HPI 模式时的地址线(HPI. HD[15～0])。C[14～0]：DSP 与外部设备交互的选通使能信号，是与外部设备的握手信号总称，主要用在 EMIF 访问外部设备、HPI 通信以及通用 GPIO 接口，具体使用如表 2.3.2 所列。

表 2.3.2　C[14～0]外部交互模式复用

引脚名称	EMIF 模式	HPI 模式	GPIO 模式
C0	EMIF 异步存储器读选通(EMIF. ARE)	—	通用输入/输出口 8(GPIO. 8)
C1	EMIF 异步输出使能(EMIF. AOE)	HPI 中断输出(HPI. HINT)	—
C2	EMIF 异步存储器写选通(EMIF. AWE)	HPI 读/写(HPI. HR/W)	—

续表 2.3.2

引脚名称	EMIF 模式	HPI 模式	GPIO 模式
C3	EMIF 数据输入准备就绪(EMIF. ARDY)	HPI 输出准备就绪(HPI. HRDY)	—
C4	存储空间 CE0 的 EMIF 片选信号(EMIF. CE0)	—	通用输入/输出口 9 (GPIO. 9)
C5	存储空间 CE1 的 EMIF 片选信号(EMIF. CE1)	—	通用输入/输出口 10 (GPIO. 10)
C6	存储空间 CE2 的 EMIF 片选信号(EMIF. CE2)	HPI 访问控制信号 0(HPI. HCNTL0)	—
C7	存储空间 CE3 的 EMIF 片选信号(EMIF. CE3)	HPI 访问控制信号 1(HPI. HCNTL1)	通用输入/输出口 11 (GPIO. 11)
C8	EMIF 字节使能控制 0 (EMIF. BE0)	HPI 字节辨识(HPI. HBE0)	—
C9	EMIF 字节使能控制 1 (EMIF. BE1)	HPI 字节辨识(HPI. HBE1)	—
C10	EMIF SDRAM 行选通信号(EMIF. SDRAM)	HPI 地址选通信号(HPI. HAS)	通用输入/输出口 12 (GPIO. 12)
C11	EMIF SDRAM 列选通信号(EMIF. SDCAS)	HPI 片选输入信号(HPI. HCS)	—
C12	EMIF SDRAM 写使能信号(EMIF. SDWE)	HPI 数据选通信号 1(HPI. HDS1)	—
C13	SDRAM A10 地址线(EMIF. SDA10)	—	通用输入/输出口 13 (GPIO. 13)
C14	SDRAM 存储器时钟信号(EMIF. CLKMEM)	HPI 数据选通信号 2(HPI. HDS2)	—

（3）初始化、中断和复位引脚

$\overline{\text{INT}}$[4~0]：外部中断请求信号，属于可屏蔽中断，并且可由中断使能寄存器(IER)和中断方式位屏蔽，可以通过中断标志寄存器(IFR)进行查询和复位。

$\overline{\text{RESET}}$：复位信号，低电平有效。使 DSP 终止程序执行，并且使程序计数器指向 FF8000h 处。当引脚电平为高时，从程序存储器 FF8000h 地址处开始执行；影响寄存器和状态位。此引脚在使用时需要外接上拉电阻，以保证其处于稳定状态，避免 DSP 工作的不正常。

（4）片内外设引脚

① 位输入/输出信号 GPIO[7~6,4~0]：可以配置为输入或输出口。当配置为

输出引脚时,可以单独置位或复位;复位完成后,CPU bootloader 电路采样芯片引脚 GPIO[3~0] 决定启动方式,以决定程序从何种存储外设中启动。

② XF 为输出信号,用于配置其他处理器的复用状态或者作为通用输出引脚。指令"BSET XF"可以使 XF 输出电平为高;指令"BCLR XF"可以使 XF 输出电平为低;加载 ST1. XF 位可以控制 XF 输出电平。通常该引脚可以用来测试程序是否运行正常。

③ 振荡器/时钟信号 CLKOUT:时钟输出引脚,可以通过该引脚为另一处理器提供时钟;CLKOUT 周期为 CPU 的机器周期;当/OFF 为低电平时,CLKOUT 呈高阻状态。

④ X2/CLKIN:时钟振荡器输入引脚。若使用内部时钟,用来外接晶体电路;若使用外部时钟,该引脚接外部时钟输入。

⑤ X1:由内部系统振荡器到晶体的输出引脚。若不使用内部振荡器,则 X1 引脚悬空;若OFF为低,则 X1 不会处于高阻状态。

⑥ TIN/TOUT0:定时器 T0 输入/输出。当作为定时器 T0 的输出时,计数器减少到 0,TIN/TOUT0 信号输出一个脉冲或者状态发生改变;当作为输入时,TIN/TOUT0 为内部定时器模块提供时钟;复位时,此引脚配置为输入引脚。只有定时器 T0 信号可以输出,定时器 T1 信号不能提供输出。

⑦ 实时时钟:RTCINX1 为实时时钟振荡器输入;RTCINX2 为实时时钟振荡器输出。

⑧ I²C 总线:SDA 为 I²C(双向)数据信号,复位时此引脚处于高阻状态;SCL 为 I²C(双向)时钟信号,复位时此引脚处于高阻状态。这两个引脚属于开漏,在连接外部设备时需要外接上拉电阻。

⑨ McBSP 接口:VC5509A 共有 3 个 McBSP 接口,其中 McBSP1 与 McBSP2 为多功能口。

CLKR0　McBSP0 串行接收器的串行移位时钟。

DR0　McBSP0 数据接收信号。

FSR0　McBSP0 接收帧同步信号,初始化 DR0 的数据接收。

CLKX0　McBSP0 发送时钟信号,为串行发送器的串行发送时钟。

DX0　McBSP0 数据发送信号。

FSX0　McBSP0 发送帧同步信号,初始化 DX0 的数据发送。

S10　McBSP1 接收时钟信号或 MMC/SD1 的命令/响应信号;复位时被配置为 McBSP1.CLKR。

S11　McBSP1 数据接收信号或 SD1 的数据信号 1;复位时被配置为 McBSP1.DR。

S12　McBSP1 接收帧同步信号或 SD1 的数据信号 2;复位时被配置为 McBSP1.FSR。

S13　McBSP1 数据发送信号或 MMC/SD1 串行时钟信号;复位时被配置为 McBSP1.DX。

S14　McBSP1 发送时钟信号或 MMC/SD1 数据信号 0;复位时被配置为 McBSP1.CLKX。

S15　McBSP1 发送帧同步信号或 SD1 数据信号 3;复位时被配置为 McBSP1.FSX。

S20　McBSP2 接收时钟信号或 MMC/SD2 的命令/响应信号;复位时被配置为 McBSP2.CLKR。

S21　McBSP2 数据接收信号或 SD2 的数据信号 1；复位时被配置为 McBSP2.DR。

S22　McBSP2 接收帧同步信号或 SD2 的数据信号 2；复位时被配置为 McBSP2.FSR。

S23　McBSP2 数据发送信号或 MMC/SD2 串行时钟信号；复位时被配置为 McBSP2.DX。

S24　McBSP2 发送时钟信号或 MMC/SD2 数据信号 0；复位时被配置为 McBSP2.CLKX。

S25　McBSP2 发送帧同步信号或 SD2 数据信号 3；复位时被配置为 McBSP2.FSX。

⑩ USB 接口：

DP　分数据接收/发送（正向）。

DN　分数据接收/发送（负向）。

PU　端口通过 1.5 kΩ 的上拉电阻接到 USB 总线的 D＋端，DSP 可以通过编程来控制 PU 端口，从而控制设备与 USB 总线的连接与断开。

⑪ A/D 接口：

AIN0　模拟输入通道 0。　　　　　　　　　　AIN1　模拟输入通道 1。

注意：VC5509A PGE 有 2 个 10 位 A/D 接口；VC5509A BGA 有 4 个 10 位 A/D 接口。

⑫ 测试/仿真引脚：

TCK　IEEE 标准 1149.1 测试时钟输入引脚。　　TDI　IEEE 标准 1149.1 测试数据输入信号。

TDO　IEEE 标准 1149.1 测试数据输出信号。　　TMS　IEEE 标准 1149.1 测试方式选择信号。

TRST　IEEE 标准 1149.1 测试复位信号。　　　EMU0　仿真器中断 0 引脚。

EMU1/OFF　仿真器中断 1 引脚。

2.3.2　存储空间与引脚设置

如表 2.3.2 所列，DSP 外扩总线引脚能够复用，并且具有多种功能，所以在使用这些引脚之前，应该确认引脚的当前功能是否是用户想要的。这些引脚功能的配置方法分为硬件配置和软件配置，硬件配置使用 GPIO0 引脚，软件配置使用 ESCR 寄存器。

硬件配置：使用 GPIO0 引脚实现在系统开机或复位时配置 A[13~0]、D[15~0] 和 C[14~0] 的功能。上电复位时，当外部电路提供高电平信号输入到 GPIO0，也就是提供逻辑"1"给这个引脚时，A[13~0]、D[15~0] 和 C[14~0] 被设置成外部扩展总线，同时 ESCR[1~0] 的值设置为 01；反之，如果连在 GPIO0 的外部电路在上电复位时接低电平，即逻辑"0"时，A[13~0]、D[15~0] 和 C[14~0] 的功能被设置成主机口[HPI]，同时 ESCR 被设置成 11。通过 GPIO0 引脚实现的设置仅在复位时有效，它同时影响 ESCR[1~0] 的内容。上电复位后 ESCR[1~0] 仅可能出现 01 和 11 两种取值，00 和 10 在复位时不会出现。

软件配置：当复位结束后，用户还可以通过 ESCR[1~0] 来改变 A[13~0]、

D[15~0]和 C[14~0]的功能。这种改变不受 GPIO 的影响,直到整个系统重新上电或重新复位。ESCR[1~0]两个寄存器可以实现 4 种工作模式,其中 00 和 10 两种模式在复位时不会出现,必须由软件设置才能得到,而 01 和 11 两种模式与 GPIO 引脚的配置相同。通常如果不考虑 00 和 10 两种模式,只需要配置 GPIO 通常引脚即可,软件可以不去处理 ESCR[1~0]的内容。

在 VC5509A 系统中,所有板上资源均按照 EMIF 功能与 DSP 连接。因此,GPIO0 引脚默认状态为高电平(逻辑"1")。VC5509A 可寻址的存储空间比较大,接口也比较丰富,它既可以连接同步的 SDRAM,也可以连接异步的 SRAM。因此在编程之前,应该首先注意程序对存储空间寄存器的配置。在接下来的说明中,会介绍一些存储空间的配置寄存器。

VC5509A 的地址寻址也有比较特殊的地方。从逻辑上说,VC5509A 采用统一的编址方式,即存储器的地址号没有重叠。但是,存储器宽度分为两种不同的情况,当存储器按照程序存储空间使用时,地址编码采用字节寻址方式,即每 8 位存储器占用一个地址编号,此时 A0 信号有效;按照数据存储空间使用时,地址编码采用字寻址方式,即每 16 位存储器占用一个地址编号,此时 A0 信号无效。

2.4 中断和复位操作

2.4.1 中 断

中断:由硬件或软件驱动的信号,使 DSP 将当前的程序挂起,执行另一个称为中断服务子程序(ISR)的任务。对于中断,可以举生活中的例子形象地加以说明:你正在下象棋时电话响了,你去接电话,然后回来继续下象棋,这个过程就叫作中断响应过程。对于 CPU 来说,它的正常任务是下象棋,中断任务来的时候,先要保护现场,即把已经设计的象棋步骤记下来;然后去响应中断即接电话,中断服务程序就是接电话;打电话结束需要接着去下象棋,需要中断返回;把先前已设计的象棋步骤调出就是 CPU 的中断恢复;假如下象棋的时候电话静音,就是中断屏蔽,专心下象棋;而有些中断必须去响应,如内急需要去卫生间或者突然断电一片漆黑,这就是不可屏蔽的中断,自己主观意愿改变不了。对于可屏蔽中断,可以通过"软甲"加以屏蔽;而对于不可屏蔽中断,CPU 是无法阻止其发生的。

C55x 支持软件中断和硬件中断。软件中断由指令产生中断请求;硬件中断可以来自外设的一个请求信号,如外部中断。C55x 支持 32 个 ISR。有些 ISR 可以由软件或硬件触发,有些只能由软件触发。当 CPU 同时收到多个中断请求时,CPU 会按照预先定义的优先级对它们做出响应和处理。

DSP 处理中断的步骤:允许中断请求→响应中断请求→进入中断服务子程序→

执行中断服务子程序。CPU 执行用户编写的 ISR。ISR 以一条中断返回指令结束，自动恢复步骤"进入中断服务子程序"中自动保存的寄存器值。

2.4.2　中断向量与优先级

表 2.4.1 是按 ISR 序号分类的中断向量表，该表是 C55x 中断向量的一般表示形式。

表 2.4.1　ISR 中断向量表

ISR 序号	硬件中断优先级	向量名	向量地址	ISR 功能
0	1(最高)	RESETIV(IV0)	IVPD：0h	复位(硬件或软件)
1	2	NMIV(IV1)	IVPD：8h	硬件不可屏蔽中断(NMI)或软件中断 1
2	4	IV2	IVPD：10h	硬件或软件中断
3	6	IV3	IVPD：18h	硬件或软件中断
4	7	IV4	IVPD：20h	硬件或软件中断
5	8	IV5	IVPD：28h	硬件或软件中断
6	10	IV6	IVPD：30h	硬件或软件中断
7	11	IV7	IVPD：38h	硬件或软件中断
8	12	IV8	IVPD：40h	硬件或软件中断
9	14	IV9	IVPD：48h	硬件或软件中断
10	15	IV10	IVPD：50h	硬件或软件中断
11	16	IV11	IVPD：58h	硬件或软件中断
12	18	IV12	IVPD：60h	硬件或软件中断
13	19	IV13	IVPD：68h	硬件或软件中断
14	22	IV14	IVPD：70h	硬件或软件中断
15	23	IV15	IVPD：78h	硬件或软件中断
16	5	IV16	IVPH：80h	硬件或软件中断
17	9	IV17	IVPH：88h	硬件或软件中断
18	13	IV18	IVPH：90h	硬件或软件中断
19	17	IV19	IVPH：98h	硬件或软件中断
20	20	IV20	IVPH：A0h	硬件或软件中断
21	21	IV21	IVPH：A8h	硬件或软件中断
22	24	IV22	IVPH：B0h	硬件或软件中断
23	25	IV23	IVPH：B8h	硬件或软件中断
24	3	BERRIV(IV24)	IVPD：C0h	总线错误中断或软件中断
25	26	DLOGIV(IV25)	IVPD：C8h	DataLog 中断或软件中断

ISR 序号	硬件中断优先级	向量名	向量地址	ISR 功能
26	27(最低)	RTOSIV(IV26)	IVPD：D0h	实时操作系统中断或软件中断
27	—	SIV27	IVPD：D8h	软件中断
28	—	SIV28	IVPD：E0h	软件中断
29	—	SIV29	IVPD：E8h	软件中断
30	—	SIV30	IVPD：F0h	软件中断
31	—	SIV31	IVPD：F8h	软件中断 31

表 2.4.2 是 VC5509A 中断向量表。

表 2.4.2　VC5509A 中断向量表

中断名称	向量名	向量地址(十六进制)	优先级	功能描述
RESET	SINT0	0	0	复位(硬件和软件)
NMI	SINT1	8	1	不可屏蔽中断
BERR	SINT24	C0	2	总线错误中断
INT0	SINT2	10	3	外部中断 0
INT1	SINT16	80	4	外部中断 1
INT2	SINT3	18	5	外部中断 2
TINT0	SINT4	20	6	定时器 0 中断
RINT0	SINT5	28	7	McBSP0 接收中断
XINT0	SINT17	88	8	McBSP0 发送中断
RINT1	SINT6	30	9	McBSP1 接收中断
XINT1/MMCSD1	SINT7	38	10	McBSP1 发送中断，MMC/SD1 中断
USB	SINT8	40	11	USB 中断
DMAC0	SINT18	90	12	DMA 通道 0 中断
DMAC1	SINT9	48	13	DMA 通道 1 中断
DSPINT	SINT10	50	14	主机接口中断
INT3/WDTINT	SINT11	58	15	外部中断 3 或看门狗定时器中断
INT4/RTC	SINT19	98	16	外部中断 4 或 RTC 中断
RINT2	SINT12	60	17	McBSP2 接收中断
XINT2/MMCSD2	SINT13	68	18	McBSP2 发送中断，MMC/SD2 中断
DMAC2	SINT20	A0	19	DMA 通道 2 中断
DMAC3	SINT21	A8	20	DMA 通道 3 中断
DMAC4	SINT14	70	21	DMA 通道 4 中断
DMAC5	SINT15	78	22	DMA 通道 5 中断
TINT1	SINT22	B0	23	定时器 1 中断
IIC	SINT23	B8	24	I^2C 总线中断
DLOG	SINT25	C8	25	DataLog 中断

续表 2.4.2

中断名称	向量名	向量地址(十六进制)	优先级	功能描述
RTOS	SINT26	D0	26	实时操作系统中断
—	SINT27	D8	27	软件中断 27
—	SINT28	E0	28	软件中断 28
—	SINT29	E8	29	软件中断 29
—	SINT30	F0	30	软件中断 30
—	SINT31	F8	31	软件中断 31

2.4.3　不可屏蔽中断

当 CPU 接收到一个不可屏蔽中断请求时,立即无条件响应,并很快跳转到相应的中断服务子程序(ISR)。C55x 的不可屏蔽中断有:硬件中断和软件中断两种。

硬件中断 $\overline{RESET}$:如果引脚 $\overline{RESET}$ 为低电平,则触发了一个 DSP 硬件复位和一个中断(迫使执行复位 ISR)。硬件中断 $\overline{NMI}$:如果引脚 $\overline{NMI}$ 为低电平,则 CPU 必须执行相应的 ISR;$\overline{NMI}$ 提供了一种通用的无条件中断 DSP 的硬件方法。

所有软件中断可用表 2.4.3 所列的指令初始化。

表 2.4.3　初始化软中断的指令

指　令	描　述
INTR ♯k5	可用这条指令初始化 32 个 ISR 中的任意一个,变量 k5 是一个值为 0~31 的 5 位数。执行 ISR 之前,CPU 自动保存现场(保存重要的寄存器数据),并设置 INTM 位(全局关闭可屏蔽中断)
TRAP ♯k5	执行与指令 INTR(k5)同样的功能,但不影响 INTM 的值
RESET	执行软件复位操作(硬件复位操作的子集),迫使 CPU 执行复位 ISR

2.4.4　外部中断使用举例

程序功能是外部中断触发使能,进入中断函数处理程序,打印输出"EXINT ouccers"。
① 中断程序设置程序。

```
/*************** VC5509A 中断设置,使能 INT1 中断 ********************/
/*参考资料:TMS320C55x Chip Support Library API Reference Guide(Rev. J)
           TMS320VC5509A Data Sheet                              */
void INTconfig()
{
```

```
IRQ_setVecs((Uint32)(&VECSTART));              /* 设置中断向量入口 */
old_intm = IRQ_globalDisable();                /* 禁止可屏蔽中断使能 */
eventId0 = IRQ_EVT_INT0;                        /* 获取中断的标号 */
IRQ_clear(eventId0);                           /* 清除外部中断 */
IRQ_plug(eventId0,&int1);                      /* 设置中断向量地址 */
IRQ_enable(eventId0);                          /* 使能外部中断 */
IRQ_globalEnable();                            /* 使能可屏蔽中断 */
}
```

② 中断函数的处理。在中断函数中,主要完成打印输出测试功能。

```
/* External INT0(EXINT)中断处理函数 */
interrupt void int1()
{
    printf("EXINT ouccers\n");
}
```

③ 在使用中断过程中,需要注意以下问题。

➤ 中断处理函数必须是 void 类型,而且不能有任何输入参数。

➤ 进入中断服务函数,编译器将自动产生程序保护所有必要的寄存器,并在中断服务函数结束时恢复运行环境。

➤ 进入中断服务函数,编译器只保护与运行上下文相关的寄存器,而不是保护所有的寄存器。中断服务函数可以任意修改不被保护的寄存器,如外设控制寄存器等。

➤ 要注意 IMR、INTM 等中断控制量的设置。通常进入中断服务程序要设置相应寄存器将中断屏蔽,退出中断服务程序时再打开,避免中断嵌套。

➤ 中断处理函数可以被其他 C 程序调用,但是效率较差。

➤ 多个中断可以共用一个中断服务函数,除了 c_int0。c_int0 是 DSP 软件开发平台 CCS 提供的一个保留的复位中断处理函数,不会被调用,也不需要保护任何寄存器。

➤ 使用中断处理函数时会和一些编译选项冲突,注意避免对包含中断处理函数的 C 程序采用这些编译选项。

➤ 中断服务函数可以像一般函数一样访问全局变量、分配局部变量和调用其他函数等。

➤ 要利用中断向量定义将中断服务函数入口地址放在中断向量处,以使中断服务函数可以被正确调用。

➤ 中断服务函数要尽量短小,避免中断丢失、中断嵌套等问题。

为了方便 DSP 存储器的配置,一般 DSP 的中断向量可以重新定位,即可以通过设置寄存器放在存储器空间的任何地方。

第 3 章

eXpressDSP 算法标准软件

TI 公司的 eXpressDSP 算法标准软件主要针对代码的可重复利用,适用于 TI 的 DSP 芯片。按该标准开发的算法可以独立于具体的应用系统,主要表现在算法模块的资源分配和调度与算法的分离,开发出的 DSP 算法无需修改或只需很少的修改,就可以集成在新的 DSP 系统中,即实现代码的重复使用。eXpressDSP 算法标准软件包括:代码重用的标准规范(eXpressDSP Algorithm Standard,XDAIS);TI DSP 集成开发环境(Code Composer Studio,CCS);一个可升级的实时操作系统内核 DSP/BIOS。

3.1　CCS 集成开发环境

进行 DSP 嵌入式系统开发时,选择合适的工具可以加快开发进度,从而节省开发成本,因此一套含有编辑软件、编译软件、汇编软件、链接软件、调试软件、工程管理及函数库的集成开发环境是必不可少的。

CCS 是一个完整的 DSP 集成开发环境,也是目前最优秀、最流行的 DSP 开发软件之一。CCS 最早由 GO DSP 公司为 TI 的 C6000 系列开发,后来 TI 收购 GO DSP,并将 CCS 扩展到其他系列。现在所有的 TI DSP 都可以使用该软件工具进行开发,并为 C2000、C5000 和 C6000 系列 DSP 提供 DSP/BIOS 功能。CCS 主要具有以下功能:

① 集成可视化代码编辑界面,可直接编写 C、汇编、H 文件、链接命令(Connect Command File,CMD)文件、通用扩展语言(General Extension Language,GEL)文件等;

② 集成代码生成工具,包括汇编器、优化 C 编译器、链接器等;

③ 基本调试工具,如装入执行代码(OUT 文件),查看寄存器、存储器、反汇编、变量窗口等,支持 C 源代码级调试;

④ 支持多 DSP 调试；

⑤ 断点工具，包括硬件断点、数据空间读/写断点、条件断点（使用 GEL 编写表达式）等；

⑥ 探针工具（Probe PomP），可用于算法仿真、数据监视等；

⑦ 分析工具（Profile PomP），可用于评估代码执行的时钟数；

⑧ 数据的图形显示工具，可绘制时域/频域波形、眼图、星座图、图像等，并可自动刷新；

⑨ 提供 GEL 工具，用户可编写自己的控制面板，方便直观地修改变量、配置参数等；

⑩ 支持实时数据交换（Real Time Data eXchange，RTDX）技术，可在不中断目标系统运行的情况下，实现 DSP 与其他应用程序的数据交换；

⑪ 提供 DSP/BIOS 工具，增强对代码的实时分析能力（如分析代码执行的效率），调度程序执行的优先级，方便管理或使用系统资源，从而减少了开发人员对硬件资源熟悉程序的依赖性。

3.2　实时操作系统内核 DSP/BIOS

1. 概　述

嵌入式应用软件的基础与开发平台是实时操作系统（Real Time Operating System，RTOS）。它是一段嵌入在目标代码中的软件，用户的其他应用程序都建立在 RTOS 之上；RTOS 还是一个可靠性和可信性很高的实时内核，将 CPU 时间、中断、I/O 和定时器等资源都包括进来，留给用户一个标准的 API；并能根据各个任务的优先级，合理地在不同任务之间分配 CPU 时间。RTOS 最关键的部分是实时多任务内核，它的基本功能包括任务管理、定时器管理、存储管理、资源管理、事件管理、系统管理、消息管理、队列管理以及旗语管理等。这些管理功能以内核服务函数的形式交给用户调用，即 RTOS 的 API 函数。传统的嵌入式系统设计没有操作系统的参与，所有系统功能均由程序员安排完成，应用程序完全控制 CPU 和硬件，这对嵌入式系统的开发人员提出了较高的要求。在复杂系统中，这种编程方法不容易实现且出错率高。嵌入式操作系统的出现，为应用程序提供了一个虚拟的硬件平台，减少了很多不确定的因素，使系统的稳定性得到了极大保证，同时大大缩短了开发周期。

随着 DSP 硬件技术和体系结构的不断发展与改进，相对发展较慢的 DSP 软件技术与之形成鲜明对比。很长一段时间以来，软件工程师们仍然沿用传统的软件设计和调试方法，但是，对于越来越复杂的 DSP 应用系统，特别是具有多任务、多线程并需要在优先级等可控的情况下能预测其运行状态时，利用传统的开发平台和开发方法很难达到要求。代码的可用性差，开发周期较长，系统开发很大程度上依赖于软件编程人员的编程技巧,软件开发的灵活性差导致了软件移植性很差。正是在这种情况下,TI 公司推出了实时操作系统内核 DSP/BIOS。

DSP/BIOS 是一个较成熟的实时内核,主要用于实时调度和同步以及主/目标机系统通信和实时监测,其基本功能是面向对象的任务管理、定时器管理、存储管理、资源管理、事件管理等。使用 DSP/BIOS 实时操作系统内核的好处在于:可以实现实时调度,开发的算法标准化且具有可移植性,创建的应用程序稳定性较好;此外,程序可以享用操作系统的服务,如信号量等。开发过程有写代码容易、代码易于维护和修改、产品开发周期短等优势。

DSP/BIOS 主要包括 DSP/BIOS 实时内核 API、实时分析工具、DSP/BIOS 配置工具 3 部分。其中,内核 API 包含 150 多个 API 函数,以 C 语言可调用的形式提供,在遵循 C 调用约定的条件下,汇编语言也可调用 API。由于应用程序的不同,DSP/BIOS API 函数的代码长度为 500～6 500 字节不等,程序通过调用 API 函数来使用 DSP/BIOS 资源。DSP/BIOS 实时分析工具可以辅助 CCS 环境实现程序的实时调试,以可视化的方式观察程序的性能,如程序中各个线程占用 CPU 时间、代码执行时间统计、显示输出信息等。实时分析几乎不影响应用程序的运行。

2. DSP/BIOS 提供的服务

DSP/BIOS 内核实质上是可以从 C 源程序或者汇编源程序中调用的函数库,目标应用程序通过在源程序中嵌入相应的 API 函数,从而唤醒 DSP/BIOS 的运行时刻服务。DSP/BIOS 提供如下 6 类服务。

① 系统服务(System)。

DSP/BIOS 通过系统服务的配置,利用可视编辑器来定义目标芯片的全局属性、系统内存映像、中断向量表等。

② 调试分析(Instrumentation)。

利用事件记录器(LOG)和静态对象管理器(STS)对运行中的目标应用程序进行实时监控和数据统计分析。

③ 操作系统调度(Scheduling)。

DSP/BIOS 提供硬件中断(Hardware Interrupt,HWI)、软件中断(Software Interrupt,SWI)、任务(Task,TSK)、后台线程(Idle Loop,IDL)4 种类型且优先级不同的线程。多线程的应用程序在一个单独的处理器上运行,这是通过允许高优先级的线程抢占低优先级线程的运行来实现的,实际应用中需要的定制算法作为一个线程插入 DSP/BIOS 的调度队列,由 DSP/BIOS 进行调度。

➤ HWI 用于响应外部异步事件。当一个外部事件发生时,DSP/BIOS 靠 HWI 函数来执行关键任务,HWI 函数在 DSP/BIOS 应用程序中具有最高的优先级。HWI 函数具有严格的实时性,应用系统中应该将具有严格实时性要求的处理作为 HWI 线程插入 DSP/BIOS 程序当中。

> SWI 与硬件中断相对应,SWI 是通过调用 SWI 函数触发的,具有 16 种优先级且都低于 HWI 的优先级。

> DSP/BIOS 为每个 TSK 对象提供 0~15 的优先级,任务的优先级低于 SWI,高于后台线程。任务按优先级顺序执行,相同优先级的任务按照"先来先服务"的原则来排定执行顺序。每个任务有 4 种执行状态:运行、就绪、暂停和终止。当前运行任务的优先级高于任何处于就绪状态的任务。SWI 和 TSK 用来完成一些非实时性的处理任务,将 SWI 或 TSK 的触发函数放到 HWI 的处理函数中,可以提高实时性请求的能力,减少中断潜伏期。

> IDL 线程在 DSP/BIOS 中的优先级最低,在空闲循环中执行每个 IDL 对象的函数,除非有高优先级的线程抢占。空闲循环应该执行那些没有期限的功能,对于实时性方面无关紧要的处理,如收集统计数据、与自己交换检测数据等工作,建议使用 IDL 线程。

④ 同步机制(Synchronization)。

与一般操作系统类似,DSP/BIOS 提供信号灯、邮箱、队列和锁 4 种线程间同步与通信机制。

⑤ 输入/输出(Input/Output)。

提供 DSP 实时运行时与主机通过仿真口和 CCS 交互数据的机制。DSP/BIOS 提供两种数据传输模型:管道和数据流。数据管道是小而快速地在读/写线程之间传递数据的通用组件。数据流则在缓冲机制方面提供了更大的灵活性,从而满足更广泛的需求。数据流依赖于一个或多个基础设备驱动程序。数据管道管理模块(PIP)和流 I/O 模块(SIO)负责管理目标应用程序中的数据传输。SIO 还伴随着一个设备驱动程序模块(DEV),由该模块与 SIO 模块完成数据的输入或输出。另外,DSP/BIOS 的主机通道管理模块(HST)与 RTDX 模块,负责管理主机与目标应用程序之间的数据传输,使 DSP 开发系统具有实时分析能力。

⑥ 芯片支持库(Chip Support Library,CSL)。

DSP 应用系统设计中,一般会涉及大量对 DSP 器件外设特别是片上外设的编程处理工作。TI CCS 开发环境的 DSP 片级支持库 CSL 作为一个自包容组件归于 DSP/BIOS 中。该模块是顶层的 API 模块,提供了配置和控制片上外围设备的 C 语言接口。多数 CSL 模块都由对应的函数、宏、类和表示符号组合构成,在不调用其他 DSP/BIOS 组件的情况下也可简单方便地完成对 DSP 器件片上外设配置和控制编程工作,从而简化了 DSP 片上外设的开发,缩短了开发周期,并且可以达到标准化控制管理片上外设的能力,减少 DSP 硬件特殊性对用户程序代码的影响,以方便对用户代码在不同器件间的移植工作。

3. 配置工具

CCS 提供了 DSP/BIOS 可视化配置功能,即 DSP/BIOS 配置工具,使用该工具可以静态创建和配置程序中使用的 DSP/BIOS 对象,也可以配置存储器分配、线程管理和中断句柄。

DSP/BIOS 的配置工具界面如图 3.2.1 所示。

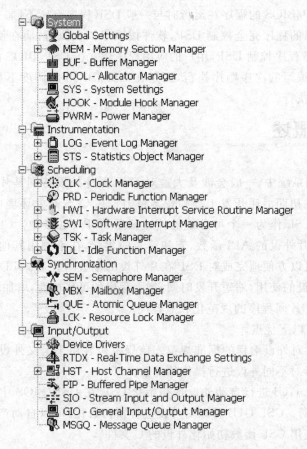

图 3.2.1　DSP/BIOS 的配置工具界面

DSP/BIOS 是可扩展的组件化系统服务集,用户可以对使用的组件进行完全控制。当用户开发应用程序或者把以前的应用程序导入到 DSP/BIOS 时,只选择用户应用程序所需要的组件即可,且只有用户选择的组件包含在应用程序当中,才使 DSP/BIOS 对内存的使用达到最小程度。一般,开发 DSP/BIOS 应用需要以下步骤:

① 使用配置工具选择和配置目标应用程序所需的 DSP/BIOS 运行时刻对象,指定应用程序线程类型、优先级以及激活时所调用的函数,创建系统内存映像、中断向量表,对片上定时器进行编程;

② 配置过程结束后,在程序中像调用常规数据对象一样来调用 DSP/BIOS API,访问和操作 DSP/BIOS 对象,实现系统功能。

使用 DSP/BIOS 开发 DSP 软件有两个重要特点:

① 所有与硬件有关的操作都必须借助 DSP/BIOS 本身提供的函数完成,开发者

应避免直接控制硬件资源,如定时器、DMA 控制器、串口、中断等。可以通过 CCS 提供的图形化工具在 DSP/BIOS 的配置文件中完成这些设置,也可以在代码中通过 API 调用完成动态设置。

② 带有 DSP/BIOS 的程序在运行时与一般 DSP 程序有所不同。在一般的开发过程中,用户自己的程序完全控制 DSP,软件按顺序依次执行;而在使用 DSP/BIOS 后,由 DSP/BIOS 程序控制 DSP,用户的应用程序建立在 DSP/BIOS 的基础之上,应用程序不再是按编写的次序顺序执行,而是在 DSP/BIOS 的调度下按任务、中断的优先级排队等待执行。

3.3 CSL 概述

在 DSP 应用系统中,一般会涉及大量对 DSP 器件外设特别是片上外设的编程处理工作,在开发初期消耗开发工程师较多精力。在 CCS 开发环境中,提供了在片支持库(CSL)。CSL 作为一个可升级器件被归于 DSP/BIOS 中。CSL 是一系列用于配置和控制在片外设的 API 函数、宏和符号的集合,在不调用其他 DSP/BIOS 组件的情况下,也可以方便地完成对 DSP 在片外设的配置与控制。TI 提供 CSL 的目标是为了方便外设的使用,缩短开发时间,增强程序的可移植性,增加对硬件的抽象,提高 TI 各系列芯片间程序的规范化和兼容性。

使用 CSL 有以下优点。

① CSL 提供对外设编程的标准规范。该规范包含用于定义外设配置的数据类型和宏,以及大量对不同外设进行操作的函数。

② 通过 CSL GUI 进行自动外设预初始化 CSL 在 DSP/BIOS 中集成了一个图形用户界面(GUI)。CSL GUI 可以对外设进行预初始化,可以自动产生正确的寄存器配置值,产生使用 CSL 函数初始化外设的 C 文件。

③ 基本的资源管理:通过对许多外设提供 open 和 close 函数来实现。这一点对支持多通道的外设特别有用。

④ 对外设的符号化描述:CSL 创建的时候,对所有的外设寄存器都进行了符号描述。这些符号描述很少有针对某种芯片的,因此易于不同 DSP 之间的程序移植。CSL 由编译和归档成库文件的单元构成。每一个外设对应于一个单独的模块。CSL 模块库的结构如图 3.3.1 所示,这种结构便于未来加进新外设时的扩展。

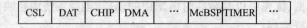

| CSL | DAT | CHIP | DMA | ⋯ | McBSP | TIMER | ⋯ |

图 3.3.1 CSL 模块库的结构

3.3.1　CSL 体系结构

在芯片支持库中每个外设都有一个单一的 API 模块与之对应。因此,有一个直接存储器存取(DMA)API 模块对应于 DMA 外设,一个多通道缓冲串口(McBSP) API 模块对应于 McBSP 外设,等等。表 3.3.1 是 CSL 模块的详细描述。

表 3.3.1　CSL 模块库构成

外设模式(前缀)	描　述	包含库文件	模式支持符号
ADC	模数转换	csl_adc.h	_ADC_SUPPORT
CHIP	通用设备模式	csl_chip.h	_CHIP_SUPPORT
DAT	数据复制填充模式	csl_dat.h	_DAT_SUPPORT
DMA	DMA 外设	csl_dma.h	_DMA_SUPPORT
EMIF	外部存储总线接口	csl_emif.h	_EMIF_SUPPORT
GPIO	通用输入/输出接口	csl_gpio.h	_GPIO_SUPPORT
I2C	I^2C 外设	csl_i2c.h	_I2C_SUPPORT
ICACHE	指令缓存	csl_icache.h	_ICACHE_SUPPORT
IRQ	中断控制	csl_irq.h	_IRQ_SUPPORT
McBSP	多通道缓冲串行口	csl_mcbsp.h	_MCBSP_SUPPORT
MMC	多媒体控制器	csl_mmc.h	_MMC_SUPPORT
PLL	锁相环	csl_pll.h	_PLL_SUPPORT
PWR	电源管理模式	csl_pwr.h	_PWR_SUPPORT
RTC	实时时钟	csl_rtc.h	_RTC_SUPPORT
TIMER	定时器外设	csl_timer.h	_TIMER_SUPPORT
WDTIM	看门狗定时器	csl_wdtim.h	_WDT_SUPPORT
USB	USB 外设	csl_usb.h	_USB_SUPPORT
UART	通用异步串行外设	csl_uart.h	_UART_SUPPORT
HPI	主机控制接口	csl_hpi.h	_HPI_SUPPORT
GPT	64 位通用定时器	csl_gpt.h	_GPT_SUPPORT

尽管每一个 CSL 模块都提供了专用的函数组,但是一些模块之间还是存在一定的依赖性。例如:DMA 模块因为 DMA 中断的缘故依赖于 IRQ 模块,所以链接使用 DMA 模块程序时,一部分 IRQ 模块的程序也会自动链接。

CSL 模块的使用有两种方法:使用 CSL GUI 工具和直接使用 CSL 库。直接使用 CSL 库时,需要在用户代码中使用 C 语言手动声明和初始化目标配置,即不使用 CDB 文件来完成配置;CSL 库也需要在工程配置时手动添加;使用这种方法的好处是程序中可以直接调用 CSL 库函数和宏。

并不是所有的器件都支持所有的 API 模块,这依赖于器件实际所拥有的外设。表 3.3.2 给出 C55x DSP 的 CSL 库。

表 3.3.2　C55x DSP 的 CSL 库

芯　片	小端模式库	大端模式库	芯片支持模式
C5501	csl5501.lib	csl5501x.lib	CHIP_5501
C5502	csl5502.lib	csl5502x.lib	CHIP_5502
C5509	csl5509.lib	csl5509x.lib	CHIP_5509
C5509A	csl5509a.lib	CSL5509ax.lib	CHIP_5509A
C5510PG1.0	csl5510PG1_0.lib	csl5510PG1_0x.lib	CHIP_5510PG1_0
C5510PG1.2	csl5510PG1_2.lib	csl5510PG1_2x.lib	CHIP_5510PG1_2
C5510PG2.0	csl5510PG2_0.lib	csl5510PG2_0x.lib	CHIP_5510PG2_0
C5510PG2.1	csl5510PG2_1.lib	csl5510PG2_1x.lib	CHIP_5510PG2_1
C5510PG2.2	csl5510PG2_2.lib	csl5510PG2_2x.lib	CHIP_5510PG2_2

3.3.2　CSL 命名规则

表 3.3.3 为 CSL 命名规则,其中 PER 位对应模块占位符。所有函数、变量、宏及数据类型都是以"PER_"开始的,PER 是模块或外设的名字。函数名在"PER_"(外设名)之后,用小写字母表示;只有当函数名包括两个及以上单词时才能用大写字母,如 PER_getConfig()。外设名"PER_"后面的宏名要全部用大写字母表示,如 DMA_PRICTL_RMK。数据类型以大写字母开头,后面的用小写,如 DMA_Handle。

表 3.3.3　CSL 命名规则

对象类型	命名规则	对象类型	命名规则
函数	PER_funcName()	类型定义	PER_Tpename
变量	PER_varName	函数参数	funcArg
宏	PER_MACRO_NAME	结构体成员	memberName

注意:CSL 库中每个寄存器和每个域的宏名和常量名都定义在 CSL 文件中,因此,在重新定义时不要重名。由于许多 CSL 函数都已在 CSL 库中定义,因此在创建自己的函数名时也要格外小心。

CSL 库在 stdinc.h 文件中定义了自己的数据类型,如表 3.3.4 所列。这些数据类型对所有 CSL 模块都适用,增加的数据类型在每个模块中定义。

表 3.3.4　DSP 数据类型

数据类型	描　述	数据类型	描　述
CSLBool	unsigned short	Unit16	unsigned short
PER_Handle	void *	Uint32	unsigned long
Int16	short	DMA_AdrPtr	void(* DMA_AdrPtr)() pointer to a void function
Int32	long		
Uchar	unsigned char	—	—

3.3.3　通用 CSL 函数

表 3.3.5 介绍通用 CSL 函数,其中,[* * *]中的为可选参数;[handle]只用在基于句柄的外设上,如 DAT、DMA、EDMA、GPIO、McBSP、TIMER 等。

表 3.3.5　通用 CSL 函数

函　数	说　明
handle = PER _ open (channel-Number,[priority] flags)	打开一个外设通道,根据标志位做相应的操作,并返回一句柄。该操作必须在使用通道之前调用。priority 参数仅用于 DAT 模块
PER_config([handle,] * config-Structure)	将配置结构值写入外设寄存器中。可以采用下列方式初始化配置结构:整型常量;整型变量;CSL 符号常数,PER_REG_DEFAULT;由 PER_REG_RMK 宏创建的合并字段值
PER _ configArgs ([handle,] regval_1,…,regval_n)	将单个的值(regval_n)写入外设寄存器。写入值可以是下列形式:整型常量;整型变量;CSL 符号常数,PER _ REG _ DEFAULT;由 PER_REG_RMK 宏创建的合并字段值
PER_reset([handle])	复位外设到初始上电状态
PER_close(handle)	关闭一个由 PER_open()打开的外设通道。其寄存器复位到初始上电状态,并清除所有被挂起的中断

CSL 提供两种类型的函数来初始化外设寄存器:PER_config()和 PER_configArgs()。

PER_config()初始化 CSL 模块的外设控制寄存器。该函数需要一个地址参数来指定外设寄存器的地址。每个模块的配置结构数据类型定义中包含 PER_config()函数。以下为该函数的一个示例:

```
handle = PER_open(
    channelNumber
    [priority]
    Flags)
```

以上程序打开一个外设通道,根据 flag 进行操作,在使用通道前必须先调用该函数,返回值将在下面的 API 中调用唯一的标识设备名称。注:[priority]参数只适用于 DAT 模块。

```
PER_config(
    [handle,]
    * configStructure)
```

以上程序将配置结构体的值写入外设寄存器,可以用整型常量、整型变量、CSL 标识常量 PER_REG_DEFAULT 等初始化配置结构体。

```
PER_configArgs(
    [handle,]
    regval_1
    ...
    regval_n)
```

以上程序将一系列值(regval_n)写入外设寄存器中,参数可以是整型常量、整型变量、CSL 标识常量 PER_REG_DEFAULT 等。

```
PER_reset([handle])
```

通道寄存器值复位成上电初始化时的默认值。

```
PER_close(handle)
```

以上程序关闭由 PER_open()函数打开的通道,此时,通道寄存器的值复位成上电默认值,并且所有未被处理的中断会被清除。

3.3.4　CSL 宏

PER 表示一个外设(如:DMA);REG 表示一个寄存器名(如:PRICTL0、AUX-CTL);FIELD 表示一个寄存器字段(如:ESIZE);regval 表示一个整型常量、整型变量、符号常数(PER_REG_DEFAULT)或由 PER_FMK 宏创建的合并字段值;fieldval 表示一个整型常量、整型变量或符号常数(PER_REG_FIELD_SYMVAL)所有的字段值均右对齐;X 表示一个整型常量、整型变量;sym 表示一个符号常数。具体的 CSL 宏定义参见表 3.3.6。通用 CSL 符号常数定义参见表 3.3.7。

表 3.3.6　CSL 宏定义

宏	说　明
PER_REG_RMK(fieldval_n,...,fieldval_0)	创建一个存储外设寄存器值的对象:_RMK 宏使这样的操作更加便捷。_RMK 宏应遵守下列规则:只能包含可写字段;必须包含所有的可写字段,不管是否使用;如果传递的字段比特数超过允许的比特数,_RMK 宏将舍去多余部分
PER_RSET(REG)	返回外设寄存器中的值
PER_RSET(REG,regval)	将值写入外设寄存器
PER_FMK(REG,FIELD,fieldval)	创建 fieldval
PER_FGET(REG,FIELD)	返回指定的外设寄存器字段中值
PER_FSET(REG,FIELD,fieldval)	将 fieldval 写入指定的外设寄存器字段中
PER_REG_ADDR(REG)	如果可用,获取外设寄存器的存储地址(或子地址)
PER_ FSETS(REG,FIELD,sym)	将符号值写入外设的指定字段
PER_FMKS(REG,FIELD,sym)	将符号值写入外设的指定字段
PER_ADDRH(h,REG)	返回给定句柄的存储器映射寄存器地址
PER_RGETH(h,REG)	返回给定句柄的寄存器值
PER_ RSETH(h,REG,x)	将给定句柄的寄存器设置为 x
PER_FGETH(h,REG,FIELD)	返回给定句柄的字段值
PER_ FSETH(h,REG,FIELD,x)	将给定句柄的字段值设置为 x
PER_ FSETSH(h,REG,FIELD,SYM)	将给定句柄的字段值设置为符号值

表 3.3.7　通用 CSL 符号常数

常　数	说　明
寄存器符号常数	
PER_REG_DEFAULT	寄存器默认值;为系统复位值或 0(如果复位对其无效)
字段符号常数	
PER_REG_FIELD_SYMVAL	指定外设寄存器的单一字段的符号常数
PER_REG_FIELD_DEFAULT	字段的默认值;为系统复位值或 0(如果复位对其无效)

　　为了在代码中初始化值更加便利,CSL 为寄存器和可写字段提供了符号常量。表 3.3.7 描述了符号常量,其中:

➤ PER 表示一个外设;　　　　　➤ FIELD 表示一个寄存器字段;

➤ REG 表示一个寄存器名;　　　➤ SYMVAL 表示寄存器字段的符号值。

3.3.5　CSL 调用

一般情况下,推荐使用 CSL GUI 工具来完成对 CSL 模块的配置等工作,在用户应用代码利用到中断管理或其他 DSP/BIOS 组件时,更希望开发工程师这样使用。但是作为一种存在的方法,避开 CSL GUI 工具不生成 CDB 文件,仍然可以直接在用户程序中调用 CSL 库,使用 CSL 宏以及 CSL 函数。有以下两种方法对外设进行编程处理。

① 基于寄存器的配置(PER_config())。根据寄存器说明设置其全值来配置外设。这种方法不够直观。

② 基于函数参数的配置(PER_setup())。利用一个参数集合来配置外设。这种方法直观,但是要比第 1 种方法消耗更多的代码空间和执行时间。

3.4　XDAIS 算法标准

XDAIS 算法标准是 TI 公司为了改善算法的兼容性和重用性,提出的一套算法接口规范,意在统一第三方软件开发商在算法接口上的规则,实现算法的高效重用和移植。

为了能实现标准算法库,算法核心代码的共有属性必须满足:C 语言可调用;是一个同时可以被多个用户读或同一用户读多次的程序;与 I/O 独立;可以按内存占有大小和 MIPS 需求进行分类。XDIAS 算法标准规则分为 4 组,具备基本的校验机制以保证符合标准:

➢ 常识性变成规则,作用在于加强算法的便携性、可预测性及易用性;

➢ 取消任意选择,指定在各种不同方法中采用何种方法;

➢ 资源管理,是算法标准的核心,适用于外部、内部存储器以及 DMA 通道等外设;

➢ 统一规范,有助于系统集成商衡量算法,并评估其在系统中的兼容性。

XDIAS 共有 46 条规则,随着标准需求的不断发展,还在不断完善和增加。其主要的规则包括:不同厂商的算法能够被集成到一个系统内;算法与框架独立,同一个算法能被任何应用或框架有效地调用;算法能够在静态和动态环境中部署;算法能以二进制格式分布;算法的集成不需要客户的重编译,但需要重配置和链接;算法中不能出现内存地址和硬件编码程序,不能直接访问任何外设;所有模块都必须遵循XDAIS 的命名规则,提供初始化和终止的方法等。

该算法标准的目标是:标准易于使用和遵守;标准的一致性能够得到验证;算法标准库能够在不同的 TI DSP 芯片平台上方便移植;能够简化系统集成任务,包括配置、执行的模型、标准一致性和调试。

3.5　eXpressDSP 参考框架

　　RF 是 TI 公司为其 eXpressDSP 软件设计的参考框架,它被作为入门工具提供给用户,以方便用户开发使用 DSP/BIOS 和 XDAIS 的应用程序。参考框架的结构如图 3.5.1 所示。

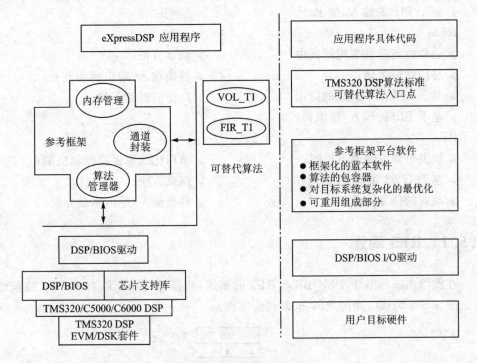

图 3.5.1　参考框架的结构

　　参考框架的底层为 TI 硬件;其上是基于标准驱动模块的设备驱动控制器和适配器,用于完成多线程 I/O 请求的序列化功能和同步功能;再上一层是 CSL 和 DSP/BIOS;最顶层是 DSP 应用程序;在应用程序和 DSP/BIOS 之间就是参考框架的各个组件,如通道管理等。开发者首先选择最接近当前系统和未来需要的参考框架的等级。接下来,开发者改编框架加入适应 eXpressDSP 的算法。内存管理、设备驱动和通道的封装等基本组件已预编译在框架中,开发者可以把精力集中在系统的特殊需要和获得更高的质量上。这种参考框架包括了为 C5000、C6000 系列 DSP 芯片开发好的、可重用的 C 语言应用程序,开发者可以在这个基础上进行开发,而不用担心潜在环节的鲁棒性和对目标应用的适应性。参考框架也可以定义为一种使用 DSP/BI-OS 和 XDAIS 的通用 DSP 启动程序源代码,它将应用程序、XDAIS 算法和底层结构结合在一起形成架构空间。

　　到目前为止,TI 公司提供了 3 种参考框架标准:RF1、RF3 和 RF5。不同的参考框架对应于不同的应用级别:RFl 只使用 HWI,适用于小型系统;RF3 使用 SVI 和 HWI,适用于中型系统;RF5 推荐使用 TSK 和 HWI 结合,专为多通道多算法的应用程序而设计,适合用于大型 DSP 应用系统。3 种参考框架标准的基本特性分别如下所述。

RF1:
- 最小化内存;
- 支持 XDAIS 标准算法;
- 基于 PIP 的输入/输出;

- 调试方便;
- 替换输入/输出驱动方便。

RF3:
- 适应性与开发费用的折中;
- 易用性最大化;
- 基于 HWI 和 SWI 的应用;
- 基于 PIP 的输入/输出;

- 调试方便;
- 替换输入/输出驱动方便;
- 广泛的板级支持。

RF5:
- 提供可升级的通道控制;
- 基于 HWI 和 TSK 的应用;
- 高效的任务间通信;

- 结构化线程保护控制机制;
- 调试方便;
- 替换输入/输出驱动方便。

3.5.1 RF3 简述

在此给出一种基于 DSP/BIOS RF3 的系统,由 3 个 HWI 和 4 个 SWI 线程组成。图 3.5.2 为该应用的 RF3 框架调度流程。

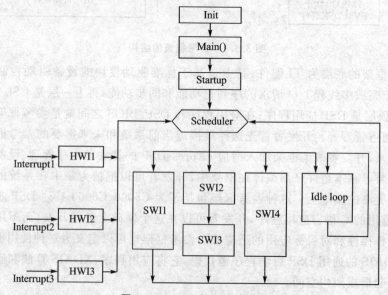

图 3.5.2 RF3 框架调度流程

可以看出 RF3 的调度策略相当简单：系统初始化完毕后，当有外部中断到来，在硬件中断中进行了必要的处理后，在 DSP/BIOS 线程调度器的调度下，根据调度策略进入相应的软件中断执行。在没有外部中断的情况下，系统进入空闲循环，即执行后台线程。

3.5.2　RF5 简述

与 RF3 不同，RF5 是基于 HM 和 TSK 的调度系统应用，比 RF3 要复杂得多。RF5 结构由底向上分为任务（TSK）、通道（channel）和单元（cell）3 种元素。RF5 的参考框架如图 3.5.3 所示。每个任务实现特定的功能，任务之间相对独立，每个通道分时复用执行类似的工作，每个单元是最小的程序算法代码。一个任务中可以有多个并行的通道，也可以不包含任何通道；一个通道可以有多个单元并行执行，而每个单元中封装了一个符合 XDAIS 标准的算法模块。每种元素可以有多个实例，比如，可以使用两个通道，每个通道中都加入同一算法。每个实例对象的数据描述是不同的，但它们共享操作数据的代码。

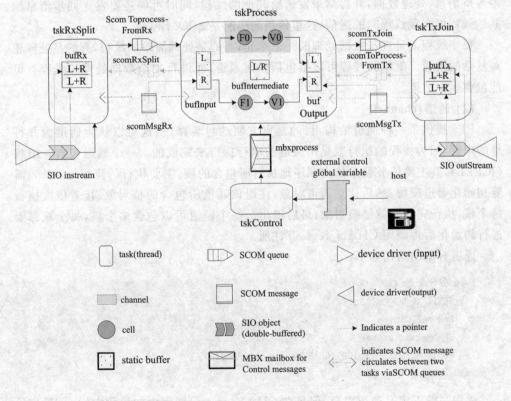

图 3.5.3　RF5 参考框架

RF5 是 TI 公司新近推出的 DSP 软件开发的起步代码参考框架,它以 DSP/BI-OS 为基础,利用其中的数据处理元素和数据通信元素方便快捷地完成 DSP 软件的设计与开发。RF5 是 RF 的最新版本,其区别于 RF1 和 RF3 的显著特点是:支持动态对象创建和支持线程(任务)挂起功能,因此适合系统较复杂的应用场合。

RF5 主要实现 3 个功能:存储管理、线程模型和通道封装。对于不同的应用,只需在这 3 个元素上做修改,而对于整个应用程序,不用从头设计,这样大大简化了开发者的开发难度,缩短了开发时间。

RF5 适用于包含大量的算法,且要求多线程多通道的应用,如图像处理、多媒体应用等。以 TI 提供的实例 mpeg2loopback 为例,对 RF5 进行分析。

RF5 包含的元素如下介绍。

(1) 线程(thread)

RF5 框架包含 4 个基本的数据处理元素,处在最顶层的是线程,线程总是顺序地执行所包含的通道,线程在一个比较高的级别上把数据组织在一起,它们可以与别的线程、设备驱动以及别的类似结构进行通信。在 mpeg2lookback 实例中,创建了 3 个线程,分别是 tskVideoInput、tskVideoOutput 和 tskProcess。每个线程都在不断地等待消息、处理数据,并将结果发送给其他的线程,同时可能还要发送同步消息给其他线程以实现线程间的通信,这里使用的机制是 SCOM 模块。

每个线程都是进行数据处理的一个单元,有的是处理简单的线程,有的是处理相对复杂的线程。简单的线程可以不包括任何通道,而进行复杂数据处理的线程有可能包含多个通道。

(2) 通道(channel)

RF5 提供了一种通道结构,目的是更方便地封装算法,这可以认为通道为并行里的串行,因为线程的执行就是由通道的串行执行来完成的。一个通道包含一组核(ICELL),其主要任务就是依次顺序地执行所包含的核,主要执行的流程为:首先需要初始化通道模块;然后建立通道对象,注册该通道所包含的核对象;接着依次执行每个核,执行完成后就销毁对象;最后退出。每个通道可以包含多个核,每个核都要进行初始化后再调用 CHAN_regCell 注册。

通道对象的结构如下:

```
typedef struct CHAN_Obj {
    ICELL_Obj * cellSet;
    Uns cellCnt;
    CHAN_State state;
    Bool( * chanControlCB)(CHAN_Handle chanHandle);
} CHAN_Obj;
```

线程一般不定义通道对象,但是在 CHAN_open()调用中初始化它们。CHAN_open()的最后一个参数是通道属性(CHAN_Attrs)结构体的地址。如果最后一个参数是 NULL,那么 CHAN_open()使用默认的参数。如果要想使用不同的参数,就要声明一个 CHAN_Attrs 的结构体,并需初始化为 CHAN_ATTRS 宏所定义的初值,然后根据需要可以修改其中相应的域值。通常,其中的通道状态参数 CHAN_State state 域默认为 CHAN_ACTIVE,通道控制回调函数参数域 Bool(∗ chanControlCB)(CHAN_Handle chanHandle)默认为 NULL。如果通道控制回调函数不为空,那么在任何的 cell 调用执行之前都会先调用此回调函数。

一个典型的设置:一个线程为每个通道建立一个 CHAN_Obj 对象(或一组类似的对象),并且为每个 cell 建立一个 ICELL_Obj 对象(或是与每个通道相对应的一组 ICELL_Obj 对象)。在线程初始化 ICELL_Obj 之后就会调用下面的函数:

```
CHAN_regCell(cell,inputIcc,1,outputIcc,1);
```

说明:其中的 cell 指向 cell 对象的指针,inputIcc/outputIcc 是相应的 cell 的 ICC 对象。这个调用计算单元需要的空间,并分配给定的 ICC 对象给 cell。

当所有的 cell 都已经创建并初始化之后,线程调用 CHAN_open()函数来为每一个指定的通道(chanNum)传递 cell 对象(cellList)。这个函数创建所有的 XDAIS 算法,并且如果单元细胞定义了 cellOpen()函数,则会调用每一个单元细胞的 cellOpen()函数:

```
CHAN_open(chanList[ chanNum ],cellList,numCells,NULL);
```

最后,在运行时,线程为每个通道(chanNum)调用 CHAN_execute()函数开始执行:

```
CHAN_execute(chanList[ chanNum ],NULL);
```

(3) 核(ICELL)

核实际上就是 ICELL 接口对象。基于 RF5 的应用常常包含大量的算法和通道,为了便于将算法集中到应用中,RF5 提出了核的概念。一个核就是包含一种 XDAIS 算法的容器。一个 RF5 通道对象可以包含多个核,也即是包含多个算法。通道通过核来调用算法,实际上,真正的数据处理是在 XDAIS 算法中,核只是提供一个调用算法的接口,这大大简化了工作量,便于移植。

该接口包含一个重要的结构:ICELL_Fxns,该结构包含一组函数指针。通道通过调用这些函数来调用算法,其中包含一个关键的函数 cellExecute,这个函数的功能是调用 XDAIS 算法来执行。上面的通道执行函数 CHAN_execute()就包含了每个 cellExecute 的调用。

(4) ICC 模块

ICC 模块是用来管理核之间以及核与其他线程之间的数据通信。我们知道线程间的数据传输是通过 SCOM 模块来实现的,每个 ICC 模块管理一个或多个 ICC 对象,每个核都有一组输入和输出 ICC 对象。这些对象通过 CHAN_regCell()来注册到相应的通道里。

(5) 同步通信机制(SCOM)

ThrProcess 中包含两个 SCOM 对象,RF5 使用 SCOM 对象来实现线程的通信。SCOM 消息是用户自定义的一个机构,一个线程通过调用 SCOM_putMsg()函数将 SCOM 消息放置在一个 SCOM 队列中,发送给其他的线程;或通过调用 SCOM_get-Msg()函数从队列中获取消息。一般情况下,发送消息指明接收线程所要读取的数据缓冲区地址(以指针形式),接收消息指明发送线程所要写入的数据缓冲区地址。在 mape2loopback 实例中(该程序是 TI 为开发者提供的 demo,读者可在 TI 官方网站下载此源代码,本书配套资料中也提供此代码),thrProcess 要从 thraVideoInput 接收消息,并发送消息给 thrVideoOutput 输出图像。RF5 使用 SCOM 来实现线程间的通信:thrProcess 拥有一些缓冲区,需要 thrVideoInput 写或 thrVideoOutput 读,所以 thrProcess 通过 SCOM 告诉 thrVideoIput 和 thrVideoOutput 线程数据缓冲区的地址,同时还要保证两个线程不会同时访问同一个缓冲区。thrProcess 创建了两种消息以分别和两个线程进行通信:scomMsgRx 和 scomMsgTx。scomMsgRx 指定了被 thrVideoInput 写的缓冲区地址,scomMsgTx 指定了被 thrVideoOutput 读的缓冲区地址。

在实际操作中,可将 SCOM 看作是种同步标记,它用来区分模块内存是否正在被其他线程所使用,这样就可以放置内存访问的冲突。整个系统中包含很多存储区,这些内存区很有可能在某一时刻正在被某一线程访问,为了保证在任意时刻只有一个线程访问某一块内存,当前正在访问这一内存块的线程通过发送 SCOM 消息给与这一内存块有关联的线程,告诉它"我正在访问呢,你等会再来吧"。当它访问完成后,放弃了这一内存块的占有权,再通过 SCOM 消息告诉相关联的线程"我用完了,你可以用了",于是相关联的线程就可以访问了。

(6) ALGRF 模块-算法的实例化(Algorithm Instantiation)

ALGRF 模块用 DSP/BIOS MEM 内存管理器来创建和删除 XDAIS 算法的模块。参考框架服务简化 XDAIS 部件的使用。所有符合 XDAIS 标准的算法都必须使用一个标准的接口——IALG 接口。ALGRF 使用算法的 IALG 来实现对 XDAIS 算法的实例化。任何符合 XDAIS 标准的算法都可以被 ALGRF 所使用。

用户代码不必直接调用 ALGRF 函数,这个工作由 CHAN 和其他的库函数来完成。例外的是 cell wrappers 中的 ALGRF_activate/deactivate 序列化:如果 cell 中的 XDAIS 算法执行 IALG_active/deactivate 函数,它需要调用两个 ALGRF 函数来完成。

3 个模块(ALGRF、ALG、ALGMIN)用来简化 IALG 接口创建算法对象。RF5 使用 ALGRF 模块来创建、配置、删除 XDAIS 算法实例。ALG 模块将 CCStudio 作为通用目的使用,并且不用 DSP/BIOS MEM 模块分配内存。ALGMIN 是 3 个模块中的最小应用。

一般情况下,这 3 个模块是相互包含的,但是只有一个能在应用程序中使用。ALGRF 适用于 RF5 的需要和别的 RF 级别,而不适合紧凑和底端的如 RF1 级别的系统。

3.6　TI 官方文档资源介绍

在开发 TI 系列 DSP 过程中,一个很重要的内容是仔细反复阅读 TI 的相关文档。DSP 资料内容庞大,不成系统,太多的英文资料让初学者望而却步。初学者面对 TI 繁杂的文档,很容易产生望而生畏的情绪,进而影响在以后过程中的学习。红尘的建议是,刚开始学习的时候,不要先阅读文档,而是用到哪个部分的时候再对相关内容进行仔细地阅读。

TI 的文档主要包括通用软件开发、C55x 工具、C55x 编程指南和库文件、C55x CPU、C55x 片内外设等。

① 通用软件开发:该文档主要是关于 DSP 开发环境 CCS(Code Composer Studio)的介绍,包括详细的使用指南、不同版本 CCS 之间的区别、DSP/BIOS 使用指南、DSP/BIOS 应用程序接口(API)参考、GEL 文件介绍以及 ATK(Analysis Toolkit)。GEL 文件主要用来启动过程初始化硬件,Analysis Toolkit 分析 DSP 的性能以及增强程序的健壮性。

② C55x 工具:这些文档专门讲述关于 C55x 系列 DSP 的仿真、汇编、编译和优化等。

③ C55x 编程指南和库文件:为了提高 DSP 运算速度、缩短开发周期,TI 提供了一些关于片内外设、数字信号处理库、图像/视频处理库的相关函数接口,方便用户调用。

④ C55x CPU:这部分主要包括 CPU 寄存器、指令介绍等相关内容。

⑤ C55x 片内外设:这些文档主要介绍 C55x 的片内外设,包括 A/D、DMA、EMIF、HPI、I^2C、McBSP、MMC/SD、RTC、UART、USB 等。

TI 提供的参考文档可以在 CCS 安装目录中找到,也可以在 TI 的官方网站查找。仔细阅读 TI 的参考文档是学习 DSP 的不二法门。

在做硬件之前,需要看的资料有:

① 芯片数据手册,描述该器件的引脚信号、片上资源、电气指标和机械特性(如封装等),在做硬件前必看 TMS320VC5509A 数据手册 SPRS205J——TMS320VC5509A Fixed-PointDigital Signal Processor;

② 某一系列 DSP 的 CPU 和指令集用户指南,描述该系列 DSP 的 CPU 结构、内部寄存器、寻址方式等(TMS320VC5509A DSP 的 CPU 和指令集用户指南 SPRU371F);

③ 某一系列 DSP 片上外设用户指南,一般有很多本,用什么外设看相应的用户

指南即可。

讲述 DSP 的 CPU、存储器、程序空间寻址、数据空间寻址的资料都需要看,外设资源的资料可以只看自己用到的部分。

在做软件之前,需要看的资料有:

① 汇编语言工具(TMS320C55x Assembly Language Tools User's Guide,SPRU280H),描述汇编语言的基本格式、汇编器伪指令、汇编器参数、链接器和其他实用程序等;

② 汇编指令集(TMS320C55x DSP Mnemonic Instruction Set Reference Guide,SPRU374J),在做汇编程序前,首先要看明白寻址方式,具体的指令可在编程时查阅;

③ 优化 C 编译器(TMS320C55x Optimizing C/C++ Compiler User's Guide,SPRU281F),在做 C 程序前,首先要看明白 C 的运行环境,其他内容可在编程时查阅;

④ 更高级的编程方法还有很多资料,如 DSP/BIOS、函数库等,均有相应的优化指南,用到时再去查看;C 语言的运行时间支持库、DSPLIB、程序员向导等资料也需要相关查阅。

调试时,需要看的资料有:

➢ Code Composer Studio Getting Started Guide(Rev. D);

➢ Code Composer Studio User's Guide(Rev. B)。

开发设计需要参考的片内外设文档:

➢ TMS320C55x DSP Peripherals Overview Reference Guide;

➢ TMS320VC5503/5507/5509 DSP External Memory Interface(EMIF)Reference Guide;

➢ The TMS320VC5501/5502/5503/5507/5509 DSP Inter-Integrated Circuit (I2C)Module Reference Guide。

片内外设的文档不仅限于这几个,一般一个外设模块对应一个参考文档,开发设计阶段不必详细阅读每个文档,需要大致了解一下,然后根据用到的模块熟悉相关的开发文档。

第 **4** 章

CCS 集成开发环境

目前,DSP 的发展趋势是处理更复杂、更新速度更快。DSP 的应用也向多处理器、多通道发展,变得越来越复杂。与此同时,市场对基于 DSP 的产品需求越来越大,竞争也越来越激烈。因此,对开发效率的要求也就变得越来越高。对开发者而言,要想在有限的开发时间内,充分发挥 DSP 器件的特性,高效的开发工具是至关重要的。

DSP 学习要达到具备开发能力的水平,认真解析汇编语言编程、C 语言编程及掌握必要的开发工具是必需的。CCS 是 TI 推出的专门开发 TMS320 系列 DSP 的集成开发环境。CCS 集成了工程管理工具、代码编辑工具、代码生成工具(包括 C 编译器、汇编优化器、汇编器和链接器)、代码调试工具、仿真器以及性能分析工具(Profiler)等,与 DSP 软件开发紧密相关的工具。这就是说,开发者在 CCS 之内可以完成所有和 DSP 软件开发相关的工作。开发人员过去自己配置 makefile,管理工程文件,然后通过命令行,逐个运行各种工具,完成代码的编译、链接、仿真和调试等任务,而使用 CCS 的实时分析和数据可视化功能就可以简化这些操作。这就大大降低了DSP 系统开发的难度,使开发者可以将精力集中在应用上,加快了 DSP 系统开发的速度。

4.1 开发工具与开发步骤

4.1.1 代码的开发方法

DSP 代码开发的方法如下。

① 汇编语言编程:这个方式编辑的代码的优点是,容易达到最简化,运行效率高,实时性强;缺点是开发效率低,编程过程相对繁琐。

② C 语言编程：C 语言是大多数 DSP 支持的一种代码开发工具。它使编程过程变得相对简单而高效,但缺点是由于目标代码不是最简单的,所以实时性比较差。因此,对实时性要求高的场合,必须采用汇编语言编程。C 语言还在某些特定场合受到限制,如 C 语言缺乏访问程序区数据的有效手段,这种情况必须使用汇编语言来编程。

③ 混合编程：实际上,最佳的方式是使用以上两种方式,即汇编语言、C 语言混合编程的方法。根据实际情况,可以灵活选择使用什么语言编程。一般系统程序可以使用 C 语言,涉及算法等实时性比较强的程序则使用汇编语言。程序通过特定的编程方式可以实现 C 语言、汇编语言的互相调用。

4.1.2　开发工具

开发工具按开发阶段分类如下。

① 代码产生工具：用于生成程序代码及代码转换,如 C 编译器、汇编器、链接器、文档管理器、运行支持库、交叉参考列表工具、建库工具、十六进制转换工具等。

② 代码调试工具：用于代码的调试过程,如软件模拟器、软件评估模块 EVM、MCK、初学者开发工具 DSK。

③ 集成开发环境：适用于 DSP 开发的全过程,如 CC2000、CCStudio 等。CC2000 是用于 DSP 2000 系列的专用开发工具;而 CCStudio 是一个多平台开发环境,适用于 TI 公司所有 DSP 系列的开发。

开发工具按软硬件分类如下。

① 软件工具：CC2000、CCStudio、软件模拟器、代码产生工具等。

② 硬件工具：软件评估模块 EVM、初学者开发工具 DSK、MCK、用户板等。

实际产品的开发调试必须是软件平台结合硬件模块或用户板才能进行。

4.1.3　开发步骤

DSP 的软件开发不仅是代码编辑的概念,而且应立足于工程的角度来研究。其一般步骤如下：

① 利用文本编辑工具编辑汇编语言源程序(* . asm)。如果使用 C 语言开发代码,则要先使用 C 编译器把 C 语言代码转换为汇编语言程序。

② 调用汇编器汇编该源文件。如果该文件用到了宏,汇编器还将使用宏库(Macro Library)。

③ 汇编后生成符合公共目标文件格式的目标文件(COFF 目标文件, * . obj)。

④ 调用链接器实现 COFF 目标文件和其他诸如运行支持库、目标文件库中关联文件的链接。

⑤ 链接之后生成可执行的 COFF 执行文件(＊.out)。

⑥ 将 COFF 执行文件下载到 DSP。

⑦ 利用调试工具对运行进行跟踪和调试。

也就是说,软件开发大体要经历程序编辑(asm、c、cpp 等文件)、汇编(obj 文件)、链接(out 文件)、下载、调试 5 个阶段。

4.2　CCS 简介

4.2.1　CCS 版本支持

复杂系统常常以多个 DSP 处理器和平台为基础,以实现所需的性能水平。过去,采用多个 DSP 平台的开发人员通常必须在设计中使用多种工具集,TI 新型的 CCStudio 提供了可支持所有 TI 平台(包括目前流行的 TMS320C6000 DSP、TMS320C5000 DSP、TMS320C2000 DSP 以及 OMAP 平台)的全面集成型开发环境,从而显著地简化了设计工作。

4.2.2　CCS 基本功能

CCS 包含如下基本功能:

① 可视化代码编辑界面。可编写 C 语言、汇编语言、.H 文件、.cmd 文件等。

② 集成代码生成工具,如汇编器、C 编译器、链接器等。

③ 基本调试工具,如跟踪、查看程序执行、存储器、寄存器等。

④ 断点工具。

⑤ 探针工具。用于算法仿真、数据监视等。

⑥ 分析工具。评估代码执行的时钟数。

⑦ 数据的图形显示工具,如绘制时域/频域波形、眼图、星座图等。

⑧ GEL 工具。用户可以自行修改控制面板、菜单,方便直观修改变量、配置参数等。

⑨ 支持 RTDX(实时数据交换)技术。可以在不中断系统运行的情况下,实现 DSP 与其他应用程序的数据交换。

⑩ 开放式 Plug-in 技术,支持第三方的 ActiveX 插件(一种支持软件组件网络交互的工具),支持包括软仿真在内的各种仿真器(只需要安装驱动)。

⑪ 提供 DSP/BIOS 工具。增强了对代码实时分析、运行调度、资源管理的能力,减少了用户对硬件熟悉程度的依赖。

⑫ 支持多 DSP 调试。

4.3 CCS3.3 软件的安装与 USB 仿真驱动设置

4.3.1 CCS 文件的安装

VC5509A DSP 的软件开发环境为 TI 公司的 CCS3.3,具体的安装步骤可直接运行 CCS 安装软件的 setup.exe,按提示操作,即可完成 CCS 的安装,安装后会在桌面产生相应图标。详细步骤在此不再赘述。

在安装过程中,系统一般会默认到 C 盘根目录下。如果用户的 C 盘空间比较大的话可以直接安装在 C 盘;如果 C 盘空间小的话可以指定安装到其他盘,因为以后还要安仿真器驱动等,如果 C 盘空间很小,系统运行将会不稳定。如果准备安装到 D 盘,那么下面的 C:\CCStudio_v3.3 目录均应相应修改为 D:\CCStudio_v3.3。

4.3.2 CCS 文件的简单说明

安装进程将在安装 CCS 的文件夹(作者安装目录为 D:\CCStudio_v3.3)中建立子文件夹。D:\CCStudio_v3.3 包含以下常用目录:

➢ bin. 各种应用程序;

➢ bios_5_31_02 DSP/BIOS API 的程序编译时使用的文件;

➢ c5500\cgtools. Texas Instruments 源代码生成工具;

➢ examples 源程序实例;

➢ rtdx. RTDX 文件;

➢ tutorial. 本手册中使用的实例文件;

➢ cc\bin. 关于 CCS 环境的文件;

➢ cc\gel. 与 CCS 一起使用的 GEL 文件;

➢ docs. PDF 格式的文件和指南;

➢ myprojects. 用户默认使用文件夹。

当使用 CCS 时,将经常遇见下述扩展名文件:

➢ project.pjt. CCS 使用的工程文件;

➢ program.c. C 程序源文件;

➢ program.asm. 汇编程序源文件;

➢ filename.h. C 程序的头文件,包含 DSP/BIOS API 模块的头文件;

➢ filename.lib. 库文件;

➢ project.cmd. 链接命令文件;

➢ program.obj. 由源文件编译或汇编而得的目标文件;

➤ program.out. （经完整的编译、汇编以及链接的）可执行文件；

➤ project.wks. 存储环境设置信息的工作区文件；

➤ program.tcf. 配置数据库文件。采用 DSP/BIOS API 的应用程序需要这类文件，对于其他应用程序则是可选的。CCS3.3 版本以上的为 .tcf 文件，CCS2 的版本中为 .cdb 文件。

保存配置文件时将产生下列文件：

➤ programcfg.cmd. 链接器命令文件；

➤ programcfg.h55. 头文件；

➤ programcfg.s55. 汇编源文件。

4.3.3 目标板与驱动的安装设置

设置 USB 口仿真器之前，要先安装 USB 口仿真器驱动。由于国内很多公司生产自己的仿真器，在此不对具体的仿真器驱动安装做描述，开发者可以参考仿真器厂家提供的仿真器驱动安装说明。

如果使用的是台式机，注意仿真器的 USB 线不要插到前面板，那样可能会导致 USB 口供电不足，出现仿真器错误。

如图 4.3.1 所示，单击 Setup CCStudio v3.3 完成对 CCS3.3 和 USB 仿真器链接，设置 TMS320VC5509A。

在 Platform 中选择 XDS510 Emulator，如图 4.3.2 所示。

图 4.3.1 CCS 快捷方式

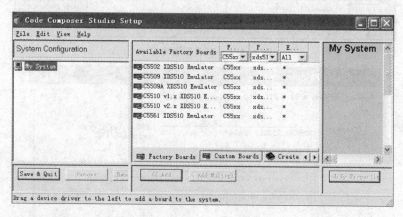

图 4.3.2 CCS 配置窗口 1

选择目标板的 DSP 型号，例如，若板子的型号是 5509，则可以选择 C5509A XDS510 Emulator 选项。然后双击，如图 4.3.3 所示。

然后右击 C5509A XDS510 Emulator 选项，在弹出的快捷菜单中选择 Properties（属性）选项，如图 4.3.4 所示。

按下面步骤进行 CCS 仿真模式配置，如图 4.3.5 所示。

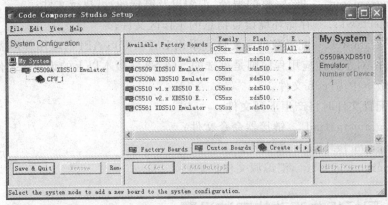

图 4.3.3 CCS 硬件仿真配置窗口

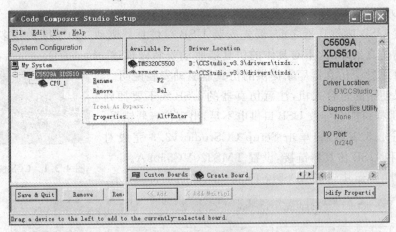

图 4.3.4 CCS 配置窗口 2

图 4.3.5 CCS 仿真模式配置

单击 Browse 按钮,系统会自动默认到 CCS3.3 中 drivers 文件的 Import 文件下面。如果没有,可以在 CCStudio_v3.3/drivers/import 文件下面找到,然后在里面找到 blackhawk.cfg,选中并打开,继续单击 Next 按钮,将 I/O Port 设为 0x0,最后完成,如图 4.3.6 所示。

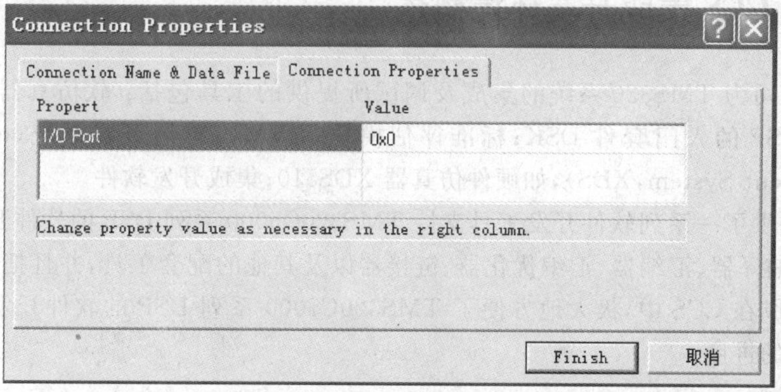

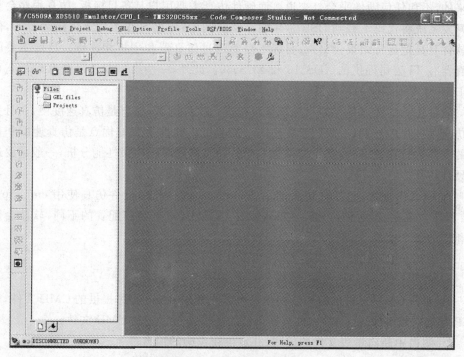

图 4.3.6　CCS 仿真模式 I/O 配置

还要在 File 下面对整个设置过程进行保存。至此,整个链接过程全部结束。退出 CCS_Setup,启动 CCS3.3。最后,在目标板和仿真器都上电的情况下,启动 CCS3.3 之后会显示如图 4.3.7 所示的窗口。

图 4.3.7　CCS 仿真启动窗口

4.4　CCS 集成开发环境

4.4.1　CCS 集成开发环境概述

TI 公司为 TMS320 系统的集成及调试所提供的工具包括：软仿真器(Simulator)，如 DSP 的入门套件 DSK；标准评估模块(EVM)；扩展开发系统(eXtended Development System, XDS)，如硬件仿真器 XDS510；集成开发软件。

TI 提供了一系列软件开发工具支持 TMS320C5000 系列 DSP 的软件开发，包括 C/C++编译器、汇编器、汇编优化器、链接器以及其他的配套工具，并且把这些开发工具都集成在 CCS 中，极大地方便了 TMS320C5000 系列 DSP 的软件开发，加快了软件开发的进度。

4.4.2　DSP 程序的仿真模式

DSP 程序的调试和仿真有两种模式：软件仿真和硬件仿真。软件仿真是指程序的执行完全靠运行在主机上的仿真软件模拟。程序运行的结果都是仿真软件"计算"出来的，不和任何硬件平台打交道。而硬件仿真需要用户具备目标板，仿真程序会利用开发系统将代码下载到 DSP 芯片的存储空间中；程序是在芯片上直接运行的，仿真软件只是把运行结果读出来；目标板需要通过仿真器和主机相连接。目前主要的仿真器有 TI 公司提供的 XDS510 和 XDS560。此外，一些第三方公司也为 C5000 系列 DSP 开发了相应的仿真器。

软件仿真的优点是无需目标板就可以进行软件调试；缺点是仿真速度慢，而且无法仿真某些片内外设，一般用于程序的功能验证。硬件仿真的优点是仿真速度和程序的实际运行速度一样，并且结果也一样。如果需要对程序做性能分析，一般需要进行硬件仿真。

在 CCS 出现之前，软件仿真使用 simulator. exe 程序，硬件仿真使用 emulator. exe 程序。现在，这两种仿真模式都集成在 CCS 中，根据当前配置的不同，软件会选择相应的仿真模式。

作为初学 DSP 的软件开发人员，可以从以下过程开始入手。

① 阅读 CCS 的使用指南，熟练使用 DSP 开发环境。

② 明白 CMD 文件的编写。初学者可以先使用 demo 程序提供的 CMD 文件，对 DSP 存储空间等深入了解后，再根据自己的需求编写相应的 CMD 文件。

③ 明白中断向量表文件的编写，并定位在正确的地方。

④ 运行一个纯 Simulator 的程序，了解 CCS 的各个操作。

⑤ 到 TI 网站下载相关的源码或者尽可能下载一些第三方开发板的软件程序，参考源码的结构进行编程。

⑥ 使用评估板进行实际系统的软件调试。在 DSP 开发之初，建议有一套开发板，因为一开始就从硬件入手，硬件设计和软件设计同时进行，对初学者来讲难度较大，容易丧失学习 DSP 的信心，而一点点成功经验的积累，能提高初学者学习的激情，从而更好地进行 DSP 的开发。

CCS 学习的详细参考文档：Code Composer Studio User's Guide. pdf。

4.4.3　CCS 菜单详解

1. 概　述

利用 CCS 开发环境，用户可以在此开发环境下完成工程定义、程序编辑、编译链接、调试和数据分析等工作环节。使用 CCS 开发应用程序的一般步骤如下。

① 打开或建立一个工程文件。工程文件包括源文件（C 或者汇编）、目标文件、库文件、链接命令和包含文件。

② 使用 CCS 集成编译环境编辑各类文件，如头文件（. h 文件）、命令文件（. cmd 文件）和源程序（. c 和. asm 文件）等。

③ 工程文件进行编译时，如果有语法错误，那么将在构建（Build）窗口中显示出来。用户可以根据显示的信息定位错误位置，更改错误。

④ 排除程序的语法错误后，用户可以对计算结果/输出数据进行分析，评估算法性能。CCS 提供探针、图形显示、性能测试等工具来分析数据，评估性能。

2. CCS 的窗口和工具栏

整个 CCS 应用窗口由主菜单、工具栏、工程管理窗口、图形显示窗口、内存单元显示窗口和寄存器显示窗口等构成。

工程管理窗口用于组织用户的若干程序构建一个项目，用户可以从工程列表中选择需要编辑和调试的特定程序。在源文件编辑/调试窗口中用户既可以编辑程序，又可以设置断点、探针、调试程序。反汇编窗口可以帮助用户查看机器指令，查找错误。内存和寄存器显示窗口可以查看、编辑内存单元和寄存器。图形显示窗口可以根据用户需要直接或经过处理后显示数据。用户也可以通过主菜单的菜单项来管理各窗口，如图 4.4.1 所示。

在任一 CCS 活动的窗口中右击都可以弹出与此窗口内容相关的菜单，被称为关联菜单（Context Menu）。利用此菜单用户可以对本窗口内容进行特定的操作。例如，在 Project View Windows 窗口中右击，弹出快捷菜单，选择不同的选项，用户完成添加程序，扫描相关性，关闭当前工程等操作。

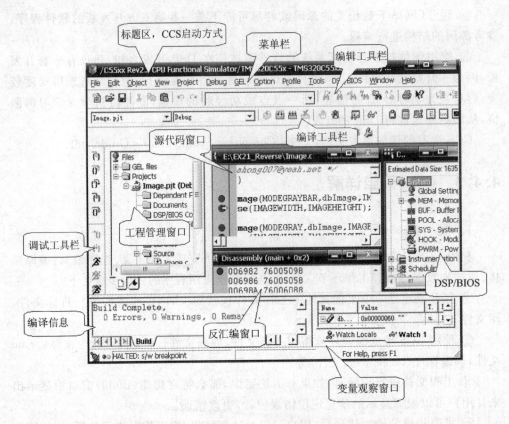

图 4.4.1   CCS 界面

3. 常用工具栏

CCS 将主菜单中常用的命令筛选出来,形成 5 类工具栏:标准工具栏(见图 4.4.2)、编辑工具栏(见图 4.4.3)、工程工具栏、调试工具栏(见图 4.4.4)和 DSP/BIOS 工具栏(见图 4.4.5)。用户可以单击工具栏上的按钮执行相应的操作。

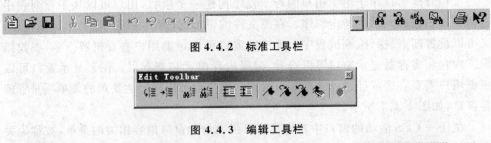

图 4.4.2   标准工具栏

图 4.4.3   编辑工具栏

图 4.4.4   调试工具栏   图 4.4.5   DSP/BIOS 工具栏

4.5　建立 DSP 工程文件

一个工程包括源程序、库文件、链接命令文件和头文件等，它们按照目录树的结构组织在工程文件中。工程构建（编译链接）完成后生成可执行文件。一个典型的工程文件记录下述信息：源程序文件名和目标库；编译器、汇编器和链接器选项；头文件。

4.5.1　创建、打开和关闭工程

选择 Project→New 菜单项创建一个新的工程文件（后缀为".pjt"），此后用户就可以编辑源程序、链接命令文件和头文件等，然后加入到工程中。工程编译链接后产生的可执行程序后缀为".out"。选择 Project→Open 菜单项打开一个已存在的工程文件。例如，用户打开位于"D：\CCStudio_v3.3\MyProjects\example"目录下的 example.pjt 工程文件时，工程中包含的各项信息被载入。选择 Project→Close 菜单项用于关闭当前工程文件。

按照 CCS 中 setup 的设置启动 CCS 编辑环境或者单击桌面 CCStudio v3.3 图标，启动图 4.5.1 所示的 CCS 开发环境。

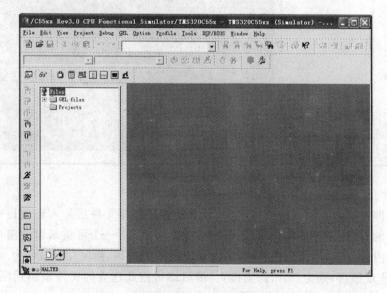

图 4.5.1　CCS 开发环境

选择 Project→New 菜单项，弹出图 4.5.2 所示的对话框。在 Project 文本框中输入项目名称，如 mytest；然后在 Location 文本框中指定项目存放的路径（此处路径请避免出现中文字符和空格）。单击 Finish 按钮后，出现如图 4.5.3 所示的窗口。

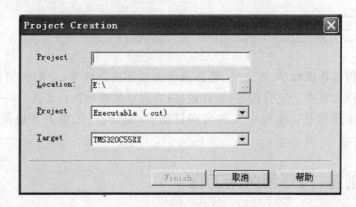

图 4.5.2   Project Creation 对话框

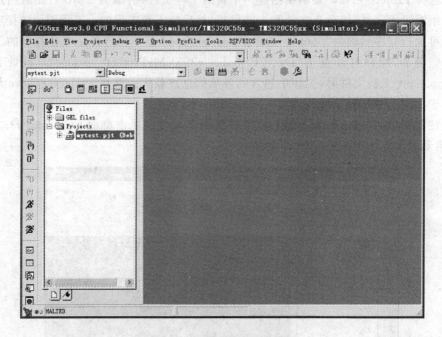

图 4.5.3   新建项目示例窗口

此时即可加入各种文件项目,也可马上建立一个源文件后加入到项目中去。建立源文件的方法:选择 File→New Source 菜单项,弹出一个可供编辑的窗口。在窗口中输入内容,然后保存为相应的文件(如果是汇编代码,则保存后缀名为.asm 的文件;如果是 C 语言,则为.c,以此类推)。最后即可把此建立的文件添加到项目中去。下面介绍把文件添加到项目中的方法。

把本书配套资料中的 exam_mytest 文件夹下的 example.c、example.cmd 和 vectors.asm 这 3 个文件夹添加到 D:\CCStudio_v3.3\MyProjects\mytest 目录下。

选择 Project→Add Files To Project 菜单项,在文件类型中选择 ∗.c∗ 文件,选择 example.c 选项,然后单击"打开"按钮,即把文件添加到项目中。

同样添加 example.cmd 和 vectors.asm 到项目中,选择 Project→Add Files To Project 菜单项,在文件类型中依次选择 ∗.cmd 和 ∗.a∗,添加到项目中。此时在工作窗口的工程视图中单击 mytest.pjt 旁边的"＋"号,即可展开工程查看其中的文件,如图 4.5.4 所示。

注意:此时,一些包含的文件不会出现在 Include 目录下,编译后 CCS 会自动加入,不必手动执行。

浏览代码和使用 Windows 的浏览器相似,只要单击"＋"号展开下面的文件,然后双击文件的图标,在主窗口就会显示相应文件的原始代码。

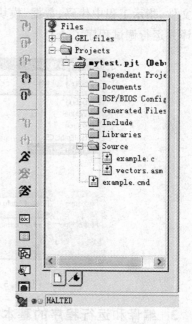

图 4.5.4　完整工程

4.5.2　编辑、编译和执行程序

1. 编辑源程序

CCS 集成编辑环境可以编辑 C 程序和汇编程序文件,还可以彩色高亮显示关键字、注释和字符串。CCS 的内嵌编辑器支持下述功能。

➤ 语法高亮显示。关键字、注释、字符串和汇编指令用不同的颜色显示相互区别。

➤ 查找和替换。可以在一个文件和一组文件中查找替换字符串。

➤ 针对内容的帮助。在源程序内,可以调用针对高亮显示字的帮助,这在获得汇编指令和 GEL 内建函数帮助特别有用。

➤ 多窗口显示。可以打开多个窗口或对同一个文件打开多个窗口。

➤ 可以利用标准工具栏和编辑工具栏帮助用户快速使用编辑功能。

➤ 作为 C 语言和 ASM 语言编辑器,可以判别圆括号或大括号是否匹配,排除语法错误。

➤ 所有编辑命令都有快捷键对应。

2. 编译和执行程序

当建立好 Project,并编写、添加源文件到工程后,还需要添加一个 CMD 链接命令文件,指示工程中代码、数据、模块等的内存分布,如图 4.5.5 所示。接下来就可以编译并运行调试程序了。

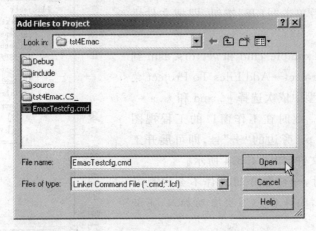

图 4.5.5 添加链接命令文件

3. 编译和运行程序的基本步骤

按照以下步骤编译和运行程序。

① 选择 Project→Rebuild 菜单项或单击编译工具栏 Rebuid All 按钮▦,编译信息可查看如图 4.5.6 所示的输出窗口。

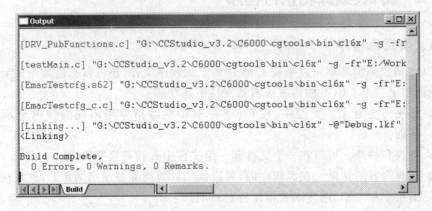

图 4.5.6 软件编译信息

② 默认输出文件 ∗.out 编译后存放在当前工程目录的 Debug 文件夹中,也可以直接在编译工具栏中更改,如 4.5.7 所示。

图 4.5.7 编译工具栏

③ 选择 File→Load Program 菜单项,选择之前编译输出的 ∗.out 文件,单击 Open。

④ 选择 View→Mixed Source/ASM 菜单项,可同时查看 C 源代码和编译后汇编代码。

⑤ 选择 Debug 菜单或工具栏中的 Go Main 选项,执行到 main 函数入口处停止,并在代码显示窗中用➡标记 PC 指针的当前位置。

⑥ 在代码显示窗左侧相应代码行上双击设置端点,以●标记断点。

⑦ 选择 Debug→Run 菜单项或单击调试栏➤按钮,运行程序。

⑧ 选择 Debug→Halt 菜单项或单击调试栏➤按钮,停止运行程序。

4. 编译选项设置

CCS 环境下,可以为工程文件(.pjt)指定编译选项,也可以为具体的每一个文件指定编译选项。可以在工程文件或者某个具体的.c 文件上右击,选择 Build Options 编译选项设置窗口,或者选择 Project→Build Options 菜单项,如图 4.5.8 所示。

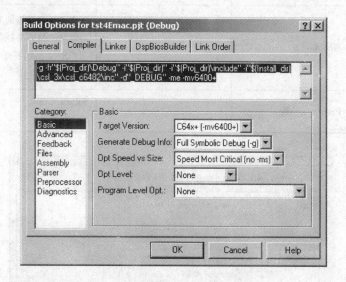

图 4.5.8　编译选项设置

编译选项分为 Basic、Advanced、Feedback、Files、Assembly、Parser、Preprocessor、Diagnositcs 这 8 类。每一类又细分为若干选项设置。单击右下角的 Help 按钮,可以获得每个具体选项的含义。表 4.5.1 列出了与编译调试密切相关的编译选项,表中未做说明的选项使用默认选项即可。

在 Linker 选项卡中,可设置输出文件和内存映射文件的路径以及需要包含的库文件,如图 4.5.9 所示。

表 4.5.1　C55x 编译选项

类	配 置	说 明
Basic->Target Version	C55x	选择所使用的 DSP 芯片类型
Basic-> Generate Debug Info	Full Symbolic Debug(-g)	为了方便调试,通常选择包含全部符号信息
Basic->Opt Speed vs Size	speed Most Critical(no -ms)	优化选项,在编译调试阶段不设置
Basic->Opt Level	None	
Basic->Program Level Opt	None	
Advanced->Endianness	Big Endian (-me) Little Endian	选择产生的目标代码的格式
Preprocessor->Include Search Path(-i)	—	指明头文件的存放位置
Preprocessor->Define Symbols(-d)	举例:_DEBUG	宏开关定义,如:_DEBUG,即定义了该宏等于 1
Preprocessor->Undefine Symbols(-U)	—	不定义预先设置的宏,可覆盖之前的定义。如果在 Define Symbols 选项中定义了宏,在此处又定义一次,则该宏值为 0
Preprocessor->Preprocessing	None	Standard C/C++ preprocessing functions

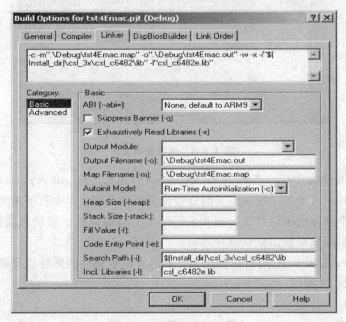

图 4.5.9　链接选项设置

在 Serach Path 和 Incl. Libraries 文本框中,可将芯片支持库(CSL)的路径和使用的库文件设置好,这样就不需要在工程中添加库文件了。由于 CCS v3.3 默认没有带支持 C55x 的 CSL v3. x 库,可将最新的 CSL 复制到 CCS 目录下,建议统一路径名称,以免不同机器建立的工程不能兼容。通常库文件中末尾带 e 的为 Big Endian 库,不带 e 的为 Little Endian 库,需要根据 Complier 选项中的选择分别选用。

4.5.3　调试工具

编译成功后 CCS 软件会自动在工程目录下生成可执行文件 *.out 文件(前提条件:Build Options 窗口中已经设置可执行文件类型为 *.out),选择 File→Load Program 菜单项,在弹出的对话框中找到 *.out 文件的存放位置,打开文件完成加载后,就可以调试程序了。

1. 断　点

断点(Breakpoint)可以停止程序的运行。程序停止运行后,可以观察程序的状态、修改变量以及检查调用堆栈等。断点有软件断点和硬件断点之分。如果是使用 Simulator 仿真,那么使用的是软件断点;如果是通过 XDS560 等仿真器硬件,那么使用的是硬件断点。选择 Debug→Breakpoints 菜单项后会弹出如图 4.5.10 所示窗口。

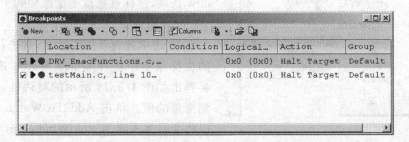

图 4.5.10　断点设置

断点可以将光标定位到源程序中的一条 C 语句上,使用按钮 或者快捷键 F9 设置。已设置断点的地方可以在代码行前面看到红色的圆圈 ● 标识。可以将光标移动到断点处单击 按钮或者按 F9 删除断点;也可以单击 按钮删除全部断点。断点的添加、删除、使能和禁止都可以在图 4.5.10 所示的窗口中操作。

2. Watch Window

在 Watch Window 窗口可以观察和修改变量或 C 表达式。观察变量可以按不同格式进行。快速查看(Quick Watch)功能还可以快速地将变量加到 Watch Window 窗口。Watch Window 工具栏如图 4.5.11 所示。

单击 🔲 按钮或者选择 View → Watch Window 菜单项,可以打开如图 4.5.12 所示窗口。

如图 4.5.13 所示,程序运行到 if 语句,被断点打断,此时如果想知道变量 byReturnVal 的当前值,有下面几种操作方法。

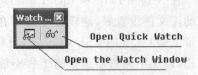

图 4.5.11 Watch Window 工具栏

① 移动鼠标悬停在该变量名上片刻就可以看到提示,如:byReturnVal＝1.0。

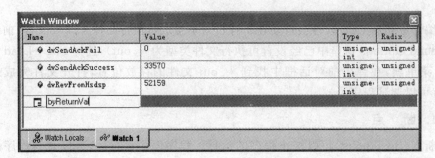

图 4.5.12 Watch Window 窗口

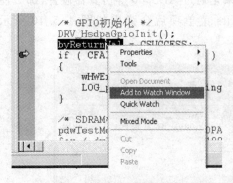

图 4.5.13 右键添加断点

② 在源程序窗口中右击变量名,在弹出的快捷菜单中选择 Add to Watch Window 选项,这样就把该变量添加到了 Watch Window 窗口中。

③ 选中被查看的变量名,右击,在弹出的快捷菜单中选择 Quick Watch 选项,则会弹出如图 4.5.14 所示的对话框,可以看到变量的值。单击 Add To Watch 按钮可以将变量加入到 Watch Window 窗口。

打开 Watch Window 窗口,按 Insert 键,在其文本框中直接输入需要添加的变

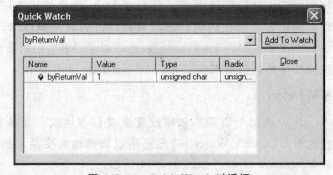

图 4.5.14 Quick Watch 对话框

量名或表达式,如图 4.5.14 所示;也可以在 Watch Window 窗口中右击选择 Add Tab 分类显示各种变量。

3. Memory

在 CCS 软件中可以观察某个特定地址内存单元的数据,提供了直接查看目标内存数据的功能。

单击回按钮或者选择 View→Memory 菜单项,会弹出如图 4.5.15 所示的窗口。

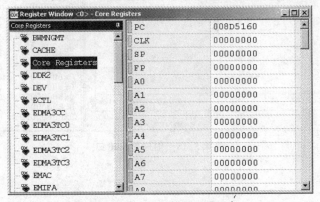

图 4.5.15　存储器查看窗口

4. Registers

Registers 窗口可以观察 CPU 内核寄存器或者各种外围设备的寄存器,如 EDMA 寄存器和串口寄存器等。在寄存器窗口中双击某寄存器就可以直接编辑寄存器的值。

单击回按钮或选择 View→Registers→Core Registers 菜单项,将会弹出如图 4.5.16所示的 CPU 内核寄存器窗口,就可以查看如辅助寄存器 A/B 的值了。在 View→Registers 菜单项中还可以选择查看 HPI 寄存器、EDMA 寄存器等的状态。

图 4.5.16　寄存器查看窗口

5．Displaying Graphs

CCS 提供数据的图表显示功能,目前常用的功能为 Time/Frequency,即:可以灵活地使用此工具显示 Buffer 中的数据时域波形图或频域特性图。选择 View→Graph→Time/Frequency 菜单项后弹出如图 4.5.17 所示对话框。

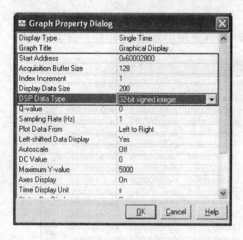

图 4.5.17　参数设置

其参数设置主要是以下 5 个,分别是:

Start Address　起始地址(可以写符号);

Acquisition Buffer Size　缓冲区长度;

Index Increment　数据间隔一般是 1,如果一个隔着一个画,就改为 2,以此类推;

Display Data Size　一般设成与 Buffer Size 一样大;

DSP Data Type　选择 8 位、16 位或者 32 位,视具体数据类型而定。

其他参数的作用及设置请单击 Help 按钮查看。

设置好之后单击 OK 按钮即可。如果窗口中无波形显示,可以单击 Refresh 按钮刷新后就可以看到。下面举例说明:设置起始地址为 0x60000000,长度为 100,数据间隔为 1,显示数据长度为 200,数据类型为 8-bit signed integer,设置完成确认后显示的波形如图 4.5.18 所示。

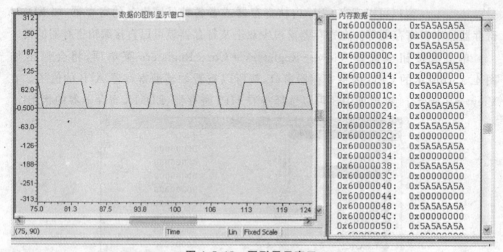

图 4.5.18　图形显示窗口

图形窗口还可以按照其他方式显示数据,即 Constellation Diagram(星图)、Eye Diagram(眼图)和 Image(图像)。具体请查看 CCS 的帮助,检索关键字:Graph。

6. Command Window

选择 Tools→Command Window 菜单项,弹出如图 4.5.19 所示窗口。

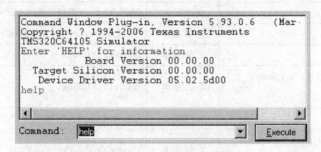

图 4.5.19　命令窗口

在 Command 文本框中输入 help 可以打开帮助文档。此窗口可以和 CMD 脚本文件配合使用。例如:编写了给变量赋值的脚本文件 testgptDLDpramInfo. cmd,在程序运行到测试断点后,就可以直接在 Commad 文本框中用赋值命令语句或打开预先编译好的赋值脚本文件。

4.6　CCS 开发中的一些问题

4.6.1　DSP 型号和 CCS 版本之间的关系

C5000-2.20.00-FULL-to-C5000-2.21.00-FULL 是 CCS5000 的升级版本,需要先安装 CCS5000 软件才可以安装。对于开发 C55x 系列 DSP 来说,这个软件是一定要装的;如果是仅开发 C54x 系列 DSP,则可以不装。

C6000-2.20.00-FULL-to-C6000-2.21.00.01-FULL 是 CCS6000 的升级版本,需要先安装 CCS6000 软件才可以安装。对于开发 64xx 系列或者 DM64x 系列 DSP 来说,这个软件是一定要装的;如果是仅开发 62xx 或者 67xx 系列 DSP,则可以不装。

C3x/C4x spl 是 CC 3X/4X. exe 软件的补丁,需要先安装 CC 3X/4X. exe 软件后才可以安装。此补丁针对开发 VC33 芯片;如果仅开发 C30、C31、C32 芯片 DSP,那么补丁可以不装。目前开发 3000 系列 DSP 只有这个版本可以使用。

如果是开发 F240、F206、F24x、F20x 系列 DSP 芯片,强烈建议安装使用 CC2000. exe 软件。如果是开发 F2407、F240x、F2812、F281x、F280x 系列 DSP 芯片,要安装 CCS2000. exe 软件。CC2000 软件不支持 F28xx 芯片的开发,开发 F28xx 系

列 DSP 一定要安装 CCS2000.exe 软件。表 4.6.1 所列为 CCS 开发的版本以及适用
DSP 系列的范围。

表 4.6.1　CCS 开发版本

安装软件名称分类	软件版本	可以开发的 TI DSP 芯片
CCS3.3	3.3 版本	除了 TI 3000 系列以外的 DSP 都可以开发
CCS2000.exe	2.21 版本	F24x,F20x,LF24xxA,F28xx
CCS5000.exe	2.20 版本	VC54xx,VC55xx
C5000-2.20.00-FULL-to-C5000-2.21. 00-FULL.exe	2.21 版本	VC54xx,VC55xx
CCS6000.exe	2.20 版本	C6x0x,C6x1x,C6416
C6000-2.20.00-FULL - to -C6000-2. 21.00.01-FULL.exe	2.21 版本	C6x0x,C6x1x,C6416,DM642
CC2000.exe	4.10 版本	F24x,F20x,LF24xxA
CC3X/4X.exe	4.10 版本	C30,C31,C32
C3x/C4x spl	4.10 版本	VC33

4.6.2　run 和 animate 的区别

如果没有断点的话,run 和 animate 没区别。

如果有断点,那么 run 到断点会停止,直到再次单击 run 按钮或者按 F5 才继续
执行;而 animate 到断点的时候,会停一小会儿,将所有窗口刷新一遍,然后再继续
执行。

一般在要看数据变化的时候,先把曲线画出来,然后在改变数据的循环里面设置
断点,这时用 animate 就能看到图片动态改变了,可以参考 Help→tutorial 里面
"Code Composer Studio? IDE"→"Using Debug Tools"这个教程。

4.6.3　Probe Point 和 Break Points 的区别和联系

共性:它们都会暂停程序运行。

区别如下:

① Probe Point 暂停程序,执行一个设定的任务(如 File I/O),然后继续执行程
序;而 Break Points 暂停后必须手动继续(当用 run 的时候);

② Break Points 会刷新所有窗口,而 Probe Point 不会;

③ Probe Point 可以执行一些任务(如 File I/O),而 Break Points 就是纯粹的停止。

4.6.4　CCS 文件数据的格式

CCS 支持的 .dat 文件的格式为：

定数　　数据格式　　起始地址　　页类型　　数据块大小

其后是文件内容，每行表示一个数据。

定数固定为"1651"。数据格式可以选择"1"（十六进制整型）、"2"（十进制整型）、"3"（十进制长整型）、"4"（十进制浮点型）。起始地址为存储的地址。页类型标示为程序或者数据，1 为数据，2 为程序。

比如一个 .dat 文件：

```
1651 1 800 1 10
0x0000
0x0000
0x0000
0x0000
0x0000
0x0000
0x0000
0x0000
0x0000
0x0000
0x0000
0x0000
```

制作 .dat 文件的方法也很简单，可以用 VC++ 或者 MATLAB 来实现。

MATLAB 向 DSP 传递 .dat 文件：

```
x = 2 * sin(2 * pi * 100 * m * dt);
for m = 1: 200;
if x(m) > = 0 y(m) = x(m);
else y(m) = 4 + x(m);
end;
end;
y = y * 16384;
fid = fopen('input.dat', 'w');      % 打开文件,'w' 是将此文件定义为可写的,fid 是此文件的
                                    % 整数标识
fprintf(fid, '1651 1 0 1 0\n');     % 输出文件头,文件头必须是 DSP 所能识别的,就如此句程序
                                    % 所设定的
```

```
fprintf(fid,'0x%x\n',round(y));    % 输出 y 数组,并写到与 fid 标识符相同的文件,即
                                   % input.dat 文件里 round 是取 y 值的最近的数,即
                                   % 如果是 1.2,就取 1;如果 1.6,就取 2
fclose(fid);                       % 关闭 fid 标识符的文件
fid = fopen('input.dat','w');      % 打开文件,属性设置为写
fprintf(fid,'1651 1 0 1 0\n');     % 输出文件头,只有此文件头 DSP 芯片才能识别
fprintf(fid,'0x%x\n',round(x));    % 输出十六进制的 x
fclose(fid);                       % 关闭
```

首先确定 x 的范围,比如 x＝[−2,2],那么采用定点 Q14,就是要乘以 16 384;如果 x<0,还要转化成其补码。补码应该是用模加上 x,即 4＋x,然后再将此数乘以 16 384。

其在 CCS 中的使用方法如下:

```
File->Data->Load;
File->Data->Store;
File->File I/O;
```

4.6.5 CCS 调试中的一些小技巧

1. 工具条与快捷键设置

选择 View→Standard Toobar 和 View→Edit Toolbar 菜单项分别调出标准工具栏和编辑工具栏。CCS 所有所用快捷键可通过选择 Option→Customize→Keyboard 菜单项查阅。

2. 查找和替换文字

除具有与一般编辑器相同的查找、替换功能外,CCS 还提供一种"在多个文件查找"的功能。这对在多个文件中追踪、修改变量、函数特别有用。

选择 Edit→Finding Files 菜单项或者单击标准工具栏的"在多个文件查找"按钮,弹出如图 4.6.1 所示对话框。在 Find 文本框中输入要查找的字符,在 In files of 文本框中输入文件名称,在 In fold 文本框中输入查找路径。匹配信息可以选择 Match whole word、Match Case 等选项,如图 4.6.1 所示。

查找的结果显示在输出窗口中,按照文件名、字符串所在行号、匹配文字行依次显示。

3. 使用书签 toggle bookmark

书签的作用在于帮助用户标记重点。CCS 允许用户在任意类型文件的任意一行设置书签,书签随 CCS 工作空间(Workspace)保存,在下次载入文件时被重新调入。

设置书签的方法如下:将光标移动到需要设置书签的文字行,在编辑视窗中右

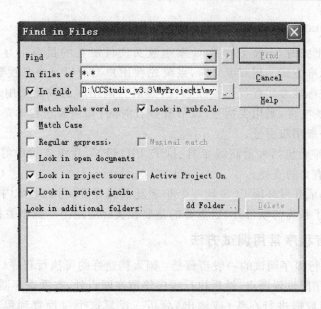

图 4.6.1　查找替换窗口

击,在弹出的快捷菜单中选择 Book marks→Set a Book marks 选项或者单击编辑工具栏的 ☝ 按钮,光标所在行被高亮标识,表示标签设置成功。

设置多个书签后,用户可以单击编辑工具栏的"上一工具条"按钮、"下一工具条"按钮快速定义书签。在 DSP 应用程序比较长,而需要多处查看修改的情况下,使用书签非常方便。

4.　保存调试工作空间

由于所调试的 DSP 应用程序比较复杂,需要多次打开和关闭 CCS,保存当前的调试工作空间,比如断点设置、调试信息等,是一个非常方便的调试手段。在 CCS 工程中,保存整个工程为 ＊.wks 调试工作空间文件。当下次打开的时候,直接打开 ＊.wks就能恢复上次保存的使用空间。

5.　使用探针

Probe Point 只是暂时中断程序的运行,更新与之相连接的窗口,然后自动运行以后的程序。与之相连接的窗口可在 Probe Point 中设置好,然后更新即可。

可使用 Probe Point 从 PC 文件中导入数据,也可存储数据到 PC 文件中。PC 文件的格式只能使用两种:COFF 程序文件(.out)和 CCS 数据文件(.dat)。

可利用 Probe Point 和 Break Points 配合显示图形和动画。显示图形选择 View→Graph→Time/Frequency 菜单项,设置好弹出的对话框,可看到一块内存的数据,使用 Probe Point 将 PC 上的数据传给目标板,接着继续运行程序。然后可以创建断点,使图形窗口自动更新,使用 animate 命令,使到达断点、更新窗口后程序自动继续执行。

6. ♯include＜file. h＞与♯include "file. h"的区别

用尖括号形式时,系统到存放 C 库函数头文件所在的目录中寻找要包含的文件,这被称为标准方式。用双引号时,系统先在用户当前目录中寻找要包含的文件,若找不到,再按标准方式查找。一般来说,如果为调用库函数而使用♯include 命令来包含相关的头文件,则用尖括号,以节省查找时间;如果要包含的是用户自己编写的头文件,则一般用双引号。

CCS 软件平台包括大量高级工具、DSP/BIOSTM、片级支持库等,为 DSP 技术开发提供了强有力的支持。

实际上,集成开发环境 CCS 是一个非常复杂的开发工具,本章内容只是对其简单的介绍。除了系统的学习外,更重要的是要在实际应用中掌握相关技术。

7. C 语言程序常用调试方法

用 CCS 进行程序调试的一般步骤是:调入构建好的可执行程序(. out 文件),先在感兴趣的程序段设置断点,然后执行程序停留在断点处,查看寄存器的值或内存单元的值,对中间数据进行在线(或输出)分析。反复这个过程直到程序完成预期的功能。

方法①:使用 Watch Window 观察 C 程序变量。在 CCS 集成开发环境中选择 View→Watch Window,将打开一个观察窗,其第 1 个标签 Watch Locals 可以显示程序光标所在函数内的变量名称及数值。每次运行之后,其中的变量都会刷新。

方法②:通过 Memory Window 观察 I/O 空间寄存器的值。Watch Window 尽管能够观察到变量(I/O 空间寄存器在程序中也用变量表示),但是它观察不到 I/O 空间。当需要查看时(经常),可以选择 View→memory 菜单项,在弹出的窗口中选择想要观察的存储空间地址,然后单击 OK 按钮,就会弹出一个观察该存储空间的小窗口。当其中的值发生改变时,会以红色字体显示。

方法③:使用 Tool→C55x Peripheral Registers 观察外设寄存器(即 I/O 空间寄存器)。在硬件仿真时,即连接目标板的调试,该调试方法可以更方便地看到外设寄存器中值的变化。为了将程序光标定位到想要的调试点,有多种方法:Debug 菜单中的 Step Into(单步运行且经过函数内部),Step Over(单步运行但不经过函数内部),Run to Cursor(程序运行到光标点),Set PC to Cursor(直接将程序置于光标点)。

如果希望 CPU 寄存器复位从头开始调试,可先单击 Restart,再单击 GoMain,这样程序光标将停在 main( )函数处,等待运行命令。

4.7　第一个实验:驱动一个 LED

初学者练习的第一个程序通常是控制 XF 引脚的变化,然后观察与之相连的 LED。这个程序也常常用来测试 DSP 能否正常工作。开始学习的时候,不要从难以理解的汇编语言指令结构出发,也不要死"抠"CMD 文件伪指令意义,为什么要这么编写。第一步要做的是使用现成的程序,在 DSP 的学习板上跑程序,观察变化,然后慢慢明白为什么要这么去做,还可以用别的什么方法去做。当然,汇编指令还是很有用的,CPU 的内部结构、CMD 文件编写也是重要的内容,不过这放在后面去讲解。现在只是把 DSP 当作一个频率比较高的单片机去使用。

　　DSP 是一门实践性很强的学科,仅仅是看懂信号处理理论或者读懂源代码,但不在实验板上调试,犹如纸上谈兵。在阅读本书的时候,红尘默认已经具有一个仿真器、一个 VC5509A 的开发板、一台调试的计算机,当然若有示波器则更好,至少有一个万用表使用。

　　CCS3.3 安装以后,会在桌面上有两个图标:Setup CCStudio v3.3 和 CCStudio v3.3。Setup CCStudio v3.3 用来配置 CCS 需要仿真的 DSP 类型和仿真方式(硬件仿真和软件仿真);对于自己经常使用的 DSP,直接双击 CCStudio v3.3 图标即可。

　　在运行 CCS 之前,首先要配置仿真器的驱动,CCS 所使用的 DSP 型号。双击 Setup CCStudio v3.3,在 Family 下拉列表框中选择仿真 DSP 的系列,在 Platform 下拉列表框中选择仿真开发的平台,在 Endianness 下拉列表框中选择 DSP 使用的大小端模式,如图 4.7.1 所示。

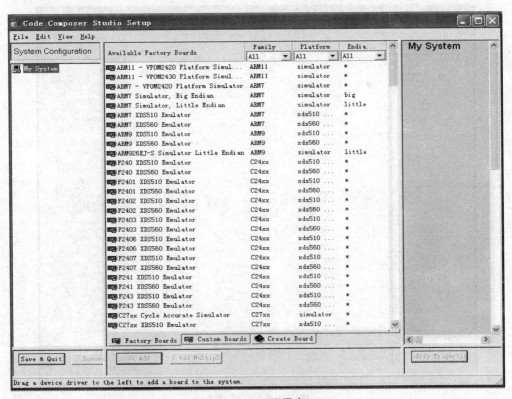

图 4.7.1　CCS 配置窗口 3

如图 4.7.2 所示,选择开发 DSP 的 Family。

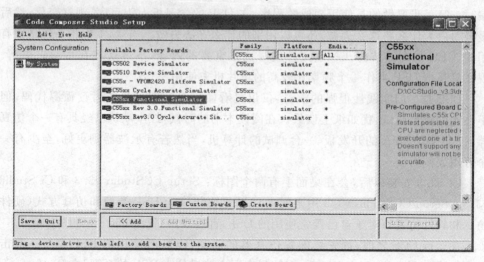

图 4.7.2　选择开发的 Family

按图 4.7.3 所示的设置来配置 DSP。

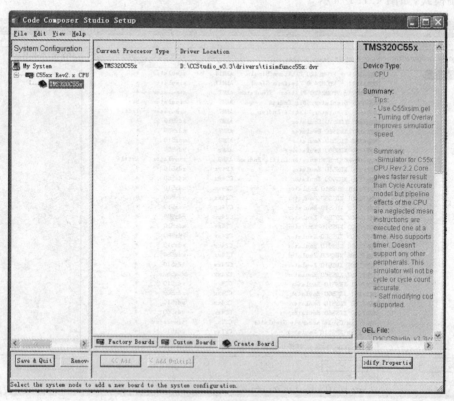

图 4.7.3　配置 DSP

配置后关闭窗口会弹出确认对话框,如图 4.7.4 所示,单击"是"按钮,启动
CCS3.3 开发环境。

图 4.7.4 保存配置信息

第一次启动 CCS 时显示图 4.7.5 所示的开发环境,请关注左下角红色叉号,表示仿真器还没有链接。打开开发板电源,连接仿真器(Alt+C),如果变绿色图标表示仿真器正确链接,如图 4.7.6 所示;否则表示电路或者 CCS 安装设置等有问题,这时请关闭电源仔细查找问题所在。可以选择 Option→Customize 菜单项,在 Debug Properties 选项卡中选中 connect to the target at startup 选项,这样每次启动 CCS 仿真环境的时候就能自动链接仿真器。

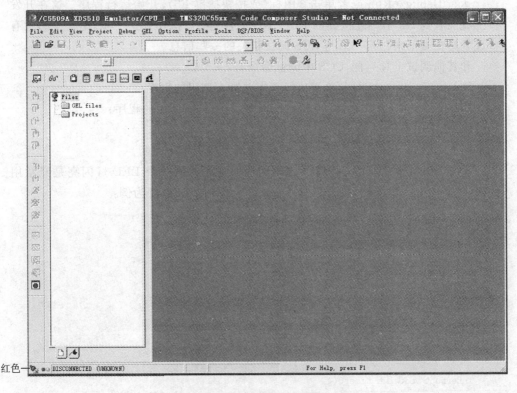

图 4.7.5 CCS 开发环境

绿色→

图 4.7.6 CCS 正确链接图标

接下来就可以把配套资料中的 exam_LED 项目复制到自己的 Projects 目录下,选择 CCS 菜单的 Projects 选项,选择刚才复制目录,打开 led.pjt。

DSP 中经常用到的文件格式为:C 语言文件 .c;汇编语言文件.asm,程序的复位和中断向量一般用汇编语言编写;头文件.h,定义 DSP 内部寄存器的地址分配,不需用户自己添加,头文件和工程在同一目录下,链接时开发工具可以自己识别;命令文件.cmd,定义堆栈、程序空间分配和数据空间分配等;rts55x.lib 库文件(以后章节会讲解库文件)。

因为源程序是调试过的,没有错误,所以编译不会出现错误信息。选择 Project→Complice File 菜单项或者单击■按钮,完成对程序的编译和链接。如果出错,查看错误信息并修改,直到完全正确为止。生成的.out 文件自动存放在 Debug 子目录下。

选择 File→Load Program 菜单项,选中 Debug 目录下生成的.out 文件,下载到 DSP 中;可以选择 Option→Customize 菜单项,在 Program/Project 选项卡中选中 Load Program after Build 选项,这样每次编译程序后自动下载到 DSP 中。

运行 Debug→Run 或者单击 ✗ 图标(或按快捷键 F5),开始运行程序。这在开发板上就能看到 XF 引脚连接到的 LED 小灯交替变亮。操作到这一步,是不是感觉有些成就感?接下来介绍一下与 CCS 调试相关的一些信息。

和其他调试工具一样,CCS 中调试命令有:

Debug/StepInto(F8)　单步执行程序并进入调用的程序;

Debug/StepOver(F10)　单步执行程序,但不进入调用的程序;

Debug/StepOut　跳出子程序;

Debug/Run(F5)　执行程序到断点、探测点或者用户中断。

学习 DSP,当然是从一些简单的测试程序开始。使一个 LED 灯闪亮是经常用的,但这其中有一个误区,现分析如下,以定时器控制 LED 灯为例:

```c
void main()
{
init_5509();
init_timer();
while(1)
{
    asm("NOP");
}
}
interrupt void int_timer0()
{
```

```
    Flag = Flag + 1;
    if(Flag>10)
        asm(" SSBX XF");
    else
        asm(" RSBX XF");
    if(Flag>20)
        Flag = 0;
}
```

这个程序是不能实现控制的。使用 XF 的时候要注意,XF 是 ST1 的一个位,但是在中断里,首先把 ST1 压入堆栈,出中断前才弹出堆栈,所以在中断里改变 XF 没有实际的意义。因此,在 C/C++中加入汇编语言要谨慎。修改后的程序如下:

```
void main()
{
    init_5509();
    init_timer();
    while(1)
    {
        asm(" NOP");
        if(Flag>10)
            asm(" SSBX XF");
        else
            asm(" RSBX XF");
    }
}
interrupt void int_timer0()
{
    Flag = Flag + 1;
    if(Flag>20)
    Flag = 0;
}
```

第**5**章

TMS320C55x 的片内外设、 接口及应用

C55x 提供了外部存储器接口(EMIF),可以实现与异步存储器 SRAM、EPROM 以及高速高密度存储器 SDRAM 的无缝连接。C55x 支持多种工业标准的串行口, 如:多通道缓冲串行口(McBSP)、多媒体卡/安全数据串行口(MMC/SD)、UART、 USB、I^2C 总线接口等。C55x 还具有通用主机接口(HPI)或增强型主机接口(EH- PI)、通用输入/输出 GPIO、可编程数字锁相环(DPLL)、计时器、多个 DMA 控制器 等设备。C55x 还提供了 A/D 转换器以适用于仪表面板旋钮之类的场合。

5.1　时钟发生器

5.1.1　时钟发生器概况

C55x 系列 DSP 芯片都有一个片上时钟发生器,它可以利用可编程数字锁相 环(DPLL)分频或者倍频输入频率(从 CLKIN 引脚输入),然后送到 CPU、外设和 C55x 其他模块,以提供它们工作所需要的时钟频率。CPU 时钟也可以经过一个可编程分频 器后从 CLKOUT 引脚输出,给其他器件使用。图 5.1.1 所示为时钟发生器组成框图。

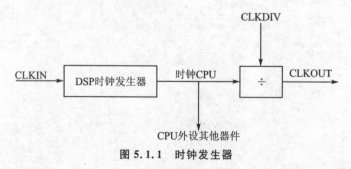

图 5.1.1　时钟发生器

5.1.2　时钟工作模式

时钟发生器包含一个时钟模式寄存器(CLKMD)，其字段意义如表 5.1.1 所列。它控制和检测时钟发生器的运行，用户可以通过该寄存器在 I/O 空间进行地址访问。

表 5.1.1　时钟模式寄存器(CLKMD)

位	字 段	说 明
15	Rsvd	保留
14	IAI	退出 Idle 状态后，决定 PLL 是否重新锁定。0，PLL 将使用与进入 Idle 状态之前相同的设置进行锁定；1，PLL 将重新锁定过程
13	IOB	处理失锁。0，时钟发生器不中断 PLL，PLL 继续输出时钟；1，时钟发生器切换到旁路模式，重新开始 PLL 锁相过程
12	TEST	必须保持为 0
11～7	PLL MULT	锁定模式下的 PLL 倍频值：0～31
6～5	PLL DIV	锁定模式下的 PLL 分频值：0～3
4	PLL ENABLE	使能或关闭 PLL。0，关闭 PLL，进入旁路模式；1，使能 PLL，进入锁定模式
3～2	BYPASS DIV	旁路下的分频值。00，1 分频；01，2 分频；10 或 11，4 分频
1	BREAKLN	PLL 失锁标志。0，PLL 已经失锁；1，锁定状态或有对 CLKMD 寄存器的写操作
0	LOCK	锁定模式标志。0，时钟发生器处于旁路模式；1，时钟发生器处于锁定模式

时钟发生器有 3 种工作模式：旁路模式、锁定模式和 Idle 模式。

① 旁路模式(BYPASS)。

如果 PLL ENABLE＝0，PLL 工作于旁路模式，PLL 对输入时钟信号进行分频。分频值由 BYPASS DIV 确定：

➤ BYPASS DIV＝00，输出时钟信号的频率与输入信号的频率相同，即 1 分频；

➤ BYPASS DIV＝01，输出时钟信号的频率是输入信号频率的 1/2，即 2 分频；

➤ BYPASS DIV＝1x，输出时钟信号的频率是输入信号频率的 1/4，即 4 分频。

② 锁定模式(LOCK)。

如果 PLL ENABLE＝1，PLL 工作于锁定模式，输出的时钟频率由下式确定：

$$输出频率＝\frac{PLL\ MULT}{PLL\ DIV+1}×输入频率$$

③ Idle 模式。

可以通过编程 Idle 配置寄存器(ICR)的 CLKGEN1 使能时钟发生器工作在 Idle 模式。

为了降低功耗，可以加载 Idle 配置，使 DSP 的时钟发生器进入 Idle 模式。当时钟发生器处于 Idle 模式时，输出时钟停止，引脚被拉为高电平。

5.1.3 CLKOUT 输出

CPU 时钟可以通过一个时钟分频器对外提供 CLKOUT 信号,CLKOUT 的频率由系统寄存器(SYSR)中的 CLKDIV 确定:

> 当 CLKDIV=000b 时,CLKOUT 的频率等于 CPU 时钟频率;
> 当 CLKDIV=001b 时,CLKOUT 的频率等于 CPU 时钟频率的 1/2;
> 当 CLKDIV=010b 时,CLKOUT 的频率等于 CPU 时钟频率的 1/3;
> 当 CLKDIV=011b 时,CLKOUT 的频率等于 CPU 时钟频率的 1/4;
> 当 CLKDIV=100b 时,CLKOUT 的频率等于 CPU 时钟频率的 1/5;
> 当 CLKDIV=101b 时,CLKOUT 的频率等于 CPU 时钟频率的 1/6;
> 当 CLKDIV=110b 时,CLKOUT 的频率等于 CPU 时钟频率的 1/7;
> 当 CLKDIV=111b 时,CLKOUT 的频率等于 CPU 时钟频率的 1/8。

5.1.4 使用方法与举例

通过对时钟模式寄存器(CLKMD)的操作,可以根据需要设定时钟发生器的工作模式和输出频率。在设置过程中除了工作模式、分频值和倍频值以外,还要注意其他因素对 PLL 的影响。

使用举例如下:

```
void CLK_init()
{
    ioport unsigned int * clkmd;
    clkmd = (unsigned int *)0x1c00;
    * clkmd = 0x2613;    / * 设置 CPU 时钟 144 MHz * /
}
```

这里也可以通过 CSL 函数库调用。首先包含 csl_pll. h 头文件,然后利用库函数配置时钟发生器。

声明 PLL 配置结构:

```
PLL_Config  myConfig       = {
    0,   / * IAI: PLL 将使用与进入 Idle 状态之前相同的设置进行锁定 * /
    1,   / * IOB: 时钟发生器切换到旁路模式,重新开始 PLL 锁相过程 * /
    24,  / * 锁定模式下的 PLL 倍频值 * /
    1    / * 旁路下的分频值 * /
};
```

之后运行配置函数:

```
/ * 设置系统的运行速度为 144 MHz * /
PLL_config(&myConfig);
```

对于时钟发生器的调试,主要包括以下几个方面。

① 检测 DSP 的时钟输入引脚 CLKIN、时钟输出引脚 CLKOUT 是否正确,检测 CLKIN 引脚波形是否失真、电平是否在合理范围内。

② 软件设置 CLKMD 使时钟发生器工作于 PLL 锁相模式下,此时检测 CLK-OUT 信号,查看锁相环是否工作正常。

5.2　通用定时器

5.2.1　定时器概述

TMS320VC5503/5507/5509A/5510 提供的是两个相同的 20 位软件可编程定时器,这将产生周期中断并提供周期信号给 TMS320VC55x 以外的器件。通用定时器由两个计数器提供多达 20 位的动态范围:预定标计数寄存器(Prescaler Counter, PSC,4 位)和主计数器(TIM,16 位)。

定时器的结构框图如图 5.2.1 所示。定时器有两个计数寄存器(PSC,TIM)和两个周期寄存器(TDDR,PRD):在定时器初始化或定时值重新装入过程中,将周期寄存器的内容复制到计数寄存器中。时钟控制寄存器(TCR)控制和检测定时器运行和定时器引脚(TIN/TOUT)。利用定时器控制寄存器(TCR)中的字段 FUNC 可以确定时钟源和 TIN/TOUT 引脚的功能。

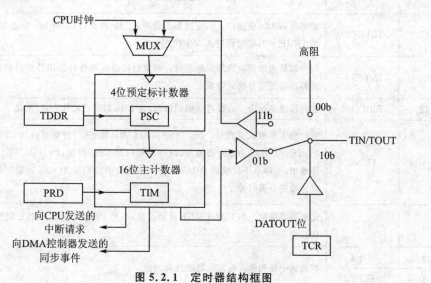

图 5.2.1　定时器结构框图

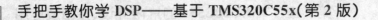

定时器包括 4 个寄存器:定时器预定标计数寄存器(PRSC),如表 5.2.1 所列;主计数寄存器(TIM),如表 5.2.2 所列;主周期寄存器(PRD),如表 5.2.3 所列;定时器控制寄存器(TCR),如表 5.2.4 所列。

表 5.2.1 定时器预定标计数寄存器(PRSC)

位	字 段	数 值	说 明
15~10	Rsvd	—	保留
9~6	PSC	0h~Fh	预定标计数寄存器
5~4	Rsvd	—	保留
3~0	TDDR	0h~Fh	当 PSC 重新装入时,将 TDDR 的内容复制到 PSC 中

表 5.2.2 主计数寄存器(TIM)

位	字 段	数 值	说 明
15~0	TIM	0000h~FFFFh	主计数寄存器

表 5.2.3 主周期寄存器(PRD)

位	字 段	数 值	说 明
15~0	PRD	0000h~FFFFh	主周期寄存器。当 TIM 必须重新装入时,将 PRD 的内容复制到 TIM 中

表 5.2.4 定时器控制寄存器(TCR)

位	字 段	说 明
15	IDLEEN	定时器的 Idle 使能位。0,定时器不能进入 Idle 状态;1,如果 Idle 状态寄存器中的 PERIS=1,定时器进入 Idle 状态
14	INTEXT	时钟源从内部切换到外部标志位。0,定时器没有准备好使用外部时钟源;1,定时器准备使用外部时钟源
13	ERRTIM	定时器错误标志。0,没有监测到错误,或 ERRTIM 已被读取;1,出错
12~11	FUNC	定时器工作模式选择位。00,TIN/TOUT 为高阻态,时钟源是内部 CPU 时钟;01,TIN/TOUT 为定时器输出,时钟源是内部 CPU 时钟;10,TIN/TOUT 为通用输出,引脚电平反映的是 DATOUT 位的值;11,TIN/TOUT 为定时器输入,时钟源是外部时钟
10	TLB	定时器装载位。0,TIM、PSC 不重新装载;1,将 PRD、TDDR 分别复制到 TIM、PSC 中
9	SOFT	在调试中遇到断点时定时器的处理方法
8	FREE	

续表 5.2.4

位	字　段	说　明
7～6	PWID	定时器输出脉冲的宽度。00,1 个 CPU 时钟周期;01,2 个 CPU 时钟周期;10,4 个 CPU 时钟周期;11,8 个 CPU 时钟周期
5	ARB	自动重装控制位。0,ARB 清 0;1,每次 TIM 减为 0,PRD 装入 TIM 中,TDDR 装入 PSC 中
4	TSS	定时器停止状态位。0,启动定时器;1,停止定时器
3	C/P	定时器输出时钟/脉冲模式选择。0,输出脉冲,脉冲宽度由 PWID 定义,极性由 POLAR 定义;1,输出时钟,引脚上信号的占空比为 50%
2	POLAR	时钟输出极性位。0,正极性;1,负极性
1	DATOUT	当 TIN/TOUT 作为通用输出引脚时,该位控制引脚上的电平。0,低电平;1,高电平
0	Rsvd	保留

5.2.2　工作原理

预定标计数寄存器(PSC)由输入时钟驱动,PSC 在每个输入时钟周期减 1;当其减到 0 时,TIM 减 1;当 TIM 减到 0,定时器向 CPU 发送一个中断请求(TINT)或向 DMA 控制器发送同步事件。

定时器发送中断信号或同步事件信号的频率可用下式计算:

$$\text{TINT 频率} = \frac{\text{输入时钟频率}}{(\text{TDDR}+1) \times (\text{PRD}+1)}$$

通过设置定时器控制寄存器(TCR)中的自动重装控制位 ARB,可使定时器工作于自动重装模式:当 TIM 减到 0 时,重新将周期寄存器(TDDR,PRD)的内容复制到计数寄存器(PSC,TIM)中,继续定时。

每个定时器都有一个中断信号(TINT)。对于给定的定时器,在主计数寄存器(TIM)到 0 时,中断请求就会被发送到 CPU。

TINT 在中断标志寄存器(IFR0/IFR1)中自动设置一个标志。在中断使能寄存器(IER0/IER1)和调试中断使能寄存器(DBIER0/DBIER1)中可以使能或取消中断。在没有使用定时器时需要取消定时器中断,以防止引起非预想的中断。

定时器使用一般包括以下几个步骤:

① 初始化定时器,停止计时(TSS=1),使能定时器自动装载(TLB=1);

② 将预定标计数寄存器周期数写入 TDDR(以输入的时钟周期为基本单位);

③ 将主计数寄存器周期数装入 PRD;

④ 关闭定时器自动装载(TLB=0),启动计时(TSS=0)。

5.2.3　定时器应用实例

使用定时器 0 产生一个周期信号,使用 CSL 芯片支持库,首先包含 csl_timer.h。从下面的程序可以看到定时器初始化的过程:

```
TIMER_Handle mhTimer0;              /* 定义通用定时器句柄和配置结构 */
TIMER_Config timCfg0 = {
TIMER_CTRL,                         /* TCR0 */
0x3400u,                            /* PRD0 */
0x0000                              /* PRSC */
};
/* 初始化芯片支持库 */
CSL_init();
/* 修改寄存器 IVPH、IVPD,重新定义中断向量表 */
IRQ_setVecs((Uint32)(&VECSTART));
/* 禁止所有可屏蔽的中断源 */
old_intm = IRQ_globalDisable();
/* 打开定时器 0,设置其为上电的默认值,并返回其句柄 */
mhTimer0 = TIMER_open(TIMER_DEV0,TIMER_OPEN_RESET);
/* 获取定时器 0 的中断 ID 号 */
eventId0 = TIMER_getEventId(mhTimer0);
/* 清除定时器 0 的中断状态位 */
IRQ_clear(eventId0);
/* 为定时器 0 设置中断服务程序 */
IRQ_plug(eventId0,&timer0Isr);
/* 设置定时器 0 的控制与周期寄存器 */
TIMER_config(mhTimer0,&timCfg0);
/* 使能定时器的中断 */
IRQ_enable(eventId0);
/* 设置寄存器 ST1 的 INTM 位,使能所有的中断 */
IRQ_globalEnable();
/* 启动定时器 0 */
TIMER_start(mhTimer0);
```

5.2.4　通用定时器的调试

通用定时器可以产生定时中断,或作为 DMA 同步事件来同步 DMA 传输。如果将通用定时器的输出从通用定时器引脚引出,也可以为系统的其他部分提供定时。

通用定时器的调试步骤如下。

① 设定通用定时器的时钟源。通用定时器的时钟源可以是 CPU 时钟,也可以由外部时钟信号提供。如果选择外部时钟,则需要将这个信号从 TIN/TOUT 引脚引入,此时 TIN/TOUT 引脚不能作为定时器输出使用。

② 初始化设置定时器各个寄存器的值,定时器开始工作。

③ 在定时器中断服务程序中设置断点,看能否进入定时器中断。如果定时器的时钟是 CPU 时钟,可以将定时信号从 TIN/TOUT 引脚输出,通过示波器检测定时器输出是否正常。

5.3　通用 I/O 口

5.3.1　GPIO 概述

C55x 提供了专门的通用输入/输出引脚 GPIO,每个引脚的方向可以由 I/O 方向寄存器 IODIR 独立配置,引脚上的输入/输出状态由 I/O 数据寄存器 IODATA 反映或设置。TMS320VC5509A(PGE)有 7 个 GPIO 引脚,有关寄存器见表 5.3.1 和表 5.3.2。

表 5.3.1　GPIO 方向寄存器 IODIR

位	字　段	说　明
15~8	Rsvd	保留
7~0	IOxDIR	IOx 方向控制位。0,IOx 配置为输入;1,IOx 配置为输出

表 5.3.2　GPIO 数据寄存器 IODATA

位	字　段	说　明
15~8	Rsvd	保留
7~0	IOxDATA	IOx 逻辑状态位。0,IOx 引脚上的信号为低电平;1,IOx 引脚上的信号为高电平

5.3.2　GPIO 使用举例

应用通用输入/输出(GPIO)芯片支持库需要设置头文件 csl_gpio. h 文件。

GPIO_RSET()的功能是设置 GPIO 寄存器,该函数有两个参数:第 1 个参数决定设置的寄存器;第 2 个参数为寄存器值。

在 GPIO 引脚外接 LED 发光二极管,通过程序完成 LED 的闪烁。

```
/*初始化 CSL 库 */
CSL_init();
/*设置系统的运行速度为 144 MHz */
PLL_config(&myConfig);
/*确定方向为输出 */
GPIO_RSET(IODIR,0xFF);
while(1)
{
    GPIO_RSET(IODATA,0x00);
    delay();

    GPIO_RSET(IODATA,0x80);
    delay();
}
```

5.4　外部存储器接口

5.4.1　EMIF 存储器概述

TMS320C55x 的外部存储器接口除了对异步存储器的支持,还提供了对同步突发静态 SRAM(SBSRAM)和同步动态存储器 SDRAM 的支持。异步存储器可以是静态随机存储器 SRAM、只读存储器 ROM、闪存存储器等,在实际使用中还可以用异步接口连接并行 A/D 采样器件、并行显示接口等外围设备。在使用这些非标准设备时,需要增加一些外部逻辑来保证设备的正常使用。EMIF 存储器结构框图如图 5.4.1所示。

表 5.4.1 是外部存储器共享接口信号,表 5.4.2 是用于异步存储器的 EMIF 信号,表 5.4.3 是用于 SBSRAM 的 EMIF 信号,表 5.4.4 是总线保持信号,表 5.4.5 是用于 SDRAM 的 EMIF 信号。

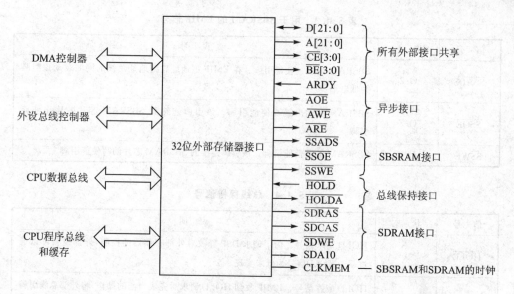

图 5.4.1　外部存储器结构框图

表 5.4.1　外部存储器共享接口信号

信　号	状　态	说　明
$\overline{CE}[3:0]$	O/Z	片选引脚,每个引脚对应一个 CE 空间,将这些低电平有效的引脚连接到适当的存储器片选引脚
$\overline{BE}[3:0]$	O/Z	字节使能引脚
D[31:0]	I/O/Z	32 位 EMIF 数据总线
A[21:0]	O/Z	22 位 EMIF 地址总线
CLKMEM	O/Z	存储器时钟引脚(仅适用于 SBSRAM 和 SDRAM)

表 5.4.2　用于异步存储器的 EMIF 信号

信　号	状　态	说　明
ARDY	I	异步就绪引脚
$\overline{AOE}$	O/Z	异步输出使能引脚。在异步读操作时,$\overline{AOE}$ 为低电平。该引脚连接到异步存储器芯片的输出使能引脚
$\overline{AWE}$	O/Z	异步写引脚。EMIF 在对存储器写操作时驱动该引脚为低电平。该引脚连接到异步存储器芯片的写使能引脚
$\overline{ARE}$	O/Z	异步读引脚。EMIF 在读存储器时驱动该引脚为低电平。该低电平有效引脚连接到异步存储器芯片的读使能引脚

表 5.4.3　用于 SBSRAM 的 EMIF 信号

信　号	状　态	说　明
$\overline{\text{SSADS}}$	O/Z	SBSRAM 的地址使能引脚。在 EMIF 把地址放到地址总线的同时驱动该引脚为低电平
$\overline{\text{SSOE}}$	O/Z	SBSRAM 的输出缓冲使能引脚。该引脚连接到 SBSRAM 芯片的输出使能引脚
$\overline{\text{SSWE}}$	O/Z	SBSRAM 的写使能引脚。该引脚连接到 SBSRAM 芯片的写使能引脚

表 5.4.4　总线保持信号

信　号	状　态	说　明
$\overline{\text{HOLD}}$	I	HOLD 请求信号。为了请求 DSP 释放对外部存储器的控制,外部设备可以通过驱动$\overline{\text{HOLD}}$信号为低来实现
$\overline{\text{HOLDA}}$	O	HOLD 应答信号。EMIF 收到 HOLD 请求后完成当前的操作,将外部总线引脚驱动为高阻态,在$\overline{\text{HOLDA}}$引脚上发送应答信号。外部设备访问存储器时,需要等到$\overline{\text{HOLDA}}$为低

表 5.4.5　用于 SDRAM 的 EMIF 信号

信　号	状　态	说　明
$\overline{\text{SDRAS}}$	O/Z	SDRAM 的行选通引脚。当执行 ACTV、DCAB、REFR、MRS 等指令时,该引脚为低电平
$\overline{\text{SDCAS}}$	O/Z	SDRAM 的列选通引脚。在读/写以及 REFR、MRS 指令执行期间为低电平
$\overline{\text{SDWE}}$	O/Z	SDRAM 的写使能引脚。在 DCAB、MRS 指令执行期间为低电平
SDA10	O/Z	SDRAM 的 A10 地址线/自动预充关闭。在执行 ACTV 命令时,此引脚为行地址位(逻辑上等同于 A12)。对 SDRAM 读/写时,此引脚关闭 SDRAM 的自动预充功能

5.4.2　对存储器的考虑

对 EMIF 编程时,必须了解:外部存储器地址如何分配给片使能(CE)空间;每个 CE 空间可以同哪些类型的存储器连接;哪些寄存器位来配置 CE 空间。

(1) 外部存储器映射和 CE 空间

C55x 的外部存储映射在存储空间的分布,对应于 EMIF 的片选使能信号。例如,外部空间里的一片存储器,必须将其片选引脚连接到 EMIF 的引脚。当 EMIF 访问外部存储空间时,就驱动片选 CEx 变低。

（2）EMIF 支持的数据类型和访问类型

存储器类型及每种存储器允许的访问类型如表 5.4.6 所列。

表 5.4.6　存储器类型及每种存储器允许的访问类型

存储器类型	支持的访问类型
异步 8 位存储器（MTYPE＝000b）	程序
异步 16 位存储器（MTYPE＝001b）	程序,32 位数据,16 位数据,8 位数据
异步 32 位存储器（MTYPE＝010b）	程序,32 位数据,16 位数据,8 位数据
32 位的 SDRAM（MTYPE＝011b）	程序,32 位数据,16 位数据,8 位数据
32 位的 SBSRAM（MTYPE＝100b）	程序,32 位数据,16 位数据,8 位数据

（3）配置 CE 空间

使用全局控制寄存器（EGCR）和每个 CE 空间控制寄存器来配置 CE 空间。对于每个 CE 空间，必须设置控制寄存器 1 中的以下域：

➢ MTYPE　确定存储器类型；

➢ MEMFREQ　决定存储器时钟信号的频率（1 倍或 1/2 倍 CPU 时钟信号的频率）；

➢ MEMCEN　决定 CLKMEM 引脚是输出存储器时钟信号还是被拉成高电平。

对于每个 CE 空间里的存储器类型，一定要对全局控制寄存器写如下控制位（这些位会影响所有的 CE 空间）：

➢ WPE　对所有的 CE 空间使能或禁止写；

➢ NOHOLD　对所有的 CE 空间使能或禁止 HOLD 请求。

5.4.3　存储器接口设计

如何设计 DSP 系统的外部存储器电路，即 DSP 如何正确地与各种类型的存储器芯片接口，这是存储器设计的难点。通过外部存储器接口（EMIF），C55x 可以做到与外部存储器的无缝连接。C55x 设置了 4 个片选信号 CE0～CE3，直接作为外部存储器的选通信号。

（1）异步存储器的配置和连接

为了实现异步访问，首先要配置能够支持异步存储器的 CE 空间。对每个 CE 空间，可以按表 5.4.7 设置外部异步存储器的参数，每个 CE 空间都有控制寄存器 1、2、3，包含了可编程参数的所有位域。

如果 CE 空间控制寄存器 1 中的 MTYPE 位没有设置为异步存储器，则这些参数会被忽略。

表 5.4.7　访问外部异步存储器的参数

参　数	控制位	定　义
建立时间	READ SETUP WRITE SETUP	在读选通信号($\overline{\text{ARE}}$)和写选通信号($\overline{\text{AWE}}$)有效之前产生地址、片选($\overline{\text{CE}}$)、地址使能($\overline{\text{BE}}$)信号的时间
选通时间	READ STROBE WRITE STROBE	读选通或写选通信号的下降沿(有效)和上升沿(无效)之间的 CPU 时钟周期数
保持时间	READ HOLD WRITE HOLD	在读/写选通信号上升后,地址和字节使能信号保持有效的 CPU 时钟周期数
扩展保持时间	READ EXT HOLD WRITE EXT HOLD	扩展保持时间是指,在下一次访问之前,EMIF 必须在不同 CE 空间之间切换;或下一次访问要求改变数据方向时,需要插入额外 CPU 周期
超时值	TIMEOUT	在进行读/写操作时一次超时的值

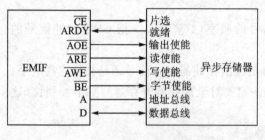

图 5.4.2　EMIF 和异步存储器的连接

EMIF 提供了可配置的时钟参数,因此 DSP 可以和一系列异步存储器(如闪存、SRAM 和 EPROM 等)接口。图 5.4.2 给出了 EMIF 和异步存储器芯片之间的连接。地址引脚使用数决定于存储器的位宽,8 位使用地址总线 A[21:0],16 位使用地址总线 A[21:1],32 位使用地址总线[21:2]。

(2) 同步突发静态随机存储器 SBSRAM 的配置和连接

SBSRAM 有流通(flow through)和流水(pipeline)两种类型,但 EMIF 只支持 pipeline 的 SBSRAM。在相同吞吐量的情况下,pipeline 模式可以工作在更高的工作频率;SBSRAM 接口可以工作在 CPU 时钟频率,或 CPU 时钟频率的一半。图 5.4.3 是 EMIF 与 SBSRAM 芯片的连接。

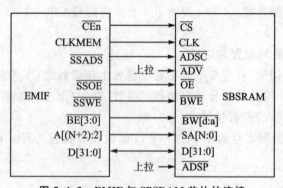

图 5.4.3　EMIF 与 SBSRAM 芯片的连接

（3）同步动态随机存储器的配置和连接

C55x 外部存储器接口支持 16 位和 32 位宽，64 Mbit 和 128 Mbit SDRAM 芯片。

SDRAM 可以工作在 C55x 时钟频率的 1/2 或 C55x 时钟频率。表 5.4.8～表 5.4.11 列出不同 SDRAM 的引脚映射和寄存器配置表。

表 5.4.8　SDRAM 的引脚映射和寄存器配置表

SDRAM 容量	芯片数量	配置位			占用 CE 空间	边界/行地址		列地址	
		SDACC	SDSIZE	SDWID		SDRAM	EMIF	SDRAM	EMIF
4M×16 bit	1	0	0	0	2	BA[1:0],A[11:0]	A[14:12],SDA10,A[10:1]	A[7:0]	A[8:1]
4M×16 bit	2	1	0	0	4	BA[1:0],A[11:0]	A[15:13],SDA10,A[11:2]	A[7:0]	A[9:2]
2M×32 bit	1	1	0	1	2	BA[1:0],A[10:0]	A[14:13],SDA10,A[11:2]	A[7:0]	A[9:2]
2M×32 bit	2	1	0	1	4	BA[1:0],A[10:0]	A[14:13],SDA10,A[11:2]	A[7:0]	A[9:2]
8M×16 bit	1	0	1	0	4	BA[1:0],A[11:0]	A[14:12],SDA10,A[10:1]	A[8:0]	A[9:1]
4M×32 bit	1	1	1	1	4	BA[1:0],A[11:0]	A[15:13],SDA10,A[11:2]	A[7:0]	A[9:2]

表 5.4.9　SDRAM 设置字段表

所在寄存器	位	字段名称	说明
全局控制寄存器(EGCR)	11～9	MEMFREQ	CLKMEM 频率。000b,CLKOUT 频率;001b,CLKOUT 频率除以 2
全局控制寄存器(EGCR)	7	WPE	后写使能。0,禁止后写;1,后写使能
全局控制寄存器(EGCR)	5	MEMCEN	存储器时钟使能。0,CLKMEM 保持高电平;1,CLKMEM 输出使能
全局控制寄存器(EGCR)	0	NOHOLD	外部保持控制。0,允许外部保持;1,禁止外部保持
片选控制寄存器1(CEn1)	14～12	MTYPE	011b,32 位或 16 位宽 SDRAM

表 5.4.10　SDRAM 控制寄存器 1(SDC1)

位	字段	初始值	说明
15～11	TRC	1111b	从刷新命令 REFR 到 REFR/MRS/ACTV 命令间隔 CLKMEM 周期数
10	SDSIZE	0	SDRAM 宽度。0,16 位宽;1,32 位宽
9	SDWID	0	SDRAM 容量。0,64 Mbit;1,128 Mbit
8	RFEN	1	刷新使能。0,禁止刷新;1,允许刷新
7～4	TRCD	0100b	从 ACTV 命令到 READ/WRITE 命令 CLKMEM 周期数
3～0	TRP	100b	从 DCAB 命令到 REFR/ACTV/MRS 命令 CLKMEM 周期数

表 5.4.11　SDRAM 控制寄存器 2(SDC2)

位	字　段	初始值	说　明
10	SDACC	0	0,SDRAM 数据总线接口为 16 位;1,SDRAM 数据总线接口为 32 位
9～8	TMRD	11b	ACTV/DCAB/REFR 延时 CLKMEM 周期数
7～4	TRAS	1111b	$\overline{SDRAS}$信号有效时持续 CLKMEM 周期数
3～0	TACTV2ACTV	1111b	$\overline{SDRAS}$到$\overline{SDRAS}$有效延时 CLKMEM 周期数

图 5.4.4 是 4M×16 bit 配置的 64 Mbit SDRAM 连接情况。图 5.4.5 是 2M×32 bit 配置的 64 Mbit SDRAM 连接情况。

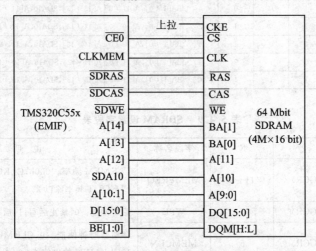

图 5.4.4　C55x 与一片 64 Mbit(4M×16 bit)SDRAM 的连接图

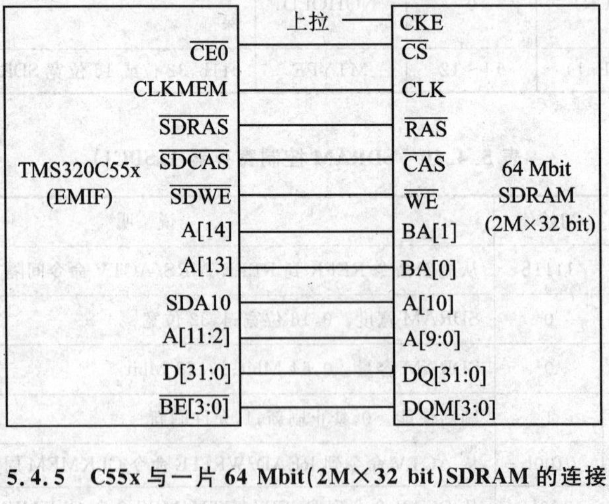

图 5.4.5　C55x 与一片 64 Mbit(2M×32 bit)SDRAM 的连接图

　　图 5.4.6 是 8M×16 bit 配置的 128 Mbit SDRAM 连接情况。图 5.4.7 是 4M× 32 bit配置的 128 Mbit SDRAM 连接情况。

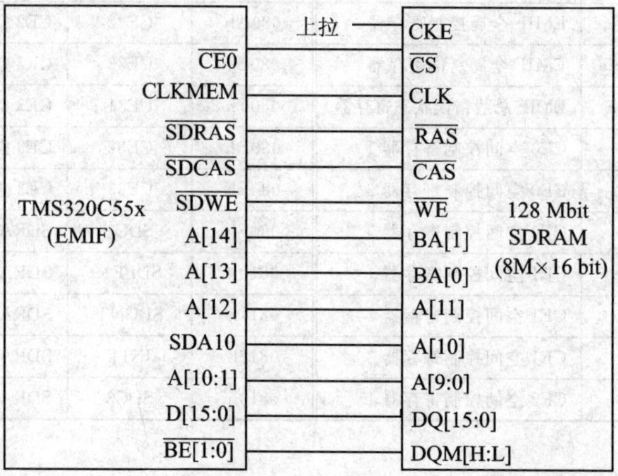

图 5.4.6　C55x 与一片 128 Mbit(8M×16 bit)SDRAM 的连接图

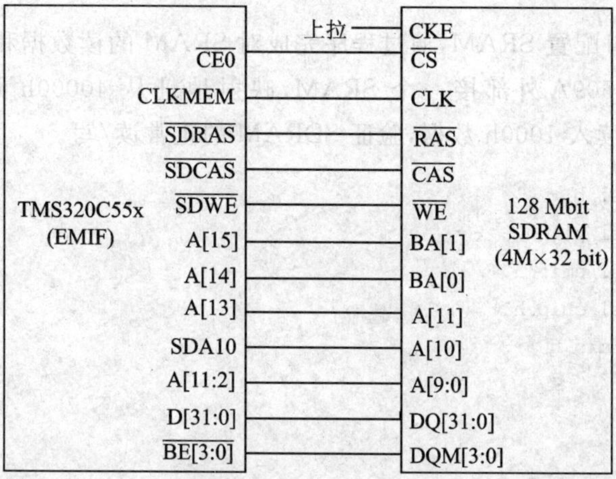

图 5.4.7　C55x 与一片 128 Mbit(4M×32 bit)SDRAM 的连接图

5.4.4　EMIF 中的控制寄存器

　　表 5.4.12 列出 EMIF 中的寄存器和在 I/O 空间的地址。需要注意的是,当 EMIF 正在访问外部存储器时不能配置寄存器,在新值写向配置寄存器时,至少要有 6 个 CPU 时钟周期的延时才能使新的 EMIF 配置生效。

表 5.4.12　EMIF 中的寄存器

I/O 口地址	寄存器	描　述	I/O 口地址	寄存器	描　述
0800h	EGCR	EMIF 全局控制寄存器	080Ah	CE22	CE2 空间控制寄存器 2
0801h	EMI_RST	EMIF 全局复位寄存器	080Bh	CE23	CE2 空间控制寄存器 3
0802h	EMI_BE	EMIF 总线错误状态寄存器	080Ch	CE31	CE3 空间控制寄存器 1
0803h	CE01	CE0 空间控制寄存器 1	080Dh	CE32	CE3 空间控制寄存器 2
0804h	CE02	CE0 空间控制寄存器 2	080Eh	CE33	CE3 空间控制寄存器 3
0805h	CE03	CE0 空间控制寄存器 3	080Fh	SDC1	SDRAM 控制寄存器 1
0806h	CE11	CE1 空间控制寄存器 1	0810h	SDPER	SDRAM 周期寄存器
0807h	CE12	CE1 空间控制寄存器 2	0811h	SDCNT	SDRAM 计数寄存器
0808h	CE13	CE1 空间控制寄存器 3	0812h	INIT	SDRAM 初值寄存器
0809h	CE21	CE2 空间控制寄存器 1	0813h	SDC2	SDRAM 控制寄存器 2

5.4.5　使用举例

在 EMIF 接口配置 SRAM,通过程序完成对 SRAM 的读数据和写数据功能。

TMS320VC5509A 外部接一个 SRAM,映射地址从 40000h 开始。本程序从 40000h 开始写并读入 1000h 数据,验证 SDRAM 的正常读/写。

```
# include <csl.h>
# include <csl_pll.h>
# include <csl_emif.h>
# include <csl_chip.h>
# include <stdio.h>

Uint16 x;
Uint32 y;
CSLBool b;
unsigned int datacount = 0;
int databuffer[1000] = {0};
int * souraddr, * deminaddr;
//锁相环的设置
PLL_Config  myConfig      = {
    0,//PLL 将进入 Idle 状态之前相同的设置进行锁定并使用
    1,//时钟发生器自动切换到旁路模式,重新开始跟踪锁定后,又自动切换到锁定状态
    6,//CLKIN×设置数字 = DSP 时钟频率
    0 //CLKOUT = DSP 主时钟/(div + 1),在此 0 表示不分频
};
//SRAM 的 EMIF 设置
```

```
EMIF_Config emiffig = {
    0x221,      //设置 EGCR 寄存器。MEMFREQ = 00,设置存储器时钟等于 CPU 时钟
                //WPE = 0,禁止在调试 EMIF 时写数据
                //MEMCEN = 1,存储器时钟输出在 CLKMEM 端口
                //NOHOLD = 1,HOLD 请求不被 EMIF 识别
    0xFFFF,     //写入任意数据复位 EMIF
    0x1fff,     //CE0_1: CE0 空间控制寄存器 1
    0x00ff,     //CE0_2: CE0 空间控制寄存器 2
    0x00ff,     //CE3_3: CE0 空间控制寄存器 3
    0x1fff,     //CE1_1: CE1 空间控制寄存器 1,异步模式,16 位
    0x00ff,     //CE1_2: CE1 空间控制寄存器 2
    0x00ff,     //CE1_3: CE1 空间控制寄存器 3
    0x1FFF,     //CE2_1: CE2 空间控制寄存器 1,异步模式,16 位
    0xFFFF,     //CE2_2: CE1 空间控制寄存器 2
    0x00FF,     //CE2_3: CE1 空间控制寄存器 3
    0x1fff,     //CE3_1: CE2 空间控制寄存器 1
    0x00ff,     //CE3_2: CE1 空间控制寄存器 2
    0x00ff,     //CE3_3: CE1 空间控制寄存器 3
    0x2911,     //SDC1: SDRAM 控制寄存器 1
                //          TRC = 8
                //          SDSIZE = 0;SDWID = 0
                //          RFEN = 1
                //          TRCD = 2
                //          TRP = 2
    0x0410,     //SDPER: SDRAM 周期控制寄存器 1
                //          7 ns × 4 096
    0x07FF,     //SDINIT: SDRAM 初始化寄存器,写入任意数据初始化所有的 CE 空间
                //在硬件复位后或者启动 C55x 后操作
    0x0131      //SDC2:      SDRAM 控制寄存器 2
                //          SDACC = 0
                //          TMRD = 01
                //          TRAS = 0101
                //          TACTV2ACTV = 0001
};
main()
{
    unsigned int error = 0,i;
    //初始化 CSL 库
    CSL_init();
    puts("Start SDRAM test");
    //EMIF 为全 EMIF 接口
    CHIP_RSET(XBSR,0x0a01);
    //设置系统的运行速度为 144 MHz
```

```
    PLL_config(&myConfig);
    //初始化 DSP 的外部 SDRAM
    EMIF_config(&emiffig);
    //向 SDRAM 中写入数据
    souraddr = (int *)0x40000;
    deminaddr = (int *)0x41000;
    while(souraddr<deminaddr)
    {
        * souraddr ++= datacount;
        datacount ++ ;
        //for(i=0;i<100;i++);
    }
    //读出 SRAM 中的数据
    souraddr =  (int *)0x40000;
    datacount = 0;
    while(souraddr<deminaddr)
    {
        databuffer[datacount ++ ] = * souraddr ++ ;
        if(databuffer[datacount - 1]! = (datacount - 1))
        {
            error ++ ;
            //printf("% d ",datacount - 1);
        }
        //for(i=0;i<100;i++);
    }
    if(error = = 0)
        printf("SDRAM test completed! No Error!");
    while(1);
}
```

5.5 多通道缓冲串口

5.5.1 McBSP 概述

C55x 提供高速的多通道缓冲串口(Multi-channel Buffered Serial Ports,McBSP),通过 McBSP 可以与其他 DSP、编/解码器等相连。

McBSP 具有如下特点。

➢ 全速双工通信。

> 双缓存发送,三缓存接收,支持传送连续的数据流。
> 独立的收发时钟信号和帧信号。
> 128 个通道收发。
> 可与工业标准的编/解码器、模拟接口芯片(AIC)及其他串行 A/D、D/A 芯片直接连接。
> 能够向 CPU 发送中断,向 DMA 控制器发送 DMA 事件。
> 具有可编程的采样率发生器,可控制时钟和帧同步信号。
> 可选择帧同步脉冲和时钟信号的极性。
> 传输的字长可选,可以是 8 位、12 位、16 位、20 位、24 位或 32 位。
> 具有 μ 律和 A 律压缩扩展功能。
> 可将 McBSP 引脚配置为通用输入/输出引脚。

5.5.2　McBSP 组成框图

McBSP 包括一个数据通道和一个控制通道,通过 7 个引脚与外部设备连接,其结构如图 5.5.1 所示。

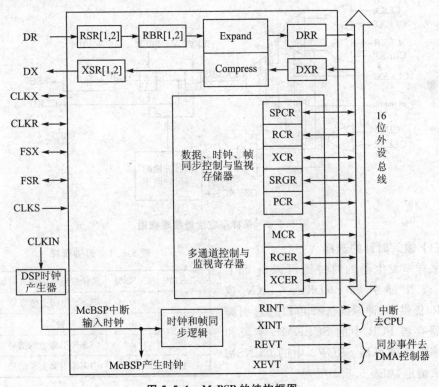

图 5.5.1　McBSP 的结构框图

数据发送引脚 DX 负责数据的发送,数据接收引脚 DR 负责数据的接收,发送时钟引脚 CLKX、接收时钟引脚 CLKR、发送帧同步引脚 FSX 和接收帧同步引脚 FSR 提供串行时钟和控制信号。

CPU 和 DMA 控制器通过外设总线与 McBSP 进行通信。当发送数据时,CPU 或 DMA 将数据写入数据发送寄存器(DXR1,DXR2),接着复制到发送移位寄存器 (XSR1,XSR2),通过发送移位寄存器输出至 DX 引脚。同样,当接收数据时,DR 引脚上接收到的数据先移位到接收移位寄存器(RSR1,RSR2),接着复制到接收缓冲寄存器(RBR1,RBR2)中,RBR 再将数据复制到数据接收寄存器(DRR1,DRR2)中,由 CPU 或 DMA 读取数据。这样,可以同时进行内部和外部的数据通信。

5.5.3 采样率发生器

McBSP 包括一个采样率发生器 SRG,用于产生内部数据时钟 CLKG 和内部帧同步信号 FSG,如图 5.5.2 所示。CLKG 可以作为 DR 引脚接收数据或 DX 引脚发送数据的时钟,FSG 控制 DR 和 DX 上的帧同步。每个 McBSP 包括一个采样率发生器 SRG,用于产生内部数据时钟 CLKG 和内部帧同步信号 FSG。

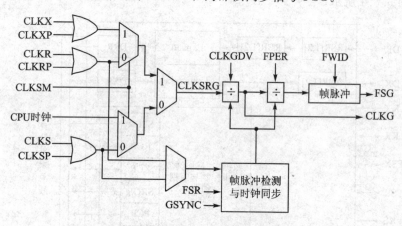

图 5.5.2　采样率发生器原理框图

(1) 输入时钟的选择

采样率发生器的时钟源可以由 CPU 时钟或外部引脚 (CLKS、CLKX 或 CLKR)提供,时钟源的选择可以通过引脚控制寄存器 PCR 中的 SCLKME 字段和采样率发生寄存器 SRGR2 中的 CLKSM 字段来确定,如表 5.5.1 所列。

表 5.5.1　时钟选择

SCLKME	CLKSM	采样率发生器的输入时钟
0	0	CLKS 引脚上的信号
0	1	CPU 时钟
1	0	CLKR 引脚上的信号
1	1	CLKX 引脚上的信号

(2) 输入时钟极性的选择

如果选择了一个外部引脚作为时钟源,其极性可通过 SRGR2 中的 CLKSP 字段、PCR 中的 CLKXP 字段或 CLKPP 字段进行设置,如表 5.5.2 所列。

表 5.5.2　时钟极性的选择

输入时钟	极性选择	说　明
CLKS 引脚上的信号	CLKSP=0	CLKS 引脚上信号的上升沿,产生 CLKG 的上升沿
	CLKSP=1	CLKS 引脚上信号的下降沿,产生 CLKG 的上升沿
CPU 时钟	正极性	CPU 时钟信号的上升沿,产生 CLKG 的上升沿
CLKR 引脚上的信号	CLKRP=0	CLKR 引脚上信号的上升沿,产生 CLKG 的上升沿
	CLKRP=1	CLKR 引脚上信号的下降沿,产生 CLKG 的上升沿
CLKX 引脚上的信号	CLKXP=0	CLKX 引脚上信号的上升沿,产生 CLKG 的上升沿
	CLKXP=1	CLKX 引脚上信号的下降沿,产生 CLKG 的上升沿

(3) 输出时钟信号频率的选择

输入的时钟经过分频产生 SRG 输出时钟 CLKG。分频值由采样率发生寄存器 SRGR1 中的 CLKGDV 字段决定:

$$CLKG\ 输出时钟频率 = \frac{输入时钟频率}{CLKGDV+1} \qquad 1 \leqslant CLKGDV \leqslant 255$$

(4) 帧同步时钟信号频率和脉宽的选择

帧同步信号 FSG 由 CLKG 进一步分频而来,分频值由采样率发生寄存器 SRGR2 中的 FPER 字段决定:

$$FSG\ 输出时钟频率 = \frac{CLKG\ 时钟频率}{FPER+1} \qquad 0 \leqslant FPER \leqslant 4\ 095$$

帧同步脉冲的宽度由采样率发生寄存器 SRGR1 中的 FWID 字段决定:

$$FSG\ 脉宽 = (FWID+1) \times CLKG\ 的周期 \qquad 0 \leqslant FWID \leqslant 255$$

(5) 同　步

SRG 的输入时钟可以是内部时钟,即 CPU 时钟;也可以是来自 CLKX、CLKR 和 CLKS 引脚的外部输入时钟。当采用外部时钟源时,一般需要同步,同步由采样率发生寄存器 SRGR2 中的字段 GSYNC 控制。当 GSYNC=0 时,SRG 将自由运行,并按 CLKGDV、FPER 和 FWID 等参数的配置产生输出时钟;当 GSYNC=1 时,CLKG 和 FSG 将同步到外部输入时钟。

5.5.4　多通道模式选择

McBSP 属于多通道串口,每个 McBSP 最多可有 128 个通道。

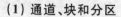

（1）通道、块和分区

一个 McBSP 通道一次可以移进或移出一个串行字。每个 McBSP 最多支持 128 个发送通道和 128 个接收通道。无论是发送器还是接收器，这 128 个通道都分为 8 块(Block)，每块包括 16 个邻近的通道。

根据所选择的分区模式，各个块被分配给相应的区。如果选择 2 分区模式，则将偶数块(0、2、4、6)分配给区 A，奇数块(1、3、5、7)分配给区 B。如果选择 8 分区模式，则将块 0~7 分别自动地分配给区 A~H。

Block0：0~15 通道	Block4：64~79 通道
Block1：16~31 通道	Block5：80~95 通道
Block2：32~47 通道	Block6：96~111 通道
Block3：48~63 通道	Block7：112~127 通道

（2）接收多通道数据

多通道选择部分由多通道控制寄存器 MCR、接收使能寄存器 RCER 和发送使能寄存器 XCER 组成。其中，MCR 可以禁止或使能全部 128 个通道，RCER 和 XCER 可以分别禁止或使能某个接收或发送通道。每个寄存器控制 16 个通道，因此 128 个通道共有 8 个通道使能寄存器。

MCR1 中的 RMCM 位决定是所有通道用于接收，还是部分通道用于接收。当 RMCM=0，所有 128 个通道都用于接收；当 RMCM=1，使用接收多通道选择模式，选择哪些接收通道由接收通道使能寄存器 RCER 确定。

如果某个接收通道被禁止，在这个通道上接收的数据只传输到接收缓冲寄存器 RBR 中，并不复制到 DRR 中，因此不会产生 DMA 同步事件。

（3）发送多通道的选择

发送多通道的选择由 MCR2 中的 XMCM 字段确定。

当 XMCM=00b，所有 128 个发送通道使能且不能被屏蔽。当 XMCM=01b，由发送使能寄存器 XCER 选择通道，如果某通道没有被选择，则该通道被禁止。当 XMCM=10b，由 XCER 寄存器禁止通道，如果某通道没有被禁止，则使能该通道。当 XMCM=11b，所有通道被禁止使用；而只有当对应的接收通道使能寄存器 RCER 使能时，发送通道才被使能；当该发送通道使能时，由 XCER 寄存器决定该通道是否被屏蔽。

5.5.5 异常处理

每个多通道缓冲串口 McBSP 有 5 个事件会导致 McBSP 异常错误：

➤ 接收数据溢出，此时 SPCR1 中的 RFULL=1；

➤ 接收帧同步脉冲错误，此时 SPCR1 中的 RSYNCERR=1；

➤ 发送数据重写，造成溢出；

➤ 发送寄存器空,此时 SPCR2 中的 XEMPTY＝0;

➤ 发送帧同步脉冲错误,此时 SPCR2 中的 XSYNCERR＝1。

(1) 接收数据溢出

接收通道有三级缓冲 RSR—RBR—DRR。当数据复制到 DRR,设置 RRDY;当 DRR 中的数据被读取,清除 RRDY。当 RRDY＝1,RBR—DRR 的复制不会发生,数据保留在 RSR,这时如果 DR 接收新的数据并移位到 RSR,新数据就会覆盖 RSR,使 RSR 中的数据丢失。

有两种方法可以避免数据丢失:至少在第 3 个数据移入 RSR 前 2.5 个周期读取 DRR 中的数据;利用 DRR 接收标志 RRDY 触发接收中断,使 CPU 或 DMA 能及时读取数据。

(2) 接收帧同步信号错误

接收帧同步信号错误是指在当前数据帧的所有串行数据还未接收完时出现了帧同步信号。由于帧同步表示一帧的开始,所以出现帧同步时,接收器就会停止当前帧的接收,并重新开始下一帧的接收,从而造成当前帧数据的丢失。

为了避免接收帧同步错误造成的数据丢失,可以将接收控制寄存器 RCR2 中的 RFIG 设置为 1,让 McBSP 接收器忽略这些不期望出现的接收帧同步信号。

(3) 发送数据重写

发送数据重写是指 CPU 或 DMA 在 DXR 中的数据复制到 XSR 之前,向 DXR 写入了新的数据,DXR 中旧的数据被覆盖而丢失。

为了避免 CPU 写入太快而造成数据覆盖,可以让 CPU 在写 DXR 之前,先查询发送标志 XRDY,检查 DXR 是否就绪,或者由 XRDY 触发发送中断,然后写入 DXR。为了避免 DMA 写入太快,可以让 DMA 与发送事件 XEVT 同步,即由 XRDY 触发 XEVT,然后 DMA 控制器将数据写入 DXR。

(4) 发送寄存器空

与发送数据重写相对应,发送寄存器空是由于 CPU 或 DMA 写入太慢,使得发送帧同步出现时,DXR 还未写入新值,这样 XSR 中的值就会不断重发,直到 DXR 写入新值为止。

为了避免数据重发,可以由 XRDY 触发对 CPU 中断或 DMA 同步事件,然后将新值写入 DXR。

(5) 发送帧同步脉冲错误

发送帧同步错误是指在当前帧的数据还未发送完之前,出现了发送帧同步信号,导致发送器终止当前帧的发送,并重新开始下一帧的发送。

为了避免发送帧同步错误,可以将发送控制寄存器 XCR2 中的 XFIG 设置为 1,让发送器忽略这些不期望的发送帧同步信号。

5.5.6 McBSP 寄存器

(1) 数据接收寄存器(DRR2 和 DRR1)

CPU 或 DMA 控制器从 DRR2 和 DRR1 读取接收数据。McBSP 支持 8 位、12 位、16 位、20 位、24 位或 32 位的字长。当字长等于或小于 16 位,只使用 DRR1;当字长超过 16 位,DRR1 存放低 16 位,DRR2 存放其余数据位。

DRR2 和 DRR1 为 I/O 映射寄存器,可以通过访问 I/O 空间来访问该寄存器。

如果串行字长不超过 16 位,DR 引脚上的接收数据移位到 RSR1,然后复制到 RBR1。RBR1 的数据再复制到 DRR1,CPU 或 DMA 控制器从 DRR1 读取数据。

如果串行字长超过 16 位,DR 引脚上的接收数据移位到 RSR2 和 RSR1,然后复制到 RBR2 和 RBR1。RBR2 和 RBR1 的数据再复制到 DRR2 和 DRR1,CPU 或 DMA 控制器从 DRR2 和 DRR1 读取数据。

如果从 RBR1 复制到 DRR1 的过程中使用压缩扩展(RCOMPAND=10b 或 11b),RBR1 中的 8 位压缩数据扩展为 16 位校验数据;如果未使用压缩扩展,RBR1、RBR2 根据 RJUST 的设置,将数据填充后送到 DRR1 和 DRR2。

(2) 数据发送寄存器(DXR2 和 DXR1)

发送数据时,CPU 或 DMA 控制器向 DXR2 和 DXR1 写入发送数据。当字长等于或小于 16 位时,只使用 DXR1;当字长超过 16 位时,DXR1 存放低 16 位,DXR2 存放其余数据位。

DXR2 和 DXR1 为 I/O 映射寄存器,可以通过访问 I/O 空间来访问该寄存器。

如果串行字长不超过 16 位,则 CPU 或 DMA 控制器写到 DXR1 上的数据复制到 RSR1。RSR1 的数据再复制到 XSR1。然后,每个周期移走 1 位数据到 DX 引脚。

如果串行字长超过 16 位,CPU 或 DMA 控制器写到 DXR2 和 DXR1 上的数据,复制到 XSR2 和 XSR1,然后移到 DX 引脚。

如果从 DXR1 复制 XSR1 的过程中使用压缩扩展(XCOMPAND=10b 或 11b),则 DXR1 中的 16 位数据压缩为 A 律或 μ 律数据后,送到 XSR1。如果未使用压缩扩展,则 DXR1 数据直接复制到 XSR1。

(3) 串口控制寄存器(SPCR1 和 SPCR2)

表 5.5.3 所列为串口控制寄存器 SPCR1,表 5.5.4 所列为串口控制寄存器 SPCR2。

表 5.5.3　串口控制寄存器 SPCR1

位	字　段	复位值	说　明
15	DLB	0	数字回环模式使能。0,禁止;1,使能
14~13	RJUST	00	接收数据符号扩展和调整方式
12~11	CLKSTP	00	时钟停止模式
10~8	Rsvd	—	保留
7	DXENA	0	DX 引脚延时使能
6	Rsvd	0	保留
5~4	RINTM	00	接收中断模式
3	RSYNCERR	0	接收帧同步错误标志
2	RFULL	0	接收过速错误标志
1	RRDY	0	接收就绪标志
0	RRST	0	接收器复位

表 5.5.4　串口控制寄存器 SPCR2

位	字　段	复位值	说　明
15~10	Rsvd	0	保留
9	FREE	0	自由运行(在高级语言调试器中遇到断点时的处理方式)
8	SOFT	0	软停止(在高级语言调试器中遇到断点时的处理方式)
7	FRST	0	帧同步逻辑复位
6	GRST	0	采样率发生器复位
5~4	XINTM	00	发送中断模式
3	XSYNCERR	0	发送帧同步错误标志
2	XEMPTY	0	发送寄存器空标志
1	XRDY	0	发送就绪标志
0	XRST	0	发送器复位

(4) 采样率发生寄存器(SRGR1 和 SRGR2)

表 5.5.5 所列为采样率发生寄存器 SRGR1,表 5.5.6 所列为采样率发生寄存器 SRGR2。

表 5.5.5　采样率发生寄存器 SRGR1

位	字　段	复位值	说　明
15~8	FWID	00000000	帧同步信号 FSG 的脉冲宽度
7~0	CLKGDV	00000001	输出时钟信号 CLKG 的分频值

表 5.5.6 采样率发生寄存器 SRGR2

位	字 段	复位值	说 明
15	GSYNC	0	时钟同步模式
14	CLKSP	0	CLKS 引脚极性
13	CLKSM	1	采样率发生器时钟源选择
12	FSGM	0	采样率发生器发送帧同步模式
11~0	FPER	0	FSG 信号帧同步周期数

(5) 引脚控制寄存器(PCR)

表 5.5.7 所列为引脚控制寄存器 PCR。

表 5.5.7 引脚控制寄存器 PCR

位	字 段	说 明
15	Rsvd	保留
14	IDLEEN	省电使能
13	XIOEN	发送 GPIO 使能
12	RIOEN	接收 GPIO 使能
11	FSXM	发送帧同步模式。0,由 FSX 引脚提供;1,由 McBSP 提供
10	FSRM	接收帧同步模式。0,由 FSR 引脚提供;1,由 SRG 提供
9	CLKXM	发送时钟模式(发送时钟源、CLKX 的方向)
8	CLKRM	接收时钟模式(接收时钟源、CLKR 的方向)
7	SCLKME	采样率发生器时钟源模式
6	CLKSSTAT	CLKS 引脚上的电平。0,低电平;1,高电平
5	DXSTAT	DX 引脚上的电平。0,低电平;1,高电平
4	DRSTAT	DR 引脚上的电平。0,低电平;1,高电平
3	FSXP	发送帧同步极性
2	FSRP	接收帧同步极性
1	CLKXP	发送时钟极性
0	CLKRP	接收时钟极性

(6) 接收控制寄存器(RCR1 和 RCR2)和发送控制寄存器(XCR1 和 XCR2)

表 5.5.8 所列为接收(发送)控制寄存器 R(X)CR1,表 5.5.9 所列为接收(发送)控制寄存器 R(X)CR2。

表 5.5.8　接收(发送)控制寄存器 R(X)CR1

位	字　段	复位值	说　明
15	Rsvd	0	保留
14~8	R(X)FRLEN1	0	接收(发送)阶段 1 的帧长(1~128)个字
7~5	R(X)WDLEN1	0	接收(发送)阶段 1 的字长
4~0	Rsvd	0	保留

表 5.5.9　接收(发送)控制寄存器 R(X)CR2

位	字　段	复位值	说　明
15	R(X)PHASE	0	接收(发送)帧的阶段数
14~8	R(X)FRLEN2	0	接收(发送)阶段 2 的帧长
7~5	R(X)WDLEN2	0	接收(发送)阶段 2 的字长
4~3	R(X)COMPAND	0	接收(发送)数据压扩模式
2	R(X)FIG	0	忽略不期望的收(发)帧同步信号
1~0	R(X)DATDLY	0	接收(发送)数据延时

(7) 多通道控制寄存器(MCR1 和 MCR2)

表 5.5.10 所列为多通道控制寄存器 MCR1,表 5.5.11 所列为多通道控制寄存器 MCR2。

表 5.5.10　多通道控制寄存器 MCR1

位	字　段	说　明
15~10	Rsvd	保留
9	RMCME	接收多通道使能。0,使能 32 个通道;1,使能 128 个通道
8~7	RPBBLK	接收部分 B 块的通道使能
6~5	RPABLK	接收部分 A 块的通道使能
4~2	RCBLK	接收部分的当前块,表示正在接收的是哪个块的 16 个通道
1	Rsvd	保留
0	RMCM	接收多通道选择。0,使能 128 个通道;1,使能选定的通道

表 5.5.11　多通道控制寄存器 MCR2

位	字　段	说　明
15~10	Rsvd	保留
9	XMCME	发送多通道使能。0,使能 32 个通道;1,使能 128 个通道
8~7	XPBBLK	发送部分 B 块的通道使能
6~5	XPABLK	发送部分 A 块的通道使能
4~2	XCBLK	发送部分的当前块,表示正在发送的是哪个块的 16 个通道
1~0	XMCM	发送多通道选择,使能全部通道或使能选定的通道

5.5.7 McBSP 使用举例

应用多通道缓冲串口需要在头文件中包含 csl_mcbsp.h 文件,首先声明 McBSP 句柄和 McBSP 串口配置结构。

```
/* 定义 McBSP 的句柄 */
MCBSP_Handle hMcbsp;
/* McBSP 设置在 DSP 和 AIC23 之间,数据传输使用 McBSP1 来发送和接收 */
MCBSP_Config Mcbsp1Config = {
MCBSP_SPCR1_RMK(
    MCBSP_SPCR1_DLB_OFF,              /* DLB = 0,禁止自闭环方式 */
    MCBSP_SPCR1_RJUST_LZF,           /* RJUST = 2 */
    MCBSP_SPCR1_CLKSTP_DISABLE,      /* CLKSTP = 0 */
    MCBSP_SPCR1_DXENA_ON,            /* DXENA = 1 */
    0,                               /* ABIS = 0 */
    MCBSP_SPCR1_RINTM_RRDY,          /* RINTM = 0 */
    0,                               /* RSYNCER = 0 */
    MCBSP_SPCR1_RRST_DISABLE         /* RRST = 0 */
),
    MCBSP_SPCR2_RMK(
    MCBSP_SPCR2_FREE_NO,             /* FREE = 0 */
    MCBSP_SPCR2_SOFT_NO,             /* SOFT = 0 */
    MCBSP_SPCR2_FRST_FSG,            /* FRST = 0 */
    MCBSP_SPCR2_GRST_CLKG,           /* GRST = 0 */
    MCBSP_SPCR2_XINTM_XRDY,          /* XINTM = 0 */
    0,                               /* XSYNCER = N/A */
    MCBSP_SPCR2_XRST_DISABLE         /* XRST = 0 */
),
/* 单数据相,接收数据长度为 16 位,每相 2 个数据 */
MCBSP_RCR1_RMK(
    MCBSP_RCR1_RFRLEN1_OF(1),        /* RFRLEN1 = 1 */
    MCBSP_RCR1_RWDLEN1_16BIT         /* RWDLEN1 = 2 */
),
MCBSP_RCR2_RMK(
    MCBSP_RCR2_RPHASE_SINGLE,        /* RPHASE = 0 */
    MCBSP_RCR2_RFRLEN2_OF(0),        /* RFRLEN2 = 0 */
    MCBSP_RCR2_RWDLEN2_8BIT,         /* RWDLEN2 = 0 */
    MCBSP_RCR2_RCOMPAND_MSB,         /* RCOMPAND = 0 */
    MCBSP_RCR2_RFIG_YES,             /* RFIG = 0 */
    MCBSP_RCR2_RDATDLY_1BIT          /* RDATDLY = 1 */
```

```
        ),
    MCBSP_XCR1_RMK(
    MCBSP_XCR1_XFRLEN1_OF(1),                    /* XFRLEN1 = 1 */
    MCBSP_XCR1_XWDLEN1_16BIT                     /* XWDLEN1 = 2 */
),
MCBSP_XCR2_RMK(
    MCBSP_XCR2_XPHASE_SINGLE,                    /* XPHASE = 0 */
    MCBSP_XCR2_XFRLEN2_OF(0),                    /* XFRLEN2 = 0 */
    MCBSP_XCR2_XWDLEN2_8BIT,                     /* XWDLEN2 = 0 */
    MCBSP_XCR2_XCOMPAND_MSB,                     /* XCOMPAND = 0 */
    MCBSP_XCR2_XFIG_YES,                         /* XFIG = 0 */
    MCBSP_XCR2_XDATDLY_1BIT                      /* XDATDLY = 1 */
),
MCBSP_SRGR1_DEFAULT,
MCBSP_SRGR2_DEFAULT,
MCBSP_MCR1_DEFAULT,
MCBSP_MCR2_DEFAULT,
MCBSP_PCR_RMK(
    MCBSP_PCR_IDLEEN_RESET,                      /* IDLEEN = 0 */
    MCBSP_PCR_XIOEN_SP,                          /* XIOEN = 0 */
    MCBSP_PCR_RIOEN_SP,                          /* RIOEN = 0 */
    MCBSP_PCR_FSXM_EXTERNAL,                     /* FSXM = 0 */
    MCBSP_PCR_FSRM_EXTERNAL,                     /* FSRM = 0 */
    0,                                           /* DXSTAT = N/A */
    MCBSP_PCR_CLKXM_INPUT,                       /* CLKXM = 0 */
    MCBSP_PCR_CLKRM_INPUT,                       /* CLKRM = 0 */
    MCBSP_PCR_SCLKME_NO,                         /* SCLKME = 0 */
    MCBSP_PCR_FSXP_ACTIVEHIGH,                   /* FSXP = 0 */
    MCBSP_PCR_FSRP_ACTIVEHIGH,                   /* FSRP = 1 */
    MCBSP_PCR_CLKXP_FALLING,                     /* CLKXP = 1 */
    MCBSP_PCR_CLKRP_RISING                       /* CLKRP = 1 */
),
MCBSP_RCERA_DEFAULT,
MCBSP_RCERB_DEFAULT,
MCBSP_RCERC_DEFAULT,
MCBSP_RCERD_DEFAULT,
MCBSP_RCERE_DEFAULT,
MCBSP_RCERF_DEFAULT,
MCBSP_RCERG_DEFAULT,
MCBSP_RCERH_DEFAULT,
MCBSP_XCERA_DEFAULT,
```

```
        MCBSP_XCERB_DEFAULT,
        MCBSP_XCERC_DEFAULT,
        MCBSP_XCERD_DEFAULT,
        MCBSP_XCERE_DEFAULT,
        MCBSP_XCERF_DEFAULT,
        MCBSP_XCERG_DEFAULT,
        MCBSP_XCERH_DEFAULT
        };
        / * 打开串口 0 初始化 McBSP1 * /
        hMcbsp = MCBSP_open(MCBSP_PORT1,MCBSP_OPEN_RESET);
        / * 设置 McBSP1,串口配置 * /
        MCBSP_config(hMcbsp,&Mcbsp1Config);
        / * 启动 McBSP1,开始运行 * /
        MCBSP_start(hMcbsp,
                MCBSP_RCV_START | MCBSP_XMIT_START,
                0);
```

5.6   模/数转换器

在数字信号处理器的具体应用中,往往需要采集一些模拟信号量,如电池电压、面板旋钮输入值等,模/数转换器(ADC)就是将这些模拟量转化为数字量来供 DSP 使用。由于 DSP 内部的 ADC 转换速率比较低,采样频率 21.5 kHz,所以只能采样一些频率比较低的信号。

本节主要介绍 TMS320VC5509A 内部集成的 10 位连续逼近式模/数转换器。

5.6.1   ADC 的结构和时序

图 5.6.1 为 ADC 内部结构框图,主要有通道选择、采样保持电路、时钟电路、电阻电容阵列等组成。

图 5.6.2 为 ADC 的转换时序图。

ADC 可编程时钟分频器之间的关系如下式表示:

ADC 时钟=CPU 时钟/(CPUCLKDIV+1)

ADC 转换时钟=ADC 时钟/(2×(CONVRATEDIV+1))(必须≤2 MHz)

ADC 采样保持时间=(1/ADC 时钟)/(2×CONVRATEDIV+1+SAMPTIMEDIV)(必须≥40 μs)。

ADC 总转换时间=ADC 采样保持时间+13×(1/ADC 转换时钟)

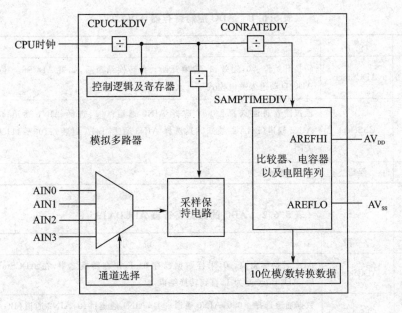

图 5.6.1　ADC 内部结构框图

图 5.6.2　ADC 的转换时序

ADC 不能工作于连续模式下。每次开始转换前,DSP 必须把 ADC 控制寄存器(ADCCTL)的 ADCSTART 位置 1,以启动模/数转换器转换。当开始转换后,DSP 必须通过查询 ADC 数据寄存器(ADCDATA)的 ADCBUSY 位来确定采样是否结束。当 ADCBUSY 位从 1 变为 0 时,标志转换完成,采样数据已经被存放在数/模转换器的数据寄存器中。

5.6.2　ADC 的寄存器

ADC 的寄存器包括控制寄存器(ADCCTL)、数据寄存器(ADCDATA)、时钟分频寄存器(ADCCLKDIV)和时钟控制寄存器(ADCCLKCTL)。

TMS320VC5509A 的有关寄存器分别如表 5.6.1～表 5.6.4 所列。

表 5.6.1　ADC 控制寄存器 ADCCTL

位	字　段	说　明
15	ADCStart	转换开始位。0,无效;1,转换开始。在转换结束后,如果 ADCStart 位不为高,ADC 自动进入关电模式
14~12	ChSelect	模拟输入通道选择。000,选择 AIN0 通道;001,选择 AIN1 通道;010,选择 AIN2 通道(BGA 封装);011,选择 AIN3 通道(BGA 封装);100~111 所有通道关闭
11~0	保留	保留,读时总为 0

表 5.6.2　ADC 的数据寄存器 ADCDATA

位	字　段	说　明
15	ADCBusy	ADC 转换标志位。0,采样数据已存在;1,正在转换之中,在 ADCStart 置为 1 后,ADCBusy 变为 1,直到转换结束
14~12	ChSelect	数据通道选择。000,AIN0 通道;001,AIN1 通道;010,AIN2 通道(BGA 封装);011,AIN3 通道(BGA 封装);100~111,保留
11~10	保留	保留,读时总为 0
9~0	ADCData	存放 10 位 ADC 转换结果

表 5.6.3　ADC 时钟分频寄存器 ADCCLKDIV

位	字　段	说　明
15~8	SampTimeDiv	0~255,采样和保持时间分频字段。该字段同 ConvRateDiv 字段一起决定采样和保持时间
7~4	保留	保留,默认为 0
3~0	ConvRateDiv	0000~1111,转换时钟分频字段,该字段同 SampTimeDiv 字段一起决定采样和保持周期

表 5.6.4　ADC 时钟控制寄存器 ADCCLKCTL

位	字　段	说　明
15~9	保留	保留
8	IdleEn	ADC 的 Idle 使能位。0,ADC 不能进入 Idle 状态;1,进入 Idle 状态,时钟停止
7~0	cpuClkDiv	0~255,系统时钟分频字段

5.6.3　ADC 实例

ADC 外设需要设置两种基本的操作,如下所述。

① 设置 ADC 的采样时钟,包括:

ADC 时钟=CPU 时钟/(CPUCLKDIV+1)

ADC 转换时钟=(ADC 时钟)/(2×(CONVRATEDIV+1))(必须小于或等于 2 MHz)

ADC 采样保持时间=(1/ADC 时钟)/(2×CONVRATEDIV+1+SAMPTIMEDIV)(必须大于或等于 40 μs)。

② 读数据操作。这些操作通过 CSL 函数 ADC_setFreq( )和 ADC_read( )函数实现。通常先使用 ADC_setFreq( )配置采样频率,然后使用 ADC_read( )读取 ADC 转换的数据。

```
CSLAPI void ADC_setFreq(int sysclkdiv,int convratediv,int sampletimediv);
```

ADC_setFreq( )函数设置系统时钟、转换时钟和采用保持时钟,这 3 个设置都在 ADCCCR 寄存器中。

```
CSLAPI void ADC_read(int channelnumber,Uint16 * data,int length);
```

channelnumber 设置 ADC 的转换通道, * data 指向 ADC 转换后存储数据的地址,length 是转换后数据的长度。

ADC 转换过程:首先启动 ADC 使能位 ADCStart,然后检测 ADCBusy 是否完成 ADC 转换,最后读取 ADC 转换后的数据。完整的程序如下所示:

```
# include <csl.h>
# include <csl_adc.h>                     /* 包含 CSL 头文件 */
# include <stdio.h>
Uint16 samplestorage[2] = {0,0};          /* 初始化存储 ADC 转换数据的数组 */
int sysclkdiv = 2,convratediv = 0,sampletimediv = 79;   /* 初始化采样频率的参数 */
int counter = 0,index = 0;
int channel = 1,samplenumber = 2;         /* 初始化采用通道数和采用数据大小 */
{
    main()
    CSL_init();
    ADC_setFreq(sysclkdiv,convratediv,sampletimediv);
    ADC_read(channel,samplestorage,samplenumber);
}
```

5.7 看门狗定时器

5.7.1 看门狗定时器概述

看门狗,又叫 WatchDog Timer,是一个定时器电路,在系统运行以后也就启动了看门狗的计数器,看门狗就开始自动计数。如果到了一定的时间还不去清零看门狗,那么看门狗计数器就会溢出从而引起看门狗中断,造成系统复位。所以,在使用有看门狗的芯片时要注意清零看门狗。

C55x 提供了一个看门狗定时器,用于防止因为软件死循环而造成的系统死锁,内部结构如图 5.7.1 所示。

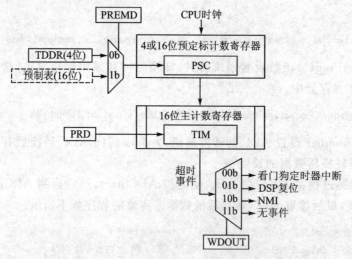

图 5.7.1 看门狗定时器框图

看门狗定时器状态转换如图 5.7.2 所示。每当预定标计数寄存器减为 0,就触发主计数寄存器减 1。当主计数寄存器减为 0 时,产生超时事件,引发以下的可编程事件:一个看门狗定时器中断、DSP 复位、一个 NMI 中断或者不发生任何事件。所产生的超时事件,可以通过编程看门狗定时器控制寄存器(WDTCR)中的 WDOUT 域来控制。

CPU 时钟为看门狗定时器提供参考时钟。每当 CPU 时钟脉冲出现,预定标计数寄存器减 1。看门狗定时器包括一个 16 位主计数寄存器和一个 16 位预定标计数寄存器,使得计数寄存器动态范围达到 32 位。每当预定标计数寄存器减为 0,它会自动重新装入,并重新开始计数。装入的值由 WDTCR 中的 TDDR 位和看门狗定时器控制寄存器 2(WDTCR2)中的预定标模式位(PREMD)决定。当 PREMD=0 时,

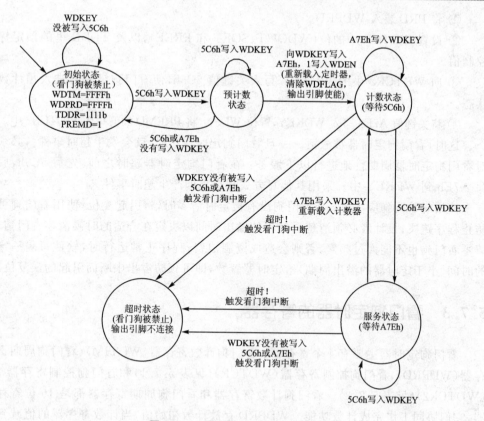

图 5.7.2　看门狗定时器状态转换图

4 位的 TDDR 值直接装入预定标计数寄存器；当 PREMD＝1 时,预定标计数寄存器间接装入 16 位的预置数。

　　当看门狗定时器初次使能,看门狗定时器的周期寄存器(WDPRD)值装入主计数寄存器(TIM)。主计数寄存器不断减 1,直到看门狗定时器收到应用软件写给 WDKEY 的一系列关键值的作用。每当看门狗定时器受到这样的作用,主计数寄存器和预定标计数寄存器都会重新装入,并重新开始计数。

5.7.2　看门狗定时器的配置

　　复位之后,看门狗定时器关闭,处于初始状态(见图 5.7.2)。在这期间,计数寄存器不工作,看门狗定时器的输出和超时事件没有关系。看门狗定时器一旦使能,其输出就和超时事件联系起来。主计数寄存器和预定标计数寄存器会被重新载入,并开始减 1。看门狗定时器使能后,不能通过软件方式关闭,但可以通过超时事件和硬件复位来关闭。

　　在使能之前,需要对看门狗定时器进行初始化,步骤如下:

① 将 PRD 装入 WDPRD。

② 设置 WDTCR 中的位(WDOUT、SOFT 和 FREE),以及 TDDR 里的预定标控制值。

③ 向 WDTCR2 中的 WDKEY 写入关键值 5C6h,使看门狗定时器进入预计数状态。

④ 将关键值 A7Eh 写入 WDKEY,置位 WDEN,将 PREMD 的值写入 WDTCR2 中。

这时,看门狗定时器被激活。一旦看门狗定时器超时,就会发生超时事件。必须对看门狗定时器周期性地进行以下服务:在看门狗定时器超时之前,先写 5C6h,后写 A7Eh 到 WDKEY 中。采用其他写方式都会立即产生超时事件。

使用时看门狗应注意:当看门狗没有被定时清零时,将引起复位;使用看门狗可防止程序跑飞;设计者必须清楚看门狗的溢出时间以决定在合适的时候清零看门狗;清零看门狗也不能太过频繁,否则会造成资源浪费;程序正常运行时,软件每隔一定的时间(小于定时器的溢出周期)给定时器置数,即可预防溢出中断而引起的误复位。

5.7.3 看门狗定时器的寄存器

看门狗定时器主要有 4 个寄存器:看门狗计数寄存器(WDTIM)、看门狗周期寄存器(WDPRD)、看门狗控制寄存器(WDTCR)(见表 5.7.1)和看门狗控制寄存器 2 (WDTCR2)(见表 5.7.2)。看门狗计数寄存器和看门狗周期寄存器都是 16 位寄存器,它们协同工作完成计数功能。WDPRD 存放计数初始值,当计数寄存器的值减到 0 后,将把周期寄存器中的数载入到计数寄存器中。当控制寄存器中的 PSC 位减到 0 之前或看门狗计数器被复位时,计数寄存器将进行减 1 计数。

表 5.7.1 看门狗控制寄存器(WDTCR)

位	字段	说 明
15~14	Rsvd	保留
13~12	WDOUT	看门狗定时器输出复用连接。00b,输出连接到定时器中断(INT3);01b,输出连接到不可屏蔽中断;10b,输出连接到复位端;11b,输出没有连接
11	SOFT	该位决定在调试遇到断点时看门狗的状态。0,看门狗定时器立即停止;1,看门狗定时器的计数寄存器 WDTIM 计数到 0
10	FREE	同 SOFT 位一起决定调试断点时看门狗定时器的状态。0,SOFT 位决定看门狗的状态;1,忽略 SOFT 位,看门狗定时器自动运行
9~6	PSC	看门狗定时器预定标计数寄存器字段。当看门狗定时器复位或 PSC 字段减到 0 时,会把 TDDR 中的内容载入到 PSC 中,WDTIM 计数器继续计数
5~4	Rsvd	保留

位	字 段	说 明
3~0	TDDR	0~15,直接模式(WDTCR2 中的 PREMD＝0):在该模式下该字段将直接装入 PSC,而预定标计数寄存器的值就是 TDDR 的值。 0~15,间接模式(WDTCR2 中的 PREMD＝1):在该模式下预定标计数寄存器的值的范围将扩展到 65 535,而该字段用来在 PSC 减到 0 之前载入 PSC 字段。0000b,预定标值为 0001h;0001b,预定标值为 0003h;0010b,预定标值为 0007h;0011b,预定标值为 000Fh;0100b,预定标值为 001Fh;0101b,预定标值为 003Fh;0110b,预定标值为 007Fh;0111b,预定标值为 00FFh;1000b,预定标值为 01FFh;1001b,预定标值为 03FFh;1010b,预定标值为 07FFh;1011b,预定标值为 0FFFh;1100b,预定标值为 1FFFh;1101b,预定标值为 3FFFh;1110b,预定标值为 7FFFh;1111b,预定标值为 FFFFh

表 5.7.2 看门狗控制寄存器 2(WDTCR2)

位	字 段	说 明
15	WDFLAG	看门狗标志位,该位可以通过复位、使能看门狗定时器或向该位直接写入 1 来清除。0,没有超时事件发生;1,有超时事件发生
14	WDEN	看门狗定时器使能位。0,看门狗定时器被禁止;1,看门狗定时器被使能,可以通过超时事件或复位禁止
13	Rsvd	保留
12	PREMD	前置计数器模式。0,直接模式;1,间接模式
11~0	WDKEY	看门狗定时器复位字段。在超时事件发生之前,如果写入该字段的数不是 5C6h 或 A7Eh,都将立即触发超时事件

5.7.4 看门狗应用举例

以下是看门狗应用的一个实例。

```
/ ********************************************************************
* * 实验目的: 使用与测试 TMS320VC5509A 内部看门狗定时器功能,并输出打印信息 * *
********************************************************************/
# include <csl.h>
# include <csl_wdtim.h>
# include <stdio.h>

int i,pscVal;
WDTIM_Config getConfig;
WDTIM_Config myConfig = {
    0x1000,                              / * WDPRD * /
```

```
        0x0000,                /* WDTCR */
        0x1000                 /* WDTCR2 */
};

main()
{
    CSL_init();
  #if(_WDTIM_SUPPORT)
    WDTIM_config(&myConfig);
    WDTIM_FSET(WDTCR,WDOUT,1);            /* 连接不可屏蔽中断 NMI */
    WDTIM_FSET(WDTCR,TDDR,0xF);           /* PSC 设置为 0xF */
    WDTIM_FSET(WDTCR2,PREMD,0);           /* 设置为直接模式 */
    WDTIM_service();                      /* 使能看门狗 */

    /* for(i = 0;i<100;i ++ ) */
    for(;;)
    {
        WDTIM_getConfig(&getConfig);
        pscVal = WDTIM_FGET(WDTCR,PSC);
        printf("pscVal: % x,wdtcr: % x\n",
                pscVal,getConfig.wdtcr);
        WDTIM_service();
    }                                     /* 结束循环 */
  #endif
}
```

5.8   I²C 模块

I²C(Inter Integrated Circuit)双向二线制串行总线,是由 NXP(原 PHILIPS)公司制定的。I²C 总线是一个多主机的总线,使用串行数据线(SDA)和串行时钟线(SCL)在总线上传递信息。每个器件都有一个唯一的识别地址,而且都可以作为一个发送器或接收器。当连接在 I²C 总线上的多个主机器件同时传输数据时,通过仲裁来避免冲突。SDA 和 SCL 都是双向线路,通过一个电流源或上拉电阻连接到电源。器件输出级必须是漏极开路或集电极开路,当总线空闲时,两条线路处于高电平,执行线与的功能。

I²C 总线协议定义如下:只有在总线处于"非忙"状态时,才能开始数据传输。在数据传输期间,只要时钟线为高电平,数据线都必须保持稳定,否则数据线上的任何变化都被当作"启动"或"停止"信号。图 5.8.1 为总线状态的定义。图 5.8.2 为总线连接的拓扑结构。

I²C 总线的工作方式为:当 SCL 为高电平时,如果检测到 SDA 的下降沿,则启

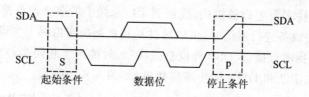

图 5.8.1　I²C 双向二进制串行总线

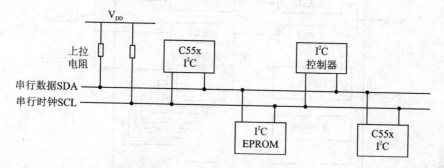

图 5.8.2　I²C 总线拓扑结构

动数据的传输;在数据传输时,只要 SCL 为高电平,SDA 数据必须保持稳定,SDA 数据可以在 SCL 低电平时发生变化;当 SCL 为高电平时,如果检测到 SDA 的上升沿,则停止数据的传输。

C55x 的 I²C 模块支持所有与 I²C 兼容的主从设备,可以收发 1～8 位数据。

C55x 的 I²C 模块有如下特点。

➢ 兼容 I²C 总线标准。支持 8 位格式传输,支持 7 位和 10 位寻址模式,支持多个主发送设备和从接收设备,I²C 总线的数据传输率为 10～400 Kbps。

➢ 可以通过 DMA 完成读/写操作。

➢ 可以用 CPU 完成读/写操作和处理非法操作中断。

➢ 模块使能/关闭功能。

➢ 自由数据格式模式。

5.8.1　I²C 模块工作原理

I²C 总线使用一条串行数据线 SDA 和一条串行时钟线 SCL,这两条线都支持输入/输出双向传输,在连接时需要外接上拉电阻,当总线处于空闲状态时两条线都处于高电平。

每一个连接到 I²C 总线上的设备(包括 C55x 芯片)都有一个唯一的地址。每个设备是发送器还是接收器取决于设备的功能。每个设备可以看作是主设备,也可以看作是从设备。主设备在总线上初始化数据传输,且产生传输所需要的时钟信号。在传输过程中,主设备所寻址的设备就是从设备。

I^2C 总线支持多个主设备模式,连接到 I^2C 总线上的多个设备都可以控制该 I^2C 总线。当多个主设备进行通信时,可以通过仲裁机制决定由哪个主设备占用总线。

I^2C 模块包括串行接口、DSP 外设总线接口、时钟产生和同步器、预定标器、噪声过滤器、仲裁器、中断和 DMA 同步事件接口,如图 5.8.3 所示。

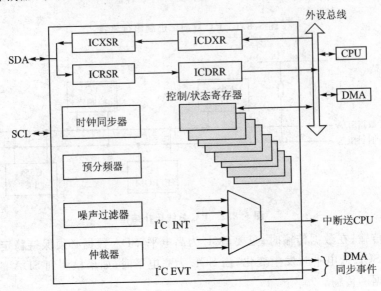

图 5.8.3 I^2C 总线模块内部框图

(1) 时钟产生

DSP 时钟产生器从外部时钟源接收信号,产生 I^2C 输入时钟信号。I^2C 输入时钟可以等于 CPU 时钟,也可以是将 CPU 时钟除以整数后的频率值。在 I^2C 模块内部,还要对这个输入时钟进行两次分频,产生模块时钟和主时钟,如图 5.8.4 所示。

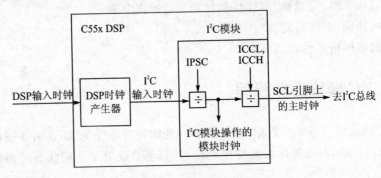

图 5.8.4 I^2C 模块的时钟图

模块时钟频率由下式决定:

$$模块时钟频率 = \frac{I^2C\ 输入时钟频率}{IPSC+1}$$

其中 IPSC 为分频系数,在预分频寄存器 I2CPSC 中设置。只有当 I^2C 模块处于复位状态(I2CMDR 中的 IRS＝0)时,才可以初始化预分频器。当 IRS＝1 时,事先定义的频率才有效。

主时钟频率由下式决定:

$$主时钟频率 = \frac{模块时钟频率}{(ICCL+d)+(ICCH+d)}$$

其中 ICCL 在寄存器 I2CCLKL 中设置,ICCH 在寄存器 I2CCLKH 中设置。d 的值由 IPSC 决定,详见数据手册 SPRU317B——TMS320C55x DSP Peripherals Reference Guide。

(2) 工作模式

I^2C 模块有 4 种基本工作模式,即主发送模式、主接收模式、从接收模式和从发送模式。

① 主发送模式。I^2C 模块为主设备,支持 7 位和 10 位寻址模式。这时数据由主设备送出,并且发送的数据同自己产生的时钟脉冲同步;而当一个字节已经发送后,如需要 DSP 干预时(I2CSTR 中 XSMT＝0),时钟脉冲被禁止,SCL 信号保持为低。

② 主接收模式。I^2C 模块为主设备,由从设备发送数据给 I^2C 主设备。这个模式只能从主发送模式进入,I^2C 模块必须首先发送一个命令给从设备。主接收模式也支持 7 位和 10 位寻址模式。当地址发送完后,数据线变为输入,时钟仍然由主设备产生。当一个字节传输完后需要 DSP 干预时,时钟保持低电平。

③ 从接收模式。I^2C 模块为从设备,由主设备发送数据给从设备。所有设备开始时都处于这一模式。从接收模式的数据和时钟都由主设备产生,但可以在需要 DSP 干预时,使 SCL 信号保持低。

④ 从发送模式。I^2C 模块为从设备,向主设备发送数据。从发送模式只能由从接收模式转化而来,当在从接收模式下接收的地址与自己的地址相同时,并且读/写位为 1,则进入从发送模式。从发送模式时钟由主设备产生,从设备产生数据信号。

(3) 数据传输格式

I^2C 串行数据信号在时钟信号为低时改变,而在时钟信号为高时进行判别,这时数据信号必须保持稳定。当 I^2C 总线处在空闲态转化到工作态的过程中必须满足起始条件,即串行数据信号 SDA 首先由高变低,之后时钟信号也由高变低;当数据传输结束时,SDA 首先由低变高,之后时钟信号也由低变高,标志数据传输结束。

I^2C 总线以字节为单位进行处理,而对字节的数量没有限制。I^2C 总线传输的第 1 个字节跟在数据起始位之后,这个字节可以是 7 位从地址加一个读/写位,也可以是 8 位数据。当读/写位为 1 时,从设备发送数据给主设备;为 0 时,主设备发送数据给从设备。在应答模式下需要在每个字节之后加一个应答位(ACK)。当使用 10 位寻址模式时,所传的第 1 个字节由 11110 加上地址的高两位和读/写位组成,下一字节传输剩余的 8 位地址。图 5.8.5 和图 5.8.6 分别给出 8 位和 10 位寻址模式下的数据传输格式。

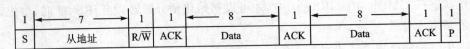

图 5.8.5　8 位寻址数据格式

图 5.8.6　10 位寻址数据格式

（4）仲　裁

　　如果在一条总线上有两个或两个以上主设备同时开始一个主发送模式,这时就需要一个仲裁机制决定到底由谁掌握总线的控制权。仲裁是通过串行数据线上竞争传输的数据来进行判别的,总线上传输的串行数据流实际上是一个二进制数。如果主设备传输的二进制数较小,则仲裁器将优先权赋予这个主设备,没有被赋予优先权的设备则进入从接收模式,同时将仲裁丧失标志置成 1,并产生仲裁丧失中断。当两个或两个以上主设备传送的第 1 个字节相同时,则将根据接下来的字节进行仲裁。

（5）时钟同步

　　在正常状态下,只有一个主设备产生时钟信号;但如果有两个或两个以上主设备则进行仲裁,这时就需要进行时钟同步。串行时钟线 SCL 具有线与的特性,这意味着如果一个设备首先在 SCL 线上产生一个低电平信号就将否决其他设备,这时其他设备的时钟发生器也将被迫进入低电平。如果有设备仍处在低电平,SCL 信号也将保持低电平,这时其他结束低电平状态设备必须等待 SCL 被释放后才进入高电平状态,通过这种方法时钟从而得到同步。

（6）I²C 模块的中断和 DMA 同步事件

　　I²C 模块可以产生 5 种中断类型以方便 CPU 处理,这 5 种类型分别是：仲裁丧失中断、无应答中断、寄存器访问就绪中断、接收数据就绪中断和发送数据就绪中断。

　　DMA 同步事件有两种类型：一种是 DMA 控制器从数据接收寄存器 ICDRR 同步读取接收数据;另一种是向数据发送寄存器 ICDXR 同步写入发送数据。

　　I²C 模块可以通过 I²C 模式寄存器 ICMDR 中的复位使能位（IRS）使能或被禁止。

5.8.2　I²C 寄存器

　　表 5.8.1 列出 I²C 模块的寄存器,并简要地说明了它们的功能。各寄存器的详细使用说明见数据手册 SPRU317B——TMS320C55x DSP Peripherals Reference Guide。

表 5.8.1　I²C 模块的寄存器

寄存器	说　明	功　能
I2CMDR	I²C 模式寄存器	包含 I²C 模块的控制位
I2CIER	I²C 中断使能寄存器	使能或屏蔽 I²C 中断
I2CSTR	I²C 中断状态寄存器	用来判定中断是否发生,并可查询 I²C 的状态
I2CISRC	I²C 中断源寄存器	用来判定产生中断的事件
I2CPSC	I²C 预定标寄存器	用来对系统时钟分频以获得 12 MHz 时钟频率
I2CCLKL	I²C 时钟分频低计数器	对主时钟分频,产生低速传输频率
I2CCLKH	I²C 时钟分频高计数器	对主时钟分频,产生低速传输频率
I2CSAR	I²C 从地址寄存器	存放所要通信的从设备的地址
I2COAR	I²C 自身地址寄存器	保存自己作为从设备的 7 位或 10 位地址
I2CCNT	I²C 数据计数寄存器	该寄存器被用来产生结束条件以结束传输
I2CDRR	I²C 数据接收寄存器	供 DSP 读取接收的数据
I2CDXR	I²C 数据发送寄存器	供 DSP 写发送的数据
I2CRSR	I²C 接收移位寄存器	DSP 无法访问
I2CXSR	I²C 发送移位寄存器	DSP 无法访问
I2CIVR	I²C 中断向量寄存器	供 DSP 查询已经发生的中断
I2CGPIO	I²C 通用输入/输出寄存器	当 I²C 模块工作在通用 I/O 模式下时,控制 SDA 和 SCL 引脚

5.8.3　I²C 程序使用举例

完整的 I²C 程序主要包括 I²C 初始化配置程序、I²C 读函数和 I²C 写函数。

(1) I²C 初始化配置程序

I²C 初始化配置主要包括地址模式(7 位或 10 位地址)、系统时钟、I²C 传输速率、传输数据字节中包含的位数以及数据环路模式等。

```
/* 创建 I²C 初始化结构体 */
I2C_Setup I2Cinit = {
        0,              /* 7 位地址模式 */
        0,              /* 从设备地址,如果是主机此处设置忽略 */
        84,             /* 时钟输出,单位 MHz */
        50,             /* 数据在 10~400 */
        0,              /* 设置发送和接收 1 字节 = 8 位 */
        0,              /* DLB 模式打开 */
        1               /* FREE 模式打开 */
};
I2C_setup(&I2Cinit);
```

(2) I²C 读/写函数

I²C 读函数,返回读程序是否成功。

```
i2c_status = I2C_read( digital_interface_activation,    /*指向读取数据存放首地址*/
        2,                                               /*读数据长度*/
        1,                                               /*设置主从模式*/
        CODEC_ADDR,                                      /*设置从接收地址*/
        1,                                               /*设置接收模式*/
        30000                                            /*忙信号等待时间*/
        );
```

I²C 写函数,返回写程序是否成功。

```
i2c_status = I2C_write( digital_interface_activation,   /*指向写入数组首地址*/
        2,                                               /*写入数据长度*/
        1,                                               /*设置主从模式*/
        CODEC_ADDR,                                      /*设置从接收地址*/
        1,                                               /*设置发送模式*/
        30000                                            /*忙信号等待时间*/
        );
```

读/写 EEPROM 的 I²C 完整程序如下所示:

```
#include <csl.h>
#include <csl_I2C.h>
#include <stdio.h>
int x = 1,y = 1,z = 1;
Uint16 slaveaddressreceive[2] = {0,0};
Uint16 databyte[7] = {0,0,10,11,12,13,14};/* EEPROM 地址 0x0000 起始位置写入*/
Uint16 datareceive[6] = {0,0,0,0,0,0};
I2C_Init Init = {                 /*数据初始化结构体*/    /**/
        0,                        /*7 位或 10 位地址模式*/
        0,                        /*己方地址,如果是主机此处设置忽略*/
        144,                      /*时钟输出,单位 MHz*/
        400,                      /*数据在 10~400*/
        0,                        /*设置发送和接收 1 字节 = 8 位*/
        0,                        /*DLB 模式打开*/
        1                         /*FREE 模式打开*/
};
main()
{
    CSL_init();
    I2C_init(&Init);              /*使用结构体 Init 初始化 I²C 模块*/
    /*- - - - - - - - - - WRITE - - - - - - - - - - */
```

```
        x = I2C_write(databyte,7,1,0x50,1,30000);
                              / * 写入 7 字节数据给地址为 0x50 的从机 * /
        / * - - - - - - - - - READ - - - - - - - - - - * /
        y = I2C_write(slaveaddressreceive,2,1,0x50,2,30000);
        z = I2C_read(datareceive,5,1,0x50,3,30000,0);
        I2C_stop();/ * I²C 模块停止 * /
    }
```

5.9　USB 模块

5.9.1　USB 协议简介

USB,是英文 Universal Serial BUS(通用串行总线)的缩写,是一个外部总线标准,用于规范计算机与外部设备的连接和通信。USB 接口支持设备的即插即用和热插拔功能。USB 于 1994 年底由 Intel、康柏、IBM、Microsoft 等多家公司联合提出的。由 Intel、微软、惠普、德州仪器、NEC、ST - NXP 等业界巨头组成的 USB 3.0 Promoter Group 宣布,该组织负责制定的新一代 USB 3.0 标准已经正式完成并公开发布。新规范提供了 10 倍于 USB 2.0 的传输速度和更高的节能效率,可广泛用于 PC 外围设备和消费电子产品。

图 5.9.1　USB 接口

USB 是一种常用的 PC 接口,只有 4 根线,2 根电源线,2 根信号线,故信号是串行传输的,USB 接口也称为串行口。USB 2.0 的传输速度可以达到 480 Mbps,可以满足各种工业和民用需要。USB 接口的输出电压/电流是＋5 V/500 mA;实际上有误差,电压最大不能超过±0.2 V,也就是4.8～5.2 V。USB 接口的 4 根线如图 5.9.1 所示,需要注意的是千万不要把正负极弄反了,否则会烧掉 USB 设备。

5.9.2　VC5509A USB 的硬件资源

图 5.9.2 是 USB 模块内部结构框图。从图 5.9.2 中可以看出,VC5509A 的USB 模块主要由串行接口引擎(Serial Interface Engine, SIE)、USB 缓冲器管理器(USB Buffer Manager, UBM)、USB 的 DMA 控制器、缓冲 RAM 和缓冲 RAM 仲裁器 5 大部分构成。

①串行接口引擎(SIE):SIE 是 USB 协议的处理者。它把 USB 的位流解析成

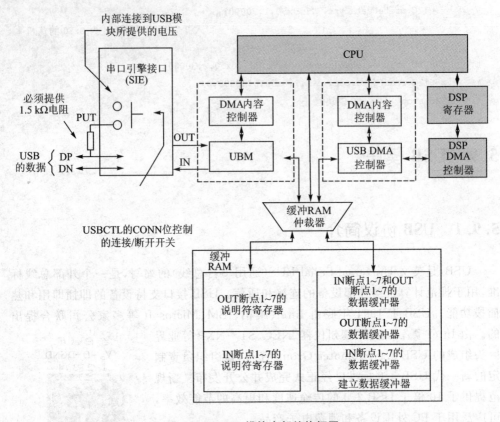

图 5.9.2　USB 模块内部结构框图

为 USB 而设定的数据包：对输出传输，SIE 把串行数据转换为并行数据，然后传给 USB 缓冲器管理器(UBM)；对输入传输，SIE 把来自 UBM 的并行数据转换成串行数据，然后发送出 USB。同时，SIE 还要进行错误检查：对输出传输，SIE 进行错误检测并只把正确的数据传输给 UBM；对输入传输，SIE 在发送数据到总线之前要产生必要的错误检查信息。

② USB 缓冲器管理器(UBM)：UBM 控制 SIE 和缓冲 RAM 之间的数据流。大部分的控制寄存器用来控制 UBM 的行为，大部分的状态寄存器在事件发生时由 UBM 修改以告知 CPU。

③ USB 的 DMA 控制器：USB 的 DMA 控制器可以在 DSP 的存储器和通用端点的 X 与 Y 缓冲器之间传送数据。每一个这样的端点都有一个专用的 DMA 通道和一些专门用来控制和监视该信道的 DMA 寄存器。CPU 可以读/写任何一个这样的寄存器。USB 的 DMA 控制器通过 DSP 的 DMA 控制器辅助端口访问存储器，并且该辅助端口由 USB 的 DMA 控制器和 HPI 共享，但 USB 的 DMA 控制器具有更高的优先权。

④ 缓冲 RAM：缓冲 RAM 由映射到 DSP I/O 空间的寄存器组成，包括以下

内容。

- ➤ 可为每个通用端点利用的可以重定位的缓冲空间(3.5 KB)。每个通用端点可以有一个(X)或两个(X、Y)缓冲器。
- ➤ 用于端点 OUT0 的固定长度的数据缓冲器(64 字节)。
- ➤ 用于端点 IN0 的固定长度的数据缓冲器(64 字节)。
- ➤ 用于建立包(Setup Packet)的固定长度的数据缓冲器(8 字节)。
- ➤ 定义寄存器：每个通用端点有 8 个定义寄存器用来定义端点特性。

⑤ 缓冲 RAM 仲裁器(Buffer RAM Arbiter)：UBM、USB 的 DMA 控制器和 DSP 的 CPU 都可以访问 8 位的缓冲 RAM。缓冲 RAM 仲裁器提供公平的访问机制以使上述三者共享缓冲 RAM。USB 的 DMA 控制器只可以访问通用端点的 X 和 Y 缓冲器，并且它使用 24 位字节地址访问 DSP 存储器。CPU 可以通过 I/O 空间访问缓冲 RAM，包括定义寄存器。CPU 往 I/O 空间写的是 16 位数据；但是当 CPU 往缓冲 RAM 中读或写数据时，高 8 位都要忽略。

除了上述 5 个部分外，下面对 USB 模块的几个主要引脚进行说明。

DP：将该引脚连在 USB 连接器终端，携带正差分数据。

DN：将该引脚连在 USB 连接器终端，携带负差分数据。

PU：该引脚通过一个 1.5 kΩ 的上拉电阻连在 DP 上。一个内部软件控制的开关连接上拉电阻到 I/O 电源供给线上。当 CPU 设定 USBCTL 中的连接位(CONN=1)时，开关闭合，上拉电路接通，主机检测到总线上的 USB 模块并开始枚举过程。如果从 USB 系统中去掉设备，清除 CONN 位，开关打开并切断上拉电阻。

为了明确整个 USB 总线上的数据流程，可以参考图 5.9.3。图 5.9.3 在较高的层次上展示了当 VC5509A 以 USB 从设备身份处理 USB 事务时，数据如何在 USB 主机和 DSP 的存储器之间交换。在输入传输中，SIE 把来自 UBM 的并行数据转换成串行数据再发送给主机；在输出传输中，SIE 把来自主机的串行数据转换成并行数据再送往 UBM。UBM 在 SIE 和缓冲 RAM 之间交换数据。在 UBM 把数据传往 SIE 之前，CPU 或 USB DMA 控制器必须把数据放在缓冲 RAM 中；当 CPU 或 USB DMA 控制器要把数据送往 DSP 存储器时，UBM 此时必须已经把数据从 SIE 移到缓冲 RAM。

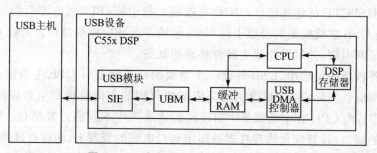

图 5.9.3 主机和 DSP USB 之间的传输

5.9.3 USB 时钟发生器

USB 模块有专门的时钟发生器,是独立于 CPU 的时钟发生器。如图 5.9.4 所示,由 DSP 时钟发生器输出的时钟送入到 CPU 和其他外设(不包括 USB 模块),而 USB 模块的时钟由单独的时钟发生器为它提供。USB 模块的时钟可选择用模拟锁相环(APLL)或数字锁相环(DPLL)来产生。模拟锁相环与数字锁相环相比有它独特的优势,TI 推荐使用模拟锁相环来产生 USB 模块的时钟。提供给 USB 模块的时钟必须设置为 48 MHz。

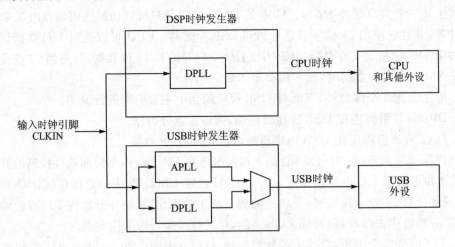

图 5.9.4　USB 时钟发生器

5.9.4　VC5509A USB 的总线连接与中断

图 5.9.5 给出了 USB 模块的总线连接。R_{DP} 与 R_{DN} 是串接电阻,用来匹配差分数据引脚(DP 和 DN)的驱动输出阻抗。R_{DP}、R_{DN}、C_{DP}、C_{DN}、C_L 的值要查阅特定器件的数据手册。USB 规范指定,对全速设备必须有 1.5 kΩ 的上拉电阻 R_{PU}。

设置 USBCTL 的连接位(CONN)将连接上拉引脚(PU)到电源引脚(USBV$_{DD}$)上,结果是 USB 主机检测到总线上的 USB 模块并且开始枚举过程。清除 CONN 位将断开上述两引脚,并触发总线上器件移除的状态。

在设备枚举的过程中,USB 外设一个重要的任务就是对 USB 主机的各种 USB 请求做出回应。实际中,USB 模块就是依据接收到的不同数据产生相应的中断,然后告知 CPU,由 CPU 在中断服务中对不同的请求产生不同的回复信息。USB 是一个智能化的接口,其智能化体现在即插即用和对电源的管理上,而所有这些都要由其协议来保证,因此导致其协议相对复杂。在 USB 1.1 规范中可以看到,USB 标准设

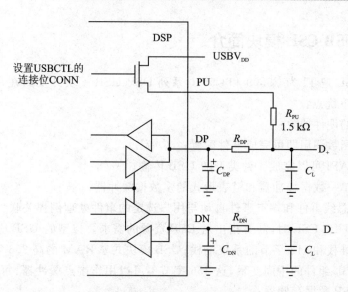

图 5.9.5　USB 外部接线图

备请求有 13 个,而对这 13 个请求的响应,是对 USB 中断部分产生和仲裁中断的一个考验。USB 模块的中断部分比较复杂,但是相当重要,下面分类详述。

USB 模块产生的中断请求可以分为以下几类:

➢ 总线中断请求;

➢ 端点中断请求;

➢ USB DMA 中断请求。

如图 5.9.6 所示,USB 模块产生的所有中断请求被多路传输到一个仲裁器后成为一个到达 CPU 的单 USB 中断请求。如果仲裁器同时收到多个中断请求,它将依据预设的优先级依次进行服务。对不同请求的优先级,在中断源寄存器（US-BINTSRC)中进行设定。

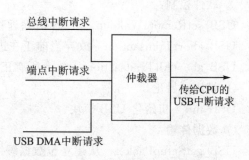

图 5.9.6　USB 模块的中断请求

USB 中断是可屏蔽的 CPU 中断。如果该中断请求在中断使能寄存器 IE0 中的相应位(从位 0 开始,第 8 位)被置位,那么在发生 USB 中断事件时,CPU 将执行 USB 中断服务程序(ISR)。用于中断服务的 ISR 通过读中断源寄存器确定中断源,然后执行相应的服务。CPU 在读了 USB INTSRC 之后,相应中断标志寄存器中标志中断源的标志位会自动被清除,然后仲裁器决定剩余中断请求中哪一个具有最高的优先级,把那个中断的中断码写入 USB INTSRC,并且再次把中断请求送至 CPU,开始新一轮的中断事务处理。

5.9.5 USB CSL 模块简介

USB CSL 是 TI 为 C5509 和 C5510 系列 DSP USB 模块开发的在片支持库,该 CSL 具备如下优点:

> 完全的硬件抽象;

> 一次函数调用即可完成器件配置;

> 单一 API 可以完成 4 种类型的 USB 传输;

> 支持单一数据缓冲器和链表形式的多数据缓冲器;

> USB 总线事件和端点事件自动与用户选定的事件处理例程关联。

在使用 USB CSL 时,需要指出对 DSP 资源的需求。典型的 USB 应用需要 512 字节的软件堆栈和 512 字节的系统堆栈;USB 模块共享 RAM 的高 256 字节,需要保留给 USB CSL 组件的中间变量,这 256 字节不可以用作端点缓冲器;每个端点需要 20 字节的 DSP 数据存储器。

USB API 函数如下所述。

① USB 事件分发函数:

USB__evDispatch   设置 USB 事件标志。

② 软件初始化函数:

USB_initEndptObj   初始化一个端点对象;

USB_setAPIVectorAddress   初始化 USB API 向量的指针。

③ 软件控制:

USB_setRemoteWakeup   设置/清除远程唤醒特性;

USB_abortTransaction   放弃当前正在进行的数据传输;

USB_abortAllTransactiom   放弃所有正在进行的数据传输。

④ 模块初始化:

USB_init   初始化 USB 模块。

⑤ 数据传输:

USB_getSetupPacket   从建立包数据缓冲器读取建立包;

USB_postTransaetion   通过某一端点发送/接收 USB 数据。

⑥ 模块控制:

USB_ initPLL   宏,初始化 USB PLL 模块;

USB_connectDev   宏,将 USB 模块连接到上行端口;

USB_diseonnectDev   宏,将 USB 从上行端口断开;

USB_issueRemoteWakeup   宏,向主机发出远程唤醒信号;

USB_resetDev   宏,复位 USB 模块;

USB_setDevAddr   宏,设置 USB 设备地址;

USB_stallEndpt　宏,停止一个端点;

USB_clearEndptStall　宏,解除端点停止状态。

⑦ 状态查询:

USB_getFrameNo　返回当前帧序号;

USB_gctEvents　对一个端点所有挂起的 USB 事件进行读取;

USB_getRemoteWakeupStat　获取远程唤醒特性的当前状态;

USB_peekEvents　仅对一个端点所有挂起的 USB 事件进行读取;

USB_isTransaetionDone　返回递交的上一个数据传输请求的状态;

USB_bytesRemaining　返回等待传输的数据字节数目;

USB_ getEndptStal　决定一个端点是否处于停止状态。

⑧ 其他:

USB_ epNumToHandle　返回端点对象的句柄。

在[TMS320C55x CSL USB Programmer's Reference Guide]中有上述函数的详细定义、参数返回值和使用例程。对于一个完整的 USB 应用程序而言,仅分散地掌握这些函数的应用是不够的,还要对这些函数的使用次序、彼此间的相互影响有所了解。详细内容请参考相关的数据手册。

5.9.6　USB 模块的编程实现

当主机检测到有设备连接到 USB 总线时,主机要向 USB 设备发出一系列的设备请求,获取 USB 设备的一些属性,如设备支持的最大传输速率、设备接口特性、设备端点个数以及每个端点支持的传输方式等;接着,主机为 USB 设备分配一个唯一的设备地址,然后 USB 设备才可以正常使用,这个过程称为枚举。USB 设备的枚举过程分为以下几步。

① USB 设备加电,并连接上 USB 总线。

② 主机检测到 USB 设备,总线复位,集线器发送复位信号并维持至少 10 ms。

③ 复位完成,USB 设备处于默认状态,此时设备将以默认地址 0 响应主机请求。

④ 主机发出请求,从默认地址 0 读取 USB 设备的设备描述符。

⑤ 主机为该 USB 设备分配一个新的设备地址。

⑥ 主机从新的设备地址再次读取 USB 设备的设备描述符。

⑦ 主机读取设备的配置,包括配置描述符、该配置的所有接口描述符、接口的所有端点描述符以及字符串描述符号。

⑧ 主机加载设备驱动程序,USB 枚举过程结束,USB 设备可以正常使用。

USB 首先进行初始化,然后开始其他读/写操作。USB 模块初始化流程为:首先关闭中断;然后设置 API 函数指针向量,设置 USB 模块时钟,初始化 USB 设备的端点,调用函数 USB_init( )初始化 USB 模块,用函数 IRQ_plug( )初始化中断向量表；再打开中断；最后调用函数 USB_connectDev( )使 USB 的 D+ 端通过 1.5 kΩ 电阻上拉，从而使设备接入 USB 总线，随后开始 USB 设备的枚举过程。下面对 USB 模块初始化过程中涉及的部分 CSL 库函数做简单介绍。

USB 模块时钟设置函数 USB_initPLL( )有 3 个参数，分别是 USB 模块的输入时钟、USB 模块的输出时钟(必须设置为 48 MHz)以及输入时钟的分频数(该参数在 USB 模块寄存器中用 2 位来设置，即分频数只能设定为 1、2、3 或 4，所以在硬件设计时需考虑好 DSP 的外部输入时钟频率，使 USB 模块的时钟频率能够设置为 48 MHz)。

端点初始化函数 USB_initEndptObj( )有 7 个参数，该函数用于对端点的端点号、端点的传输方式(控制传输、中断传输、批量传输和同步传输)、端点能够接收的包的最大值、引发该端点产生中断的中断事件、产生该端点中断后去执行的函数等属性进行相应的设置。

初始化中断向量表函数 IRQ_plug( )有 2 个参数：第 1 个参数为中断事件 ID(DSP 中各种类型的中断在 CSL 的头文件中都定义了不同的 ID 值)；第 2 个参数为中断函数地址(产生与事件 ID 对应的中断时转而执行的中断函数的地址)。

USB 模块初始化的部分代码如下：

```
USB_EpObj usbEpObjOut0,usbEpObjIn0,…;        /* 创建 USB 端点 */
USB_EpHandle myUsbConfig[] = {&usbEpObjOut0,&usbEpObjIn0,…,NULL};
void USB_Init()
{ …
CSL_init( );                                 /* CSL 初始化 */
INT_DisableGlobal();                         /* 关中断 */
USB_setAPIVectorAddress();                   /* 初始化 USB 模块 API 函数向量指针 */
USB_initPLL(12,48,0);                        /* 设置 USB 模块时钟,必须设置为 48 MHz */
event_mask = USB_EVENT_RESET | …;            /* 引发端点中断的事件 */
/* 端点初始化 */
USB_initEndptObj(USB0,&usbEpObjOut0,USB_OUT_EP0,USB_CTRL,0x40,event_mask,USB_ctl);
USB_initEndptObj(USB0,&usbEpObjIn0,USB_IN_EP0,USB_CTRL,0x40,event_mask,USB_ctl);
…
/* 其他端点初始化程序 */
USB_init(USB0,myUsbConfig,0x40);             /* USB 模块初始化 */
IRQ_plug(usbId,&USB_isr);                    /* 初始化中断向量表 */
IRQ_globalEnable();                          /* 开中断 */
USB_connectDev(USB0);                        /* 设备连接到 USB 总线上 */
…
}
```

当产生 USB 中断时，程序会执行相应的 USB 中断程序，在 USB 中断程序中可以调用函数 USB_evDispatch( )来处理中断事务，该函数会清除相应的中断标志位，并且发布 USB 中断事件，从而去执行相应的端点中断函数。USB 中断函数及端点中断函数的部分程序如下：

```
interrupt void USB_isr()                                        /*USB 中断*/
{USB_evDispatch( );}
/*控制端点 0 中断处理函数*/
void USB_ctl(USB_DevNum DevNum,USB_EpHandle hEp0In,USB_EpHandle hEp0Out)
{ …
if(USB_ctl_events & USB_EVENT_RESET){…}                         /*复位处理*/
if(USB_ctl_events & USB_EVENT_SUSPEND){…}                       /*挂起处理*/
if((USB_ctl_events & USB_EVENT_SETUP) = = USB_EVENT_SETUP)      /*收到 SETUP 包*/
{
if(USB_getSetupPacket(DevNum,&USB_Setup) = = USB_TRUE)
{…}                                  /*处理 SETUP 包,完成相应的 USB 设备枚举操作*/
}
…
}
…                                                              /*其他端点中断函数*/
```

　　DSP 及其 USB 模块的初始化完成后进入主循环,等待 USB 中断。若是控制端点中断则进入控制端点中断服务程序,完成设备枚举的相关操作;若是通用端点中断,则按照通用端点定义的传输方式来完成数据的传输。然后中断返回,进入主循环。

第**6**章

DSP 系统的硬件设计

    DSP 系统的硬件设计是在考虑算法需求、成本、体积和功耗等基础上完成的。一个典型的 DSP 系统应该包括如下模块：DSP 芯片、电源模块、时钟电路、存储器、ADC/DAC、模拟控制与处理电路、各种通信口以及并行处理或协处理提供的同步电路等，如图 6.1.1 所示。

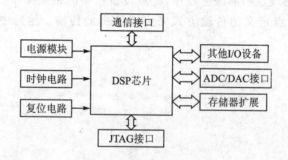

图 6.1.1　DSP 硬件系统

    DSP 芯片　DSP 的核心运算单元；

    电源模块　给 DSP 以及外围元件提供电压和监控的功能模块；

    时钟电路　给 DSP 提供 CLK 输入，驱动其他需要时钟的元件；

    存储器　存储数据和程序(SRAM/SDRAM/SBSRAM/ZBTRAM/Flash)；

    输入/输出模块　执行数据的传输(串口/USB/CAN/Ethernet/ADC/DAC)；

    多处理器接口　多 CPU 协同工作的接口(HPI/PCI/双口 RAM)。

    硬件设计方案的确定是在考虑系统性能指标、工期、成本、算法需求、体积和功耗等因素基础上，选择系统的最优硬件实现方案，包括画出硬件系统框图。

6.1　DSP 电源的选择与设计

对于任何一个电气系统来说,电源是不可缺少的部分。在 DSP 芯片内部一般需要有 5 种典型电源:CPU 内核电源、I/O 电源、PLL(Phase Locked Loop)电源、Flash 编程电源、模拟电路电源。另外根据使用的芯片类型不同,其内核电源、I/O 电源所需的电压也有所不同,在设计时所有这几种电源都要由各自的电源供电。因此,DSP 应用电路系统一般为多电源系统。在进行电源设计时,需要特别强调的是模拟电路和数字电路部分要独立供电,数字地与模拟地分开,遵循"单点"接地的原则。系统中的模拟电源(如 PLL 电源、ADC/DAC 电源等)一般由(有噪声的)数字电源产生,主要有如下两种产生方式。

① 数字电源与模拟电源以及数字地与模拟地之间加铁氧体磁珠(Ferrite Bead)或电感构成无源滤波电路(见图 6.1.2),铁氧体磁珠在低频时阻抗很低,而在高频时阻抗很高,可以抑制高频干扰,从而滤除掉数字电路的噪声。这种方式结构简单,能满足大多数应用的要求。

② 采用多路稳压器的方法(见图 6.1.3),该方法能提供更好的去耦效果;但电路复杂,成本高,使用时注意模拟地和数字地必须连接在一起。通常每个电源引脚要加一个 10~100 nF 的旁路电容,一般旁路电容采用瓷片电容。在 PCB 四周还要均匀分布一些 4.7~10 μF 的大电容,避免产生电源、地环路。设计时尽量采用多层板,为电源和地分别安排专用的层,同层上的多个电源、地用隔离带分割,并且用地平面代替地总线,DSP 都有多个接地引脚,每一个引脚都要单独接地,尽可能地减少负载的数量。

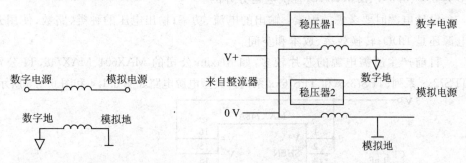

图 6.1.2　无源滤波电路　　　　图 6.1.3　多路稳压器提供电源

DSP 系统电源设计中,一般采用单一的 +5 V 电源经过 DC/DC 变换得到其他数值的电源电压,如 3.3 V、1.8 V、2.5 V 等。+5 V 电源一般可通过外部开关电源或交流 220 V 经变压、整流、滤波直接得到,但这样得到的 +5 V 电源虽带负载能力强,但是纹波较大,一般不能直接应用到 DSP 系统中,需要再经过 DC/DC 变换将该电压进行隔离稳压处理。对于 +5 V 电源经过 DC/DC 变换得到其他数值的电源电压主要有以下 4 种方式。

① 采用低压差式的线性稳压器(LDO),如 TPS767D318(双路输出,5 V 输入、3.3 V/1.8 V 输出)、TPS76833(单路输出,5 V 输入、3.3 V 输出)等。该种方式电路结构简单、成本低,但功耗高、效率低。

② 采用 DC/DC 控制器,如 TPS56300(双路输出,5 V 输入、1.3～3.3 V 输出)、TPS56100(单路输出,5 V 输入、1.3～2.6 V 输出)、MOS 管以及电感线圈构成的电源变换器。该方式的特点是输出电流大、效率高,但需要占用较大的电路面积。

③ 采用芯片内含 MOS 管的 DC/DC 控制器,如 TPS54310(单路输出,5 V 输入、0.9～4.5 V 输出)等。该方式同样具有输出电流大、效率高的特点,并且所占面积比第 2 种小,但费用上升。

④ 采用 DC/DC 模块,如 PT6931(双路输出,5 V 输入、3.3 V/1.8 V 输出)等,该方式效率高,设计方便,但价格也较高。在设计时,要从电源的转换效率、成本、电路空间、输出电压是否要求可调、带负载情况等几个方面综合考虑,选取合适的电源设计方案。表 6.1.1 所列为多种电源方案参数比较。

表 6.1.1   多种电源方案参数比较

类 型	供电功率	自身热耗	设计难易程度	电源质量	价 格
线性电源芯片	小	大	易	好	低
开关电源芯片	大	小	难	相对差	低
电源模块	大	小	易	相对差	高

DSP 系统一般有两种电压:核供电(低,多为 1.2 V、1.6 V、1.8 V)和 I/O(高,多为 5 V、3.3 V、2.5 V),两者供电是分开的。

设计电源时要考虑的因素:输出的电流、功率;输出电压的种类、路数;使用开关电源还是 LDO;转换效率、成本和空间。

目前产生所需电源的芯片较多,如 Maxim 公司的 MAX604、MAX748,TI 公司的 TPS72xx 系列、TPS73xx 和 TPS76xx 系列。典型电源电路如图 6.1.4 和图 6.1.5 所示。

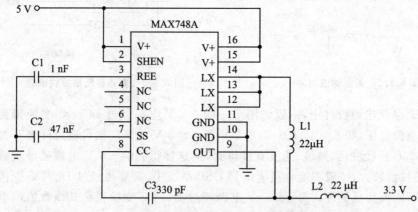

图 6.1.4   MAX748 组成的电源电路

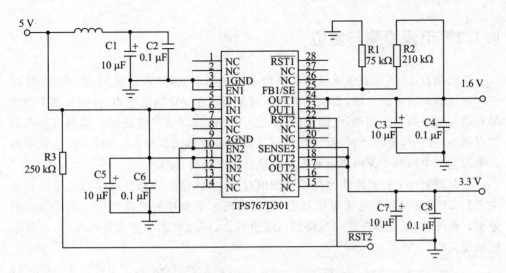

图 6.1.5　TPS767D301 组成的电源电路

6.1.1　电源加电顺序

DSP 的一些 I/O 引脚是双向的,方向由内核控制。I/O 电压一旦被加上以后,I/O 引脚就立即被驱动,如果此时还没加核电压,那么 I/O 的方向可能就不确定是输入还是输出。如果是输出,而这时与之相连的其他器件的引脚也处于输出状态,那么就会造成时序的紊乱或者对器件本身造成损伤。这种情况下,就需要核电压比 I/O 电压先加载,至少是同时加载。

其实在 TI 的相应文档中有这样的说法:

TI DSPs do not require specific power sequencing between the core supply and the I/O supply. However, systems should be designed to insure that neither supply is powered up for extended periods of time if the other supply is below the DSPproper operating voltage. Excessive exposure to these conditions can adversely affect the long term reliability of the device.

TI 的 DSP 没有严格规定上电的顺序,但是不能长期工作在正常电压供电范围之外,以至于对器件产生损坏性的影响。但是 TMS320F281x 例外:I/O 先上电、CPU 内核后上电,以保证内核上电时 I/O 具有明确的状态来配置 CPU 的运行。

CPU 内核与 I/O 供电应尽可能同时,二者时间相差不能太长(一般不能>1 s,否则会影响器件的寿命或损坏器件)。而且为了保护 DSP 器件,应在 CPU 内核电源与 I/O 电源之间加肖特基二极管。

6.1.2　电源检测与复位

在电路设计中,仅有供电电路的供电系统是很不完善的,这是因为 DSP 芯片对工作电压的要求十分严格,要求电源电压偏差必须在一定的范围内,否则长期工作容易对芯片造成损害。例如,电源电压上一个很小的压降就可能破坏存储器以及内部寄存器中的内容,这时却并不产生复位,从而造成软件的误动作。因此,在系统中加入电源监控电路对于保障系统长期稳定运行是十分必要的。

电源检测(SVS)电路确保在系统加电过程中,内核电压和外围端口电压达到要求之前,DSP 芯片始终处于复位状态,直到内核电压和外围接口电压达到所要求的电平。此外,如果电源电压一旦降到门限值以下,则强制芯片进入复位状态,确保系统稳定工作。

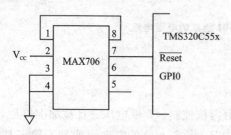

此外,DSP 系统中可以使用硬件监控复位(看门狗电路,如硬件监控芯片 MAX706 等),如图 6.1.6 所示。该电路的功能为:当看门狗使能时,系统如果没有在规定时间间隔内对看门狗电路进行刷新,则产生复位信号,使系统重新从初始状态开始执行,以提高系统抗干扰能力;看门狗电路在上电复位后,处于禁止状态,CPU 通过将系统控制寄存器控制位使能打开看门狗电路;看门狗电路使能后,通过对看门狗刷新口进行写操作来刷新看门狗。

图 6.1.6　具有看门狗功能的复位电路

TI 公司提供了 TPS3307 - XX、TPS3823 - XX 等系列电压检测芯片,具有电压检测、上电复位、手动复位和看门狗电路等功能。在实际应用中电源检测电路的设计方法有很多种,要根据实际情况而定。

6.1.3　复位电路设计

对于复位电路的设计,一方面应确保复位电平时间足够长(一般需要 20 ms 以上),保证 DSP 可靠复位;另一方面应保证稳定性良好,防止 DSP 误复位。良好的复位电路设计具有事半功倍的效果。

简单的复位电路由 RC 电路组成。为使芯片初始化正确,一般应保证 RS 为低且至少持续 5 个 CLKOUT 周期,即当速度为 25 ns 时约为 125 ns。但是由于在上电后,系统的晶体振荡器往往需要几百毫秒的稳定时间,所以,RS 为低的时间主要由系统的稳定时间所确定,一般为 $100\sim200$ ms。图 6.1.7(a)是一个简单的复位电路,其复位时间由 R 和 C 来确定。取 $R=100$ kΩ,$C=4.7$ μF,复位时间约为 167 ms,满足复位要求。为提高可靠性,图 6.1.7(b)所示的电路增加了一个施密特门电路使其复位。

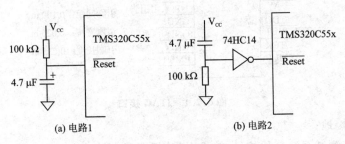

图 6.1.7　复位电路

由于 DSP 系统的时钟频率较高,在运行时难以避免发生干扰和被干扰的现象,严重时系统会出现死机或程序"跑飞"现象,为了克服这种情况,除了在软件上做一些保护措施外,硬件上也必须做相应的处理。硬件上最有效的保护措施就是采用所谓的"看门狗"(WatchDog)电路。"看门狗"电路就是具有监视功能的自动复位电路。这种电路除了具有上电复位功能外,还具有监视系统运行并在系统发生故障或死机时再次进行复位的能力。图 6.1.6 所示的电路就是具有"看门狗"和电源检测功能的复位电路。

在此推荐几款 TI DSP 经常用到的电源供电芯片方案:

TMS320LF24xx　　TPS7333QD　5 V→3.3 V　最大电流 500 mA

TMS320VC33　　TPS73HD318　5 V→3.3 V 和 1.8 V　最大电流 750 mA

TMS320VC54xx　　TPS73HD318　5 V→3.3 V 和 1.8 V　最大电流 750 mA

TPS73HD301　5 V→3.3 V 和可调　最大电流 750 mA

TMS320VC55xx　　TPS73HD301　5 V→3.3 V 和可调　最大电流 750 mA

TMS320C6000　　TPT6931　TPS56000　最大电流 3 A

DM642　　TPS54310　输出 3.3 V 和内核 1.4 V 电压供电

TI 的 DEMO 板选用自家公司的芯片,但从设计角度来说,TI 的电源芯片恐怕不是最理想的选择。作者建议选用美国国家半导体、Sipex、Alpha 这些公司的电源芯片,价格相对便宜,而且外围器件简单。

6.2　JTAG 接口设计

JTAG(Joint Test Action Group)接口电路与 IEEE 1149.1 标准给出的扫描逻辑电路一致,用于仿真和测试。完成 DSP 芯片操作测试的 TI 公司 14 引脚 JTAG 仿真接口,如图 6.2.1 所示。

JTAG 的主要引脚定义如下:

V_{CC}　接电源;

图 6.2.1　JTAG 接口

GND　接地;

$\overline{\text{TRST}}$　测试系统复位信号,输入引脚,低电平有效;

TDI　测试数据串行输入,数据通过 TDI 输入到 JTAG 中;

TMS　测试模式选择,TMS 用来设置 JTAG 口处于某种测定的测试模式;

TCK　测试时钟输入,对于 TI 的 DSP,此引脚时钟为 10 MHz;

TDO　测试数据串行输出;

NP　未连接。

　　JTAG 接口提供对 DSP 的仿真通信和外部 Flash 的烧写。在大多数情况下,只要芯片和仿真器之间的连接电缆不超过 6 in,可以采用图 6.2.2 的方式连接。当芯片和仿真器之间的连接电缆超过 6 in,需要在关键信号 TMS、TDI、TDO 等之间增加缓冲驱动,如图 6.2.3 所示。

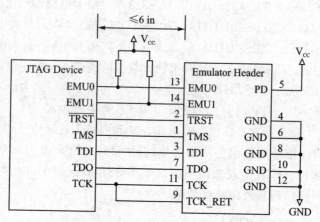

图 6.2.2　JTAG 连线小于 6 in 电路连接

　　多片 DSP 的调试常采用菊花链形式,如图 6.2.4 所示。菊花链的连接方式是将 JTAG 和 DSP 的 TDI、TDO 串联起来,而其余信号并联后接到 JTAG。如果 PCB 较大,信号走线较长,对信号可以用加上拉电阻的方式进行驱动。

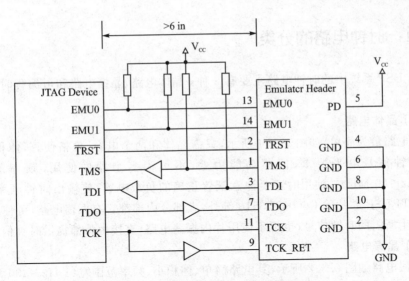

图 6.2.3　JTAG 连线大于 6 in 电路连接

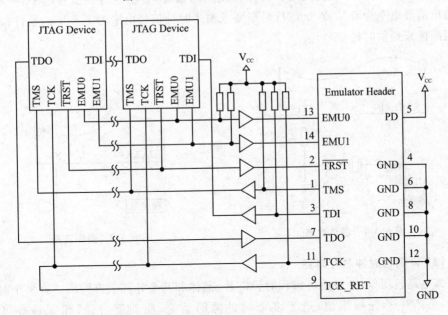

图 6.2.4　菊花链方式调试多片 DSP

6.3　时钟电路的设计

在 DSP 系统中,时钟电路是处理数字信息的基础,同时它也是产生电磁辐射的主要来源,其性能好坏直接影响到系统是否正常运行,所以时钟电路在数字系统设计中占有至关重要的地位。

6.3.1 时钟电路的分类

TI DSP 系统中的时钟电路主要有 3 种:晶体电路、晶振电路和可编程时钟芯片电路。

(1) 晶体电路

该电路最为简单,如图 6.3.1 所示,只需晶体和两个电容,价格便宜,体积小,能满足时钟信号电平要求;但驱动能力差,不可为多个器件使用,频率范围小(20 kHz～60 MHz),使用时还要注意配置正确的负载电容,使输出时钟频率精确、稳定。TI DSP 芯片除 C6000、C5510 等外,大部分内部都含有振荡电路,可使用晶体电路产生所需的时钟信号;也可不使用片内振荡电路,直接由外部提供时钟信号。

(2) 晶振电路

晶振电路如图 6.3.2 所示,其电路简单、体积小、频率范围宽(1 Hz～400 MHz)、驱动能力强,可为多个器件使用。另外在使用晶振时,要注意时钟信号电平,一般晶振输出信号电平为 5 V 或 3.3 V;对于要求输入时钟信号电平为 1.8 V 的器件,不能选用晶振来提供时钟信号。

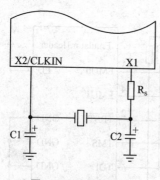

图 6.3.1 晶体电路

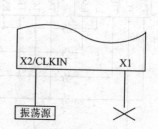

图 6.3.2 晶振电路

(3) 可编程时钟芯片电路

其电路较简单,一般由可编程时钟芯片、晶体和两个外部电容构成。有多个时钟输出,可产生特殊频率值,适于多个时钟源的系统,驱动能力强,频宽最高可达 200 MHz,输出信号电平一般为 5 V 或 3.3 V,常用器件为 CY22381(封装如图 6.3.3 所示,有 3 个独立的 PLL 和 3 个时钟输出引脚)和 CY2071A(有 1 个 PLL 和 3 个时钟输出引脚)。

为降低时钟的高频噪声干扰,提高系统整体的性能,通常设计时使用频率较低的外部参考时钟源。对于数字信号处理以及实时系统,

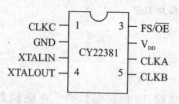

图 6.3.3 可编程时钟芯片

常需要 DSP 工作在高速状态,这时可通过编程使系统在完成引导之后,进入到锁相倍频模式,提高系统的工作频率。

6.3.2　时钟电路选择原则

① 系统中要求多个不同频率的时钟信号时,首选可编程时钟芯片电路;单一时钟信号时,选择晶体时钟电路;多个同频时钟信号时,选择晶振时钟电路。尽量使用 DSP 片内的 PLL,降低片外时钟频率,提高系统稳定性。

② C6000、C5510、C5409、C5416、C5420、C5421 和 C5441 等片内无振荡电路,不能用晶体时钟电路。

③ VC5401、VC5402、VC5409 和 F281x 等,它们的时钟信号输入电平要求为 1.8 V,建议采用晶体时钟电路。

6.3.3　C55x 时钟电路的调试

C55x 时钟电路调试步骤如下:

① 检查 DSP 的时钟输入引脚 CLKIN 和时钟输出引脚 CLKOUT 连接是否正确,在正常情况下 CLKIN 应接时钟源。

② 系统上电后测量 CLKIN 引脚输入是否正常,信号的高低电平以及占空比是否满足要求。

③ 在没有进行软件设置的情况下,DSP 在复位后 CLKOUT 的输出直接受 CLKMD 控制。当 CLKMD 引脚为高电平,CLKOUT 输出频率等于 CLKIN 的频率;当 CLKMD 引脚接低电平时,CLKOUT 输出将为 CLKIN 的 1/2。

④ 如果以上无误,则用软件设置 CLKMD 寄存器,使时钟发生器工作于 PLL 锁相模式下,此时再检测 CLKOUT 信号,查看锁相环是否工作正常。

6.4　总线隔离与驱动的器件选择

TI DSP 的发展同集成电路的发展一样,新的 DSP I/O 电压都是 3.3 V 的,但目前还有许多外围器件电压是 5 V,因此在 DSP 系统中,经常有 5 V 和 3.3 V 的混接问题。在这些系统设计中,应注意:

① DSP 输出给 5 V 的电路(如 D/A),无须加任何缓冲电路,可以直接连接;

② DSP 输入 5 V 的信号(如 A/D),由于输入信号的电压大于 4 V,超过了 DSP 的电源电压,DSP 的外部信号没有保护电路,需要加缓冲,如采用 74LVC245 等,将 5 V 信号变换成 3.3 V 的信号;

③ 仿真器 JTAG 口的信号也必须为 3.3 V,否则有可能损坏 DSP。

驱动的器件选择有如下几种。

① 总线收发器(Bus Transceiver)。

常用器件：SN74LVTH245A(8 位)、SN74LVTH16245A(16 位)。

特点：3.3 V 供电,需进行方向控制,延时为 3.5 ns,驱动电流为－32/64 mA(负的表示输入,正的表示输出),输入容限为 5 V。

应用：数据、地址和控制总线的驱动。

② 总线开关(Bus Switch)。

常用器件：SN74CBTD3384(10 位)、SN74CBTD16210(20 位)。

特点：5 V 供电,无须方向控制,延时为 0.25 ns,驱动能力不增加。

应用：适用于信号方向灵活且负载单一的应用,如 McBSP 等外设信号的电平变换。

③ 2 选 1 切换器(1 of 2 Multiplexer)。

常用器件：SN74CBT3257(4 位)、SN74CBT16292(12 位)。

特点：实现 2 选 1,5 V 供电,无须方向控制,延时为 0.25 ns,驱动能力不增加。

应用：适用于多路切换信号且要进行电平变换的应用,如双路复用的 McBSP。

④ CPLD。

特点：3.3 V 供电,但输入容限为 5 V,并且延时较大,大于 7 ns。

应用：适用于少量对延时要求不高的输入信号。

⑤ 电阻分压。

特点：10 kΩ 和 20 kΩ 串联分压,5 V×20÷(10＋20)≈3.3 V。

6.5 Flash 自举引导设计

在 TI DSP 的开发环境 CCS(Code Composer Studio)下,PC 通过不同类型的 JTAG 电缆与用户目标系统中的 DSP 通信,帮助用户完成调试工作。当用户在该环境下完成开发任务,编写完成用户软件之后,到 DSP 目标系统产品化阶段时,需要完全脱离 PC 的 CCS 环境,并要求目标系统上电后可自行启动并执行用户软件代码,这就需要用到自启动(bootloader)技术。同时 bootloader 也指由 TI 在生产 DSP 芯片时预先烧制在片内 ROM 中,完成该功能的一段代码名称。

DSP 系统开发的最终目标是脱离仿真器运行,所以必须将程序代码存储在非易失性存储器中。Flash 存储器以其大容量和可在线编程等特点已成为 DSP 系统的一个基本配置。

6.5.1 自举引导模式的配置

TMS320C5000 系列 DSP 芯片(以下简称 C5000)是 RAM 型器件,掉电后不能保持任何用户信息,所以需要用户把执行代码存放在外部的无挥发存储器内。在系统上电时,通过 bootloader 将存储在外部媒介中的代码搬移到 C5000 高速的片内存储器或系统中的扩展存储器内,搬移成功后自动去执行代码,完成自启动。

bootloader 技术提供多种不同的启动模式,包括并行 8/16 位的总线型启动、串口型启动和 HPI 口启动等模式,兼容多种不同的系统需求,需要在上电前设置 DSP 的 BOOT 方式。

TMS320VC5509A 每次上电复位后,在执行完一系列初始化(配置堆栈寄存器、关闭中断、程序临时入口、符号扩展、兼容性配置)工作后,根据预先配置的自举模式,通过固化在 ROM 内的 bootloader 程序进行程序引导。如表 6.5.1 所列,VC5509A 的引导模式选择是通过 4 个模式选择引脚 BOOTM[0:3]配置完成的。BOOTM[0:3]引脚分别与 GPIO1、GPIO2、GPIO3、GPIO0 相连。

表 6.5.1　BOOT 引导方式选择

BOOTM[3:0]				BOOT 资源
IO.0	IO.3	IO.2	IO.1	
0	0	0	0	系统保留
0	0	0	1	串行 24 位地址 EEPROM 引导方式,使用 McBSP0
0	0	1	0	USB 引导模式
0	0	1	1	I^2C EEPROM 引导模式
0	1	0	0	系统保留
0	1	0	1	EHPI(multiplexed mode)BOOT
0	1	1	0	EHPI(non-multiplexed mode)BOOT
0	1	1	1	系统保留
1	0	0	0	从外部 16 位异步存储器中引导
1	0	0	1	串行 16 位地址 EEPROM 引导方式,使用 McBSP0
1	0	1	0	并行 EMIF 模式引导(8 位异步存储器)
1	0	1	1	并行 EMIF 模式引导(16 位异步存储器)
1	1	0	0	系统保留
1	1	0	1	系统保留
1	1	1	0	标准串口模式(16 位),使用 McBSP0
1	1	1	1	标准串口模式(8 位),使用 McBSP0

6.5.2　引导表

bootloader 在引导程序时,程序代码是以引导表格形式加载的。TMS320VC55x 的引导表结构中包括了用户程序的代码段和数据段以及相应段在内存中的指定存储

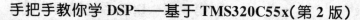

位置。此外还包括了程序入口地址、部分寄存器的配置值、可编程延时时间等信息。TMS320VC55x 系列 DSP 的引导表结构如图 6.5.1 所示。

32位程序入口地址			
32位寄存器配置计数器*n*			
16位寄存器地址(register 1)		16位寄存器内容(register 1)	
…(register *n* addr)		…(register *n* contents)	
16位延时指示器		16位延时计数器	
32位段字节计数器(section 1)			
32位段起始地址(section 1)			
数据(字节)	数据(字节)	数据(字节)	数据(字节)
数据(字节)	数据(字节)	数据(字节)	数据(字节)
…(section *n*)			
32位全0数据(BOOT表结束标志)			

图 6.5.1　引导表结构

其中：程序入口地址是引导表加载结束后,用户程序开始执行的地址;寄存器配置数目决定了后面有多少个寄存器需要配置;只有当延时标志为 FFFFh 时,延时才被执行;延时长度决定了在寄存器配置后延时多少个 CPU 周期才进行下一个动作;段长度、段起始地址和数据则为用户程序中定义的各个段的内容;最后以 00000000h (32 个 0)作为引导表的结束标志。

6.5.3　EMIF 模式引导

EMIF(外部存储接口)并行引导模式(16 位数据宽度),只需将 BOOTM[3：0]设置成[1011]即可。

EMIF 为外部存储接口,通过 EMIF 接口可以灵活地和各种同步或异步存储器件无缝连接。通过 EMIF 可以将 VC5509A 的存储空间扩展到 128 Mbit(SDRAM)。存储空间被分为 CE0~CE3 共 4 个段,每段占用不同的地址。在 EMIF 的并行引导模式中,ROM 固化的 bootloader 程序以 200000h 为首地址开始加载程序。200000h 即为 CE1 空间的首地址,所以 Flash 必须接在 DSP 的 CE1 空间上。在加载时,EMIF 的 CE1 空间已经默认配置成异步静态随机存储器(SRAM)接口,并且在时序上采用了最差情况设置(即最慢访问速度),充分保证了时间裕量,使得程序代码能够顺利地加载到 DSP 的内存中。

6.5.4　I²C 模式引导

图 6.5.2 为 I²C 模式下 DSP 引导电路图。

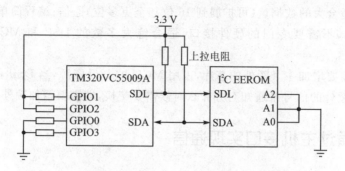

图 6.5.2　I²C 模式下 DSP 引导电路

6.6　DSP 多机通信接口选择与设计

多数嵌入式系统是基于 DSP＋MCU 框架的,DSP 负责系统的信号处理,MCU(主设备)负责整个系统的任务管理和各个功能模块间的协调配合。在这样的系统中,DSP 和 MCU 专注于各自的特长,各自的优势得以充分发挥。在低功耗嵌入式系统中,大部分时间系统处于待机(空闲)状态。如果让 MCU 和小部分必需的电路组成一个"值班"电路,其他电路则根据需要或者激活或者休眠,这样就可以极大程度地降低系统功耗。所以,DSP＋MCU 的框架在低功耗嵌入式系统应用中尤为推崇。

为了实现系统功能,TMS320VC5509A 和 MCU 之间经常需要交换信息。也就是说,很多时候,主设备需要告诉从设备(TMS320VC5509A)该做什么操作,而从设备也需要反馈一些状态信息给主设备。如何简单有效地实现主从设备之间的通信,往往对整个系统功能的实现、系统稳定可靠的工作有着重要的意义。

6.6.1　通过双口 RAM(或双向 FIFO)桥接

通过双口 RAM(FIFO)通信的硬件连接如图 6.6.1 所示。A 口、B 口可同时访问的双口 RAM(或双向 FIFO)将 DSP 和 MCU 桥接在一起,是公共可访问的单元,通信双方可以通过读/写双口 RAM(或双向 FIFO)来交换数据。

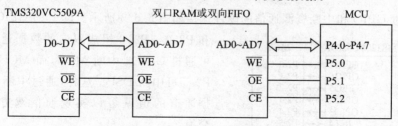

图 6.6.1　通过双口 RAM(FIFO)通信

优点：适合大的数据量(可扩展到 16 位甚至更多位)通信；编程简单(仅仅是读/写外部总线),不需要专门的硬件接口,适合绝大多数的 DSP 和 MCU 之间数据交换。

缺点：需要增加一个额外的芯片,占用 MCU 的 I/O 资源,当 DSP 和 MCU 交换数据时需要额外的信号来通知对方什么时候需要交换,即需要增加额外的握手信号。

6.6.2　通过主机接口实现通信

通过主机接口(HPI)的硬件连接如图 6.6.2 所示。TMS320VC5509A 本身具备专门的 HPI 接口,MCU 作为主机可以通过该接口对其内部主机地址空间进行访问。

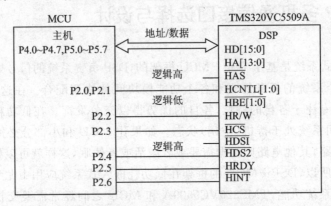

图 6.6.2　通过主机接口(HPI)通信

优点：接口简单,MCU 可以通过 $\overline{\text{HINT}}$ 信号中断 DSP,随时对主机地址空间进行访问,并且可达到较高的传输速率。

缺点：占用 MCU 较多的 I/O 资源,MCU 需要软件模拟 HPI 接口的时序,DSP 数据总线是和其他外设分时共享的。当使用 HPI 时,就不能访问其他外存,访问其他外存时也不能使用 HPI 通信。

6.6.3　通过 GPIO 实现通信

通过 GPIO 和中断资源通信的硬件连接如图 6.6.3 所示。DSP 的 GPIO[4:7]

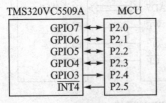

图 6.6.3　通过 GPIO 和中断资源通信

和 P2.0～P2.3 组成双向的数据通道,DSP 可通过 GPIO3 中断 MCU,而 MCU 则通过 P2.5 可中断 DSP。这样,通过中断,读取数据通道的值就可以实现通信双方的数据交换。

优点：通信双方能相互中断,能有效地

实现数据的实时交换,硬件接口简单,软件编程也很方便,非常适合小数据量的传输。

缺点:接口由普通的 I/O 资源组成,必须由软件完成握手和数据纠错。只有 4 位的宽度,不适合大数据量通信。

6.6.4   通过 I²C 实现通信

通过 I²C 实现通信的硬件连接如图 6.6.4 所示。由于 TMS320VC5509A 和普通 MCU 均含有 I²C 模块,所以通过 I²C 总线来实现两者的通信是非常方便的。

优点:硬件连接最为简单,通信速率最高可达到 400 Kbps,双方的 I²C 模块都有相应的中断和 DMA 事件,编程简单方便。

缺点:串行传送,发送接收寄存器都是针对字节模式的。

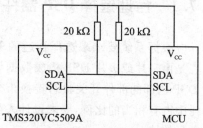

图 6.6.4   通过 I²C 实现通信

6.6.5   通信方式的优缺点

实验验证了以上的 4 种通信方式都是可用的,但用户须根据具体情况(包括通信的数据量、通信频率、工作方式、硬件复杂程度、编程复杂程度等)选择最合适的方式。以下是 4 种方式的特点和在应用中需要特别注意的地方。

① 4 种方式中,I²C 方式通信硬件连接最为简单,GPIO 方式通信的软件编程最为简单,双口 RAM 桥接和 HPI 通信方式适合大数据量的传输。

② 在使用 I²C 方式通信时,上拉电阻是必不可缺的。TMS320VC5509A 的 I²C 方式通信模块有 CSL 库操作函数支持,建议在使用时不使用库函数,直接对寄存器进行配置。但需要注意的是,I²C 的寄存器是映射在 I/O 空间的。

③ 在 GPIO 方式通信中,数据线的方向需要软件去设置,通信双方必须是互补的,即一方是输出,另一方应该是输入。引进中断的目的是增加通信的实时性和高效率,而不必一直查询数据线的状态。每收到一次中断,才进行读或写数据线。这里的数据线每一位都是独立的,图 6.6.3 中只给出 4 位的数据宽度,可根据实际情况进行扩展。

④ 在双口 RAM 通信方式中,当使用双口 RAM"桥接"时,为保证数据的正确性,要避免对同一个地址同时读/写。将双口 RAM 分为上下两部分,写上半部分读下半部分,写下半部分读上半部分,采取这种类似"乒乓操作"的方法可以有效地避免对同一个地址既读又写。方式一中,如果采用的是 FIFO,要防止数据溢出和读空,可以把可编程满标志和可编程空标志连接到 DSP 和 MCU 的外部中断输入脚。当写 FIFO 到出现可编程满标志时就停止写,读 FIFO 到可编程空时就停止读,这样就

能保证数据不会溢出和读空。

6.7 应用系统的低功耗设计

便携式产品都面临低功耗设计的问题,以 DSP 为核心的应用系统当然也不例外。本节结合实例,介绍一些行之有效的降低功耗的设计方法。

6.7.1 合理选择 DSP 器件

应根据系统要求来选择合适的 DSP 器件。在典型的 DSP 应用系统中,通常其核心是由一片或多片 DSP 构成数据处理模块,由于系统运算量大且速度要求高,所以 DSP 内部的部件开关状态转换十分频繁,这使得 DSP 器件的功耗在应用系统的功耗中占有相当的比例,要求设计人员在进行电路低功耗设计时要熟悉 DSP 及其相关产品的情况。

DSP 器件的功耗与该系统的电源电压有关。同一系列的产品,其供电电压也可能不同,如 TMS320C2xx 系列中供电电压就有 5 V 和 3.3 V 两种,在系统功耗是系统设计首要目标的情况下,应尽可能地选择低电压供电的 DSP 器件。选择 3.3 V 低电压供电的 DSP,除了能降低 DSP 本身的功耗以降低系统的总功耗外,还可以使外部逻辑电路功耗降低,这对实现系统低功耗有着重要的作用。

DSP 生产厂家也比较注重系统功耗的问题。TI 为实现低功耗应用系统而设计了一批新型的 DSP 器件,以其中的 TMS320C55x 为例,C55x 可以在 0.9 V 和 0.05 mW/MIPS 环境下运行。

6.7.2 让 DSP 以适当的速度运行

TMS320 系列的 DSP 一般采用 CMOS 工艺,CMOS 电路的静态功耗极小,而其动态功耗的大小与该电路改变逻辑状态的频率和速度密切相关。TMS320 系列应用系统的功耗与工作频率(即系统时钟)成正比。在不需要 DSP 的全部运算能力时,可以适当地降低 TMS320 的系统时钟频率,令 DSP 适速运行以降低系统功耗。当时钟频率增加时,电流也相应增加,执行同样程序代码的时间会相应缩短。

6.7.3 在软件设计中降低功耗

CPU 内部执行不同的指令时所消耗的电流是不同的,在软件编程时如果能充分考虑到这一因素,在允许的情况下尽可能多使用低功耗指令,则可以降低系统功耗。TMS320C55x 有几种降功耗模式,这些降功耗模式中最常用的是 IDLE 和 IDLE2 指令。IDLE 指令将 CPU 内部操作挂起,但是仍保留内部各部件逻辑的时钟,允许串口等片内外设继续工作。在使用20 MHz系统时钟频率时,使用 IDLE 指令所需电流的典型值为 10 mA;在相同的系统时钟频率下,执行 IDLE2 指令只需要 3 mA 的电流。若关闭内部部件的输入时钟时执行 IDLE2 指令,这时电流值不超过 5 μA,CPU所消耗的电能将大大降低。

6.7.4　存储器类型对功耗的影响

当 DSP 器件按某一算法对数据进行处理时,DSP 片内的 CPU 将消耗大部分的能量。但是,数据处理所在的存储环境也就是存储器的类型,对系统功耗也有着较大的影响。以 TMS320C2xx 为例,片内的存储器有单访问 RAM(SARAM)、双访问RAM(DARAM)和 ROM 这 3 种。

执行存放在片内存储器的用户代码所耗能量要比执行存放在片外的存储器低,其原因是程序在片内 ROM 中运行可省去驱动外部程序存储器接口电路所需要的电流。

6.7.5　正确处理外围电路

外围电路包括输入和输出两部分。从输出部分来看,外围电路的驱动要消耗一部分能量,除在 DSP 系统中使用的逻辑电路采用 CMOS 器件外,应尽可能地选用低功耗的外围器件,如系统的显示部分应选用 LCD(液晶显示器)等。当外部接口中逻辑电路所用的门电路较多时,应使用单片的 PAL 或 ASIC 来完成。从输入部分来看,DSP 芯片中未使用的输入引脚应接地或接电源电压,若将这些引脚悬空,在引脚上很容易积累电荷,产生较大的感应电动势,使输入引脚电位处于 0 与 1 间的过渡区域。这时反相器上、下两个场效应管都会导通,使系统功耗大大增加,系统也可能处于不稳定的状态。

除前面所提到的影响 DSP 应用系统功耗的几个因素外,还有很多其他因素,如DSP 应用系统所处环境的温度等。具体到任何一个实际的应用系统,在达到设计指标的前提下应细致地对硬件、软件进行多方面的优化,从而有效地降低系统功耗。

第7章

DSP 软件程序设计

7.1 DSP 软件开发流程

7.1.1 软件开发流程

图 7.1.1 给出了 C55x 软件开发流程。阴影部分强调了软件开发的最一般途径,其他部分为可选。

DSP 软件开发主要过程如下。

① 用户采用 C/C++语言或汇编语言编写源文件(.c 或.asm),经 C/C++编译器、汇编器生成 COFF 格式的目标文件(.obj),再用链接器进行链接,生成在 C55x 上可执行的目标代码(.out),然后利用调试工具(软件仿真器 Simulator 或硬件仿真器 Emulator)对可执行的目标代码进行仿真和调试。

② 当调试完成后,通过 Hex 代码转换工具,将调试后的可执行目标代码(.out)转换成 EPROM 或 Flash 能接收的代码(.hex),并将该代码固化到 EPROM 或 Flash,加载到用户的应用系统中,以便 DSP 目标系统脱离计算机单独运行。

③ C/C++编译器(C/C++ Complier)用来将 C/C++源代码编译成 C55x 的汇编语言源代码。该编译器包括一个建库工具,利用这个工具可以建立用户自己的运行时间库。

④ 汇编器(Assembler)将汇编语言源文件转化为机器语言的 COFF 目标文件。TMS320C55x 工具中包括两个汇编器:助记符汇编器接收 C54x 和 C55x 的助记符汇编语言源文件;代数汇编器接收 C54x 和 C55x 的代数汇编语言源文件。源文件中可以包含指令、汇编伪指令和宏伪指令。用户可使用汇编伪指令来控制汇编程序的很多方面,如源列表格式、数据对齐和段内容。

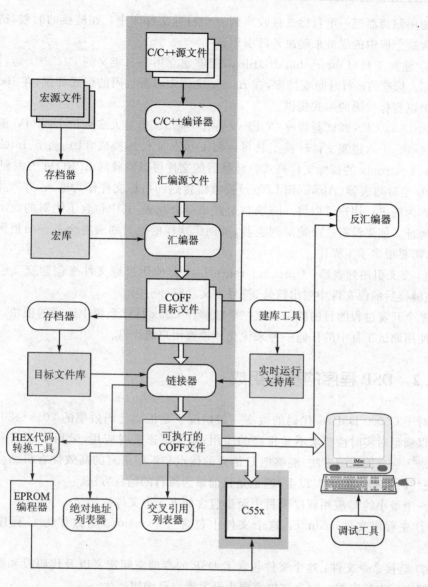

图 7.1.1 C55x 软件开发流程

⑤ 链接器(Linker)把一些可重定位的 COFF 目标文件(由汇编器产生)组合成单个可执行的 COFF 目标模块。当它创建了可执行模块后,就会把这些符号装订到存储器中,然后解决对这些符号的引用。它也能接受存档器库文件的成员和链接器先前创建的输出模块。链接伪指令可以用来组合目标文件段、装订段或符号到某地址(或存储器区)字段、定义或重定义全局符号。

⑥ 归档器(Archiver)把一组文件收集到一个归档文件中。例如,可以将若干的宏定义归入一个宏库。汇编器会搜寻这个库并使用在源文件中被调用的宏。用户也

可以使用归档器把一组目标文件收集到一个目标文件库中。在链接的时候,链接器会包含这个库中的成员来解决外部引用。

⑦ 建库工具(Library-build Utility)能够建立用户自定义的 C/C++ 运行时间支持库。标准的运行时间支持库,在 rts. src 文件中以源代码的形式提供,在 rts55. lib 文件中以目标代码的形式提供。

⑧ C55x CCS 调试器接收 COFF 文件作为输入,但是大多数的 EPROM 编程器不能接收。十六进制文件转换工具可以将 COFF 文件转换成 TI-tagged、Intel、Motorola、Tektronix 的目标文件格式。转换后的文件可以下载到 EPROM 的编程器。

⑨ 绝对列表器(Absolute Lister)接收链接后的目标文件作为输入,并产生. abs 文件作为输出。用户可以将. abs 文件装配成一个列表,其中包含了绝对的而不是相对的地址。如果没有这个绝对列表器,要创建这样的绝对列表将会是一项很繁杂的工作,需要很多手工操作。

⑩ 交叉引用列表器(Cross-reference Lister)使用目标文件来创建交叉引用列表,在链接后的源文件中列出符号、符号定义和符号引用。

整个开发过程的目的就是创建一个能够在 C55x 目标系统中运行的模块。用户可以使用调试工具中的任何一种来优化和检查用户的代码。

7.1.2 DSP 程序的基本组成

对于 C5000 DSP,C 代码的效率一般情况下是汇编代码效率的 70%～80%,一般可以满足对实时性要求不是很高的应用;对于高速实时应用,采用 C 语言和线性汇编语言混合编程的方法,能够把 C 语言的优点和汇编语言的高效性有机结合在一起,使代码效率达到 90% 以上,这也是目前最为流行的编程方法。

一个最小的 C 应用程序项目中至少包含如下 3 个文件。

① 主程序文件 main. c:这个文件中包含一个 main() 函数作为 C 程序的入口点。

② 链接命令文件:这个文件包含了 DSP 的存储空间定义以及代码段和数据段在存储空间中的安排。这个文件需要由开发者自己编辑产生。

③ vectors. asm:这个文件中包含中断服务表(IST),中断服务表必须被安排在存储空间地址 0x00000000 处。DSP 复位之后,会首先从地址 0x00000000 处开始执行,因此地址 0x00000000 处应该是复位向量。程序从复位向量跳转到 C 运行环境的入口地址 c_int00() 处,在 c_int00() 中完成初始化堆栈指针、页指针、初始化全局变量等操作,最后调用 main() 函数,执行用户功能。

除了这 3 个最基本的文件之外,程序一般还需要包含运行时支持库(rts5xxx. lib)和芯片支持库(csl5xxx. lib),这两个库提供了对 C 运行环境的支持和芯片特性的支持。

7.1.3　VC5509A 的工作流程

VC5509A 上电复位后从 0xffff00 开始执行程序(因为复位后 IVPD 的值是 0xffff),在 0xffff00 处执行指令".ivec 0xff8000",程序转入 0xff8000 处执行。从 0xff8000 处开始就是 VC5509A 内部固化的 bootloader 程序,在这段程序里通过读取 GPIO 口的状态来转入不同的 BOOT 方式。

假设用户的程序存储在片外 Flash 中,VC5509A 内部固化的 bootloader 程序从片外的 Flash 中按照一定格式读取数据并搬入片内 RAM 中,搬完后转入片内 RAM 的程序入口执行程序。

对于中断,需要自己定义一个中断向量表放入 RAM 中,并通过修改 IVPD 和 IVPH 的值来指向中断向量表的入口位置;寄存器 IER0 和 IER1 是各个中断的使能位,ST1 的 INTM 位是总的中断使能位。中断向量表中应该放入中断服务程序的入口地址,但也可以先不放入,在程序运行后通过调用 CSL 的 IRQ_plug()函数在中断向量表插入中断服务程序入口。

C 程序开始运行时,必须首先初始化 C 运行环境,这是通过 c_int00()函数完成的。c_int00()函数是复位中断的中断服务函数,这个函数在运行支持库(rts)中提供。链接器会将这个函数的入口地址放在复位中断向量处,使其可以在初始化时被调用。

c_int00()函数进行以下工作以建立 C 运行环境:

① 为系统堆栈产生 .stack 段,并初始化堆栈指针;

② 从 .cinit 段将初始化数据复制到 .bss 段中相应的变量;

③ 调用 main 函数,开始运行 C 程序。

用户的应用程序可以不用考虑上述问题,同利用其他开发平台开发 C 语言程序类似,认为程序从 main 函数开始执行就可以。用户可以对 c_int0 函数进行修改,但修改后的函数必须完成以上任务。

7.1.4　DSP C 语言简介

C55x 支持的 C 语言数据类型如表 7.1.1 所列。

表 7.1.1　C55x 支持的 C 语言数据类型

类　型	大　小	描　述	最小值	最大值
char,signed char	16 位	ASCII	−32 768	32 767
unsigned char	16 位	ASCII	0	65 535
short,signed short	16 位	2s complement	−32 678	32 767
unsigned short	16 位	Binary	0	65 535

类　型	大　小	描　述	最小值	最大值
int,signed int	16 位	2s complement	−32 678	32 767
unsigned int	16 位	Binary	0	65 535
long,signed long	32 位	2s complement	−2 147 483 648	2 147 483 647
unsigned long	32 位	Binary	0	4 294 967 295
long long	40 位	2s complement	−549 755 813 888	549 755 813 887
unsigned long long	40 位	Binary	0	1 099 511 627 775
enum	16 位	2s complement	−32 678	32 767
float	32 位	IEEE 32-bit	1.175 494e −38	3.40 282 346e+38
double	32 位	IEEE 32-bit	1.175 494e −38	3.40 282 346e+38
long double	32 位	IEEE 32-bit	1.175 494e −38	3.40 282 346e+38
pointers(data)				
small memory mode	16 位	Binary	0	0xffff
large memory modde	23 位	Binary	0	0x7fffff
pointers(function)	24 位	Binary	0	0xffffff

　　DSP 生产厂商及第三方为 DSP 软件开发提供了 C 编译器,使得利用高级语言实现 DSP 程序的开发成为可能。在 TI 公司的 DSP 软件开发平台 CCS 中,又提供了优化的 C 编译器,可以对 C 语言程序进行优化编译,提高程序效率。

　　① DSP 的 C 语言是标准的 ANSI C,它不包括同外设联系的扩展部分,如屏幕绘图等。但在 CCS 中,为了方便调试,可以将数据通过 printf 命令虚拟输出到主机的屏幕上。

　　② DSP 的 C 语言编译过程为:C 编译为 ASM,再由 ASM 编译为 OBJ。因此 C 和 ASM 的对应关系非常明确,非常便于人工优化。

　　③ DSP 的代码需要绝对定位。

　　④ DSP 的 C 语言效率较高,非常适合于嵌入式系统。

　　C 语言的每一个变量都有特定的类型,这个类型决定了该变量在内存的大小、布局,能够存储于此内存的值的取值范围,以及哪些操作指令可应用于该变量。表 7.1.1 列出了 C55x 支持的各种基本数据类型的位数、表示方法和取值范围。

　　由表 7.1.1 可以构造出 C55x 支持的自定义数据类型和扩展的数据类型。自定义数据类型的方法使用 typedef 类型说明符;扩展的数据类型包括数组、结构体等。

7.1.5　DSP C 语言关键字

(1) ioport 关键字

ioport 是编译器的一个关键字,它告诉编译器,其后定义的指针是指向 I/O 空间的。ioport 关键字可以用在数组、结构体、联合以及枚举数据类型。在数组中使用 ioport,ioport 可以作为数组中的元素;在结构体中使用 ioport,只能是指向 ioport 数据的指针而不能直接作为结构体的成员。

利用 ioport 关键字改写外设寄存器是一个常用的方法。通过改写寄存器的值来控制硬件,在这里,需要改写的是 DSP 芯片外设寄存器的值。要访问外设寄存器必须通过 I/O 空间,事实上,C55x DSP 的全部外设寄存器都被映射到这个空间里。例如,时钟模式寄存器(CLKMD)在 I/O 空间的地址是 0x1c00。使用方式如下:

```
...
void CLK_init(void);            //时钟初始化函数声明
main( )
{
    CLK_init( );                //调用函数
    for(;;)                     //硬件程序中必定出现的死循环
    {
        ...
    }
}
void CLK_init(void );           //函数定义
{
ioport unsigned int * clkmd;    //设一个指向 I/O 空间的指针
clkmd = (unsigned int * )0x1c00;   //说明指针指向的具体地址 0x1c00
* clkmd = 0x2413;               //向那个地址中赋值 0x2413
}
```

例程中的函数 CLK_ init( )完成了对时钟模式寄存器(CLKMD)的改写,它的效果使时钟发生器产生一定频率的时钟信号,提供给芯片内的其他工作单元。

(2) interrupt 关键字

在典型的 DSP 系统中,一旦中断发生,处理器将从当前程序跳转至中断服务表基地址并执行相应的中断服务程序。

通过关键字 Interrupt 告诉 C 编译器,函数是一个特殊的中断服务程序。用 Interrupt 声明过的函数将遵循特定的寄存器保护规则,同时应能返回主程序以继续执行被暂时中断的程序。不过,必须把用 Interrupt 声明过的函数定义成无返回值和无参数型。在中断服务函数内部既可使用本地变量,也可使用堆栈或全局变量。示例如下：

```
Interrupt void int_handler( )
    //int_handler 是一种中断服务函数
    {
        Unsigned int flags;
        …
    }
```

c_int00 是 C/C++程序的入口点，这个函数被系统复位中断保留。该中断服务程序用来初始化系统并调用 main 函数。

C55x 中还比 C54x 多了 2 个关键字：onchip 和 restrict。使用关键字 onchip 进一步定义的变量只能存储在片上存储区间中，不能存储在外部映射来的存储区间上；它同时指明这个变量可能会参与 CPU 的乘、加运算，如"onchip short sh_macdata1;"。关键字 restrict 进一步声明的变量一般位于函数中，它限制了这些存储空间不能被其他的变量所覆盖，也不能被其他函数所访问，如"restrict short sh_func_a1;"。

7.1.6　动态分配内存

TMS320C5000 系列 C 语言程序中可以调用 malloc、calloc 或 realloc 函数来动态分配内存。

```
unsigned int * data;
data = (unsigned int * )malloc(100 * sizeof(unsigned int));
```

动态分配的内存将分配在.system 段，只能通过指针进行访问。将大数组通过这种方式来分配可以节省.bss 段的空间。

通过链接器的-heap 选项可以定义.system 段的大小。

7.2　汇编伪指令

汇编伪指令是汇编语言程序的一个重要内容。汇编伪指令提供程序数据并控制汇编过程。用户通过汇编伪指令可以完成以下功能：

> 将代码和数据汇编到特定的段；
> 为未初始化的变量在存储器中预留空间；
> 控制展开列表的格式；
> 初始化存储器；
> 汇编条件代码块；
> 定义全局变量；
> 指定汇编器可以获得宏的指定库；

➤ 检查符号调试信息。

7.2.1　汇编伪指令概述

DSP 的汇编伪指令包括定义段的伪指令、初始化常数伪指令、调整段程序计数器伪指令(SPC)、控制输出列表格式化伪指令、条件汇编伪指令、汇编符号以及其他伪指令。

(1) 定义段的伪指令

定义段的伪指令如表 7.2.1 所列。

表 7.2.1　定义段的伪指令

助记符和语法	说　明
. asect"section name",address	汇编至绝对命名(初始化)段(此段已过时)
. bss symbol,size in words [,blocking flag]	在.bss 段(未被初始化数据段)保留 size 个字
. data	汇编至数据(初始化数据)段
. sect "section name"	汇编至一个命名(已初始化)段
. text	汇编至.text(可执行代码)段
symbol . usect "section name",size in words,[blocking flag]	在 1 个命名段(未被初始化)保留.size 个字

(2) 初始化常数伪指令

初始化常数(数据和存储器)伪指令如表 7.2.2 所列。

表 7.2.2　初始化常数伪指令

助记符和语法	说　明
. bes size in bits	在当前段保留 size 位,标号指向保留空间的末尾
. bfloat value	初始化一个 32 位、IEEE 单精度浮点常数,不允许目标跨越页边界
. blong value1 [,...,valuen]	初始化一个或多个 32 位的整数,不允许目标跨越页边界
. byte value1 [,...,valuen]	在当前段初始化一个或多个连续字节
. field value [,size in bits]	初始化可变长度域
. float value	初始化一个 32 位、IEEE 单精度浮点数
. int value1 [,...,valuen]	初始化一个或多个 16 位整数
. long value1 [,...,valuen]	初始化一个或多个 32 位整数
. space size in bits	在前半段保留.size 位,标号指向保留空间的末尾
. string "string1" [,...,"stringn"]	初始化一个或多个 .text 字符串
. word value1 [,...,valuen]	初始化一个或多个 16 位整数

(3) 调整段程序计数器伪指令(SPC)

.align 把 SPC 调整到页边界;   .even 把 SPC 调整到偶数字边界。

(4) 控制输出列表格式化伪指令

控制输出列表格式化伪指令如表 7.2.3 所列。

表 7.2.3 控制输出列表格式化伪指令

助记符和语法	说 明
.drlist	允许所有伪指令行的列出(默认)
.drnolist	禁止特定的伪指令行的列出
.fclist	允许列出虚假条件代码块(默认)
.fcnolist	禁止列出虚假条件代码块
.length page length	设置源列表的页长度
.list	重启源列表
.mlist	允许列出宏列表和循环块(默认)
.mnolist	禁止列出宏列表和循环块
.nolist	停止源列表
.option ⟨B|D|F|L|M|T|X⟩	选择输出列表选项
.page	在源列表中弹出页
.sslist	允许扩展替代符号列表
.ssnolist	禁止扩展替代符号列表(默认)
.tab size	设置列表符大小
.title "string"	在列表页头部打印标题
.width page width	设置源列表的页宽度
.copy ["]filename["]	从其他文件包含源语句
.def symbol1 [,…,symboln]	确认在当前模块定义并在其他模块中使用的一个或多个符号
.global symbol1 [,…,symboln]	标识一个或多个全局(外部)符号
.include ["]filename["]	从其他文件包括源语句
.mlib ["]filename["]	定义宏库
.ref symbol1 [,…,symboln]	确认一个或多个在当前模块中使用但在其他模块中定义的符号

(5) 条件汇编伪指令

条件汇编伪指令如表 7.2.4 所列。

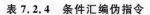

表 7.2.4　条件汇编伪指令

助记符和语法	说　明
. break［well-defined expression］	如果条件真结束. loop 汇编,. break 结构是可选项
. else	如果. if 条件为假,汇编代码块. else 结构是可选项
. elseif well-defined expression	如果 if 条件为假且. elseif 条件为真,汇编代码块. else 结构是可选项
. endif	结束. if 代码块
. endloop	结束. loop 代码块
. if well-defined expression	如果条件为真则汇编代码块
. loop［well-defined expression］	开始代码块的重复汇编

(6) 汇编符号

汇编符号如表 7.2.5 所列。

表 7.2.5　汇编符号

助记符和语法	说　明
. asg［"］character string［"］,substitution symbol	把字符串赋予替代的符号
. endstruct	结束结构定义
. equ	使值和符号相等
. eval well-defined expression,substitution symbol	根据数字替代符号完成运算
. newblock	取消局部标号
. set	使数值和符号相等
. struct	开始结构定义
. tag	把结构属性赋予标号

(7) 其他伪指令

其他伪指令如表 7.2.6 所列。

表 7.2.6　其他伪指令

助记符和语法	说　明
. emsg string	把用户定义的错误信息送到输出器件
. end	结束程序
. label symbol	在段中定义装载时可重定位标号
. mmregs	把存储器映射寄存器输入到符号表中
. mmsg string	把用户定义信息送到输出设备
. port	打开汇编器移植开关
. sblock "section name"［,"section name",…］	为块指定段
. version generation ♯ number	为块指定段
. wmsg string	将用户定义的警告信息送到输出设备

7.2.2　C 程序在 DSP 中的定位

C 程序的代码和数据在 DSP 中的分配定位分为系统定义和用户定义两种方式。

(1) 系统定义

.cinit　存放 C 程序中的变量初值和常量;

.const　存放 C 程序中的字符常量、浮点常量和用 const 声明的常量;

.switch　存放 C 程序中 switch 语句的跳针表;

.text　存放 C 程序的代码;

.bss　为 C 程序中的全局和静态变量保留存储空间;

.far　为 C 程序中用 far 声明的全局和静态变量保留空间;

.stack　为 C 程序系统堆栈保留存储空间,用于保存返回地址、函数间的参数传递、存储局部变量和保存中间结果;

.sysmem　用于 C 程序中 malloc、calloc 和 realloc 函数动态分配存储空间。

(2) 用户定义

```
#pragma CODE_SECTION(symbol,"section name");
#pragma DATA_SECTION(symbol,"section name")
```

pragma 伪指令通知编译器的预处理器如何处理函数。TMS320C5000 系列 C 编译器支持下列 pragma。

① CODE_SECTION:这个伪指令在名称为 section name 的命名段中为 symbol 分配空间。语法为:

```
#pragma CODE_SECTION(symbol,"section name");
```

② DATA_SECTION:这个伪指令在名称为 section name 的命名段中为 symbol 分配空间。语法为:

```
#pragma DATA_SECTION(symbol,"section name");
```

TMS320C2000 系列 C 编译器可以在编译器输出的汇编语言程序中直接输出汇编指令或语句。利用 asm 语句嵌入汇编语言程序,可以实现一些 C 语言难以实现或实现起来比较麻烦的硬件控制功能。

asm 语句在语法上就像是调用一个函数名为 asm 的函数,函数参数是一个字符串:

```
asm("assembler text");
```

编译器会直接将参数字符串复制到输出的汇编语言程序中,因此必须保证参数双引号之间的字符串是一个有效的汇编语言指令。双引号之间的汇编指令必须以空格、制表符(TAB)、标记符(LABEL)或注释开头,这和汇编语言编程的要求是一致

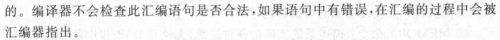

的。编译器不会检查此汇编语句是否合法,如果语句中有错误,在汇编的过程中会被汇编器指出。

使用 asm 指令的时候应小心不要破坏 C 语言的环境。如果 C 代码中插入跳转指令和标记符可能会引起不可预料的操作结果。另外,能够改变段或其他影响 C 语言环境的指令也可能引起麻烦。

对包含 asm 语句的程序使用优化器时要特别小心:尽管优化器不能删除 asm 指令,但它可以重新安排 asm 指令附近的代码顺序,这样就可能会引起不期望的结果。

7.3 CMD 文件的编写

在 DSP 系统中,存在大量、各式各样的存储器,CMD 文件所描述的,就是开发工程师对物理存储器的管理、分配和使用情况。

目前的物理存储器种类繁多,原理、功能、参数、速度各不相同,有 PROM、EPROM、EEPROM、Flash、NAND Flash、NOR Flash 等(ROM 类),还有 SRAM、DRAM、SDRAM、DDR、DDR2、FIFO 等(RAM 类)。无论多么复杂,从断电后保存数据的能力来看,只有两类:断电后仍然能够保存数据的叫作非易失性存储器(non-volatile,本书称为 ROM 类);数据丢失的叫作易失性存储器(本书称为 RAM 类)。ROM 类的芯片都是非易失性的,而 RAM 类都是易失性的。即使同为 ROM 类或同为 RAM 类存储器,仍然存在速度、读/写方法、功耗、成本等诸多方面的差别。例如,SRAM 的读/写速度,从过去的 15 ns、12 ns,提高到现在的 10 ns、8 ns;Flash 的读取速度从过去的 120 ns、75 ns,到现在的 40 ns、30 ns。

理想中的存储器应当是掉电不丢失,数据读取或存储时间为 0 ns,而现在的技术并不可能同时达到理想状态。掉电不丢失的 ROM,读取速度一般比较慢;掉电丢失的 RAM,存储数据一般比较快。因为存储资源的限制,在 CMD 文件中对程序空间和数据空间就要进行合理分配。一般来说,程序需要掉电不丢失,所以分配在 ROM 中;而程序运行时,需要考虑读/写速度的问题,所以要搬移到 RAM 中执行。

DSP 芯片的片内存储器只要没有被 TI 占用,用户都可以支配。TI 设计了 CMD 文件这种与用户的接口形式,用户通过编写 CMD 文件来管理、分配系统中的所有物理存储器和地址空间。

CMD 全称为链接器配置文件,是存放链接器配置信息的,简称为命令文件,由以下 3 部分组成。

① 输入/输出定义:

.obj 文件 链接器要链接的目标文件;

.lib 文件 链接器要链接的库文件;

.map 文件 链接器生成的交叉索引文件;

.out 文件　链接器生成的可执行代码。

② MEMORY 命令：描述系统实际的硬件资源,无论是 DSP 芯片自带的还是用户外扩的,凡是可以使用的、需要用到的存储器和空间,用户都要一一声明出来：有哪些存储器,它们的位置和大小。

③ SECTIONS 命令：描述"段"如何定位。用户根据自己的需要,结合芯片的要求,把各种数据分配到适当种类、特点、长度的存储器区域,这是编写 CMD 文件的重点。

其中比较关键的就是 MEMORY 和 SECTIONS 这两个伪指令的使用,常常令人困惑,系统出现的问题也经常与它们的不当使用有关。

对于初学者,建议不要自己编写.cmd 文件,最好是把一些 demo 开发板例程中的文件修改一下使用,这样能尽可能少地出错。在理解的基础上,可以一点点修改,重新定位地址空间分配。

其实在写.cmd 文件时就是告诉 DSP：程序放哪儿,数据放哪儿,堆栈放哪儿,中断向量放哪儿。使用 MEMORY 指令分配哪里是程序区的地址范围,哪里是中断向量表的入口,哪里是数据空间的地址范围。接下来 SECTION 指令具体分配.text 段放在哪里,.data 和.bss 放在哪里,自己指定的.usect 和.sect 段放在哪里,等等。

根据.cmd 文件,CCS 链接器把多个不一定连续的段链接为.out 文件,然后下载到 DSP 上运行。初学者一般使用的是 CCS 自带 tutorial 中的例子,但是随着自己制作 DSP 开发板,物理空间分配等也不一定一致,所以需要自己修改相应的.cmd 文件段的分配。

命令文件的开头部分是要链接的各个子目标文件的名字,这样链接器就可以根据子目标文件名,将相应的目标文件链接成一个文件;接下来就是链接器的操作指令,这些指令用来配置链接器;然后就是 MEMORY 和 SECTIONS 两个伪指令的相关语句,必须大写。MEMORY 用来配置目标存储器;SECTIONS 用来指定段的存放位置。

结合下面的典型 DOS 环境命令文件 link.cmd 来做一下说明：

```
file.obj              //子目标文件名 1
file2.obj             //子目标文件名 2
file3.obj             //子目标文件名 3
 - o prog.out         //链接器操作指令,用来指定输出文件
 - m prog.m           //用来指定 MAP 文件
 - w
 - stack 500
 - sysstack 500
 - l rts55x.lib
MEMORY
{
```

```
    DARAM:        o = 0x100,       l = 0x7f00
    VECT :        o = 0x8000,      l = 0x100
    DARAM2:       o = 0x8100,      l = 0x200
    DARAM3:       o = 0x8300,      l = 0x7d00
    SARAM:        o = 0x10000,     l = 0x30000
    SDRAM:        o = 0x40000,     l = 0x3e0000
}
SECTIONS
{
    .text:        {} > DARAM
    .vectors:     {} > VECT
    .trcinit:     {} > DARAM
    .gblinit:     {} > DARAM
    frt:          {} > DARAM
    .cinit:       {} > DARAM
    .pinit:       {} > DARAM
    .sysinit:     {} > DARAM
    .bss:         {} > DARAM3
    .far:         {} > DARAM3
    .const:       {} > DARAM3
    .switch:      {} > DARAM3
    .sysmem:      {} > DARAM3
    .cio:         {} > DARAM3
    .MEM $ obj:   {} > DARAM3
    .sysheap:     {} > DARAM3
    .sysstack     {} > DARAM3
    .stack:       {} > DARAM3

}
```

本命令文件 link. cmd 要调用的 otherlink. cmd 等其他命令文件,其文件的名字要放到本命令文件最后一行,因为如果放在开头,链接器则不会从被调用的其他命令文件中返回到本命令文件。

1. MEMORY 伪指令

MEMORY 用来建立目标存储器的模型,SECTIONS 指令就可以根据这个模型来安排各个段的位置。MEMORY 指令可以定义目标系统的各种类型的存储器及容量,其语法如下:

```
MEMORY
{
PAGE 0 : name1[(attr)] : origin = constant,length = constant
```

```
name1n[(attr)] : origin = constant,length = constant
PAGE 1 : name2[(attr)] : origin = constant,length = constant
name2n[(attr)] : origin = constant,length = constant
PAGE n : namen[(attr)] : origin = constant,length = constant
namenn[(attr)] : origin = constant,length = constant
}
```

PAGE 关键词:对独立的存储空间进行标记,页号 n 的最大值为 255。实际应用中一般分为两页:PAGE 0 程序存储器和 PAGE 1 数据存储器。

name:存储区间的名字,不超过 8 个字符,不同的 PAGE 上可以出现相同的名字,一个 PAGE 内不许有相同的 name。

attr:属性标识,R 表示可读,W 标示可写,X 表示区间可以装入可执行代码,I 表示存储器可以进行初始化。如果都省略,表示存储区间具有上述 4 种属性,基本上我们都选择这种写法。

origin:空间的起始地址。length:空间的数据长度。例如:

```
abc : org = 0x1234,length = 0x5678
```

上述代码表示在程序空间 PAGE 0 里划分出一个命名为 abc 的小块空间,起始地址为存储单元 0x1234,总长度为 0x5678 个存储单元,地址和长度通常都以十六进制数表示。所以,abc 空间的实际地址范围从 0x1234 开始,到 0x1234+0x5678-1=0x68ab 结束(起始地址加上长度再减 1),这一段连续的存储区域就属于 abc 小块。有些编译器可以把 org 简称为 o,length 简称为 len。

声明空间的时候,必须注意以下两个问题。

① 必须在 DSP 芯片空间分配的架构体系以内分配所有的存储器。超过芯片的空间分配是无效的。

② 块区域空间地址之间不允许相互覆盖和重叠,而且每个块空间地址是连续的。

2. SECTIONS 伪指令

SECTIONS 伪指令的语法如下:

```
SECTIONS
{
.text:   {所有.text 输入段名}    load = 加载地址    run = 运行地址
.data:   {所有.data 输入段名}    load = 加载地址    run = 运行地址
.bss:    {所有.bss 输入段名}     load = 加载地址    run = 运行地址
.other:  {所有.other 输入段名}   load = 加载地址    run = 运行地址
}
```

SECTIONS 必须用大写字母,其后的大括号里是输出段的说明性语句,每一个

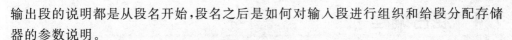

输出段的说明都是从段名开始,段名之后是如何对输入段进行组织和给段分配存储器的参数说明。

以 .text 段的属性语句为例,"{所有 .text 输入段名}"这段内容用来说明链接器输出段的 .text 段由哪些子目标文件的段组成,举例如下:

```
SECTIONS
{
.text: {   file1.obj(.text)file2(.text)file3(.text,.cinit)}…
}
```

以上代码指明输出段 .text 要链接 file1.obj 的 .text、file2 的 .text 以及 file3 的 .text 和 .cinit。在 CCS 的 SECTIONS 里通常只写一个中间没有内容的"{ }",就表示所有的目标文件的相应段。

"load=加载地址　run=运行地址"表示链接器为每个输出段都在目标存储器里分配两个地址:一个是加载地址,另一个是运行地址。通常情况下两个地址是相同的,可以认为输出段只有一个地址,这时就可以不加"run=运行地址"这条语句了。但有时也需要将两个地址分开,如将程序从 Flash 加载,然后放到 RAM 中高速运行,这就需要分别配置运行地址和加载地址,如下所示:

```
.const : {略} load = PROG   run = 0x0800
```

常量加载在程序存储区,配置为在 RAM 里调用。

"load=加载地址"有几种写法,这里说明一下:首先"load"关键字可以省略;"="可以写成">";"加载地址"可以是:地址值、存储区间的名字、PAGE 关键词等。所以见到".text:{ } > 0x0080"这样的语句可千万不要奇怪。

"run=运行地址"中的"="可以用">",其他的简化写法请不要乱用,以免出现错误或者造成 DSP 资源分配不当,影响 DSP 运行。

其他段空间的说明如下:

.cinit　存放 C 程序中的变量初值和常量;

.const　存放 C 程序中的字符常量、浮点常量和用 const 声明的常量;

.switch　存放 C 程序中 switch 语句的跳针表;

.text　存放 C 程序的代码;

.bss　为 C 程序中的全局和静态变量保留存储空间;

.far　为 C 程序中用 far 声明的全局和静态变量保留空间;

.stack　为 C 程序系统堆栈保留存储空间,用于保存返回地址、函数间的参数传递、存储局部变量和中间结果;

.sysmem　用于 C 程序中 malloc、calloc 和 realloc 函数动态分配存储空间。

7.4 混合编程

C 语言编写 DSP 程序对底层的知识要求较低,流程控制灵活,开发周期短,程序可读性、可移植性好,程序修改、升级方便。但某些硬件控制功能不如汇编语言灵活,程序实时性不理想,很多核心程序可能仍然需要利用汇编语言来实现。

为了充分利用 DSP 芯片的硬件资源,更好地发挥 C/C++语言和汇编语言进行软件开发的各自优点,可以将两者结合起来,兼顾其优点,避免其弊端。因此,在很多情况下,采用混合编程方法能更好地达到设计要求,完成设计任务。

在 C 和汇编混合编程时,存在 C 语言和汇编语言的变量以及函数的接口问题。在 C 程序中定义的变量编译为.asm 文件后,都被放进了.bss 区,而且变量名前面都带了一个下划线;在 C 程序中定义的函数,编译后在函数名前也带了一个下划线。

汇编和 C 的相互调用可以分为以下几种情况。

(1) 汇编程序中访问 C 程序中的变量和函数

C 函数调用汇编子程序时,汇编程序所有变量名和子函数名前加下划线"_",例如使用_sum 作为汇编语言程序子函数名。如果汇编程序中定义了变量,必须加前缀下划线 C 函数才能使用该变量。前缀下划线只在 C 编译时使用,当用 C 函数调用汇编子函数和变量时,不需要加前缀下划线。

当 C 和汇编子程序使用同一变量时,在汇编程序中必须使用.global、.def 或.ref 定义成全局变量。

在汇编程序中,用_XX 就可以访问 C 程序中的变量 XX。访问数组时,可以用"_XX+偏移量"来访问,如:"_XX+3"访问数组中的 XX[3]。

在汇编程序调用 C 函数时,如果没有参数传递,则可以直接使用_funcname;如果有参数传递,则函数中最左边的一个参数由寄存器 A 给出,其他的参数按顺序由堆栈给出。返回值是返回到 A 寄存器或是由 A 寄存器给出的地址。值得注意的是,为了能够让汇编语言访问到 C 语言中定义的变量和函数,必须将其声明为外部变量,即加 extern 前缀。

(2) C 程序中访问汇编程序中的变量

如果需要在 C 程序中访问汇编程序中的变量,则汇编程序中的变量名必须以下划线为首字符,并用 global 使之成为全局变量。如果需要在 C 程序中调用汇编程序中的过程,则过程名必须以下划线为首字符,并且要根据 C 程序编译时使用的模式是 stack-based model 还是 register argument model 来正确地编写该过程,使之能正确地取得调用参数。

在此进行举例说明:

```
.bss _var,1;声明变量
.global _var;声明为全局变量
```

C 程序中的调用：

```
extern int var;/* 声明引用外部变量 */
var = 1;        / * 使用多个变量 */
```

汇编子程序：

```
_asmfunc:
MOV * ARO,AR1
ADD *(# _global),AR1,AR1
MOV AR1, *(# _global)
RET
```

C 程序中的调用：

```
extern void asmfunc(int * );
int global;
void func()
{
int local = 5;
asmfunc(&local);
}
```

总之,变量定义是混合编程的基本问题。C 程序与汇编程序定义的变量相互之间可以进行访问。在汇编程序中定义时,需要在变量前加下划线"_",然后再用.global定义为全局变量;在 C 程序中则需要声明为 extern 变量。

(3) 在线汇编

在 C 程序中直接插入 asm("＊＊＊"),内嵌汇编语句,需要注意的是这种用法要慎用。在线汇编提供了能直接读/写硬件的能力,如读/写中断控制允许寄存器等,但编译器并不检查和分析在线汇编语言。插入在线汇编语言改变汇编环境或 C 变量的值可能导致严重的错误。

需要注意,在 C 语言中,对局部变量的建立和访问通过堆栈来实现,它的寻址通过堆栈寄存器 SP 来实现;而在汇编语言中,为了使程序代码更为精简,在直接寻址方式中,地址的低 7 位直接包含在指令中,这低 7 位所能寻址的具体位置由 DP 寄存器或 SP 寄存器决定。具体实现可通过设置 ST1 寄存器的 CPL 位实现：CPL＝0,DP 寻址;CPL＝1,SP 寻址。在 DP 寻址时,由 DP 提供高 9 位地址,与低 7 位组成 16 位地址;在 SP 寻址时,16 位地址由 SP(16 位)与低 7 位直接相加得来。

在 C 程序中,程序的入口是 main()函数。而在汇编程序中,其入口由 ＊.cmd 文件中的命令决定,如："-e main_start;"程序入口地址为 main _start。这样,混合汇编出来的程序得不到正确结果。因为 C 到 ASM 的汇编有默认的入口 c_int00,从这开始的一段程序为 C 程序的运行做准备工作。这些工作包括初始化变量、设置栈指针等。这时可在 ＊.cmd 文件中去掉语句"-e main_start"。如果仍想执行某些汇编程

序,可以 C 函数的形式执行,如:

```
main_start();           //其中含有其他汇编程序
```

但前提是在汇编程序中把_main_start 作为首地址,程序以 rete 结尾(作为可调用的函数),并在汇编程序中引用_main_start,即. ref _main_start。

在混合编程中需要从以下几个方面考虑。

① 编译模式:使用 C 编译器,C55x 的 CPL(编译模式位)自动被置 1,在进入汇编程序时,相对寻址模式使用堆栈指针 SP。如果在汇编程序中需要使用相对直接寻址模式访问数据存储器,则必须改成数据页 DP 直接寻址模式,这可以通过清 CPL 位实现;在返回 C 调用程序前,CPL 位必须重新置 1。

② 参数传递和返回值:C 函数调用汇编子程序和 C 函数一样有参数传递和返回值。

③ 参数传递:从 C 函数传递参数到汇编子程序,必须严格遵守 C 调用转换规则。传递一个参数,C 编译器安排它一个特定的数据类型,并把它放到相应数据类型的寄存器里。C55x C 编译器使用以下 3 种典型的数据类型。

➢ 数据指针:int * 或 long *。

➢ 16 位数据:char、short 或 im。

➢ 32 位数据:long、float、double 或函数入口。

如果参数指向数据内存,它们作为数据指针;如果参数能放到一个 16 位寄存器里,它们作为 16 位数据,如数据类型为 int 和 char,否则作为 32 位数据。参数也可以是结构体,一个结构体是两个字(32 位),少于两个字将作为 32 位参数,使用 32 位寄存器传递;超过两个字的结构体,使用参考点传递参数;C 编译器将使用指针来传递结构体的地址,这个指针作为数据参数。

在子程序调用中,函数中的参数顺序地安排到寄存器中,参数存放寄存器和其数据类型相对应。

从表 7.4.1 中看到,辅助寄存器既可作为数据指针也可以作为 16 位数据寄存器,如 T0 和 T1 保存了 16 位数据参数,并且 AR0 已经保存了一个数据指针参数,那么第 3 个 16 位参数数据将放到 AR1。

表 7.4.1　参数与寄存器的对应

参数类型	寄存器安排顺序
16 位数据指针	AR0,AR1,AR2,AR3,AR4
23 位数据指针	XAR0,XAR1,XAR2,XAR3,XAR4
16 位数据	T0,T1,AR0,AR1,AR2,AR3,AR4
32 位或 40 位数据	AC0,AC1,AC2

④ 参数返回值:从被调用的子程序返回值。当返回一个 16 位数据使用 T0;当返回一个 32 位数据使用 AC0;当返回一个数据指针使用 XAR0;当返回一个结构体,这个结构体在当前的堆栈里。

以下是几个参数传递和返回值使用寄存器的例子。

当使用一个函数调用时,调用函数和被调用函数之间的寄存器安排和保存已经被严格定义。被调用函数需用到下面这些寄存器：T2、T3、AR5、AR6、AR7、AC3，在使用之前必须先将其内容保存之后再使用,可以使用压栈来保存这些寄存器,在返回前按照先入后出的顺序出栈,将其内容恢复。被调用函数可以自由使用下面这些寄存器：AC0、AC1、AC2、T0、T1 和 AR0～AR4,不需要预先保存和恢复。调用函数如果需要使用 AC0～AC2、T0、T1 和 AR0～AR4 这些寄存器的内容,则在进入被调用函数之前,需要先将其内容压栈保存。

参数传递举例：

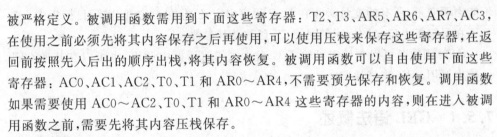

```
T0        T0        AC0       AR0
int fn(int i1,long l2,int * p3);
AC0           AR0       T0        T1       AR1
long fn(int * p1,int i2,int i3,int i4);
AR0                AR1
struct big fn(int * p1);
T0                AR0       AR1
int fn(struct big b,int * p1);
AC0                     AR0
struct small fn(int * p1);
T0           AC0        AR0
int fn(struct small b,int * p1);
T0 stack       stack…
int printf(char * fmt,…);
        AC0       AC1       AC2       stack    T0
void fn(long l1,long l2,long l3,long l4,int i5);
           AC0       AC1       AC2       AR0       AR1
void fn(long l1,long l2,long l3,int * p4,int * p5,
      AR2       AR3       AR4       T0       T1
int * p6, int * p7,int * p8,int i9,int i10);
```

使用 C 语言和汇编语言进行混合编程,既可以体现高级语言的优点(如可读性高、便于维护和可移植性好等),又可以提高代码的效率,充分使用 DSP 硬件资源,加快软件开发速度和节约硬件资源。

不管采用哪种混合编程方式,运行环境的改变与保持对程序运行正常与否有着重要的作用。正常的运行环境不仅关系到 DSP 状态寄存器的各状态位,也关系到编译器的函数调用规则以及寄存器和堆栈的使用规则。

7.5　GEL 文件

通用扩展语言(General Extension Language,GEL)是一种类似于 C 语言的解释性语言,它可以创建 GEL 函数,以扩展 CCS 用途。GEL 是 C 语言的一个子集,但它

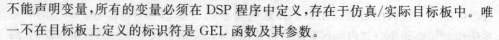

不能声明变量,所有的变量必须在 DSP 程序中定义,存在于仿真/实际目标板中。唯一不在目标板上定义的标识符是 GEL 函数及其参数。

GEL 函数既可以在任何可输入 C 表达式的对话框中调用,也可以在其他 GEL 函数中调用,但不支持递归。

7.5.1 GEL 语法概述

在实际应用中,用户只需要按照 GEL 的语法,建立 GEL 文件并将其加载到 CCS 中。加载 GEL 文件后,为 GEL 菜单增加新的功能选项,这给调试程序时自动测试以及用户自定义工作空间带来很大方便。注意:GEL 对于硬件仿真环境是没有太大用处的,但在软件仿真环境下,GEL 可以为用户产生一个虚拟的 DSP 硬件初始化环境。

(1) GEL 函数
GEL 函数定义格式如下:

```
函数名([参数 1[,参数 2…[,参数 6]…]])
{
    语句
}
```

GEL 函数在扩展名为.gel 的 GEL 文件中定义。一个 GEL 文件中可以包含一个或多个 GEL 函数定义。GEL 函数不能标明任何返回值类型,也不需要用头文件来定义函数中使用的参数类型,这些类型信息可以从数据值中自动获得。

GEL 函数的参数有多种类型:数字常量、字符串常量、实际/仿真的 DSP 程序中的符号值。

定义 GEL 函数时,可以在每个参数的后面跟一个字符串来说明参数的用法。例如,有一个程序加载类 GEL 函数为:

```
dialog Init(filename"File to be Loaded",CPUName"CPU Name",intValue"Initialization
Value")
{
    GEL_Load(filename,CPUName);
    a = initValue;
}
```

这个 GEL 函数用来将目标文件及相应的符号表加载到存储器中,同时为 a 赋初始值。此 GEL 函数共有 3 个参数,其后 3 个用双引号括起来的字符串是分别对这 3 个参数的说明。注意到在"a=initValue"语句中,a 并没有在参数表中定义,因此,它必须在 DSP 的程序中定义,否则在调用此函数时就会出错。以下是一种合法的调用此函数的方式:

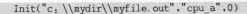

```
Init("c:\\mydir\\myfile.out","cpu_a",0)
```

注意：在写加载目标文件的路径时，反斜杠符号"\"应写两次，即"\\"。cpu_a 是给出的配置的 CPU 名。

（2）在 GEL 菜单中添加 GEL 函数

在一个工程项目中，可以利用关键词 menuitem 在 GEL 一级菜单下建立新的下拉菜单项，然后可以利用 hotmenu、dialog、slider 等关键词，在新菜单下面添加二级菜单选项。

（3）GEL 文件的加载和卸载

对于包含一个或多个 GEL 函数的文件（. gel），编写好后，必须将其加载到 CCS 中才能调用 GEL 文件中的 GEL 函数。有两种加载 GEL 文件的方法：

① 选择 File→Load GEL 菜单项，从文件夹中选择 GEL 文件加载；

② 在工程窗口中，右击 GEL File 文件夹，在弹出的快捷菜单中选择 Load GEL，然后从文件夹中选择 GEL 文件加载。

GEL 文件一旦加载，其中的 GEL 函数将一直驻留在内存中，直到将其卸载为止。当一个加载的 GEL 文件更改后，必须先将其卸载，然后再重新加载才能使更改生效。

GEL 文件的卸载很简单，右击欲卸载的 GEL 文件名，从弹出的快捷菜单中选择 Remove 就可以了。

从 CCS 启动是自动执行 GEL 函数。在 Setup CCS 环境中设置了自动执行 GEL 函数，自动运行 StartUp() 函数，这样要求每个工程建立时都载入 GEL 文件。

CCS 提供了一系列嵌入 GEL 的函数。使用这些函数，用户可以控制仿真/实际目标板的状态，访问存储器，并在输出窗口中显示结果。

使用 CCSStudio Setup 工具，可以为系统配置中的每一个处理器指定一个启动 GEL 文件。当 CCSStudio 启动时，GEL 文件加载到 PC 的内存中，如果定义了 StartUp() 函数则执行该函数。在 CCSStudio（V2.3 或更早的版本中），主机和目标板的初始化工作都在 Startup() 函数中执行。但是对于支持 Connect/Disconnect 的 CCSStudio，这样的 GEL 文件有可能没有正确的执行，因为 CCSStudio 启动时和目标处理器是断开的，当 Startup() 函数试图访问目标处理器时会出错。一个新的回调函数 OnTargetConnect() 来执行目标处理器的初始化工作。

7.5.2 存储器映射

CCSStudio 存储器映射告诉调试器，目标处理器的哪些存储区域可以访问，哪些不能访问。CCSStudio 存储器映射一般在 StartUp() 函数中执行。

GEL_MapAdd() 函数：该函数添加一个存储区域到存储区映射中。

GEL_MapOn() 和 GEL_MapOff() 函数：可以调用 GEL_MapOn() 或 GEL_Ma-

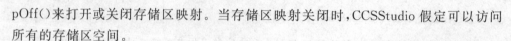

pOff()来打开或关闭存储区映射。当存储区映射关闭时,CCSStudio 假定可以访问所有的存储区空间。

GEL_MapReset()函数:该函数清除所有的存储区映射。没有存储区映射时,默认设置所有的存储区空间都不能访问。

可以考虑在 GEL 文件中使用 GEL_MapAdd()建立存储区映射以准许 CCSStudio 可以调试,但是不在 GEL 文件中执行外设设置,如 EMIF 寄存器初始化、看门狗禁止。

由于 GEL 语法和 C 兼容,inif_emif()函数可以在.c 文件中实现,可以和应用程序链接在一起,但是要注意以下几点。

> 使用 volatile 来保证变量不被优化,如:

```
*(volatile int *)EMIFA_SDRAMTIM = 0x00000618;/* SDRAM timing(refresh) */
```

> 编译调试过程中避免在 GEL 文件中进行外设设置。当到达最终程序时,需要一个智能加载软件从 Flash 或主机加载程序对 EMIF 进行设置,再通过(E)DMA 或memcpy()复制程序/数据。

7.5.3 详解 C5509.gel 文件

C5509.gel 文件主要用来对 VC5509A 的程序空间、数据空间、I/O 空间等进行初始化,同时配置 CCS 开发环境,建立子菜单供用户在调试程序时选择使用。CCS 启动时,StartUp()函数被执行。支持 Connect/Disconnect 的 CCS 启动时,StartUp()函数中不包括访问目标处理器的代码,目标处理器由回调函数 OnTargetConnect()来初始化。

需要注意的是,GEL 文件在仿真器和目标系统上电时起到初始 DSP 的作用,在上电后再改变 GEL 文件将不会对 DSP 产生影响。

```
//当 GEL 文件下载时 Startup()函数执行
//实现功能: 在 CCS 启动的时候调用,初始化 DSP
StartUp()
{
}
//绝对最小的系统初始化处理,保证 CCSStudio 在目标处理器上处于一种可信赖的状态。在
//此实现对 VC5509A 最小系统的初始化
OnTargetConnect()
{
    C5509A_Init();
}
```

```
//可以将常用的 GEL 函数添加到 CCS 的 GEL 菜单下,此时需要使用 menuitem 关键词在 GEL 菜
//单下创建一个新的下拉菜单列表(一级菜单),再使用 hotmenu、dialog 和 slider 在该菜单
//项中添加新的菜单项(二级菜单)
menuitem "C5509A_Configuration";
hotmenu CPU_Reset()
{
    GEL_Reset();
    GEL_TextOut("CPU Reset Complete.\n");
}


hotmenu C5509A_Init()
{
    GEL_Reset();
    TMCR_Reset();
    GEL_MapOn();
    GEL_MapReset();
    //程序空间
    GEL_MapAdd(0x0000C0,0,0x00FF40,1,1);                //DARAM
    GEL_MapAdd(0x010000,0,0x030000,1,1);                //SARAM
    GEL_MapAdd(0x040000,0,0x3C0000,1,1);                //外部 CE0
    GEL_MapAdd(0x400000,0,0x400000,1,1);                //外部 CE1
    GEL_MapAdd(0x800000,0,0x400000,1,1);                //外部 CE2
    //MP/MC = 1
    GEL_MapAdd(0xC00000,0,0x400000,1,1);                //外部 CE3

    //数据空间
    GEL_MapAdd(0x000000,1,0x000050,1,1);                //MMR
    GEL_MapAdd(0x000060,1,0x007FA0,1,1);                //DARAM
    GEL_MapAdd(0x008000,1,0x018000,1,1);                //SARAM
    GEL_MapAdd(0x020000,1,0x1E0000,1,1);                //外部 CE0
    GEL_MapAdd(0x200000,1,0x200000,1,1);                //外部 CE1
    GEL_MapAdd(0x400000,1,0x200000,1,1);                //外部 CE2
    //MP/MC = 1
    GEL_MapAdd(0x600000,1,0x200000,1,1);                //外部 CE3

    //I/O空间
    GEL_MapAdd(0x0000,2,0x0400,1,1);                    //RHEA 1 KW
    GEL_MapAdd(0x0400,2,0x0300,1,1);                    //EMULATION
    GEL_MapAdd(0x07FE,2,0x0002,1,1);                    //TMCR
    GEL_MapAdd(0x0800,2,0x0400,1,1);                    //EMIF 1 KW
```

```
    GEL_MapAdd(0x0C00,2,0x0400,1,1);                    //DMA 1 KW
    GEL_MapAdd(0x1000,2,0x0400,1,1);                    //TIMER#0 1 KW
    GEL_MapAdd(0x1400,2,0x0400,1,1);                    //ICACHE 1 KW
    GEL_MapAdd(0x1C00,2,0x0400,1,1);                    //CLKGEN 1 KW
    GEL_MapAdd(0x2000,2,0x0400,1,1);                    //TRACE FIFO 1 KW
    GEL_MapAdd(0x2400,2,0x0400,1,1);                    //TIMER#1 1 KW
    GEL_MapAdd(0x2800,2,0x0400,1,1);                    //SERIAL PORT#0 1 KW
    GEL_MapAdd(0x2C00,2,0x0400,1,1);                    //SERIAL PORT#1 1 KW
    GEL_MapAdd(0x3000,2,0x0400,1,1);                    //SERIAL PORT#2 1 KW
    GEL_MapAdd(0x3400,2,0x0400,1,1);                    //GPIO 1 KW
    GEL_MapAdd(0x3800,2,0x0400,1,1);                    //ID 1 KW
    GEL_MapAdd(0x5800,2,0x2800,1,1);                    //USB 寄存器和缓存
    GEL_TextOut("C5509A Init Complete.\n");
}


//初始化测试模式控制寄存器,对该寄存器组的操作不影响系统功能
TMCR_Reset()
{
    #define TMCR_MGS3 0x07FE
    #define TMCR_MM     0x07FF
    *(short *)TMCR_MGS3@IO = 0x0510;
    *(short *)TMCR_MM@IO = 0x0000;
}
```

7.6 归档器的使用

归档器 Archiver 可以用来对文档(Archive)或者库(Library)中的文件进行分离和合并。这些文档或库可以是源文件库,也可以是目标文件库。简单来说,归档器就是用来对 TI 提供的.lib 库进行处理或建立开发者自己使用的库 cth.lib。归档器可以对库进行新建、添加、删除、替换、提取等操作,具体命令格式如下:

```
ar55[ - ]command [options] libname [filename0,filename1,…filenamen]
```

此命令只针对 C55x 系列的 DSP 而言,其他系列 DSP 的命令与格式与此不同。

表示的含义如下所述。

① command:

a(add) 向指定文档中添加指定文件;

d(delete) 删除指定文档中的指定文件;

r(replace) 替换指定文档中的指定文件;

t(table) 列出指定文档中的文件;

x(extract)　提取指定文档中的指定文件。

② options：

q(quiet)　屏蔽状态信息；

s(symbol)　列出库中定义的全局符号（对命令 a、r、d 无效）；

u　替换文件时同步更新修改日期；

v(verbose)　提供详细的描述。

③ libname：指定的文档名。

④ filename：文档中指定的文件名。

归档器建立库文件 cth.lib 的具体步骤如图 7.6.1 所示。

① 首先找到要建立的归档器，如 ar55.exe，在安装目录 D：\ti\c5500\cgtools\bin 中找到并复制，建立在如 F：\test 的单独文件夹里。

② 复制要归档的文件，如要归档的"vectors.obj sd_set_width.obj"。

③ 切换到 DOS 命令下：在"开始"→"运行"中输入 cmd。

④ 改变文件目录"cd f：\test"。

⑤ 输入命令"ar55 -a cth vectors.obj sd_set_width.obj"。

⑥ 输出文件就是 cth.lib。

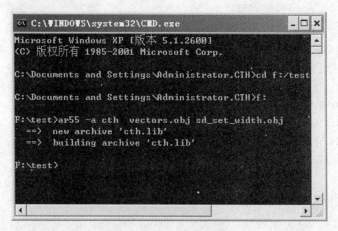

图 7.6.1　归档器的使用

7.7　反汇编的实现

工具：TI 的 CCS3.3。

源程序：红尘开发板的 led_delay，实现 XF 引脚的 LED 闪烁。

源输入文件：led_delay.out。

对于 LED 闪烁，完整的程序如下：

```
//定义指示灯寄存器地址和寄存器类型
# include<stdio.h>
//子程序接口
void Delay(unsigned int nDelay);                      //延时子程序
void CLK_init()
{
    ioport unsigned int * clkmd;
    clkmd = (unsigned int * )0x1c00;
    * clkmd = 0x2613;                                 //晶振 12 MHz,时钟频率 144 MHz
}
main()
{
    int i = 0;
    CLK_init();                                       //初始化 DSP 运行时钟
    while(1)
        {
            asm("SSBX XF");
            //;;Delay(256);                           //延时
            asm(" RSBX XF");
            //Delay(256);                             //延时
        }
}
void Delay(unsigned int nDelay)
{
    int ii,jj,kk = 0;
    for( ii = 0;ii<nDelay;ii ++ )
    {
        for( jj = 0;jj<1024;jj ++ )
        {
            kk ++ ;
        }
    }
}
```

把生成的 led_delay.out 文件放在单独的目录下,如 F:\test。选择"开始"→"运行",进入 DOS 环境,更改文件的目录为 F:\test,同时把 CCS 安装目录文件夹 D:\CCStudio_v3.3\C5500\cgtools\bin 内的 dis55.exe 复制到 F:\test 文件夹下。

调用反汇编,具体命令格式如下:

dis55［- options］［input filename［output filename］］

表示的含义如下。

dis55　调用反汇编器的命令。

input filename　一个目标文件(.obj)或可执行文件(.out)。如果用户省略输入文件名,反汇编器会提示用户输入一个文件名。如果用户没有指定文件的扩展名,反汇编器会按 filename、filename. out、filename. obj 的顺序查找。

output filename　反汇编列表文件名。如果用户省略输出文件名,此列表被送到标准输出。

options　指定用户要用的反汇编选项。选项不区分大小写,并且可以出现在命令行行上,跟在调用后面的任何位置。每个选项前有一个连字符(-)。反汇编选项如下。

-a　和标号一起显示分支目的地址。

-b　以字节显示数据。默认情况下,以字显示数据。

-c　在列表顶部包含一个 COFF 文件的描述。此描述包括存储器模型、重分配、行号和局部符号的信息。

-d　列表中禁止显示数据段。

-g　(代数)在源调试器中使能汇编源调试。

-h　显示一张可用的反汇编选项列表。

-i　反汇编器试图把.data 段反汇编成指令。

-q　(静态)禁止标题和所有进度信息。

-qq　禁止标题、所有进度信息和反汇编器加入的段头信息。

-r　反汇编器使用编译器使能的 ARMS 和 CPL 位的设置。默认情况下,反汇编器假定 ARMS 和 CPL 是非使能的。当反汇编任何 C/C＋＋源代码产生的文件时,使用-r 选项。

-s　禁止在列表中显示操作码和段程序计数器。当用户与-qq 选项一起使用该选项时,反汇编列表看起来像原始汇编源文件。

-t　在列表中禁止显示 text 段。

在 DOS 环境下输入命令"dis55 led_delay. out led_delay. txt",生成的 led_delay. txt 汇编程序存放在 F：\test 目录下,至此反汇编结束。DOS 中输出信息如图 7.7.1 所示。在反汇编的时候,可以根据需要添加-options 选项。

反汇编后程序中的函数名称发生变化,不过还保留着一些痕迹,如 CALL _CLK_init。至于指令,详细内容请查看 TMS320C55x dsp Mnemonic instruction set reference guide。

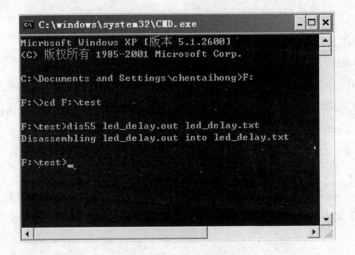

图 7.7.1 反汇编的实现

第 8 章

软件开发进阶

8.1 Big Endian 和 Little Endian

谈到字节序的问题,必然牵涉两大 CPU 派系,那就是 Freescale(原 Motorola)的 PowerPC 系列 CPU 和 Intel 的 x86 系列 CPU。PowerPC 系列采用 Big Endian 方式存储数据,而 x86 系列则采用 Little Endian 方式存储数据。

Big Endian 是指低地址存放最高有效字节(MSB),而 Little Endian 则是低地址存放最低有效字节(LSB)。用文字说明可能比较抽象,因此用图加以说明。数字 0x12345678 在两种不同字节序 CPU 中的存储顺序如图 8.1.1 所示。

低地址   高地址

0x12	0x34	0x56	0x78

(a) Big Endian方式存储数据

低地址   高地址

0x78	0x56	0x34	0x12

(b) Little Endian方式存储数据

图 8.1.1　Big Endian 和 Little Endian 方式存储数据

从图 8.1.1 可以看出,采用 Big Endian 方式存储数据是符合我们人类思维习惯的。

为什么要注意字节序的问题呢? 当然,如果程序只在单机环境下面运行,并且不和别人的程序打交道,那么完全可以忽略字节序的存在。但是,如果程序要与别人的程序产生交互呢? 在这里我想说说两种语言:C/C++语言编写的程序里,数据存储顺序是与编译平台所在的 CPU 相关的;而 JAVA 编写的程序则只采用 Big Endian 方式来存储数据。试想,如果用 C/C++语言在 x86 平台下编写的程序与别人的 JAVA程序互通时会产生什么结果呢? 就拿上面的 0x12345678 来说,程序传递给别人一个数据,将指向 0x12345678 的指针传给了 JAVA 程序,由于 JAVA 采取 Big Endian 方式存储数据,很自然地它会将你的数据翻译为 0x78563412。什么? 竟然变成另外一个数字了? 是的,就是这种后果。因此,C 程序传给 JAVA 程序之前有必要进行字节序的转换工作。

无独有偶,所有网络协议也都是采用 Big Endian 方式来传输数据。所以,有时我们也会把 Big Endian 方式称为网络字节序。当两台采用不同字节序的主机通信时,在发送数据之前都必须经过字节序的转换,成为网络字节序后再进行传输。

Endian 指的是当物理上的最小单元比逻辑上的最小单元小时,逻辑到物理的单元排布关系。我们接触到的物理单元最小都是 Byte,在通信领域中,这里往往是 bit,不过原理也是类似的。

一个例子:如果将 0x1234abcd 写入到以 0x0000 开始的内存中,则结果为:

	Big Endian	Little Endian
0x0000	0x12	0xcd
0x0001	0x34	0xab
0x0002	0xab	0x34
0x0003	0xcd	0x12

目前 Little Endian 应该是主流,因为在数据类型转换的时候(尤其是指针转换)不用考虑地址问题。

8.2 程序的优化

与一般软件不同,DSP 软件主要集中在数字信号处理领域,如语音压缩、语音和音频合成、图像处理等,具有算法复杂度高、实时性强的特点,通常要求在很短的时间内处理大量的数据。尽管 DSP 硬件的速度和容量在不断提升,但为了降低成本,开发商对 DSP 软件的内存占用和 MIPS 消耗提出了更高的要求。

DSP 在实时和准实时系统中使用非常普遍。在这类系统中,对计算的实时性与准确性要求很高,而 DSP 有适合信号处理的片内结构,有专为数字信号处理所设计的指令系统,这些特点使其能迅速地执行信号处理操作。随着 DSP 应用的日趋复杂,汇编语言程序在可读性、可修改性、可移植性和可重用性上的缺点日益突现;同时汇编语言是一种非结构化的语言,对于大型的结构化程序设计已经逐渐难以胜任,这就要求我们采用更高级的语言去完成这一工作。而在高级语言中,C 语言无疑是最高效、最灵活的。在性能要求比较高的场合,如语音图像处理方面,必须对某些程序代码进行优化。用 C 语言编程时需要对算法的结构和程序的流程进行优化,这样才能在有限的资源条件下,提高算法的执行速度,提高算法的运行效率,满足实时性要求。

目前,DSP 软件的开发语言主要集中在 C 语言和汇编语言。C 语言具有开发效

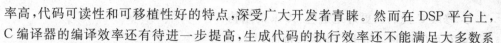

率高,代码可读性和可移植性好的特点,深受广大开发者青睐。然而在 DSP 平台上,C 编译器的编译效率还有待进一步提高,生成代码的执行效率还不能满足大多数系统的性能要求。因此,在 DSP 软件开发中,代码优化工作相当重要,直接影响到 DSP 软件能否满足系统需求。

编译器的原理是通过特定的语法规则把高级语言书写的逻辑转化成特定硬件平台所认知的汇编语言。编译器的首要性能是依据一定的规则编译出逻辑正确的代码,这样在保证正确性的前提下,编译出的汇编代码冗余,很难兼顾效率。在一些实时性要求比较高的场合,如在语音图像处理方面,必须对某些关键的算法进行优化。

代码优化主要涉及程序内存大小、数据内存大小和程序的 MIPS 消耗(反映程序的执行效率),其中以数据内存和 MIPS 最为重要。

DSP 支持使用 ANCI C 进行程序设计,并提供了相应的编译器和 C 优化编译工具,利用这些优化编译工具可以产生与手工编写媲美的汇编语言程序。DSP C 语言以 ANSI C 为基础,并对 ANSI C 进行了相应的限定和扩展。通过使用特定的编译选项、C 代码转换和编译器的特性,可以使用户的 C 代码执行效率达到最高。

一般 DSP 软件开发的优化步骤分为编写 C 代码、优化 C 代码、编写并优化汇编代码,如图 8.2.1 所示。

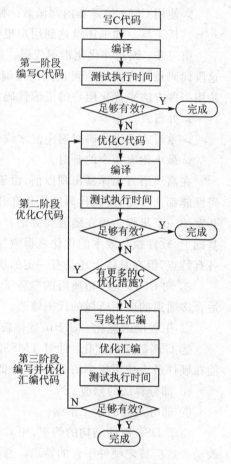

图 8.2.1 代码级别的优化

8.2.1 获得最佳性能的代码开发流程

第一步:编写 C 代码。用户可以使用兼容 ANSI 的 C55x 的 C 编译器来开发用户的 C 程序代码,而不需要任何的 C55x DSP 知识。通过 CCS 确定 C 代码中可能存在的低效区域。在生成用户的函数代码后,可以通过选择更高级的优化编译器选项提高用户代码的性能。如果还没有达到用户所想要的性能,进行第二步。

第二步:优化 C 代码。寻找代码中潜在的可修改的地方,以使性能更佳。可用的方法包括:

➤ 使用特定的类型(register,volatile,const);

> 修改 C 代码以更好地适应 C55x 的结构;
> 在可应用时运用 ETSI 函数特性;
> 使用 C55x 编译器内部函数。修改完用户的代码后,再次使用 C55x 的性能分析工具。如果还没达到用户想要的效率,进行第三步。

第三步:编写并优化汇编代码。确定 C 代码中对时间要求比较苛刻的部分,将这段代码重写为 C 语言可调用的汇编语言函数。在写完用户的汇编函数代码后,设法用一些方法来优化用户的汇编代码,直至效率得到改善。优化的方法包括:

> 并行放置指令;
> 重写或重组代码以避免流水线保护延时;
> 最小化取指令的延时。

在高级语言编译器出现以前,由于软件部分都是用汇编来完成的,并且写出的代码性能都比较高,所以代码的优化在开发过程中已经完成,不需要把优化单独地作为开发的一个步骤。现在随着高级语言应用到 DSP 系统的开发中,在软件功能实现的基础上,软件执行效率的优化显得愈加重要。每个人在优化过程中使用的具体方法各有特点,但在总体上还是有一定的规范可寻。

① 向 C55x 上移植所需的准备工作:数据类型的定义、intrinsic 函数的使用、为适合多通道的应用所做的代码修改。

② 工程层的优化:对于函数体较小的函数使用"inline"限定词、数据的对齐。

③ C 函数层的优化:针对 TMS320C55x 系列芯片的内部结构;改变 C 代码使其能在硬件最大使用概率的条件下,降低算法的用时。

④ 部分算法的修改。

⑤ 部分函数的手工汇编。

由于 DSP 硬件结构的约束,用 C 语言开发的代码在向其移植时,必须做相应的改动来适应特定硬件平台的特点。总结一下移植所需要的工作,有以下几点。

① 数据类型的定义。由于 C55x 系列芯片是 TI 公司生产的定点 DSP 芯片,其中累加器为 40 位。为了实现定点小数的数学运算,定义一个 typedef.h 的文件,在 typede f.h 文件中定义了几种数据类型:word16 对应 short 型;word32 对应 long 型;flag 对应 int 型。

② Intrin sic 函数的使用。由所定义的数据类型可以实现定点的数学运算,由于这些基本的计算被多次使用,所以 TI 公司提供了这些函数的优化汇编代码。在算法实现代码文件头中加入"#include<gsm.h>"语句,当代码中调用了这些函数,则在编译时会自动把优化过的汇编代码嵌入到输出文件"*.asm"中,从而节省了大量的时间。

③ 为适合多通道的应用所做的代码修改。在 DSP 上实现的有些算法,例如语音的编/解码等,需要同时处理多个通道。由于硬件资源(内存等)在工程的设计阶段已经划分完毕,所以要求在算法内不能再有内存的动态分配。解决的方法是:事先

把需要动态分配内存的变量放到一个结构体当中，集中在工程的设计阶段分配好内存。例如，将有关编码需要动态分配内存的数据结构合并为一个独立的结构体。这样当有多个通道同时工作时，只要对每一个通道分别开辟一块内存，公用算法代码，就可以实现多通道的应用。

8.2.2　工程层的优化

在工程层的优化中一般使用以下两种技术：内嵌函数和数据对齐。

① 内嵌函数。

所谓的内嵌函数，是指用函数的本体代替函数的调用这一过程。这项技术去掉了复杂的函数调用过程来提高函数的执行效率，而付出的代价是增加了代码所占用的空间。

由评估信息来决定一个函数是否应该被内嵌。一般，代码量比较小的被频繁调用的函数适用于内嵌。但也要考虑其他的一些因素，包括函数传递参数的数量和类型，函数值返回的方式和数据对齐的方式。在某些情况下，当函数被内嵌以后，数据的对齐属性有可能被破坏。

实现函数内嵌的方法有以下 3 种。

➤ 可以使用编译器的选项来隐含地使函数内嵌。使用"-x2-o0"编译选项可以控制用 inline 声明的函数；使用"-o3-oi＜size＞"编译选项可以自动内嵌一些函数体比较小的函数。内嵌函数体的最大尺寸由＜size＞来决定。

➤ 可以使用"♯pragma inline"声明语句。为实现同一函数在不同的文件中被inline，这个函数应该单独地放在一个头文件中，同时在每一个引用它的地方加上 static 限定词，这样可以避免链接器在链接时生成重复的全局标号定义。

➤ 可以手工地用函数体替代函数调用。

② 数据对齐。

编译器要求把长型数据类型存放在偶数地址边界。在声明一个复杂的数据类型（既有多字节数据又有单字节数据）时，应该首先存放多字节数据，然后再存放单字节数据，这样可以避免内存的空洞。编译器自动地把结构的实例对齐在内存的偶数边界。

(1) 挑选优化函数

挑选优化函数的主要标准是在工程层所做的评估数据，具体如下。

➤ 每一帧的信号处理过程中函数被调用的次数。通过这条数据可以找出那些函数体较小而且被频繁调用的函数。在工程层优化时此数据最有用。

➤ 函数每次被调用所执行的周期数。这条数据可以估算出所做的优化取得的效果。因为在每一帧的处理过程中，一个函数可能被调用几次，所以这一条并不能作为选择优化函数的标准。

➤ 处理每一帧数据函数被执行的总周期数。这是选择优化函数组重要的数据。

(2) 估计执行速度的提高程度

下面这些因素直接影响代码的优化程度：普通变量和指针变量的数量、循环的数量和维数、数据对齐的属性、数据的独立性、调用函数的数量。由于这些因素的存在，优化效果事先很难估计。例如，如果一个函数的循环维数比较多而且循环内部多是乘加的计算，则可利用硬件 MAC 单元实行并行，优化效果最为明显。如果分支语句和函数调用较多，则优化的程度很难估计而且效果一般不是很好。

(3) 使用的优化方法

针对算法中耗费时间最严重的循环部分，不同的情况有以下 3 种方法：循环的打开、循环的合并、循环的分解。而这些方法使用的依据是 C55x 的硬件结构，充分利用 A 单元的 ALU 和 D 单元的两个 MAC 单元。

① 循环的打开。这项技术的重点在于：它通过在每次循环中多使用了 A 单元中的 ALU，增加了一次计算，从而降低了循环的次数。同时循环体中的语句可以进行并行优化，这样就降低了整个循环体总的执行指令数量。

② 循环的合并。合并的前提是具有相同的循环次数，并且循环体内数据的运算结果不会因为合并而改变。它节省了每次循环建立的时间和循环内相同变量重复寻址的时间，提高了辅助寄存器的使用率。

③ 循环的分解。汇编器在处理循环体比较大的循环时，不能把循环转化为RPTBLOCAL 或 RPTB 语法，而是用分支语句实现。为避免这种现象，可以把循环体比较大的循环分解为两个或多个小的循环，同时定义一些局部变量来存储中间计算结果，这样可以使编译器更加合理地分配寄存器。

(4) 用到的编程技巧

① 变量的声明尽量靠近变量第 1 次被使用的区域，以使编译器确定变量的生命周期。这样，可以合理地分配寄存器，但是可能增加堆栈的使用。

② 使用" ♯pragma loop_count"语句声明：如果 loop_count 大于零，编译器则省略了相应的测试语句。

③ 使用"≫"运算符来代替一个变量的右移操作，这样可以避免一个函数的调用。

④ 颠倒一个多重循环的顺序，这样可能会对下一步的计算带来方便。

8.2.3 算法的改变

如果做完了上个阶段的工作，还没有取得理想的执行速度，编程者可以适当地改变算法，或者在函数级优化方法上应用并行的技术。在大多数情况下，算法的改变集中在比较小的局部范围内，最常见的就是在一个函数内。但是如果改变函数之间数据的传递类型，使算法处理数据的时间缩短，而由此加入的数据转换函数的执行时间也可以忽略的话,那么可以在函数之间加入数据转换函数,从而改变其前后的函数算法。

8.2.4 数据内存的优化

C55x 的内存分为片内内存和片外内存,片内内存又分为双访问内存(DARAM)和单访问内存(SARAM)。DARAM 可以在一个指令周期内完成两次数据访问,SARAM 在一个指令周期内只能完成一次数据访问。当访问片外内存时,CPU 需要额外的等待时间,执行效率很低。每个算法都希望运行时代码和数据能够放置在片内内存,尤其是 DARAM。而 DARAM、SARAM 十分有限,很难满足整个 DSP 应用(多个 DSP 算法)的需要。因此在设计中应合理安排内存分配,尽量将访问频繁的程序代码和数据放在片内内存汇总,特别是 DARAM 中,可以提高编码效率。

另外,内存又可划分为临时内存和持久内存,每个算法独立地使用持久内存,所有算法共享临时内存。一般,算法的数据内存主要由临时数据(局部变量)和持久数据(全局和静态变量)构成。临时数据在算法执行时使用,算法执行结束时则不再需要,占用临时内存;而持久数据在算法执行结束后需要保存其工作状态,在下次运行时继续使用,占用持久内存。

然而算法的持久数据大小通常由算法决定,很难进行优化,将其放在片内内存会引起资源浪费,导致整个系统片内内存不足;放在片外内存运行又会降低算法执行效率,使整个系统无法正常工作。于是,可以采用下面的方法来优化算法的内存结构。

为持久数据开辟工作缓冲区。当算法处于非运行状态时,将持久数据保存在片外内存;当算法运行时,将其复制到片内的工作缓冲区,使算法运行时所有数据都在片内内存;在算法运行结束时将其保存回片外内存。如果算法的持久数据过多,则可以用缓存技术来解决。例如,在 MIDI 算法的开发中,波表数据有 80 KB,不可能将其全部放在片内内存,此时采用波表缓冲区技术,在程序需要使用波表数据时,利用 DMA 通道将可能使用的数据块传送到波表缓冲区。与完全放在片外内存相比,此方法提高了程序的执行效率。

8.2.5 提高流水线的效率

一般情况下,采用指令流水线可以提高系统的执行效率,但是这需要合理的程序设计来实现这一点。例如,流水线冲突会引起流水线保护从而造成延时。此外,即使在没有流水线保护的情况下,也有可能影响流水线的效率。当程序中发生调用子程序、条件跳转和块重复循环等分支跳转的情况时,处于指令流水线中各阶段的预处理过的指令都要丢弃,必须重新取入新的指令并重新预处理后才能执行,这就不可避免地带来延时。所以,尽可能地减少指令流水线的刷新,将使程序运行的速度提高,延时更少。

为了减少指令流水线的刷新,即减少分支跳转的情况出现,要尽可能地用条件执行指令来代替条件跳转指令,用单指令重复(CSR)和本地循环(localrepeat)来代替块循环(blockrepeat)。这样不但可以加快程序的执行,而且可以减少代码空间和程序执行时的功耗。条件执行指令会根据条件是否成立来决定指令是否执行,而不会像条件跳转指令那样产生跳转,也就避免了出现分支跳转的情况;而使用单指令重复和本地循环,在循环结构中的指令被取入指令缓冲队列后就不再刷新指令缓冲队列,而直接使用指令缓冲队列中已经取好的指令反复执行,直到循环结束,从而也避免了取指和译码带来的延时,大大提高了流水线执行的效率。但在编程时需要注意:本地循环第一条指令和最后一条指令之间最多为 55 字节的指令,否则,就无法采用本地循环而必须采用块循环方式。所以,在整个循环指令长度较大时,可以将较短的指令前移,而将最长的指令放在最后一条,这样就有可能使得较长的指令也构成本地循环的结构。

TMS320C55x 是一种高性能的 DSP,其指令流水线的优异性能是其中非常重要的方面。通过合理的程序设计减少指令流水线的冲突,以减少保护所造成的延时,并且尽量减少流水线的刷新,将使程序的执行效率更高,同时也降低了系统功耗,从而可以真正发挥 TMS320C55x 的优异性能。

8.3 程序的编程素养

软件是把硬件激活的手段,是硬件功能的集中体现,与硬件相互补充、密不可分。软件的修改工作是长期的、具体的、琐碎的,也是经常性的,所以除了软件的可靠性和效率外,软件的可维护性和可读性也非常重要。

在软件开发过程中,初学者经常遇到如下情况。

➤ 自己写的代码,过了一段时间后自己都看不懂,需要连猜带回忆才能明白或部分明白,有些代码干脆不知道实现什么功能,怎么实现这种功能。

➤ 参考别人写的代码或接着某人的程序继续编码,由于程序的传承性较差,不容易看懂。即使看懂某些程序,可是在做了小小改动后就引起程序的很多异常,甚至修改这些代码所花费的时间远远超过重新编写这些代码所花费的时间。

出现这些问题的原因是编程不讲究规范,程序的可维护性较差。为了规范嵌入式 DSP 开发流程,编制出高效、高重用性的代码,有必要根据应用需求制定相关的编程规范。制定编程规范可以使开发人员有章可循,保质保量完成;也可以帮助建立相应的软件工具检查规则,辅助软件的开发。编程规范就像社会公德,你我他大家都不遵守,受害的将会是包括自己在内的每个人。

8.3.1　程序注释

增强代码可读性、可维护性的最好方法之一是多写注释。例如：定义变量的同时加上对该变量的简要说明；定义函数时，要有对其功能、输入参数、输出参数、返回值等的描述，而不是一个"光秃秃"的函数定义。有些人写的程序几千行居然没有一行注释的地方，如同在高速公路上开车没有路标一样。

注释语言可以使用英文或中文，原则上注释要求使用中文，视具体情况而定。注释要简单明了，边写代码边注释，修改代码的同时修改相应的注释，以保证注释与代码的一致性。注释的内容要清楚、明了，含义准确，防止注释二义性。保持注释与其描述的代码相邻，即注释就近原则，对代码的注释应放在其上方或右边，不可放在下面。如用英文注释，注释的第一个代码大写，其他小写。

文件开始的注释内容包括：公司名称、版权、作者名称、时间、模块用途、背景介绍等，复杂的算法需要加上流程说明；源程序和头文件的头部提供程序的用途和历史信息、它的起源（作者、生成和修改日期）；使用研发部内部统一文件头标识。

程序头文件的注释模板如下：

```
/*************************Copyright(c)*********************************
**                           XX 公司研发部 XXX
**
** ----------------- 文件信息 ------------------------------------
** 文　件　名：
** 创　建　人：
** 最后修改日期：
** 描　　　述：
**
** ----------------- 历史版本信息 ----------------------------------
** 创建人：
** 版　本：
** 日　　期：
** 描　　述：
**
** ----------------------------------------------------------------
** 修改人：
** 版　本：
** 日　　期：
** 描　　述：
**
```

```
 * *  --------------- 当前版本修订 --------------------------------
 * * 修改人:
 * * 日    期:
 * * 描    述:
 * *
 * * ---------------------------------------------------------------
 *****************************************************************/
```

函数注释包括:输入、输出、函数描述、流程处理、全局变量、调用样例等,复杂的函数需要加上变量用途说明。函数名前需要函数说明、输入/输出需求和格式以及和其他函数间的相互关系。函数中需要提供操作控制信息、指示和建议来帮助维护人员理解代码中不清楚的部分。

注释的行数不得少于源程序总行数的 1/5;注释的意义必须与程序一致;在模块和程序单元中,对输入/输出、存取、转移、调用、中断入口等,必须有中文注释说明。一般注释的语句有:分支转移语句、输入/输出语句、循环语句、调用语句。

```
/*****************************************************************
 * * * 函数名:
 * * 功能描述:
 * * 输    入:a---
 * *          b---
 * *          c---
 * * 输    出:x 为 1,表示…
 * *          x 为 0,表示…
 * * 全局变量:
 * * 调用模块:
 * * 作    者:
 * * 日    期:
 * * ---------------------------------------------------------------
 * * 修改人:
 * * 日    期:
 * * ---------------------------------------------------------------
 *****************************************************************/
```

以下为中英文结合的注释方式。

① 头文件的注释:

```
;*****************************************************************
;Module Name:
;Author:
;Rewrite:
;Version:
```

```
;CreateDate:
;Remark:
;Description:
;Hardware:
;*********************************************************************
;Detail Description:
;Revision History:
;*********************************************************************


;*********************************************************************
;名 称:
;作 者:
;改 写:
;版 本:
;创建日期:
;修改日期:
;功能描述:
;相关硬件:
;*********************************************************************
;详细描述:
;修改记录:
;*********************************************************************
```

② 函数的注释:

```
;---------------------------------------------------------------------
;Name:
;Function:
;Calls:
;InPara:
;OutPara:
;Register Usage:
;---------------------------------------------------------------------
;---------------------------------------------------------------------
;名称:
;功能:
;调用:
;入口参数:
;出口参数:
;寄存器使用:
;---------------------------------------------------------------------
```

无论采用何种注释方式,这样的描述可以让人对一个函数、一个文件有一个总体的认识,对代码的易读性和易维护性有很大的好处。这是好的作品产生的开始。

修改代码的同时,相应的注释也要改,否则,代码与注释之间可能会出现歧义,并有可能随着程序的继续维护,分歧越来越大。若总是这样的话,程序就越来越难维护了。

一些常用的注释规范如下。

➤ 对于所有有物理含义的变量、常量、数据结构声明(包括数组、结构、类、枚举等),如果其命名不是充分自注释的,在声明时都必须加以注释,说明其物理含义。变量、常量、宏的注释应放在其上方相邻位置或右方。

➤ 对变量的定义和分支语句(条件分支、循环语句等)必须编写注释。

➤ 对于 switch 语句下的 case 语句,如果因为特殊情况需要处理完一个 case 后进入下一个 case 处理,必须在该 case 语句处理完、下一个 case 语句前加上明确的注释。

➤ 在程序块的结束行右方加注释标记,以表明某程序块的结束。

➤ 注释推荐使用/ * ·············· * /。

➤ 通过对函数或过程、变量、结构等正确的命名以及合理地组织代码的结构,使代码成为自注释的。

➤ 编辑风格,推荐使用 UltraEdit 作为编辑器。

8.3.2 函 数

编写函数需要注意以下几点:

➤ 每个函数不要超过 100 行(不含注解)。

➤ 注意运算符的优先级,并用括号明确表达式的操作顺序,避免使用默认优先级。

➤ 除非很有必要,否则不要使用难懂的技巧性很高的语句。

➤ 原则上不使用 GOTO 语句;如果使用,不要在两个程序结构之间跳转,不用GOTO 语句转 GOTO 语句,不向前跳转。

➤ 对所调用函数的错误返回码要仔细、全面地处理。

➤ 对接口函数参数的合法性检查应由接口函数本身负责。

➤ 防止将函数的参数作为工作变量。

➤ 一个函数仅完成一个功能。

➤ 建议正常返回 OK,错误返回 ERROR 或错误代码。

➤ 避免使用 BOOL 参数;如果使用,请使用 TRUE 或 FALSE,而不是 1 或 0。

➤ 循环体内工作量最小化。

➤ 在多重循环中,应将最忙的循环放在最内层。

➤ 尽量用乘法或其他方法代替除法,特别是浮点运算中的除法。

➤ 如果要嵌入汇编语言,则必须将所有汇编语句包装在 C 函数里,而且这些函数中只有汇编语句,没有常规 C 语句。

➢ 不得使用三元操作符(?：)。

➢ 不得残留被注释掉的废代码。

➢ 循环计数器的值不得在循环体内修改。

➢ 不要使用操作的默认优先级,而对其加上"()"以说明操作顺序。

➢ 函数只有一个退出点。

➢ 不要使用指针运算,如＋＋,而是用数组代替。

➢ 不能使用两个以上的指针操作,如 ＊ ＊ 。

➢ 不要动态申请内存。

➢ 在返回布尔值的表达式中不得出现赋值操作。

➢ 不应该使用带有可变数目的参数的函数。

➢ 不使用递归调用。

➢ 尽量使用函数声明,而不是宏来实现一个功能。

➢ 不得对有符号数进行位操作(～,<<,>>,＆,˄,|)。

➢ 对于可能多次调用的函数要有调用保护。如硬件的初始化函数,可以通过判断某个全局变量,判断是否已经初始化完成,是则跳过,不再进行初始化操作。

➢ 程序中要保留调试信息以方便调试,但最终需要用宏禁止。

➢ 调试打印出的信息串的格式要有统一的形式。信息串中至少要有所在模块名(或源文件名)与行号。

➢ NULL 不能被重新定义。

8.3.3　变　量

使用变量时需要注意以下几点。

➢ 去掉不用的变量及定义(编译时检查)。

➢ 只在同一源代码文件中使用的全局变量,命名要有明确的物理或使用意义。

➢ 防止局部变量和全局变量重名。

➢ 全局变量和局部变量都要赋初值。

➢ 结构的组成要简单,不同结构间的关系不要过于复杂。

➢ 尽量减少没有必要的数据类型默认转换或强制转换。

➢ 全局变量要有较详细的注释,包括对其功能、取值范围、哪些函数或过程存取它以及存取时注意事项等的说明。

➢ 变量的类型统一如下：UINT32,UINT16,UINT8,INT32,INT16,INT8。

8.3.4 其他编程规范

其他一些常用的编程规范如下：

> 同一项目组或同一单位研发部门的编程风格应该统一。如果每个人都按照自己的风格进行编程，甚至没有固定的风格，那么就不容易读懂别人的代码，给项目组的软件开发带来困难。

> 养成写文档的习惯。如果程序的注释写得非常完美充分，那么将源程序中纯代码去掉而将注释留下来，就是一篇详细的设计文档。对于某个程序的综合了解、整个软件架构的理解，应该有配套的文档。程序也是产品，文档就是产品说明书。

> 修改别人代码的修养。

> 模块化编程的思想。

以上提到的只是编程规范知识的一点点皮毛，编程规范的内容远远不止这些。各种编程语言的规范不完全一致，但这几条最基本的规范在各种语言中是通用的。

8.4 数字信号处理库

C55x DSPLIB 是为了在 C55x DSP 设备上进行 C 语言编程而开发的优化的 DSP 函数库，它包括 50 多个 C 语言可调用的优化的汇编通用信号处理函数。这些函数通常用在运算量巨大的实时应用上，对这些应用而言，最优的执行速度是关键。使用这些函数可以使用户获得比用标准 ANSI C 语言编写的等效代码快得多的执行速度；另外，使用这些现成的 DSP 函数还可以大大缩短用户开发 DSP 程序的周期。

DSPLIB 程序在默认目录\ti\C5500\dsplib\55x_src 下，作为 C55x CCS 产品的一部分，提供了这些函数的源代码，以供用户根据实际情况修改所用到的函数。

DSPLIB 具有以下特点。

> 手工编写的优化的汇编代码。

> 完全与 C55x DSP 编译器兼容的可调用的 C 程序。

> 操作数支持分数的 Q15 格式。

> 提供完整的应用实例的集合。

> 提供程序的标准评估点(代码长度和周期数)。

> 与 MATLAB 程序进行过对照测试。

DSPLIB 函数通常在 Q15 格式的数据类型上进行操作：

Q.15(DATA)　Q.15 操作数由一个短数据类型(16 位)表示，并在 dsplib.h 头
　　　　　　文件中预定义为 DATA 型。

某些 DSPLIB 函数还使用以下数据类型：

Q. 31(LDATA) Q. 31 操作数由一个长数据类型(32 位)表示,并在 dsplib. h 头文件中预定义为 LDATA 型。

Q.3.12 包含了 3 个整数位和 12 个分数位。

DSPLIB 函数为了获得更高的效率,通常以向量为单位进行操作。尽管这些函数可以用来处理小的矩阵或标量(除非函数要求有最小向量长度),但是在以下情况下,执行时间将会变长:

➤ 向量跨度总是等于 1:向量操作数由保存在连续存储器单元中的向量元素组成(向量跨度等于 1)。

➤ 复数向量假设以实部-虚部的格式存储。

➤ 允许按址运算(除非具体指出):为了保存存储器,源操作数可以等于目标操作数。

8.4.1 DSPLIB 的调用

DSPLIB 库文件对应两个文件:55xdsp. lib 和 55xdspx. lib,前者对应小端存储模式使用,后者对应大端存储模式使用。

除了安装 DSPLIB 软件外,为了在 C 语言代码中包括 DSPLIB 函数,用户还需要进行以下处理。

➤ 包括 dsplib. h。

➤ 把用户的代码与 DSPLIB 目标代码库、55xdsp. lib 或 55xdspx. lib 链接起来。

➤ 使用正确的链接器命令文件,描述用户的 C55x DSP 设备可利用的存储器配置。

使用 DSPLIB,需要设置 Include 以及 lib 路径。

➤ 设置 Include 路径:选择 Build Options → Basic → Preprocessing → Include Search Path 选项。我们可以使用相对路径(.. /.. /.. /C5500/dsplib/include)或绝对路径($ (Install_dir)/C5500/dsplib/include)。

➤ 设置 lib 路径:选择 Linker→Basic→Library Search Path 选项。我们可以使用相对路径(.. /.. /.. /C5500/dsplib/lib)或绝对路径($ (Install _ dir)/C5500/dsplib/lib)。

另外,还要设置库文件:选择 Linker → Basic → Include. Libraries 中的 55xdsp. lib。

例如,以下代码包含了调用 DSPLIB 中的 recip16 和 q15tofl 函数:

```
# include "dsplib. h"
DATA x[3] = {12398,23167,564};
DATA r[NX];
DATA rexp[NX];
```

```
float rf1[NX];
float rf2[NX];
void main()
{
    short i;
    for(i = 0;i<NX;i++)
        {
            r[i] = 0;
            rexp[i] = 0;
        }
    recip16(x,r,rexp,NX);
    q15tofl(r,rf1,NX);
    for(i = 0;i<NX;i++)
    {
        rf2[i] = (float)rexp[i] * rf1[i];
    }
    return;
}
```

在例子中,q15tofl 函数用于转换 Q15 分数值到浮点分数值。但是,在许多应用场合中,用户的数据总是保持在 Q15 格式,所以并不需要进行浮点数和 Q15 数之间的转换。

DSPLIB 函数是为了在 C 语言中使用而编写的。在汇编语言源代码中调用这些函数也是可以的,只要所调用的函数遵循 C55x DSP C 编译器调用规约即可。

需要注意:对于纯汇编的程序来说,DSPLIB 并不是最优的函数。尽管这些函数可以被汇编程序调用,但是执行时间和代码长度可能不是最优的,这是由不合适的 C 调用开销所造成的。

8.4.2 DSPLIB 函数

DSPLIB 提供了快速傅里叶变换(FFT)、滤波和卷积、自适应滤波、相关、数学、三角、矩阵等运算功能。在 dsplib 目录的 examples 子目录下,可以查看每一个 DSPLIB 函数的使用示例,每个函数在该目录下都有一个子目录。例如,在\ti\cs-tools\dsplib\examples 目录中包含了以下文件:

➢ araw_t.c 测试 acorr(原始)函数的主函数。

➢ test.h 为 acorr(原始)函数 as 包含了输入数据(a)和期望的输出数据(yraw)。test.h 是由 MATLAB 程序生成的。

➢ test.c 包含了用于比较 araw 函数的实际与期望输出的函数。

➢ ftest.c 包含了用于比较两个浮点数据类型的矩阵的函数。

> ltest. c　包含了用于比较两个长数据类型的矩阵的函数。
> 55x. cmd　用户使用该函数的链接器命令的例子。

关于 DSPLIB 函数的详细描述请参见 TMS320C55x DSP Library Programmer's Reference(SPRU422)。

8.5　图像 / 视频算法库

通常开发一款图像采集和处理产品的流程是：熟悉硬件平台的特性,根据 CPU 的特点优化算法,最后调试整个系统软件。由于大多数厂家的 CPU 支持的汇编语言不相同,尤其是 DSP 芯片的汇编语言,如 TI 公司有自己的甚长汇编指令集,而 ADI 公司也有自己的汇编指令集。通常只有根据各个厂家的 CPU 内核特点和汇编指令特点,才可以更好地优化图像算法,而且往往这方面也影响着产品的开发进度,影响着产品进入市场的时间。

TI 公司为了解决这个问题,向用户提供了图像处理算法库。该库主要包含图像压缩/解压缩、图像分析和图像滤波 3 个部分,用户可以利用这 3 个部分快速地开发出图像采集处理算法。

8.5.1　图像 / 视频算法库概述

TI 公司提供的 TMS320C55x IMGLIB 库文件包括很多图像和视频处理函数,所有函数都对 C 语言编程进行了优化。该库包括一些可以使用 C 语言调用,且已经经过汇编优化的图像和视频处理子程序。在对图像处理时间十分敏感的实时系统中,可以使用这些已经经过计算优化的函数。用户借助这些子程序就可以轻松地使用 ANSI C 语言编写出高效的算法程序。借用这些子程序,可以缩短产品进入市场的时间。

另外,用户可以根据产品的特点,修改库的源程序以满足自己的要求。这些源程序可以在 CCS 软件的安装目录下找到。

IMGLIB 库的特点如下：
> 优化的汇编代码子程序。
> 与 C55x 编译器完全兼容的 C 调用子程序。
> 基准,包括时钟周期和代码大小。
> 参考 C 模型测试。

8.5.2　图像 / 视频处理库的安装与使用

在 CCS 集成开发环境中,图像/视频处理库并没有安装,需要在 TI 官方网站下载。在本书中,以 TMS320C55x Image Library(Rev2.30)为例介绍图像/视频处理库的应用,其他版本相关内容可以做相应的参考设计。

解压 C55xIMGLIB_v230.exe 软件,系统默认解压目录为 C:\ti\c5500\imglib。解压文件包含 7 个部分:

imglib.h　C 语言函数声明的头文件;

image_sample.h　图像样本的头文件;

wavelet.h　小波变换的头文件;

55ximagex.lib　大存储模式的图像处理库;

55ximage.lib　小存储模式的图像处理库;

55ximage.src　图像/视频处理函数的调用函数集合;

readme.txt　图像库说明。

使用图像/视频处理库,需要设置 Include 和 lib 路径。

① 设置 Include 路径。

选择 Build Options→Basic→Preprocessing,设置 Include Search Path。这里可以使用相对路径(../../../C5500/imglib/include)或者绝对路径($(Install_dir)/C5500/imglib/include)。

② 设置 lib 路径。

选择 Linker→Basic→Library Search Path 设置路径。这里可以使用相对路径(../../../C5500/imglib/lib)或者绝对路径($(Install_dir)/C5500/imglib/lib)。

设置库文件如下:选择 Linker→Basic→Include Libraries 中的 55ximage.lib。

8.5.3　图像处理 API 接口

TI C55x 图像处理算法库主要包含图像压缩/解压缩、图像分析和图像滤波 3 个部分。

1. 图像压缩/解压缩

该部分主要描述的是标准图像压缩/解压缩算法子程序,如 JPEG、MPEG Video 和 H.26X 等算法。

① IMG_fdct_8x8 和 IMG_idct_8x8。

前向和反转离散余弦变换(DCT)函数:IMG_fdct_8x8 和 IMG_idct_8x8。在大多数标准压缩算法中都使用离散余弦变换函数,如 JPEG 编码/解码、MPEG 视频编码/解码以及 H.26X 编码/解码。这些标准压缩算法使用目的是不相同的,比如:JPEG 算法主要使用在打印、图像处理和安全系统中;MPEG 视频标准主要使用在数字电视(DTV)、DVD 播放器、机顶盒(Set-Top boxes)、便携视频设备、视频光盘和多媒体应用系统中;H.26X 标准使用在视频电话和某些流媒体中。

② IMG_mad_8x8、IMG_mad_16x16、IMG_sad_8x8 和 IMG_sad_16x1 6。

利用这些函数可以提高运动图像识别算法性能。在 MPEG 视频编码和 H.26X 编码中广泛使用运动图像识别算法。在便携视频系统、流媒体系统和视频电话中采用这些视频编码。在视频编码系统中,运动图像识别算法经常使用且计算量很大,采用 TI 提供的函数可以使系统中算法的性能得到显著改善。

③ IMG_mpeg2_vld_inter 和 IMG_mpeg2_vld_intra。

MPEG-2 可变长度解码函数提供了一个高集成度、高效率的解决方案。该方案优化了 MPEG-2 代码 intra 和 non-intra 宏块的可变长度解码、run-length expansion、反转扫描、dequantization、saturation 和 mismatch 控制。任何 MPEG-2 视频解码系统的性能都依赖于每个解码步骤的高效实现。

④ IMG_quantize。

量子化是许多图像视频压缩系统中的积分步骤,包括 DCT 压缩算法基础之上的各种变异算法,如 JPEG、MPEG 和 H.26X 等。在这样的系统中,采用 IMG_quantize 子程序可以提高量子化步骤的速度和性能。

⑤ IMG_wave_horz 和 IMG_wave_vert。

在 JPEG2000 和 MPEG-4 等算法中,小波处理得到广泛的应用,并将发展成为一种标准,主要应用于提高静止图像压缩的性能方面,而且许多图像压缩系统都是建立在小波处理基础之上的。IMG_wave_horz 和 IMG_wave_vert 函数用于计算水平和垂直小波变换。利用这两个函数可以计算图像数据二维小波变换。该子程序在文档约束之内使用非常灵活,可以满足宽范围的特殊小波变换和图像维数。

2. 图像分析

该部分主要是对用于图像分析标准的函数进行说明。

① IMG_boundary 和 IMG_perimeter。

边界和周界计算函数,即 IMG_boundary 和 IMG_perimetcr 两个函数。它们通常在结构视觉应用中作为结构算子。

② IMG_dilate_bin 和 IMG_erode_bin。

这两个函数是图像学算子,通常用于提高二进制图像扩大和二进制图像侵蚀算法效果。扩大和侵蚀在图像处理操作中具有基础的意义,如打开和关闭都可以从扩大和侵蚀中建立起来。这些函数在机器视觉和医学成像方面非常有用。

③ IMG_histogram。

直方图用来生成图像的柱状图。图像的直方图是一个图像亮度级的统计。

④ IMG_sobel。

在机器视觉系统中通常使用边界检测技术。在许多算法中都存在边界检测技术,最通用的是 Sobel 边界检测。IMG_sobel 子程序提供了一个边界检测算法优化执行的子程序。

⑤ IMG_thr_gt2max、IMG_thr_gt2thr、IMG_thr_le2min 和 IMG_thr_le2thr。

在图像和视频处理系统中,图像阈值操作的不同形式满足不同的图像处理需求。例如:一种阈值可以用于把灰度图像数据转化为二进制图像数据,以用于二进制形态处理;另一个阈值可以用于剪裁图像数据以便得到希望的范围。在机器视觉应用中,阈值用于简单的分割。

3. 图像滤波

这里主要提供了用于图像滤波和格式转化操作的几个函数,并简要描述。

① IMG_conv_3x3。

余弦函数用于普通图像 3×3 滤波,如图像平滑和锐化处理方法等。

② IMG_cori_3x3 和 IMG_corr_gen。

相关性函数用于图像匹配操作。在机器视觉、医学成像和安全/保卫方面,图像匹配处理是非常有用的。库中提供了两个相关性函数 IMG_cori_3x3 和 IMG_corr_gen。

③ IMG_corr_3x3。

函数实现对 3×3 像素区域高度优化相关性处理。IMG_corr_gen 是一个更普通的版本,能够对用户特殊的像素区域大小(在文档约束之内)进行相关性处理。

④ IMG_errdif_bin。

二进制值输出误差扩散技术广泛用在印花行业中。最广泛应用的误差扩散算法是 Floyd-Steinberg 算法。在这个函数中对该算法进行了优化。

⑤ IMG_pix_expand 和 IMG_pix_sat。

IMG_pix_expand 子程序用于通过零扩展技术把 8 位像素点扩展到 16 位;IMG_pix_sat 用于把 16 位有符号数转换成 8 位无符号数。通常它们用于处理其他子程序的输入和输出子程序,例如水平和垂直缩放子程序。

⑥ IMG_ycbcr422p_rgb565。

IMG_ycbcr422p_rgb565 子程序实现图像从 ycbcr 格式到 RGB 格式的转化,以实现在 MPEG 和 JPEG 解码系统中的视频数据在 RGB 显示器中播放。

⑦ IMG_yc_demux_bel6 和 IMG vc_demux_lel6。

以上子程序开辟一个 Little Endian 或 Big Endian 格式的 ycrycb 彩色图像缓冲区。

第 **9** 章

DSP 最小系统电路详解

一个 DSP 若要能够正常地运行程序完成简单的任务,并能够通过 JTAG 被调试,那么它的最小系统应该包括 DSP 芯片、电源、时钟源、复位电路、JTAG 电路、程序 ROM 以及对芯片所做的设置。

9.1 供电电路

DSP 的电源电路如图 9.1.1 所示。

DSP 芯片的电流消耗主要取决于器件的激活度:

➢ 内核电源所消耗的电流主要取决于 CPU 的激活度,外设消耗的电流主要取决于正在工作的外设及其速度;

➢ 外设消耗的电流通常比较小;

➢ 时钟电路也消耗一小部分电流,而且是恒定的,与 CPU 和外设的激活度无关;

➢ I/O 电源仅为外设接口引脚提供电压,消耗的电流取决于外部输出的速度、数量以及输出端的负载电容。

SPX1117 - 3.3 电源转换芯片作为 5 V 转 3.3 V 的高性能稳压芯片,提供稳定可靠的主电源 DV_{DD}(3.3 V)。SPX1117 - 3.3 电源转换芯片提供的 AV_{DD} 是给 ADC 使用的。SPX1117 - 1.8 电源转换芯片提供 1.8 V 给 DSP 内核使用。SPX1117 输出后的 10 μF 的电容不能省略,这样能更好地保证电源质量,具体可参考 SPX1117 的数据手册。

SPX1117 系列 LDO 芯片输出电流最高可达 800 mA(注意后缀),输出电压的精度在 ±1% 以内,还具有电流限制和热保护功能,并且价格低廉,广泛应用于手持仪表、数字家电和工业控制领域。使用时,输出端通常接一个 10 μF 或者 47 μF 的电容来改善瞬态响应和稳定性。在对功率要求比较大的场合,请参考选用其他 LDO 芯片。

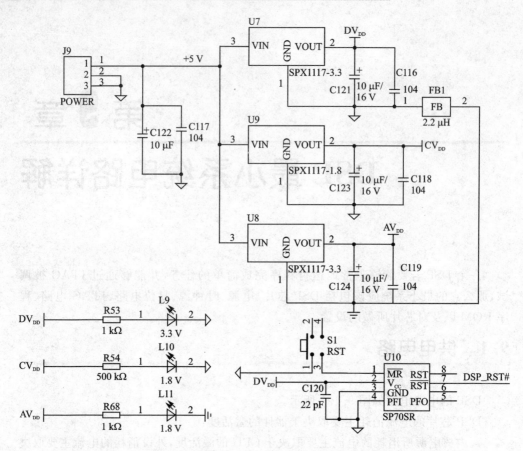

图 9.1.1　DSP 的电源电路

3 个 LED 用来指示电源状态。

使用专门复位芯片 SP708R,保证 DSP 芯片可靠复位,并提供手工复位按钮,方便调试。本电路中只采用了 SP708R 的 7 脚($\overline{\text{RST}}$)对 DSP 进行复位。

9.2　时钟振荡电路

锁相环(PLL)模块主要用来控制 DSP 内核的工作频率,外部提供一个参考时钟输入,经过 PLL 倍频或分频后提供给 DSP 内核。VC5509A DSP 有倍频电路,最高倍频到 200 MHz。

图 9.2.1 是时钟振荡电路,采用的是内部振荡器方式,选用的外部晶振为 12 MHz的电路。Y4 为实时时钟 RTC 提供的时钟振荡电路。

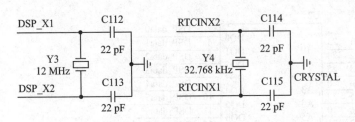

图 9.2.1　时钟振荡电路

9.3　蜂鸣器控制电路

可以采用三极管来控制蜂鸣器的发声,如图 9.3.1 所示,请注意 R23 为 1.5 kΩ 强下拉。输入的控制信号 BUZEER 是由 DSP 向 BUZEER 的地址输送数据来进行控制的。

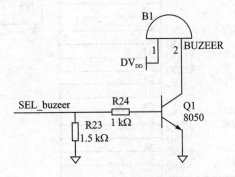

图 9.3.1　蜂鸣器电路

9.4　外扩存储 SDRAM 电路

如图 9.4.1 所示,外扩的 SDRAM 型号为 HY57V641620,4 Bank×1M×16 bit, 与 MT48LC4M16A2 兼容。

SDRAM:Synchronous Dynamic Random Access Memory,同步动态随机存储器。同步是指时钟频率与 CPU 前端总线的时钟频率相同,并且内部的命令发送与数据存储都以它为基准;动态是指存储阵列需要不断刷新来保证数据的不丢失;随机指数据不是线性依次存储,而是自由指定地址进行数据的读/写。

一般在我们使用的 SRAM、PSRAM、RAM 中,都是由多少根地址线来计算出寻址空间,比如有 11 根地址线,那寻址空间就是 2 的 11 次方减 1。但是 SDRAM 是分列地址和行地址的,行、列地址线是复用的,所以有时寻址空间比较大,但是看看地址线就那么几根。SDRAM 一般还有 2 根 Bank 的线,分成 4 个 Bank,在有的处理器的

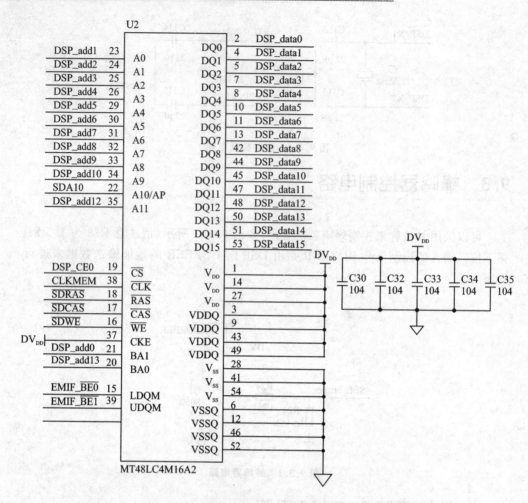

图 9.4.1　SDRAM 存储电路

SDRAM 控制模块中,这两根线可能映射到地址线的某两根中。一般按照以下方式写芯片的配置,比如 4 M×4×16 bit,那这个芯片就是 256 Mbit。其中:16 指数据线是 16 根,中间的 4 指只分 4 个 Bank,每个 bank 是 4M。

9.5　DSP bootloader 模式电路

　　VC5509A 片内不具有 Flash,也就是说 DSP 的程序掉电会丢失,故需要外接易失性存储器来完成 DSP 程序上电状态的引导。DSP 芯片的 bootloader 程序用于上电时将用户程序从外部非易失性、慢速存储器或外部控制器中装载到片内高速 RAM 中,保证用户程序在 DSP 内部高速运行,这个过程就是自举加载(bootloader)或者叫作二次引导。图 9.5.1 所示为 C55x bootloader 电路。

在实际应用中,仿真调试通过的程序编程到 DSP 中独立运行的结果往往与仿真的状态有差异,甚至可能系统完全不能正常运行,这是由于仿真过程中的程序运行情况和 DSP 独立运行时的程序运行情况不同所引起的。在将程序编程到 DSP 内部之前,需要对以下几个问题深入考虑,以保证编程后系统的正常运行。

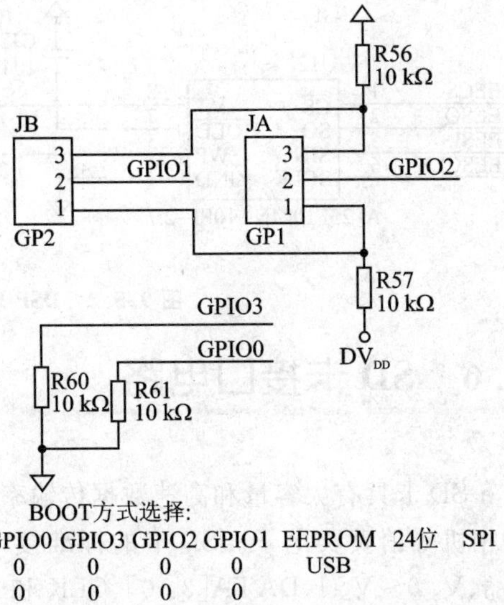

① 电路元件初始化同步问题:由于外部元件初始化可能较慢,DSP 初始化完成后要延时一段时间再访问外部慢速器件,通常要在控制程序的主函数中添加一段循环延时程序。

② 用仿真器调试时程序执行速度比较慢,循环时间比较长,而烧写到 DSP 中可能时间比较短,要对决定循环时间的循环次数重新考虑。

BOOT方式选择:

GPIO0	GPIO3	GPIO2	GPIO1	EEPROM	24位	SPI
0	0	0	0			USB
0	0	0	0			

图 9.5.1　C55x bootloader 电路

③ 用仿真器调试的时候,DSP 运行的一些资源(如堆栈等)用的是仿真器中的资源,烧写到 DSP 中执行必须利用 DSP 本身的资源,烧写前必须对链接命令文件(. cmd 文件)中定义的各种资源进行详细考虑。

④ 浮点数运算的问题:浮点型变量考虑使用全局变量,因为局部变量都是在堆栈里生成的,过多的浮点数变量对软件堆栈要求太多,容易造成堆栈溢出问题。

⑤ 复位问题:利用仿真器进行调试时,DSP 程序通过仿真环境启动,不需要复位信号;而闪存编程后 DSP 的运行中,复位要通过电路板上复位电路来实现,如果电路板上复位电路有问题,不能保证 DSP 的正常复位,会造成仿真通过的程序编程到 DSP 中后完全无法正常执行。

⑥ 时钟问题:利用仿真器进行仿真调试时,时钟由硬件仿真器提供,而闪存编程后 DSP 运行时钟由电路板时钟电路提供,如果电路板时钟电路有问题,编程后的 DSP 将无法正常工作。

闪存编程之后 DSP 独立运行时出现的很多问题都是由时序配合引起的,这就需要调整程序中的各种延时,甚至可能要经过反复调整来寻求最佳的延时设置,以保证系统功能的正常实现。

如图 9.5.2 所示,电路采用 AT25F1024N 芯片来与 DSP 完成数据的读/写,时钟线与数据线都直接接到了 DSP 的 McBSP0。

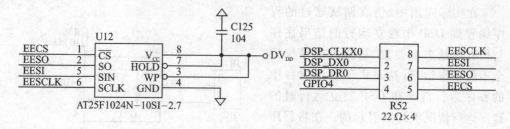

图 9.5.2   DSP EEPROM Flash 电路

9.6   SD 卡接口电路

　　SD 卡具有大容量和高速数据传输率的特点,已经广泛应用于手机、掌上电脑、数码相机等消费类电子。SD 卡的标准接口包含 9 个引脚,如图 9.6.1 所示,分别是 V_{DD}、$V_{SS}0 \sim V_{SS}1$、$DATA[3:0]$、CLK 和 CMD。对于 SD 卡的其他功能,如 SD 卡写入保护、SD 卡电源使能及 SD 卡检测等,SD 卡标准并没有制定,这时 SD 卡主控器的设计可根据各自的需求设定。

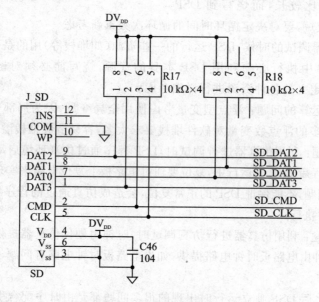

图 9.6.1   SD 卡接口电路

9.7   音频控制电路

　　TMS320C55x 的 McBSP 可以和语音编解码芯片 TLV320AIC23B 直接连接,如图 9.7.1 所示。

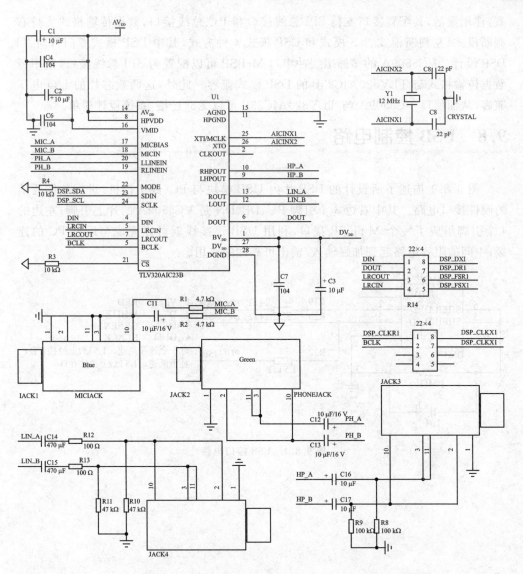

图 9.7.1　音频电路

TLV320AIC23B 是一个高性能的多媒体数字语音编解码器,它的内部 ADC 和 DAC 转换模块带有完整的数字滤波器,数据传输宽度可以是 16 位、20 位、24 位和 32 位,采样频率范围为 8~96 kHz。在 ADC 采集达到 96 kHz 时噪声为 90 dBA,能够高保真地保存音频信号。在 DAC 转换达到 96 kHz 时噪声为 100 dBA,能够高品质地数字回放音频,在回放时仅减少 23 mW。

为了使 CODEC 能够正常工作并产生预期的音频效果,必须对相应的寄存器进行配置。

音频 CODEC 芯片 TLV320AIC23B 通过外围器件对其内部寄存器进行编程配

置,使用灵活,其配置接口支持 SPI 总线接口和 I²C 总线接口,数据传输格式支持右判断模式、左判断模式、I²S 模式和 DSP 模式 4 种方式,其中 DSP 模式专门针对 TI DSP 设计。VC5509A 的多通道缓冲串口 McBSP 可以配置为 SPI 总线接口,其串行数据传输格式与 TLV320AIC23B 的 DSP 模式兼容。此外,这两款芯片的 I/O 电压兼容,从而使得 VC5509A 与 TLV320AIC23B 可以无缝连接,系统设计简单。

9.8   USB 控制电路

图 9.8.1 描述了所设计的 DSP 片内 USB 模块与 PC(或工控机)进行数据通信的硬件接口电路。其中右边 3 个引脚 PU、DP、DN 是 VC5509A 的片上引脚;左边的 4 个引脚组成了一个 MiniuSB 接口,利用 USB 连接线就可以完成与后台 PC 的连接;中间的阻容电路起到加强输入/输出可靠性的作用。

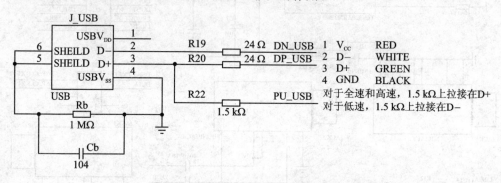

图 9.8.1   USB 接口电路

第 **10** 章

硬件电路的设计与调试

在电子产品设计的过程中,硬件设计是基础。一般来说,硬件设计的前期是不会出现混乱局面的,如果有,可能是项目负责人制定的方案不完善不断修改而致,也可能是设计人员的能力所限。随着产品的现场应用,产品的维护是必然的,不管是改错性维护、功能性维护、完善性维护,还是预期性维护,如果在设计前期没有遵循一个好的技术规范,在维护的过程中就会产生很难避免的混乱,由此所造成的维护难度和所付出的代价是很大的,过程上也是痛苦的。因此,硬件设计过程的控制显得尤为重要。

10.1 完整的硬件开发流程

完整的硬件开发设计流程如下。

① 新制原理图:绘制原理图在使用元件时,尽量使用标准库中的元件,同时注明元件的标号、内容(如果有特殊要求,要包括具体参数,如耐压值等)、封装(必须与元件一一对应,确保其正确性)。

② 原理图绘制完成后要进行 ERC(电气规则检查),确保原理图在语法上没有基本错误,去除如标号重复等问题。

③ 生成 BOM 文件,检查有没有漏掉的元件封装,将其补充完整。

④ 根据原理图生成相应的网络表(NetList)。

⑤ 确定 PCB 图的 KeepOutLayer 边框,调入网络表。这时一般情况下会产生一些错误,修正这些错误要从原理图进行,而不要手工修改网络表或强行装入网络表,尤其注意检查元件与封装的一一对应性。在确认网络表正确无误后,装入 PCB 图。

⑥ 装入网络表后,对元件进行自动布局,或进行手动布局,或二者结合进行。这部分工作比较费时也很关键,要认真对待。布局过程中如发现原理图有错误,要及时修改原理图、更新网络表,并重新将网络表装入 PCB。

布局应当从机械结构、电源分布、电磁兼容、散热要求、方便走线等几个方面考虑。

机械结构　与机械结构相关的器件要先布,位置仔细确认后锁定,防止返工。

电源分布　不同的电源应划分不同的区域,原则上使用同一电源的元件使用同一区域。

电磁兼容　除了原理图中已经考虑到的,放置好相应的 EMC 元件;元件布局时还应该注意每个芯片附近放置一个旁路电容,布线时使这个电容连接到此芯片的地。一般工作频率在 10 MHz 以下的使用 104 电容,10 MHz 以上的使用 103 电容。使用光耦隔离时注意其隔离方向,彼此不能有交叉走线。

散热要求　晶振和散热片的下方可以考虑放置 FILL 填充层,以禁止走线。

方便走线　彼此有关系的元件要就近放置,方便走线。

其他方面　使用 PLCC44 封装的 MCU 周围应有不小于 3.5 mm 的空间,以方便焊接插座;元件距离边框一般应留有不小于 2 mm 的间距。

⑦ 布局完成后,根据要求设定布线的规则(Rule)。这部分要耐心操作,尤其注意线宽(Width Constraint)与安全间距(Clearance Constraint)。

⑧ 如果需要,可以考虑对部分重要线路进行手工预布线,如高频晶振、锁向环、小信号模拟电路等,视个人习惯而定,也可等布完线后再调整。

强调:对电源和地线、晶振等高频线都必须先手动布线;对于要求隔离的布线,一定要注意避免交叉布线。

⑨ 进行自动布线,如果已进行了预布线要选择 Lock All PreRoute 选项。

⑩ 根据布线情况,选择 UnRoute All 撤销布线后调整元件位置,重新自动布线,直到布线基本符合要求为止。如果已进行了预布线,要使用 Undo 来撤销布线,防止预布线和自由焊盘、过孔被删除。

⑪ 手工调整布线。地线、电源线、大功率输出线等要加粗,走线回路太绕的线调整一下,布线过程中如发现原理图有错误,要及时修改原理图、更新网络表,并重新将网络表装入 PCB。

⑫ 完成后根据具体需求(如需在地线与大地之间加装高压片容、部分安装螺丝要接地等),在原理图中先进行修改,再生成网络表装入 PCB,确保原理图与 PCB 一一对应。原理图中无法修改的,手工修改 PCB 的网络表,但应尽量避免或尽量少地做手工改动。

⑬ 布线完成后进行 DRC(设计规则检查),确保线宽(Width Constraint)与线间距(Clearance Constraint)等指标符合要求。

⑭ 切换到单层模式下,对单层的走线稍作调整使其整齐美观,注意不要影响到其他层。

⑮ 调整元件标号到合适位置,注意不要放到焊盘、过孔上和元件下方,防止焊接后看不到,失去指导意义。标号大小一般使用(40,8)mil。元件内容进行隐藏。

⑯ 根据具体需要,加补泪滴焊盘(TearDrop),对于贴片板和单面板推荐加补。

⑰ 进行 DRC,确保加补泪滴焊盘后不会造成焊盘、过孔与其他走线之间的距离过近。

⑱ 根据具体需要,将安全间距暂时改为 40～60 mil,进行敷地,敷地范围注意不要跨越不同的电源区域。再对敷地进行手工修整,去除不整齐和有凸起的地方。

⑲ 再进行一次 DRC,确保敷地不会影响设计规则。

⑳ 布线操作中的要求如下。

➢ 所有的布线,必须从焊盘或过孔的正中心开始。

➢ 焊盘、过孔附近走线改变方向的时候,拐弯的地方距离焊盘或过孔中心的距离不得小于 100 mil。

➢ 走线简洁明了,美观,杜绝自动布线中软件产生的零星短线和随意拐弯走线。

➢ 所有的焊盘必须增加泪滴处理技术,以提高电路板的可靠性。

➢ 在包地处理之后,必须修改在地线连接端子焊盘附近的锐角连接。包地与焊盘的连接线,在条件允许的情况下,尽可能加粗,但不宜超过 100 mil。

➢ 线宽和线间距的选择:默认的信号线宽是 12 mil,电源线宽与电流的大小有关,其比例不能低于 40 mil/1 A。线间距默认为 12 mil。如果由于器件等原因不能达到这个要求,布线阶段必须慎重处理这部分走线。要求隔离的线间距不能低于 40 mil。

➢ 元器件布局要做到平衡分布,元器件间的布置一定要考虑到焊接的方便和元器件本身的物理尺寸,避免发生元件封装无误而间距太小以致无法装配的情况。元件布局中一定要注意:DIP14 和 DIP16 封装的元件在物理尺寸上是完全相同的。也就是说,DIP14 封装的元件的封装丝印比实际芯片尺寸偏小,而DIP16 芯片的封装丝印比实际物理尺寸偏大。在放置功率器件、大容量电容、高耐压电容和二极管的时候,一定要明确获悉这些器件的物理尺寸。

10.1.1　原理图设计

原理图设计时有以下 5 点需要注意:

① 根据应用领域选择 TI 推荐的 DSP 类型、存储器以及通信接口。

② 参考选定 DSP 的 EVM 板、DSK 等原理图,完成 DSP 最小系统的搭建(包括外扩内存空间、电源复位系统、各控制信号引脚的连接、JTAG 口的连接等)。

对于 TI 的各个系列 DSP,TI 以及第三方公司提供了很多 DSK 开发套件 demo,供电路设计者参考。在初次设计 DSP 系统中,采用"拿来主义",充分利用厂家提供的资源,在理解的基础上做一些创新性发挥。

③ 根据具体应用需要,选择外围电路的扩展,一般如语音、视频、控制等领域均有成熟的电路,可以从 TI 网站得到。外围电路与 DSP 的接口可参看 EVM、DSK 或所选外围电路芯片的典型接口设计原理图;最好外围电路芯片也选择 TI 公司的,这

样不只硬件接口有现成的原理图,很多 DSP 与其接口的基本控制源码也都有。

④ 地址译码、I/O 扩展等用 CPLD 或 FPGA,将 DSP 的地址线、数据线、控制信号线,如 IS/PS/DS 等,都引进去有利于调试。

⑤ 关键信号引脚处理:

➢ 未用的输入引脚不能悬空不接,而应将它们上拉或下拉为固定的电平。

➢ 关键的控制输入引脚,如 Ready、Hold 等,应固定接为适当的状态。Ready 引脚应固定接为有效状态,Hold 引脚应固定接为无效状态。

➢ 无连接(NC)和保留(RSV)引脚。NC 引脚:除非特殊说明,这些引脚悬空不接。RSV 引脚:应根据数据手册来决定接还是不接。

➢ 非关键的输入引脚将它们上拉或下拉为固定的电平,以降低功耗。

➢ 未用的输出引脚可以悬空不接。

➢ 未用的 I/O 引脚:如果默认状态为输入引脚,则作为非关键的输入引脚处理,上拉或下拉为固定的电平;如果默认状态为输出引脚,则可以悬空不接。

10.1.2 PCB 设计注意事项

在 PCB 设计过程中,需要增加调试接口以及关键信号的检测。设计 PCB 过程中通常考虑以下因素。

① 输入/输出标号:电源以及输入/输出要有标号,在电路焊接以及调试时方便。对于插座,没有反插措施的需要明确表明顺序。具有正负极的元件要有标号,如极性电容、二极管等,防止元件焊反。

② 输入电源保护:电路中电源一定要有指示灯,电源输入要有保护电路以免输入电源接反。

③ 手动复位,测试程序:在 CPU 电路中一定要有手动复位,要有程序测试引脚,比如接个二极管。

④ 元件购买,封装:制作电路原理图时一定要看元件能不能容易购买到,并且把封装确定,这样才能制作电路板。

⑤ 成本:设计电路要考虑成本问题。能用廉价芯片就不用高级的,浪费!

⑥ 布线顺序:PCB 布线时应该先布地线、电源,再布信号线,然后删掉所有地线铺铜。

⑦ 机械尺寸:对于电路机械尺寸,要考虑与外部电路的接口。接口是否可靠,是否和整体箱子符合,电路板尺寸以及定位孔、安装孔的设计是否合适,若这些有差错,即使功能实现了也不能安全用在产品中。

10.1.3　总线等效交换

为了保证 PCB 布线时的流畅以及防止打过多的过孔,可以利用存储器特性进行等效交换,原则如下:DSP 数据总线内的数据信号线可以互换,地址总线内的地址信号线可以互换。

当然也有例外的时候,对于 SRAM 的地址线和数据线遵守总线互换原则,SDRAM 的数据线字节对应内可以互换,但是必须在一个字节内;ZBTSRAM 地址线[1:0]必须对应,其余地址线可等效互换;数据线字节对应,字节内可以等效互换。

总之,需要考虑存储器是否可互换对元件存储的影响。

10.1.4　硬件调试前电路板的常规检查

焊接 PCB 电路后需要经过常规的检测,以免发生短路等现象,影响调试。

① 观察有无短路或断路情况(因为 PCB 板的布线一般较密、较细,这种情况发生的概率还是比较高的)。

② 在调试 DSP 硬件系统前,应确保电路板的供电电源有良好的恒压恒流特性。一般供电电源使用开关电源,且电路板上分布有均匀的电解电容,每个芯片均带有 104 的独石或瓷片去耦电容,保证 DSP 的供电电压应保持在(3.3±0.05)V。电压过低,通过 JTAG 接口向 Flash 写入程序时会出现错误提示;电压过高,会损坏 DSP 芯片。另外,由于在调试时要频繁对电路板开断电,若电源质量不好,则很可能在突然上电时因电压陡升而烧坏 DSP 芯片,这样会造成经济损失,又将影响项目开发进度。因此,在调试前应高度重视电源质量,保证电源的稳定可靠。

③ 加电后,应用手感觉是否有些芯片特别热。如果发现有些芯片烫得特别厉害,需要立即关掉电源重新检查电路。

④ 排除故障后,应检查晶体是否振荡,复位是否可靠;然后用示波器检查 DSP 的时钟引脚信号是否正常。

⑤ 看仿真器能否与目标板链接。把 PC 与仿真器链接(要保证仿真器已经正确安装驱动),仿真器与目标电路板正确链接,目标板通电。这些硬件操作完成后,再启动 CCS(要保证 CCS 已经按照目标板的芯片型号进行了设置)。几秒钟后,如果已经正确链接,在 CCS 界面的左下角会出现"目标板已经链接"的提示。当然还有其他的提示方式,比如弹出汇编语言窗口等。如果仿真器无法成功与目标板链接,就说明目标板上有故障。

⑥ 如果不能检测到 CPU,则查看是否有遗漏元件未焊接,更换一个正常电路板检查 CCS 软件安装是否可用,检查电路原理图和 PCB 链接是否有误,元件选择是否有误,DSP 芯片引脚是否存在断路或短路现象,JTAG 接口的几条线上是否有短路

或断路,数据线、地址线上是否有短路或断路,READY 信号错误等。排除错误后则表明 DSP 本身工作基本正常。

在硬件调试时 DSP 最小系统的检测必须首先进行,这为以后的调试打下了基础。

10.1.5　调试中常见问题的解决步骤

在按功能模块划分的器件上调试时如果出现问题,不能完成要求功能,则可以按以下步骤进行检查。

① 关掉电源,用手感觉是否有些芯片特别热,如果是则需要检查元器件与设计要求的型号、规格和安装是否一致(可用替换方法排除错误);重新检查这一功能模块的供电电源电路。

② 如果这一功能模块需要编写程序来配合完成,则更换确定正确的程序再调试,以此判别是软件问题还是硬件问题。

③ 按信号输入至输出的顺序,用示波器观察模块的每个环节是否都能输出所需波形,如果某一环节出错,则复查前一环节,这样便能找到具体是哪个环节出现问题,将问题锁定在一个较小范围内。

④ 检查出错环节电路的原理图连接是否正确。

⑤ 检查出错环节电路原理图与 PCB 图是否一致。

⑥ 检查原理图与器件 datasheet 上引脚是否一致。尤其是在做电路图与 PCB 中,引脚与实际芯片不一致是初学者经常遇到的一个问题。

⑦ 用万用表检查是否有虚焊、引脚短路现象。

10.1.6　JTAG 连接错误的常用解决办法

若 JTAG 不能识别 TI 的 DSP,则可能存在以下几个方面的问题。

① 仿真器有问题:联系仿真器生产厂家。

② 仿真器的驱动有问题:卸载仿真器的驱动,重新启动电脑,安装仿真器驱动。

③ 目标板有问题,可以尝试通过以下检测方式解决:

➤ 检查 DSP 的供电(内核电压、I/O 电压)是否正确、纹波是否满足要求、上电顺序是否满足要求;

➤ 检查 DSP 的系统复位信号是否正常、DSP 相关的所有输入脚的接法是否正确;

➤ 测量 DSP 的 CLKOUT 是否正确,电路板上电时 DSP 是否执行 bootloader 程序;

➤ 测量 DSP 的 EMIF 总线,任意两个数据线或地址线不要有短路或接错的现

象;若有条件,可对 EMIF 总线上的负载断开再进行 JTGA 连接测试;

> 若 DSP 的 EMIF 总线上有 FPGA 设备,则需要先下载 FPGA 的程序,可把与 DSP 相关的 FPGA 所有信号都定义为输入;

> 正确设置 CCS,打开 CCS 后选择 Debug→Reset,若不报错,则一般驱动都没 有问题;

> 手动多次复位 DSP 后再尝试链接,或链接失败后重启 CCS 和计算机。

10.2　遇到问题时的常用解决办法

第 1 步,首先要弄清问题的本质,也就是由什么问题引起的,不要糊里糊涂,一问 三不知。思前想后,寻求问题的线索很是关键。其实就是在硬件或者软件调试的某 个步骤中,出现了什么样的问题。对于一个问题的现象可能有多种因素引起,比如程 序跑飞,要分析是什么情况;CCS 链接不上,定位是软件问题还是硬件问题,看看问 题的源头是从什么地方引起的。

第 2 步,在 Baidu、Google 以及专业论坛上搜索关键字。正如生病就医,道理一 样,这里关键字很重要,工具也很重要,很多问题可能在网络上已经被别人问过并且 解决,通过网络这个记忆力超强的"课本",是解决问题的最佳途径。很简单的问题在 论坛上问,"老鸟"不一定有这个耐心回答,因为很多人都问过,反复地在论坛上回答 过。比如编译错误,错误关键字在网络上搜索,一般都有相关解答或者如何更改之类 的信息。

第 3 步,排除问题。对于复杂、奇怪的问题,方法很重要,思路要对,手段要正确, 软硬兼施,离目标也就很近了;切忌,做技术这玩意最怕刨根问底,很多时候问题是如 何解决的连自己也不知道。每排除一个问题,就离解答问题进一步。

第 4 步,最后的绝招,硬件替换、软件替换。在硬件调试过程中,有一个开发板和 一个实验板最能说明问题,如果怀疑是自己硬件设计的问题,就在开发板上调试看看 是否能正常工作。软件调试过程中一定要注意保存最新的调试能用的程序版本,这 样当程序更改后不能出现预期现象,还可以从头再来。

第 5 步,总结与测试。对于同样的错误绝不能再犯第二次,我们的目标就是要在 最短时间内找出最佳的解决方案。

10.3　CCS 调试中常见错误信息

在 DSP 调试过程中,经常会遇到意想不到的错误,红尘再次总结常见问题以及 错误原因、解决办法,以起到抛砖引玉的作用。

```
>>warning: entry point symbol _c_int00 undefined
    undefined                    first referenced
```

```
    symbol              in file
    - - - -             - - - - - - - - -
    _c_int00            d: \demo\Debug\vector.obj
>>   error: symbol referencing errors - 'port_connect.out' not built
    Build Complete,1 Errors,1 Warnings,0 Remarks.
```

main 函数入口地址_c_int00,用 C 语言对 DSP 进行编程是在 rts. lib 里定义了的,添加 rtsxx. lib 库文件就可以解决;如果是汇编语言则需要在 vector. asm 里面声明这个入口地址,因为中断复位的时候要用到这个地址;或者在汇编程序 Build Option-linker-Autoinit Model 中选择 No – Autoinitialization。

```
warning: entry point other than _c_int00 specified
```

去掉一个 Option 里面的- c 就行。在 Project→Options 的 linker 属性页中去掉 - c,- c 表示 C 程序的入口。程序是用 ASM 编写的。

```
fatal error: # error NO CHIP DEFINED
```

Build Option→Compiler 加上- d \"CHIP_6713\"或者- d \"CHIP_xxxx\",其中 xxxx 表示支持的芯片型号。

```
error: symbol _sindata is defined multiple times:
```

变量多次在一个工程中定义,解决办法是定义变量为全局变量,然后在别的文件引用的时候声明 extern。

```
fatal error: could not open source file
```

提示文件的路径编译不正确,把找不到的文件路径添加到 Bulid Options→Compiler 中的 include 中。

```
"relocation value truncated at"
```

CCS 经常能碰见这个链接错误,通常是由于定义的数组过大,数组通常放在. cinit段。

解决方法很简单,利用 # pragma DATA_SECTION(),给过大的数组起个段名,在 CMD 文件中重新定位即可,绕过. cinit。

```
Data verification failed...
```

该存储区没有 RAM,也可能是其他存储器如 ROM、Flash 或者内部 RAM 没有激活;外部的 RAM 速度慢;硬件不稳定。

Link 的 CMD 文件分配的地址同 GEL 或设置的有效地址空间不符。中断向量定位处或其他代码、数据段定位处没有 RAM,无法加载 OUT 文件。

解决方法:调整 Link 的 CMD 文件,使得定位段处有 RAM。调整存储器设置,使得 RAM 区有效。

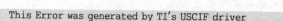

This Error was generated by TI's USCIF driver

驱动或者配置文件没有正确安装,重新安装。

Can't Initialize Target DSP

检查仿真器链接是否正常;检查仿真器的 I/O 设置是否正确;检查 DSP 仿真器的电源是否正确;检查目标系统是否正确。

illegal relocation type 050002 found in section .debug_info

lib 的版本出现了问题,可能是由于高版本 CCS 编译的程序直接在低版本 CCS 上编译时,需要重新编译库文件。

Trouble running Target CPU:Error number −2600(随机数字) Error …

存储器分配有问题,修改 CMD 与存储区一致。

Warning:Cannot perform operation while CPU is running free
1. symbol referencing errors

undefined	first referenced
symbol	in file
- - - - - - - -	- - - - - - - - - - - - - - - -
_dot_asm	E:\CCStudio_v3.3\MyProjects\dot_mpy\Debug\

main.obj
>>   error:symbol referencing errors

提示找不到符号,一般出现在用 C 调用汇编函数的时候,比较大的可能性是汇编程序里面的标号写错了(特别是前面少了一个下划线),或者是忘记将标号定义成全局的(在文件开头用".global 标号"的形式可以定义)。

不过可能有另外一种情况,由于存在同名的文件。比如在工程里面,有 dot.c 和 dot.asm 两个文件,分别定义了 dot_c 和 dot_asm 两个函数,这时就会有其中一个函数提示找不到了。经过检查,原来 CCS 在编译时会根据文件名(不含扩展名)生成同名的目标文件(扩展名为.obj),而这两个文件,文件名相同而扩展名不同,那么在编译的时候,就会有一个生成的目标文件被另外一个覆盖的问题(取决于编译的顺序)。知道了原因就好解决了,只要这两个文件的文件名不要相同就可以了。

还有一种可能,在 C 语言中编写的函数,由于书写笔误等问题,导致定义的变量和声明的变量不一致,编译器不识别;或者是引用的函数为库文件函数,但是没有设置库文件的使用路径。

弹出一个确认框,提示"TRDX target application does not match emulation protocol! Loaded program was created with an rtdx library which does not match the target device"。

错误原因:使用的是软件模拟(Simulator),不能模拟 JTAG。
解决方法:打开 cdb 文件,选择 Input/Output→RTDX − Real − Time Data Ex-

change Settings,然后选择 Properties,打开对话框,在 RTDX Mode 的下拉列表中选择 Simulator(默认值是 JTAG,需要接仿真器才能用默认值)。

Unable to move breakpoint to source line

在程序里面设断点时出现"Unable to move breakpoint to source line"提示。解决步骤:首先要确定例程所在文件夹以及里面的文件属性为非只读,一般自带的例程都会设置文件为只读。接着要修改程序的优化级别为 none,操作方法:Project→Project Option→Basic→Opt Level 设置为 none。

编译时出现错误:Can't open file E:\XXXXX.obj for input。

原因:现代编译器都支持分别编译技术,即每个文件都可以独自编译生成二进制目标文件(.obj),最后链接在一起生成可执行文件(.out)。问题是 CCS 编译器采用了独特的识别文件修改的方法:如果原文件的修改时间大于目标文件的修改时间,编译器就认为此原文件被修改过。如果用户的工程文件曾经复制到别的计算机上并做过修改,此时请查看并修改原文件的修改时间,否则就可能出现编译上的错误。这往往是由两台计算机的时间系统不同而导致的。

解决办法:查看并修改原文件的修改时间;把所有.obj 文件删掉(一般在 obj 文件夹中),然后执行 Rebuild all。

10.4   电路的抗干扰设计

在 DSP 系统的电路板设计中,无论是否有专门的地层和电源层,都必须在电源和地之间加上足够的并且分布合理的电容。

一般在电源和地的接入端放一些多种容值的电容,再将其余的大电容均匀地分布在电源和地的主干线。设计中时钟的供电电源与整个电路板的电源一般是分开的,二者的电源通过 $25\ \mu H$ 的电感相连。布板时还可以将两个组件尽可能靠近并对称,用多层电路板时时钟信号频率越高,其布线要求也就越高。

10.4.1   干扰的来源与结果

干扰可以沿着各种线路侵入 DSP 系统,也可以以场的形式从空间侵入 DSP 系统,其主要的来源有 3 种,即空间干扰、供电系统干扰和过程信道干扰。

干扰对系统的作用可以分为以下 3 种。

➢ 输入系统。干扰叠加在信号上,使数据采集误差增大,特别前向信道的传感器接口是小电压信号输入时,此现象会更加严重。

➢ 输出系统。使输出信号混乱,不能正常反应 DSP 系统的真实输出,导致一系列严重后果。

> DSP 系统的内核。使总线上的数字信号错乱,程序运行失常,内部程序指针错乱,控制状态失灵,RAM 中数据被修改,更严重时会导致死机,使系统完全崩溃。

10.4.2 系统电源干扰设计

根据工程设计分析,微机系统有 70% 的干扰是通过电源耦合进来的。

电源干扰的类型有高频干扰、感性负载产生的瞬变噪声、大功率设备开机干扰和电网电压波动干扰,它们主要通过电磁感应性耦合、电容性耦合、辐射耦合和公共阻抗耦合等方式进入微机系统。

一般采用集成稳压电源模块就能满足使用要求,主要通过整流电路、稳压电源、隔离控制变压器以及高频旁路电容等来防止干扰的进入,提高 DSP 直流供电系统的质量。

10.4.3 硬件抗干扰设计

硬件抗干扰技术主要有以下几种:

> 光隔离。在输入/输出通道上通过光耦合器件传输信息,可将 DSP 系统与各种传感器、开关、执行机构由光隔离开来,阻挡很大一部分干扰。

> 双绞线传输和终端阻抗匹配。长线传输数字信号时利用双绞线,对噪声干扰有较好的抑制效果。可与光耦合器或平衡输入接收器和输出驱动器联合使用。发送和接收信号端必须有末端电阻,双绞线应该阻抗匹配。

> 硬件滤波。RC 低通滤波器可以大大削弱各类高频干扰信号,如各类"毛刺"干扰。

> 良好的接地。有两种接地:一种是为了人身或设备安全,把设备的外壳接地,这种接地称为外壳接地或安全接地;另一种是为电路工作提供一个公共的电位参考点,这种接地称为工作接地。两种接地系统都要设计合理,同时系统的数字地与模拟地要分开。

> 屏蔽。高频电源、交流电源、强电设备、电弧产生的电火花甚至雷电,都能产生电磁波,从而成为电磁干扰的噪声源。用金属外壳将器件包围起来,再将金属外壳接地,这对屏蔽各种由电磁感应引起的干扰非常有效。

第11章

软件实验详解

11.1 SPI bootloader 实验

由于 VC5509A 片内不具有 Flash,也就是说 DSP 的程序掉电会丢失,这就需要外接易失性存储器来完成 DSP 程序上电状态的引导。DSP 芯片的 bootloader 程序用于上电时将用户程序从外部非易失性、慢速存储器或外部控制器中装载到片内高速 RAM 中,保证用户程序在 DSP 内部高速运行,这个过程就是自举加载(bootloader)或者称为二次引导。

TI 公司的 DSP 芯片出厂时,在片内 ROM 中固化有自举加载,其主要功能就是将外部的程序装载到片内 RAM 中运行,以提高系统的运行速度。C55x 系列 DSP 的 bootloader 程序位于片内 ROM 空间的 0xFF0000~0xFF8000 处。进入 bootloader 程序后,程序先对 DSP 进行初始化,配置 DSP 的堆栈寄存器、中断寄存器和 DSP 状态寄存器,保证在引导装载用户程序时不会被中断,从而导致程序加载失败。DSP 可以通过自举表对寄存器进行修改,需要注意在 bootloader 程序运行时,尽量不要修改 bootloader 程序配置过的中断控制寄存器,否则会导致不可预料的后果。

VC5509A 具有 Parallel EMIF Boot Mode、EHPI Boot Mode、Standard Serial Boot Mode、SPI EEPROM Boot Mode、I²C EEPROM Boot Mode、USB Boot Mode 等多种方式自举加载。DSP 的自举是涉及 DSP 独立工作的关键性问题。通常采用的方法是由 Flash 等器件自举,但是相对 Flash 的占用空间大、扇区擦除的难度和时延来说,SPI EEPROM Boot Mode 占用 PCB 体积小、操作引脚少(需要 4 根,即 CLK、SI、SO、CS),容易 PCB 布线,不失为一个好的选择。图 11.1.1 所示为 SPI 方式引导数据的电路连接。

注意: 只有 VC5509A 的 McBSP0 可以作为 SPI 方式自举,而且只有 IO4 作为 CS。VC5509A 的自举模式必须在上电前确定,在上电的瞬间 DSP 根据 GPIO0~

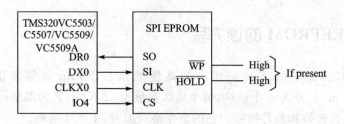

图 11.1.1　SPI 引导方式数据连接

GPIO3 的状态来确定 VC5509A 的自举类型。

　　SPI 方式具有两种地址模式：16 位地址与 24 位地址模式。其中 16 位地址模式只能存储 64 Kbit 的程序，而 24 位地址在同样条件下能存储更多的数据。在 VC5509A 中经常用到的 24 位地址模式引导的芯片是 AT25F1024，具有 128 Kbit 的程序空间，满足大部分 DSP 程序的需求存储空间。图 11.1.2 和图 11.1.3 为 SPI EEPROM 16 位、24 位地址模式数据传输模式。

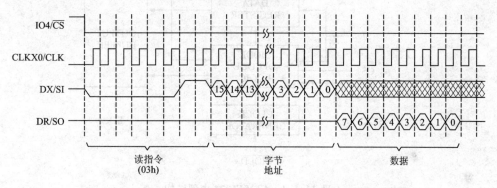

图 11.1.2　SPI EEPROM 16 位地址模式数据传输模式

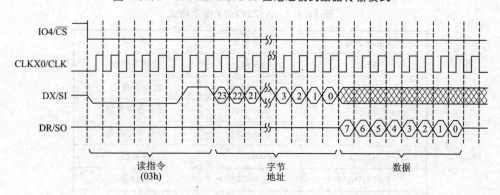

图 11.1.3　SPI EEPROM 24 位地址模式数据传输模式

11.1.1　EEPROM 的读/写

　　AT25F1024 是 Atmel 公司生产的高性能串行 Flash,存储容量为 1 Mbit (131 072×8 bit),分为 4 个扇区,每个扇区容量为 32 Kbit,其内部结构如图 11.1.4 所示,支持扇区擦除和整片擦除。它的指令格式如表 11.1.1 所列。

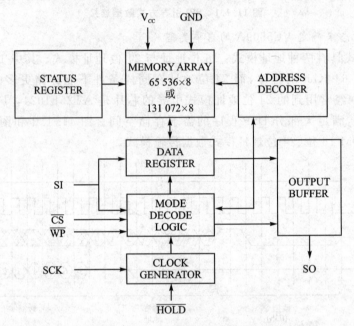

图 11.1.4　AT25F1024 内部结构

表 11.1.1　AT25F1024 指令格式

指令名称	指令格式	说　明
WREN	0000x110	设置写使能
WRDI	0000x100	清除写使能
RDSR	0000x101	读状态寄存器
WRSR	0000x001	写状态寄存器
READ	0000x011	读数据
PROGRAM	0000x010	写数据
SECTION ERASE	0101x010	整段擦除
CHIP ERASE	0110x010	全片擦除
RDID	0001x101	读厂商和器件编号

当从 AT25F1024 读取一个字节时，首先将 $\overline{CS}$ 片选信号置低，然后读指令（READ）和要读的地址由 SI 引脚传入，在指定地址的数据（D7～D0）由 SO 引脚传出。如果只读取一个字节，当数据被送出后，$\overline{CS}$ 片选信号将被拉高。当字节地址自动增加时，读指令（READ）将继续，数据应将继续被送出，当到达最高地址（0xffff）时，读指令将停止。当将一个字节写入 AT25F1024 时，要执行两条独立的命令：首先，通过写使能指令（WREN）使 Flash 写使能；然后，执行编程指令（PROGRAM）来对 Flash 进行写操作。在对 Flash 编程的过程中，首先是 $\overline{CS}$ 片选信号有效（低电平）；然后编程指令（PROGRAM）、地址和数据通过 SI 引脚传送进来；最后，当 $\overline{CS}$ 片选信号抬高（高电平）后，芯片开始编程。

需要特别注意的地方：$\overline{CS}$ 片选信号由低到高的跳变要求必须在最后一个数据比特 D0（LSB）传送完成后，紧跟着的 SCK 移位时钟为低时产生。

编程指令只能对没有被块写保护指令保护的空间进行写操作。由于写命令只能将内部数据位由 1 写成 0，反之则不行。因此，在写入数据之前一定要先对内部空间进行擦除操作（Section Erase 或 Chip Erase）。读/写时序分别如图 11.1.5 和图 11.1.6 所示。

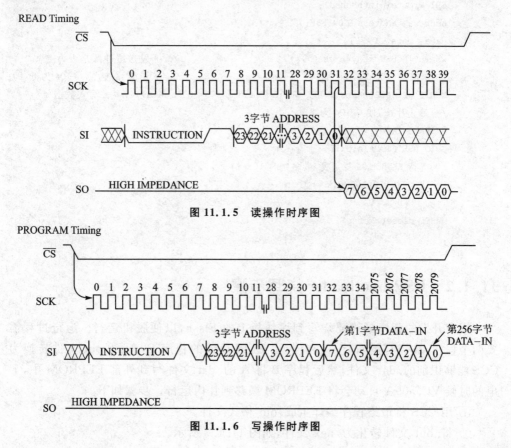

图 11.1.5 读操作时序图

图 11.1.6 写操作时序图

内部操作期间,除 RDSR(读状态寄存器)指令以外,其他指令都可以被忽略;状态寄存器的 $\overline{\text{RDY}}$ 位表示芯片内部写周期是否就绪。因此,Flash 器件内部编程就绪与否可以通过判断状态寄存器这一标志来确定。

16 位地址模式下写一个数据到 EEPROM 中的源程序为:

```
/ * 向 EEROM 中写入一个数据 * /
void SPI_WrieSignal(Uint32 address,Uint32 data)
{
    Uint32 k = 0;
    Uint16 EPROM_status = 0;
    SPI_WriteEN();                                      / * 使能 EEPROM 的写功能 * /
while(!(EPROM_status & 0x2))
{
    EPROM_status = SPI_ReadStatusReg();                 / * 确定写保护是否打开 * /
}
    hMcbsp = MCBSP_open(MCBSP_PORT0,MCBSP_OPEN_RESET);  / * 初始化 McBSP0 * /
    / * 进行 EEPROM 读/写初始化 * /
    SPI_wrdatainit(hMcbsp);
    address = address & 0xFFFF;
    data = data & 0xFF;
    while(!MCBSP_xrdy(hMcbsp)){};                        / * 发送缓冲区是否为空 * /
    GPIO_RSET(IODATA,0x00);                              / * 使能片选,使 GPIO4 为低 * /
    MCBSP_write32(hMcbsp,(SPI_WRITE + (address<<8) + data));  / * 写入数据 * /
    / * 禁止片选,使 GPIO4 为高 * /
    SPIWR_Delay();
    GPIO_RSET(IODATA,0x10);
    / * 等待 EEPROM 写入完成,最多延时 10 ms * /
    for(k = 0;k<0x10000;k ++ )
    {}
    MCBSP_close(hMcbsp);
}
```

11.1.2　DSP bootloader 烧写步骤

用户开发的程序最终要烧写到评估板上的 Flash,以便脱机运行。运行过程需要两个程序,被烧写的程序 A 和读/写 EEPROM 的程序 B,A 的 .out 文件转换为 CCS 能够识别的 .dat 文件,然后程序 B 将 A 的 .dat 文件写到外部 EEPROM 中,上电的时候 VC5509A 自动会将 EEPROM 搬移到片内运行。步骤如下。

① 用 CCS 将最终程序编译生成 .out 格式文件。

② 将 .out 文件转化为 .hex 文件,如图 11.1.7 所示。

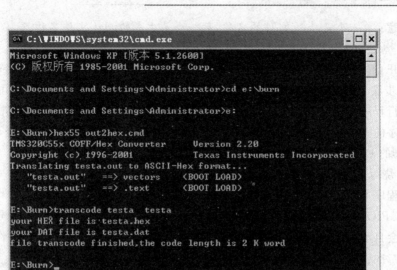

图 11.1.7　bootloader 烧写步骤

用文本编译器编写 .cmd 文件，文件内容如下，并保存为 out2hex.cmd 文件。

```
– boot ;                说明创建 boot 文件
– v5510：2 ;            生成 55x boot 文件格式
– serial8 ;             使用串行加载方式
– a ; ASCII 格式
– reg_config 0x1c00,0x0293 ;在 0x1c00 寄存器写 0x0293
– delay 0x100 ;         延时 0x100 个 CPU 时钟周期
– o testa.hex ;         输出 .hex 文件
testa.out ;             输入的 .out 文件
```

将 hex55.exe、out2hex.cmd、transcode.exe 复制到硬盘同一根目录下，比如 E：\Burn。

运行 dos 环境（"开始"→"运行"，输入 cmd），改变当前路径到 E：\Burn，输入：

```
cd    E：\Burn
```

输入命令：

```
hex55    out2hex.cmd
```

运行后自动在根目录下产生 testa.hex 文件。

③ 产生 .dat 文件。

在同一根目录下运行 transcode.exe 程序，输入以下命令：

```
Transcode    testa  testa
```

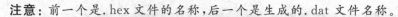

注意：前一个是 .hex 文件的名称，后一个是生成的 .dat 文件名称。

④ 烧写 .dat 文件到 Flash。

打开 CCS，加载 write_flash 目录下的 write_flash.out 文件，再通过 File→Data→Load 将步骤③生成的 testa.dat 文件载入。载入数据文件时直接单击 OK 即可。

运行程序，开始烧写 Flash。烧写过程首先对程序进行擦除，然后再进行烧写。根据程序的大小可能需要几分钟，未烧写完成前最好不要停止程序运行，烧写完成后 XF 引脚的 LED 灯会闪亮。

⑤ 烧写完成后关电重启或复位即可运行 Flash 中的程序。

若程序不能正确引导，可以从以下几个方面查找问题。

➤ GPIO4 的电平变化。在程序正确下载到外部芯片、上电引导的时候，GPIO4 会自动变低，而不需要程序的操作，这是因为 VC5509A 把 GPIO4 作为 DSP 二次引导硬件的一部分。

➤ 判断 DR0 引脚信号电平的变化。在上电开始，DR0 会输出 0x03 的数据，其后是 DX0 的地址输出（最开始是 0x00），然后是 DR0 数据的输出。

➤ 最重要的是 .dat 文件的正确性能。在转换的时候任何一步出现问题，都会导致 DSP 不能正确进行程序引导。

11.2 USB 自举实验

① 首先设置电路进入 USB 启动模式。

设置 GPIO 为 USB 方式启动。使用 USB 线将开发板和 PC 连接，给电路板上电，第一次连接会出现如图 11.2.1 所示对话框，提示安装 USB 设备驱动，这个驱动只需要安装一次，再次使用就不需要安装了。

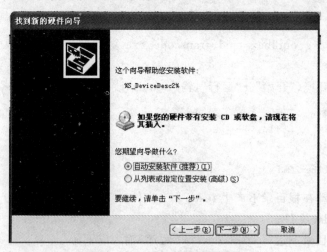

图 11.2.1　添加新的硬件向导

安装完成,将电路板重新上电,在设备管理器里面查看,如图 11.2.2 所示,可以在 USBIO controlled devices 分类下看到一个新设备"％S_DeviceDesc2％",说明驱动安装正确了。

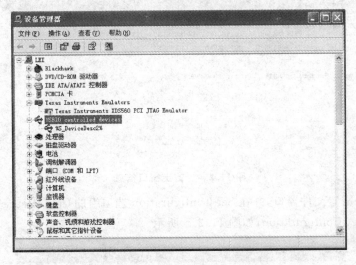

图 11.2.2 设备管理器中的 USB 驱动

② 把要写入的文件 xx. out 名称更改为 boot_img. out,复制文件 boot_img. out 到目录 D:\CCStudio_v3.3\MyProjects\EX15_USBBoot 下,双击 hex 批处理文件,生成 boot_img. bin 文件。

③ 打开 USBIOAPP 可执行文件,如图 11.2.3 所示。

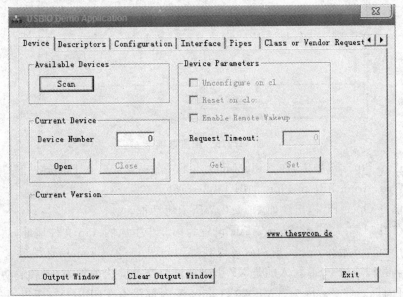

图 11.2.3 USBIOAPP 可执行文件

④ 打开输出窗口并查看输出信息,单击 Open 按钮打开 USB 通道,如图 11.2.4 所示。

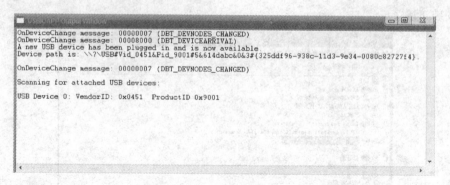

```
OnDeviceChange message: 00000007 (DBT_DEVNODES_CHANGED)
OnDeviceChange message: 00008000 (DBT_DEVICEARRIVAL)
A new USB device has been plugged in and is now available
Device path is: \\?\USB#Vid_0451&Pid_9001#5&614dabc&0&3#{325ddf96-938c-11d3-9e34-0080c82727f4}.

OnDeviceChange message: 00000007 (DBT_DEVNODES_CHANGED)

Scanning for attached USB devices:

USB Device 0: VendorID: 0x0451  ProductID 0x9001
```

图 11.2.4 输出窗口信息

⑤ 打开配置文件窗口,并在 Set Configuration 选项组的 Conf. Desc. 文本框中输入 1,单击 Set Configuration,如图 11.2.5 所示。

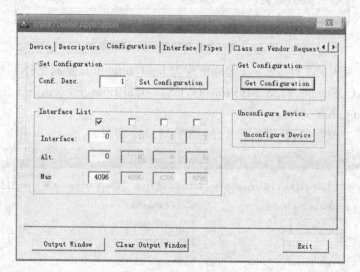

图 11.2.5 配置选项卡

⑥ 进入 Pipes 选项卡,在 Endpoint 文本框中输入 0x06,在 Purpose 下拉列表框中选择 Write from File to Pipe,如图 11.2.6 所示。

⑦ 单击 Open Pipe,出现如图 11.2.7 所示对话框。

⑧ 在图 11.2.7 中,将 Source File 设置为第 2 步生成的 .bin 文件地址,然后单击 Start Writing,开始写入。写成功后可以观察到如图 11.2.8 所示信息提示。

⑨ 本例程通过 USB 写入的是 XF 引脚测试灯交替亮灭的程序,下载成功后可以看到小灯闪烁。注意:因为 TMS320VC5509A 内部没有 EEPROM,所以通过 USB 方式启动的程序掉电丢失。

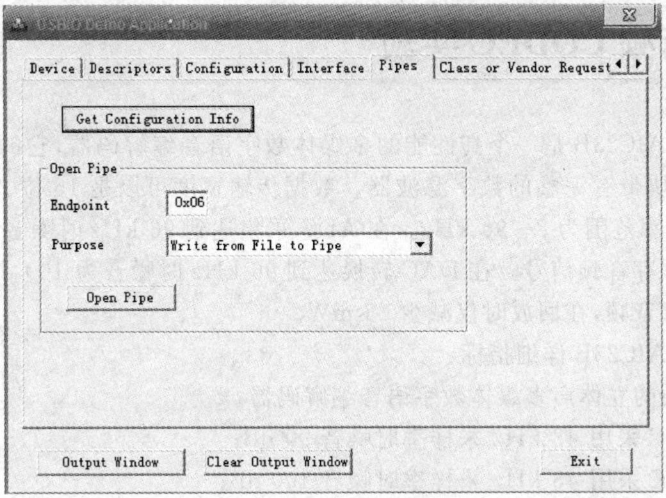
Device
Descriptors
Configuration
Interface
Pipes
Class or Vendor Request
Get Configuration Info
Open Pipe
Endpoint
0x06
Purpose
Write from File to Pipe
Open Pipe
Output Window
Clear Output Window
Exit

图 11.2.6　Pipes 选项卡

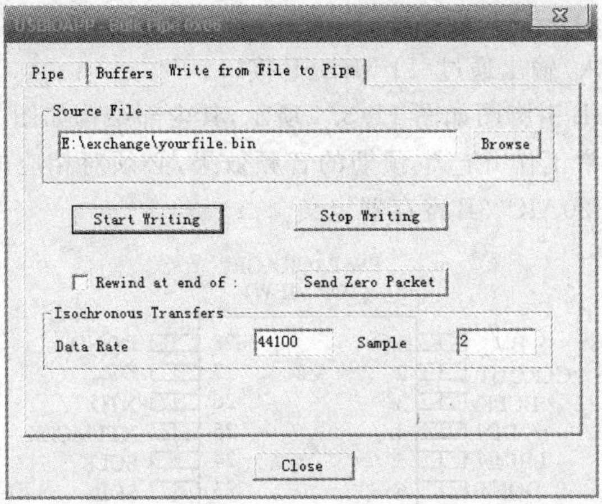
Pipe
Buffers
Write from File to Pipe
Source File
E:\exchange\yourfile.bin
Browse
Start Writing
Stop Writing
Rewind at end of :
Send Zero Packet
Isochronous Transfers
Data Rate
44100
Sample
2
Close

图 11.2.7　Write from File to Pipe 选项卡

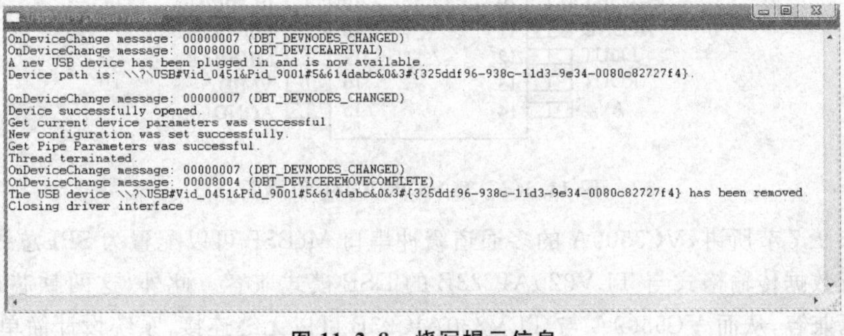
OnDeviceChange message: 00000007 (DBT_DEVNODES_CHANGED)
OnDeviceChange message: 00008000 (DBT_DEVICEARRIVAL)
A new USB device has been plugged in and is now available.
Device path is: \\?\USB#Vid_0451&Pid_9001#5&614dabc&0&3#{325ddf96-938c-11d3-9e34-0080c82727f4}.
OnDeviceChange message: 00000007 (DBT_DEVNODES_CHANGED)
Device successfully opened.
Get current device parameters was successful.
New configuration was set successfully.
Get Pipe Parameters was successful.
Thread terminated.
OnDeviceChange message: 00000007 (DBT_DEVNODES_CHANGED)
OnDeviceChange message: 00008004 (DBT_DEVICEREMOVECOMPLETE)
The USB device \\?\USB#Vid_0451&Pid_9001#5&614dabc&0&3#{325ddf96-938c-11d3-9e34-0080c82727f4} has been removed.
Closing driver interface

图 11.2.8　烧写提示信息

11.3 音频 CODEC 实验

TLV320AIC23B 是一个高性能的多媒体数字语音编解码器,它的内部 ADC 和 DAC 转换模块带有完整的数字滤波器。数据传输宽度可以是 16 位、20 位、24 位和 32 位,采样频率范围为 8~96 kHz。在 ADC 采集达到 96 kHz 时噪音为 90 dBA,能够高保真地保存音频信号。在 DAC 转换达到 96 kHz 时噪音为 100 dBA,能够高品质地数字回放音频,在回放时仅减少 23 mW。

TLV320AIC23B 详细指标:

➢ 高品质的立体声多媒体数字语音编解码器;

➢ 在 ADC 采用 48 kHz 采样率时噪音 90 dB;

➢ 在 DAC 采用 48 kHz 采样率时噪音 100 dB;

➢ 1.42~3.6 V 核心数字电压:兼容 TI C54x DSP 内核电压;

➢ 2.7~3.6 V 缓冲器和模拟:兼容 TI C54x DSP 内核电压;

➢ 支持 8~96 kHz 的采样频率;

➢ 音频数据输入/输出通过 TI McBSP 接口。

TLV320AIC23B 引脚图如图 11.3.1 所示,其内部结构如图 11.3.2 所示。为了使 CODEC 能够正常工作并产生预期的音频效果,必须对相应的寄存器进行配置。表 11.3.1 为 TLV320AIC23B 寄存器定义。

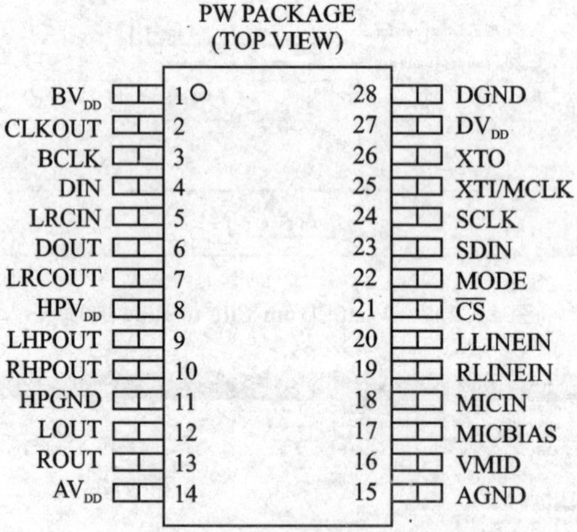

PW PACKAGE
(TOP VIEW)

BV$_{DD}$	1	28 DGND
CLKOUT	2	27 DV$_{DD}$
BCLK	3	26 XTO
DIN	4	25 XTI/MCLK
LRCIN	5	24 SCLK
DOUT	6	23 SDIN
LRCOUT	7	22 MODE
HPV$_{DD}$	8	21 $\overline{CS}$
LHPOUT	9	20 LLINEIN
RHPOUT	10	19 RLINEIN
HPGND	11	18 MICIN
LOUT	12	17 MICBIAS
ROUT	13	16 VMID
AV$_{DD}$	14	15 AGND

图 11.3.1 TLV320AIC23B 引脚图

如 9.7 节所讲,VC5509A 的多通道缓冲串口 McBSP 可以配置为 SPI 总线接口,其串行数据传输格式与 TLV320AIC23B 的 DSP 模式兼容。此外,这两款芯片的 I/O 电压兼容,从而 VC5509A 与 TLV320AIC23B 可以无缝连接,系统设计简单。

如图 11.3.3 所示,MODE 引脚作为串行接口输入模式选择端。0 为 I²C 模式,1

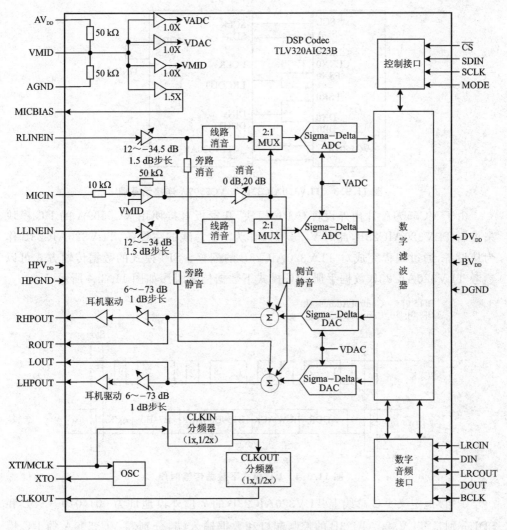

图 11.3.2　TLV320AIC23B 内部结构

为 SPI 模式。

表 11.3.1　TLV320AIC23B 寄存器定义

地　址	寄存器	地　址	寄存器
0000000	左线性输入声道音量控制	0000110	电源控制
0000001	右线性输入声道音量控制	0000111	数字音频接口格式
0000010	左耳机输出声道音量控制	0001000	采样率控制
0000011	右耳机输出声道音量控制	0001001	数字接口激活
0000100	模拟音频通道控制	0001111	复位寄存器
0000101	数字音频通道控制	—	—

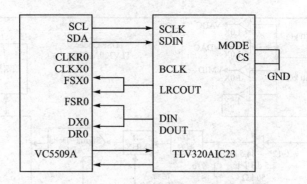

图 11.3.3　TLV320AIC23B 与 VC5509A 连接示意图

由于 VC5509A 片内外设含有 I²C 模块,开发板直接使用 VC5509A 的 I²C 模块来控制 TLV320AIC23B,此时 VC5509A 作为 I²C 总线的主设备,TLV320AIC23B 作为从设备,通过编程完成对 TLV320AIC23B 的配置。SPI 模式的数据传输方式可以参考 TLV320AIC23B 数据手册,I²C 模式下数据传输时序如图 11.3.4 所示。

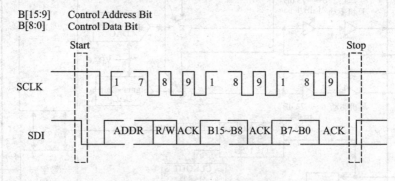

图 11.3.4　I²C 模式下数据传输时序

CS 接地定义 I²C 总线上 TLV320AIC23B 的 7 位外设地址为 0011010。SCL 和 SDI 分别是 TLV320AIC23B 的控制端口和数据输入端,分别和 VC5509A 的 I²C 模块端口 SCL、SDA 相连。

在配置 TLV320AIC23B 的时候,需要注意:

① 写一次地址后,只能对一个寄存器进行写操作,而不能对所有的寄存器进行操作;

② 在 I²C 模式下,数据是分为 2 个 8 位写入的,而 TLV320AIC23B 只有 7 位地址和 9 位数据,所以在编程时需要把数据项的最高位补充到前 8 位;

③ 在更改控制寄存器时,每一次工作状态的改变应对所有的寄存器进行重新写入,否则系统无法正常工作;而且同时应改写 Register10,对所有的寄存器进行复位处理。

根据 TLV320AIC23B 的接口时序,需要对 TLV320AIC23B 的关键寄存器进行

配置,关键参数设置如下:

```
/*数字音频接口格式设置
AIC23 为主模式,数据为 DSP 模式,数据长度 16 位*/
Uint16 digital_audio_inteface_format[2] = {0x0e,0x53};
/*AIC23 的波特率设置,采样率为 44.1 kHz*/
Uint16 sample_rate_control[2] = {0x10,0x23};
/*AIC23 寄存器复位*/
Uint16 reset[2] = {0x1e,0x00};
/*AIC23 节电方式设置,所有部分均参与工作状态*/
Uint16 power_down_control[2] = {0x0c,0x02};
/*AIC23 模拟音频的控制。DAC 使能,ADC 输入选择为 Line*/
Uint16 analog_aduio_path_control[2] = {0x08,0x10};
/*AIC23 数字音频通路的控制*/
Uint16 digital_audio_path_control[2] = {0x0a,0x01};
/*AIC23 数字接口的使能*/
Uint16 digital_interface_activation[2] = {0x12,0x01};
/*AIC23 左通路音频调节*/
Uint16 left_line_input_volume_control[2] = {0x01,0x17};//01 17
/*AIC23 右通路音频调节*/
Uint16 right_line_input_volume_control[2] = {0x3,0x17};//03 17
/*AIC23 耳机左通路音频调节*/
Uint16 left_headphone_volume_control[2] = {0x04,0xF9};//f9
/*AIC23 耳机右通路音频调节*/
Uint16 right_headphone_volume_control[2] = {0x06,0xF9};//f9
        /*设置 AIC23 各部分均工作*/
        I2C_write( power_down_control,        //指向数组首地址
                2,                            //传输数据长度
                1,                            //主机或从机方式设置
                CODEC_ADDR,                   //从机传输地址
                1,                            //传输模式
                30000                         //忙信号等待延时
                );
...
```

设计中要注意以下问题。

➢ 串行口必须设置正确。本系统中的 McBSP0 的移位时钟和帧同步时钟全部由 TLV320AIC23B 提供,在帧同步信号有效后必须延时 1 位进行数据接收和发送。

➢ 模拟电源电压 V_{DD} 在 3.3 V 时,输入音频信号满幅电压有效值不能超过 1 V,

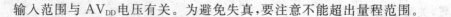
输入范围与 AV_{DD} 电压有关。为避免失真,要注意不能超出量程范围。

➢ 音频采样率及传输字长要和串行口设置一致。

➢ ROUT 和 LOUT 输出的同时,RHPOUT 和 LHPOUT 同时具有信号输出, RHPOUT 相对于 ROUT 只是增加功率驱动而已。

音频 ADC 和普通 ADC 的区别如下。

音频 ADC 都是 Sigma-Delta 型。这种 ADC 本质上是 1 位 ADC,有很大的噪声, 高分辨率是依靠滤波器滤去噪声后获得的。音频 ADC 只关心音频频段,其滤波器 响应就是按这个频段优化设计的,对于直流和很低的低频滤波就要差些。而在采样 直流信号时 Sigma-Delta 恰恰会产生低频杂散(Idle Tone)。

高端音频 ADC 的相对精度可以做得很高, 但绝对精度却无法满足哪怕是很基础的测量 ADC 的需要,这是由音频应用的特性决定的。 音频测量中,关注的是相对精度,绝对精度可以 理解为加在"垫子"上的相对精度。这个"垫子" 对音频应用而言,其高度完全无关紧要;但对工 业测量而言,其离散率却足以致命了。

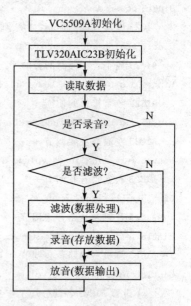

图 11.3.5 系统的程序流程图

人耳在音频内的灵敏度就不是线性的。另 一个很重要的区别是带内线性度,测量用 ADC 必须保证带内线性度,而音频 ADC 却无所谓。

所以,TLV320AIC23B 可以采样 96 kHz 的音频,但价格却是不十分昂贵。

在系统软件部分,首先通过写相关的寄存 器来对 VC5509A 和 TLV320AIC23B 进行初始 化,然后就可以进行音频数据的采集、回放和录 音。整个系统的程序流程如图 11.3.5 所示。

实践证明,该语音采集系统设计简单,工作性能良好,运行稳定可靠,具备一定的实用 价值。

11.4 SD 卡读/写实验

11.4.1 SD 卡简介

安全数码卡(Secure Digital Memory Card),简称 SD 卡,是一种基于半导体快闪 记忆器的新一代记忆设备,它被广泛地用于便携式装置上,如数码相机、个人数码助 理(PDA)和多媒体播放器等。SD 卡由日本松下、东芝及美国 SanDisk 公司于 1999 年

8 月共同开发研制。大小犹如一张邮票的 SD 卡,重量只有 2 g,但却拥有高记忆容量、快速数据传输率、极大的移动灵活性以及很好的安全性。SD 卡之所以得到如此广泛的使用,是因为它具有价格低廉、存储容量大、使用方便、通用性与安全性强等优点。

对于 C55x 系列的 DSP,硬件支持 SD 卡和 MMC 卡,当然也可以通过 I/O 时序模拟方式实现。不过 SD 卡分类太多,初学者在进行 SD 卡读/写的时候,如果不能分清类别和读/写 C55x 硬件不能兼容的标准,调试过程中也分不清楚是硬件或者是软件的问题,就有必要先搞清楚一些基本知识。作者在此就犯过常识性的错误。

SD 卡有两个标准:

① 标准 SD1.1 版,采用 4 位数据带宽,工作频率 25 MHz,100 Mbps 理论数据传输率,设计最大容量 2 GB(部分厂商用特别技术使 SD1.1 版容量达到 4 GB);

② 标准 SD2.0 版,于 2006 年 7 月发布,新标准提高了传输速率和容量,并支持 FAT32。采用 4 位数据带宽,工作频率 50 MHz,200 Mbps 理论数据传输率,设计最大容量 32 GB。

SDHC 是英文"High Capacity SD Memory Card"的缩写,即"高容量 SD 存储卡"。2006 年 5 月,SD 协会发布了最新版的 SD2.0 的系统规范,在其中规定 SDHC 是符合新规范且容量大于 2 GB 小于等于 32 GB 的 SD 卡。SDHC 主要特性在于最高可支持 32 GB,同时传输速度被重新定义为 Class2(2 MBps)、Class4(4 MBps)、Classb(b MBps)等级别。高速的 SD 卡可以支持高分辨视频录制的实时存储。

SD 卡版本如表 11.4.1 所列。图 11.4.1 为 SD 卡的接口与形状。SD 卡标准接口包含 9 根引脚,分别是 V_{DD}、$V_{SS}0 \sim V_{SS}1$、DATA0~DATA3、SDCLK 和 SDCMD。

表 11.4.1 SD 卡版本

尺 寸	标准 SD1.1 版	标准 SD2.0 版
24 mm×32 mm×2.1 mm	SD	SDHC
21.5 mm×20.0 mm×1.4 mm	miniSD	miniSDHC
15 mm×11 mm×1 mm	microSD	microSDHC

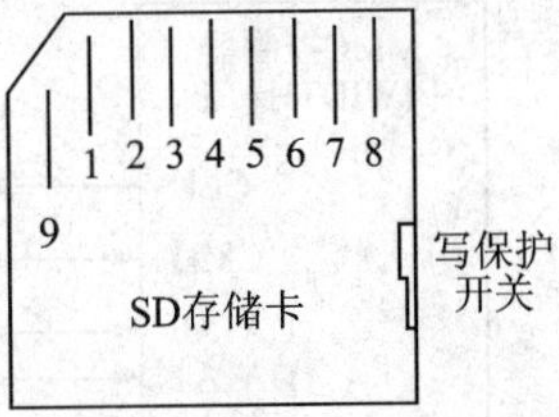

图 11.4.1 SD 卡物理特性

其中:SDCLK 为时钟信号;SDCMD 为双向命令和响应信号;DATA0~DATA3 为双向数据信号;V_{DD}、$V_{SS}0 \sim V_{SS}1$ 为电源和地信号。

SD 模式下允许有一个主机、多个从机(即多个卡),主机可以给从机分配地址。主机发命令,有些命令是发送给指定的从机,有些命令可以以广播形式发送。

SD 模式下可以选择总线宽度,即选用几根 DAT 信号线,可以在主机初始化后设置。

SD 卡系统包括 SD 主控制器、总线和 SD 设备。SD 总线上有一个主设备和多个从设备,星形总线接口。SD 卡系统包括两种可选的通信协议:SD 和串行外部设备接口(Serial Peripheral Interface,SPI),应用程序可以选择其中的一种。图 11.4.2 为 SD 总线的拓扑结构连接。

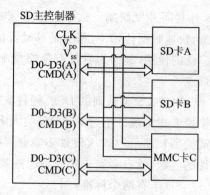

图 11.4.2 SD 总线结构

11.4.2 SD 卡读/写的实现

VC5509A 内部具有 MMC/SD 控制器(见图 11.4.3),初学者不必掌握十分复杂的 SD 卡协议,先使用控制器读/写 SD 卡,建立一个感性的印象,然后逐步掌握 SD 卡协议。先完成对它的操作,再去研究内部结构,由外而内。DSP SD 卡电路如图 11.4.4 所示。

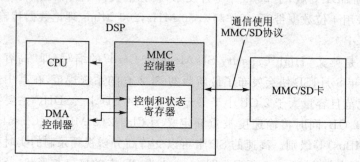

图 11.4.3 DSP MMC/SD 控制器内部结构

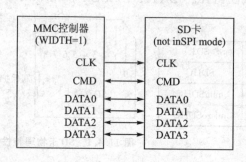

图 11.4.4 DSP SD 卡电路

在 VC5509A 片内外设中,MMC/SD 控制器和 McBSP 引脚是兼容的,必须在 EBSR 寄存器中选择是 MMC/SD 模式还是 McBSP。VC5509A 具有 3 个 McBSP,但只有 McBSP1 和 McBSP2 具有 MMC/SD 功能,也就是 VC5509A 片内具有 2 个 MMC/SD 控制器。

MMC 控制器可以在存储卡和 CPU 或 DMA 控制器之间传输数据,也可以在存储卡之间传输数据。CPU 和 DMA 控制器可以读/写 MMC 控制器的控制寄存器和状态寄存器。在必要时 CPU 和 DMA 控制器可以将数据存储在 DSP 存储器中或外设的寄存器中,也可从 DSP 存储器或外设的寄存器中获得数据。CPU 可以通过读/写状态寄存器来监视数据的传输情况,并响应中断。DMA 控制器可以通过两个 DMA 时间来改变接收和发送的状态。MMC 控制器主要由 MMCCTL、MMCF-CLK、MMCCLK 寄存器来控制,其寄存器详细说明如表 11.4.2~表 11.4.4 所列。

表 11.4.2   MMCCTL 寄存器

位	字 段	数值以及说明
8	DMAEN	0 表示禁止 DMA；1 表示使能 DMA
7～6	DATEG	00 表示禁止 DATA3 边缘检测；01 表示 DATA3 上升沿检测；10 表示 DATA3 下降沿检测；11 表示 DATA3 上升和下降沿都进行边缘检测
2	WIDTH	0 表示 1 位数据宽度；0 表示 4 位数据宽度
1	CMDRST	0 表示 MMC 控制器的命令使能；1 表示 MMC 控制器的命令复位
0	DATRST	0 表示 MMC 控制器的数据使能；1 表示 MMC 控制器的数据复位

表 11.4.3   MMCFCLK 寄存器

位	字 段	数 值	说 明
8	IDLEEN	0/1	MMC 控制器不能被停止，如果 PERI＝1，则 IDLE 命令后 MMC 控制器进入静止模式
7～0	FDIV	0～255	工作时钟分频系数

表 11.4.4   MMCCLK 寄存器

位	字 段	数 值	说 明
4	CLKEN	0/1	CLK 信号被禁止，该引脚的信号为低 CLK 信号使能
3～0	CDIV	0～15	存储时钟分频系数

MMC 控制器和存储卡之间传输数据可采用 MMC 传输模式和 SD 传输模式，当连接多个卡时 MMC 控制器使用 MMC/SD 控制器发送命令来选择一个卡，每次只与一个卡进行通信。

VC5509A 控制器的初始化主要过程如下。

① 复位 MMCCTL 的 CMDRST 和 DATRST。通过 DMAEN 来使能或禁止 DMA 事件，设置 SPIEN 位禁止 SPI 模式，清除 DATEG 位禁止 DATA3 的边缘检测。

② 设置 MMCFCLK 寄存器的 FDIV 分频系数和 MMCCLK 寄存器的 CDIV 分频系数。

③ 设置 MMC 控制器的使能 IDLE 能力。

④ 置 MMCCTL 的 CMDRST 和 DATRST 位为 1，使其脱离复位状态。

SD 卡初始化操作信息：

```
MMC_SetupNative Init = {
    0,    /* 禁止 DMA 方式传输数据                    */
    0,    /* 设置监测 DATA3 引脚边沿方式              */
    0,    /* 监测 MMC 是否进入 IDLE 模式              */
    1,    /* 存储时钟连接到 CLK 引脚                  */
    7,    /* CPU 时钟到 MMC 时钟的分频系数            */
    5,    /* MMC 时钟到存储时钟的分频系数            */
    0,    /* 响应超时的时钟数                        */
    0,    /* 数据超时的时钟数                        */
    512,  /* 传输的块字节数                          */
};
```

VC5509A 的 SD 卡读/写操作过程如下。

① 发送命令 SEND_GO_IDLE,使所有卡进入静止状态。

② 发送 SD 卡的工作电压,即工作条件,获取所有 SD 卡的信息,将不在工作电压范围内的卡设置为不可用状态。重复步骤③~⑤,直到识别所有的 SD 卡。

③ 获取 SD 卡的 ID 信息。

④ 分配 SD 卡的相对位置。

⑤ 选择要操作的 SD 卡。

⑥ 向 SD 卡发送或者读取 512 字节内容。

⑦ 关闭 SD 卡控制器。

SD 卡的读/写只能以块的形式进行,TI 已经提供了专门针对 MMC 操作的 CSL 库函数。读/写单个块的函数原型为:

```
void MMC_read(MMC_Handle mmc,Uint32 cardAddr,Void * buffer,Uint16 buflen);
void MMC_Write(MMC_Handle mmc,Uint32 cardAddr,Void * buffer,Uint16 buflen);
```

函数中使用的参数说明:MMC_Handle mmc,操作 SD 卡的句柄;Uint32 cardAddr,读/写的起始地址;Void * buffer,缓冲区的起始长度;buflen,读/写缓冲区的长度。

SD 卡读/写操作代码:

```
mmc1 = MMC_open(MMC_DEV1);
MMC_setupNative(mmc1,&Init);
MMC_sendGoIdle(mmc1);
for(count = 0;count<4016;count + + )
cardtype = MMC_sendOpCond(mmc1,0x00100000);
if(cardtype == SD_CARD)
{
    cid = &cardid;
    SD_sendAllCID(mmc1,cid);//获取所有卡的 CID 信息
```

```
        card = &cardalloc;
        rca = SD_sendRca(mmc1,card);
}
/ *选择传输卡的传输数据,这一步使卡进入传输数据状态 * /
retVal = MMC_selectCard(mmc1,card);
MMC_read(mmc1,addr,buff,512);
for(count = 0;count< = 6000; + + count)
        MMC_close(mmc1);
```

11.5　SDRAM 读/写实验

11.5.1　SDRAM 简述

TMS320VC5509A 可以和标准的 SDRAM 接口。C55x 系列 DSP 的 EMIF 共有 4 个片选端(CS0～CS3),故可以接 4 片存储器,但 EMIF 如果接 SDRAM,只能接两 类 SDRAM:一类是 4M×16 bit,另一类是 8M×16 bit。这里以 4 M×16 bit 为例。 HY57V641620 是一款 Hynix 公司的 SDRAM 产品。

EMIF 对 SDRAM 的操作命令共有 7 种,通过这 7 种命令的组合完成对 SDRAM 的各种读、写、刷新等操作。这 7 种操作分别是:DCAB(预充,也叫关闭存 储体),ACTV(激活),READ(读),WRT(写),MRS(设置 SDRAM 的 MRS 寄存器), REFR(刷新),NOP(空操作)。表 11.5.1 是 EMIF 执行这 7 种命令时引脚的状态。 可以看出,DSP 是通过 SDRAS、SDCAS、SDWE 来对 SDRAM 进行操作的。共 3 个 命令引脚,8 种命令组合,从表 11.5.1 可以看到对 SDRAM 的操作已经使用了 7 种 命令。

表 11.5.1　EMIF 对 SDRAM 操作时的引脚状态

指　令	$\overline{CEn}$	$\overline{SDRAS}$	$\overline{SDCAS}$	$\overline{SDWE}$	A[14:12]	SDA10	A[10:1]
DCAB	0	0	1	0	X	1	X
ACTV	0	0	1	1	ROW	ROW	ROW
READ	0	1	0	1	ROW	0	COL
WRT	0	1	0	0	ROW	0	COL
MRS	0	0	0	0	X	X	MRS
REFR	0	0	0	1	X	X	X
NOP	0	1	1	1	X	X	X

SDRAM 的一个缺点是要定时刷新。目前公认的 SDRAM 最长刷新时间为

64 ms,即为了不让 SDRAM 的数据丢失,在 64 ms 内要对 SDRAM 进行一次刷新操作。SDRAM 的刷新分为 AR(自动刷新)与 SR(自刷新)两种。AR 与 SR 的刷新都是 SDRAM 内部自动完成的,两者的区别在于定时时间的来源。AR 的时间间隔受控于外部设备(DSP 或其他外设),由外部设备决定是否要对 SDRAM 进行刷新;SR 的时间间隔是由 SDRAM 的片内时钟决定的。在应用方面,两者的区别在于:一般说来,如果主设备正常工作,则多会接成 AR 模式;当主设备为了省电,需要进入掉电或休眠态时,这时为了保证数据不丢失,一般需要切换到 SR 模式。

CKE 引脚用来选择 SDRAM 的刷新模式:如果接高电平,为 AR 模式;如果接低电平,为 SR 模式。也可以用 C55x 的 XF 引脚或 GPIO4 引脚接 CKE,然后根据程序运行需要选择刷新模式。BA0 和 BA1 是 SDRAM 块区域选择引脚,由 BA0 和 BA1 来决定现在要访问的是哪个区域。DQM[H:L]用来读取 BE[1:0]信号,根据其引脚的信号组合来决定被访问的数据大小(8 位、16 位、24 位或 32 位)。

11.5.2 配置 EMIF 访问 SDRAM

正确访问 SDRAM 芯片,需要首先写 DSP 时钟发生器确定 DSP 的时钟频率,然后配置外部 SDRAM 的访问模式。

设置 DSP 的时钟频率时,需先清除 MEMCEN 位,防止 CLKMEM 引脚驱动存储器时钟。保持 MEMCEN=0,写 EGCR 寄存器中的 MEMFREQ 和 WPE。WPE=1 时,CE 空间写使能;反之禁止写。TMS320VC5509A 中,当 CPU 频率为 144 MHz、MEMFREQ=001b(1/2 CPU 频率)时,外部总线选择寄存器(EBSR)中 EMIFX2 位必须置 1;对于其他的 MEMFREQ 值,必须置 0。

将映射为外部 SDRAM 的每一个 CE 空间的 CE 空间控制寄存器中的 MTYPE 设置成 011b,表明外存为 16 位的 SDRAM。接下来,设置 SDRAM 控制寄存器 1(SDC1)中的 SDSIZE=0(表明 SDRAM 的大小为 64 Mbit),SDWID=0(表明 SDRAM 存储器宽度是 16 位);设置 SDRAM 控制寄存器 2(SDC2)中的 SDACC=0,表明 EMIF 提供 16 位数据线给 SDRAM。最后,置位 MEMCEN,写 SDRAM 初始化寄存器(INIT)。需要说明的是:如果由 EMIF 控制 SDRAM 自刷新,还要写 SDRAM 周期寄存器(SDPER)。当所有数值设定好以后,延时 6 个 CPU 时钟周期,EMIF 开始按顺序初始化 SDRAM。

11.5.3 SDRAM 的配置与初始化

EMIF 的功能较多,当 EMIF 接 SDRAM 时,要对 EMIF 的功能进行配置。EMIF 有 4 个片选区间段可以用来接存储器或外设,分别为 CE0~CE4,每个区间段可以单独使用。把 C55x 系列 DSP 某一个区间接成外部 SDRAM 时,首先要对

EMIF 进行配置。配置步骤如下。

① 在 CE0～CE4 段内,对于要与 SDRAM 接口的区间,都将其寄存器 CEn_1 的 MTYPE 位置为 011b,表示这个区间段内将连接存储器类型为 SDRAM。

② 配置寄存器 SDC1 的 SDSIZE 和 SDWID 位,配置成 4 M×16 bit 或 8 M×16 bit,表示外接 SDRAM 的大小。

③ 配置寄存器 SDC2 的 SDACC 为 16 位模式(只能配置成 16 位宽),然后设置寄存器 SDC1 的 REFN 位,设成 AR 模式。

④ 把 SDRAM 的一些运行参数配置到 EMIF 的控制寄存器 SDC1、SDC2、SDC3 中,主要是一些与延时相关的参数,如 TRCD、TRP、TRC、TMRD、TRAS、TACTV2、ACTV 等,这些参数根据使用 SDRAM 的型号、参数不同而不同,在 SDRAM 的数据手册上可以获得。

⑤ 配置 SDRAM 的计数寄存器 SDCNT 和周期寄存器 SDPER,这 2 个寄存器用来记录刷新时间。

⑥ 配置 SDRAM 的时钟频率并打开 EMIF 的 SDRAM 时钟,主要是配置 EGCR 的 MEMFREQ 引脚并打开 MEMCEN 脚。配置完 EGCR 的 MEMFREQ 位后,根据 EGCR 不同的配置来设置 SDC3:若 MEMFREQ 置为 00b,则 SDC3 置为 07H;若 MEMFREQ 置为 01b,则 SDC3 置为 03h。

⑦ 配置 EMIF 全局控制寄存器 EGCR 的 WPE 位,是否使能写有效。

⑧ 写完上述所有参数后,启动 EMIF 对 SDRAM 的初始化,方法是写 EMIF 的 INIT 寄存器。写入任意数据均会使得 EMIF 启动对片外 SDRAM 的一个连续的初始化操作。

当某个 CE 空间被配置为 SDRAM 空间后,必须对其进行初始化。任何对 INIT 的写操作都会要求对 SDRAM 进行初始化,初始化操作前必须正确设置 MTYPE。整个初始化过程包括以下步骤:发 3 个 NOP 到所有 SDRAM 空间;执行 1 个 DCAB 命令;执行 8 个 REFR 命令;执行 1 个 MRS 命令;清除 SDRAM 的 INIT 中的数据。

由于 SDRAM 的行列地址复用 EMIF 相同的引脚,EMIF 对行列地址位的选择做了适当的处理:SDRAM 芯片把 A10 引脚的输入既作为控制信号也作为地址位,SDA10 引脚在 EMIF 接口中的功能与 A10 在 SDRAM 中的功能类似。在读/写命令时,EMIF 置 SDA10=0;DCAB 命令时,置 SDA10=1;ACTV 命令时,把 SDA10 作为行地址第 10 位。

SDRAM 属于分页存储器,EMIF 的 SDRAM 控制器会监测 SDRAM 活动行的地址,避免行地址越界。为了完成这一任务,在每一个 CE 空间,EMIF 都会单独保存当前活动页面的地址,并与后续存取访问的地址进行比较。在一次存取访问过程中,如果页面边界越界,EMIF 会执行一个 DCAB 命令并开始访问一个新的行(ACTV命令)。需要说明的是:当前存取操作的结束并不要求关闭已经激活了的 SDRAM 行。这个特点的好处是减少了关闭/激活之间的切换时间,提高了接口的性能。尽管如此,EMIF 不管外部 SDRAM 包含多少个存储体,它一次只允许激活一个存储器中的一行。

11.5.4 SDRAM 的刷新

SDRAM 为了提高存储容量,采用硅片电容来存储信息。随着时间的推移,必须给电容重新充电才能保持电容里的数据信息,这就是所谓的刷新。VC5509A 不支持 SDRAM 自刷新命令,只支持自动刷新命令,因此,CKE 引脚必须置 1。绝大多数情况下,为防止 SDRAM 中数据的丢失,必须在规则的时间间隔内发送自动刷新命令。

SDC1 中的 RFEN 位决定着 EMIF 是否具有控制 SDRAM 自动刷新的能力:RFEN=0 时,EMIF 不启动刷新命令,必须确保由外部器件控制刷新;RFEN=1 时,EMIF 发出自动刷新命令。在 REFR 命令之前,会自动插入一个 DCAB 命令,这保证了所有被配置为 SDRAM 空间的 CE 空间不被激活。刷新前后,页面信息会变为无效。自动刷新请求由 EMIF 内部的两个计数器产生,EMIF 监测刷新请求次数,在没有更高优先级请求发生时执行自动刷新请求。

一个计数器产生周期刷新请求,通过写 SDPER 来定义这个周期。由 CLKMEM 时钟控制计数器进行减 1 计数,减到 0 时,自动从 SDPER 重新装载。另外一个 2 位的计数器产生紧急刷新请求,用来监测提交的刷新请求的次数:每提交一个请求,计数器加 1;每执行一个刷新周期,计数器减 1;复位时,计数器自动置为 11b,以保证存取访问开始之前先进行若干次刷新。计数器的值为 11b 代表紧急刷新状态,迫使控制器关闭当前的 SDRAM 页面,然后,SDRAM 控制器在 DCAB 命令后执行 3 次 REFR 命令,使计数器的值减为 0,再完成余下的存取操作。当 SDRAM 的引脚不被激活时,如果没有访问 SDRAM 的请求,只要该计数器中的值非 0,EMIF 都会发送 REFR 命令。

11.5.5 SDRAM 的读/写操作

一个正常的读操作步骤如下。

① 无论读还是写,在执行前都要选中被操作的行,这个选中的操作可以理解为激活,所以读操作的第一个命令为激活,即先执行一个激活命令 ACTV,在执行 ACTV 命令的同时,地址线上出现要被激活的行地址。

② 激活要读的行后,延时 TRCD 时间。

③ 执行读命令,同时给出列地址。

④ 再延时 3 个周期(CAS 时间,也可以设为 2)。

⑤ 数据出现在 D 总线上,可以进行读。

EMIF 的读操作时序图如图 11.5.1 所示。这样，从时序图上更容易理解读操作。

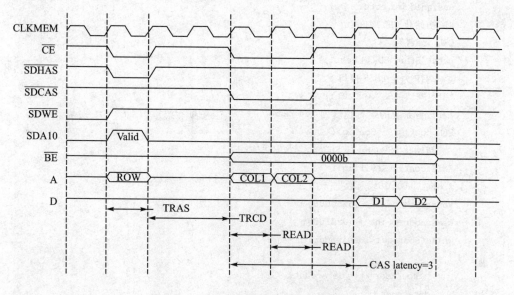

图 11.5.1　EMIF 的读操作时序图

　　读数据时也可能发生其他情况，比如读到某个页面的边界，再读就要越界，那么 EMIF 会先执行一个 DCAB 命令去关闭存储器，然后开始新一个行的激活（ACTV），再延时 TRCD 时间后重新开始读。如果此时用来刷新的计时器计数满，则产生自动周期刷新请求（假设 SDRAM 工作在 AR 模式）。这时 EMIF 会判断当前是否有访问 SDRAM 的请求，如果没有，则 EMIF 会发送 REFR 命令，执行刷新操作；如果当前仍有访问 SDRAM 的请求，则 EMIF 会在另外一个计数器（2 位）把刷新次数加 1，这个计数器加到 11b 时，代表进入紧急刷新状念，EMIF 会强行关当前的 SDRAM 页面（执行 DCAB 操作），然后 SDRAM 执行 3 次刷新（REFR），同时这 2 位长的计数器被减为 0，然后 EMIF 再继续完成剩下的存取操作。

　　在使用之前需要包含调试环境下的配置，请注意，如果没有正常配置，在访问 VC5509A 片外时有可能出现仿真器死机现象，因此，使用前最好使用 GEL 下的文件初始化调试环境。使用方法如下：执行 File→Load GEL，选中配套资料里面 Program 目录下的 VC5509-A. GEL 文件即可。

　　在使用 SDRAM 之前必须对其进行配置，配置过程如下：

　　① 设置寄存器 EBSR，将外部总线设为全 EMIF 模式；

　　② 设置寄存器 CEx，选择容量大小、数据位宽、刷新的方式；

　　③ 设置有关时序的寄存器，包括 SDC1、SDPER、SDCNT 和 SDC2。

　　完整的 SDRAM 程序读/写如下所示：

```
main()
{
    unsigned int error = 0,i;
    /*初始化 CSL 库*/
    CSL_init();
    puts("Start SDRAM test");
    /*EMIF 为全 EMIF 接口*/
    CHIP_RSET(XBSR,0x0a01);
    /*设置系统的运行速度为 144 MHz*/
    PLL_config(&myConfig);
    /*初始化 DSP 的外部 SDRAM*/
    EMIF_config(&emiffig);
    /*向 SDRAM 中写入数据*/
    souraddr = (int *)0x40000;
    deminaddr = (int *)0x41000;
    while(souraddr<deminaddr)
    {
        *souraddr ++ = datacount;
        datacount ++      ;
        //for(i = 0;i<100;i ++ );
    }
    /*读出 SRAM 中的数据*/
    souraddr = (int *)0x40000;
    datacount = 0;
    while(souraddr<deminaddr)
    {
        databuffer[datacount ++ ] = *souraddr ++ ;
        if(databuffer[datacount - 1]! = (datacount - 1))
        {
            error ++ ;
            //printf("%d",datacount - 1);
        }
        //for(i = 0;i<100;i ++ );
    }
    if(error == 0)
        printf("SDRAM test completed! No Error!");
    while(1);
}
```

11.6　12864 图形液晶显示实验

LCD 显示器以其功耗低、显示美观等特点得到广泛的应用。除了大量使用的数字式显示器外,点阵式的显示器由于能显示字符和图形也日益得到人们的青睐,尤其在一些便携式仪器、仪表中使用点阵式显示器更具有其独特优点。通用的 DSP 微处理器使用面也很广,用它可构成各种信号处理、分析系统等。然而,当 DSP 与 LCD 接口时,由于两者的指令格式与时序并不兼容,再加上点阵式 LCD 显示器控制较为复杂,使得接口的软、硬件设计也比较复杂,有些问题必须要仔细考虑。

11.6.1　简介与型号选型

TJDM12864M 是一款带中文字库的图形点阵模块,由动态驱动方式驱动 128×64 点阵显示;低功耗,供应电压范围宽;内含多功能的指令集,操作简易;采用 COB 工艺制作,结构稳固,使用寿命长。

➤ 提供 8 位、4 位及串行接口可选。

➤ 64×16 位字符显示 RAM(DDRAM 最多 16 字符×4 行,LCD 显示范围 16×2 行)。

➤ 2 Mbit 中文字型 ROM(CGROM),总共提供 8 192 个中文字型(16×16 点阵)。

➤ 16 Kbit 半宽字型 ROM(HCGROM),总共提供 126 个西文字型(16×8 点阵)。

➤ 64×16 位字符产生 RAM(CGRAM,15×16 位共 240 点 ICON RAM(ICON-RAM)。

➤ 自动复位(RESET)功能。

➤ 绘图及文字画面混合显示功能。

➤ 提供多功能指令:

画面清除(Display Clear)　　　　　　游标移位(Cursor Shift)
游标归位(Return Home)　　　　　　显示移位(Display Shift)
显示开/关(Display on/off)　　　　　垂直画面旋转(Vertical Line Scroll)
游标显示/隐藏(Cursor on/off)　　　反白显示(By-line Reverse Display)
字符闪烁(Display Character Blink)　睡眠模式(Sleep Mode)

引脚特性如表 11.6.1 所列。

表 11.6.1　TJDM12864M 引脚接口特性

引　脚	符　号	电　平	功能描述
1	V$_{SS}$	0 V	接地(GND)
2	V$_{DD}$	5.0 V	电源电压
3	VO	负压	液晶显示器驱动电压调节端
4	RS	H/L	并口模式寄存器选择:H 为数据,L 为指令。串口片选信号:H 为有效,L 为失效
5	R/W	H/L	并口模式:H 为读,L 为写。串口数据线
6	E	H/L	并口:读/写起始脚。串口:连续时钟输入
7~10	DB0~DB3	H/L	数据总线低 4 位,4 位并口及串口时悬空
11~14	DB4~DB7	H/L	数据总线高 4 位,串口时悬空,DB7 可作 BUSY 标志
15	PSB	H/L	H 为 8/4 位数据接口模式,L 为串行接口模式。由硬件设置时,此脚悬空
16	NC	—	悬空
17	RST	H/L	复位信号,选择硬件复位时,此脚悬空
18	V$_{EE}$	负压	液晶显示器驱动电压
19	BLA	5 V	背光正
20	BLK	0 V	背光负

11.6.2　电路接口

如图 11.6.1 所示,该 12864 液晶为 128×64 点图形液晶,适用型号为 TJDM12864M。

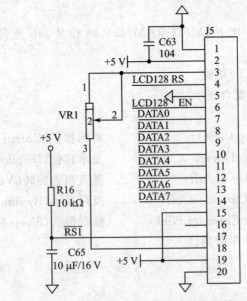

图 11.6.1　128×64 点图形液晶电路接口

11.6.3　底层驱动函数

底层驱动函数如下所示：

```
/*******************************************
* LCD12864 写命令或者指令程序函数          *
* 入口：命令或者数据,写入内容              *
*******************************************/
void  wr_lcd(unsigned char dat_comm,unsigned char content)
{
    Delay(40);
    if(dat_comm)
    {
    LCD_REG = 0x04;                      //rs == 1   en == 0   写数据端口
    LCD_DATA = content;
    LCD_REG = 0x0c;                      //rs == 1 en = 1;
    delaynum(100);
    //LCD_REG = 0x04;                    //en = 0
    LCD_REG = 0x00;                      //en = 0
    }
    else
    {
    LCD_REG = 0x00;                      //rs == 0   en == 0   写地址端口
    LCD_DATA = content;
    LCD_REG = 0x08;                      //en = 1;
    delaynum(100);
    LCD_REG = 0x00;                      //en = 0
    }
}
    wr_lcd(comm,0x30);                   //
    wr_lcd(comm,0x01);                   ////清屏
    wr_lcd(comm,0x06);                   ////整体显示开,游标开
    wr_lcd(comm,0x0c);
    wr_lcd(comm,0x80);                   ////第 1 行第 1 个字节地址
    lcd("欢迎使用红尘开发板");
    wr_lcd(comm,0x90);                   ////第 2 行第 1 个字节地址
    lcd("hellodsp.com       ");
    wr_lcd(comm,0x88);                   ////第 3 行第 1 个字节地址
    lcd(" Cth 5509V10       ");
    wr_lcd(comm,0x98);                   ////第 4 行第 1 个字节地址
    lcd("TJDM12864 液晶显示");
```

第 **12** 章

数字信号处理算法与实践

数字信号处理技术在最近 20 年获得了广泛的应用。数字信号处理理论和算法是这项技术的一个核心,数字信号处理器是另一个核心,其中可编程的 DSP 可以将性能很好的信号处理算法方便地应用到实时信号处理中。根据应用领域不同,所使用的算法略有不同。

通用数字信号处理算法:FIR 滤波器、IIR 滤波器、DFT 变换、FFT 变换。

机电控制算法:电机伺服、PLC 算法。

通信类算法:DTMF 收发、调制/解调算法、通信信道编/解码。

信号处理算法:语音信号编/解码算法 G.723、G.729、MP3、AAC。

静止图像编解码算法:JPEG、JPEG2000、小波变换压缩算法。

视频编解码算法:MPEG1、MPEG2、MPEG4、H.263 压缩算法。

DSP 内核对算法的影响如下。

① 硬件上采用了多总线哈佛结构,提高了数据的处理能力与速度。我们可以利用块搬移指令在程序与数据空间、两块数据空间之间实现快速的数据块搬移。

② 采用了独立的硬件乘加器,极大地提高了数字信号处理算法的运行速度。特别在实现 FIR 滤波器、相关器、卷积器等数字信号处理算法时应当充分利用这个特性。权衡现有优化算法与算法的 DSP 优化间的利弊,注意现有优化算法不一定适合DSP 的实现。

③ DSP 设有循环寻址、位反转寻址等特殊指令循环寻址用于实现滤波器,对多采样率滤波器有很大好处。位反转寻址加速了 FFT 算法的实现。

④ 内部独立的 DMA 总线控制器。通过 DSP 器件中一组或多组独立的 DMA总线,可以实现程序执行与数据传输的并行工作。

⑤ 指令执行采用流水线结构,具有较高的指令执行速度。在设计算法特别是程序编写时,应特别注意一方面利用好流水线,另一方面有效地防止流水线冲突。

对于浮点 DSP 处理器,算法的移植相对简单一些,但也要注意数据的范围和精度的控制。对于定点 DSP 处理器,就要特别注意定点化工作和防止数据溢出的处理。

传统开发 DSP 的思路要求开发者在了解 DSP 的硬件结构、原理的同时,还必须了解信号处理理论、算法,这无疑加长了开发周期。为了适应现在 IT 市场的激烈竞争,软件开发人员需要利用高层次集成开发环境,来帮助他们摆脱底层设计的困扰,以便集中精力探索算法,获得技术上的突破。因此,使用一套能够集概念设计、模拟/仿真、目标代码生成、运行和调试于一体的开发环境成为迫切需要。

MATLAB 是 MathWorks 公司开发的一种科学计算软件,其强大的数学分析和计算功能适用于工程应用各领域的分析设计与复杂计算,使用方便、运算效率高且内容丰富,很容易被用户自行扩展,是数字信号处理算法设计与仿真的最佳工具,当前已成为美国和其他发达国家大学教学和科学研究中最常用且必不可少的工具。

MATLAB 作为一种有效的信号处理工具出现后,逐渐渗透到 DSP 的设计当中。MATLAB 是一个强大的分析、计算和可视化工具,使用非常方便。用 C 语言要比用汇编语言方便得多,而用 MATLAB 又比用 C 语言、汇编编程方便得多。

12.1　基于 MATLAB 的 DSP 调试方法

MATLAB 辅助 DSP 开发实现的关键是建立 MATLAB 与 DSP 间的链接。以往一般是由开发工具 MATLAB 把仿真结果先保存再调入 CCS 中,存入 CCS 中的仿真中间结果与 MATLAB 的仿真结果进行比较,以此发现 DSP 程序的不足,这需要反复操作,比较麻烦。MathWorks 公司和 TI 公司共同开发的 MATLAB Link for CCS 开发工具(CCSLink),实现了在 MATLAB、TI CCS 开发环境和 DSP 硬件间的双向链接,开发者可以利用 MATLAB 强大的数据处理、分析、可视化功能来处理 CCS 和目标 DSP 中的数据,可以大大简化 DSP 软件开发的分析、调试和验证过程,缩短软件开发周期。

MATLAB 可通过 3 种方式与 CCS、目标 DSP 进行链接、数据变换。CCSLink 提供了 3 种链接对象:

> 与 CCS 的链接对象可从 MATLAB 命令窗运行 CCS 中的应用程序,向目标 DSP 的存储器、寄存器读出/写入数据,检查 DSP 状态,开始/停止目标 DSP 中运行的程序;

> 与 RTDX(实时数据交换)的链接对象使 MATLAB 与目标 DSP 直接通信,MATLAB 可以实时地向目标 DSP 取出/发送数据,并不停止 DSP 中正在执行的程序;

> 嵌入式对象在 MATLAB 环境中创建,该对象可代表嵌入在目标 C 程序中的变量,由其可以直接对嵌入在目标 DSP 存储器/寄存器中的变量进行操作。

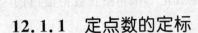

12.1.1 定点数的定标

在用 DSP 进行信号处理时,数的表示是关键问题。在 TMS320C55x 定点 DSP 中,数据采用定点表示法。定点数最常用的是 Qm.n 表示法,数据的范围和精度是确定的,会产生有限字长效应。由于 MATLAB 与 C55x DSP 所支持的 C 语言或汇编语言在运算精度、动态范围上不相同,当 MATLAB 与 DSP 进行数据交换时,应分析数据及其运算结果的变化范围,选择合适的格式对数据进行规格化,以保证运算结果正确可靠。如果因为运算精度或动态范围导致的结果与预期偏差太大,就需要重新修改程序代码。

在定点 DSP 芯片中,采用定点数进行数值运算,其操作数一般采用整型数来表示。一个整型数的最大表示范围取决于 DSP 芯片所给定的字长,一般为 16 位或 24 位,本文采用的 DSP 芯片为 16 位。显然,字长越长,所能表示的数的范围越大,精度也越高。在滤波器的实现过程中,DSP 所要处理的数可能是整数,也可能是小数或混合小数;然而,DSP 在执行算术运算指令时,并不知道当前所处理的数据是整数还是小数,更不能指出小数点的位置在哪里。因此,在编程时必须指定一个数的小数点处于哪一位,这就是定标。

通过定标,可以在 16 位数的不同位置上确定小数点,从而表示出一个范围大小不同且精度也不同的小数。例如:在 Q_{15} 中,1080H＝0.128 906 25;在 Q_0 时,1080H＝4 224。

同样一个 16 位数,若小数点设定的位置不同,它所表示的数也就不同。但对于 DSP 芯片来说,处理的方法是相同的。从上例中还可以看出,不同的 Q 表示的数不仅范围不同,而且精度也不相同。Q 越大,数值范围越小,但精度越高;相反,Q 越小,数值范围越大,但精度越低。因此,对定点数而言,数值范围与精度是一对矛盾,一个变量要想能够表示较大的数值范围,必须以牺牲精度为代价,要想提高精度,则数的表示范围就相应的减小。在实际的定点算法中,为达到最佳的性能,必须充分考虑这一点。

在运用定点 DSP 时,如何选择合适的 Q 值是一个关键性问题。就 DSP 运算的处理过程来说,实际参与运算的都是变量,有的是未知的,有的则在运算过程中不断改变数值,但它们在实际工程环境中作为一个物理参量而言都有一定的动态范围。只要动态范围确定了,Q 值也就确定了。因此,在程序设计前,首先要通过细致和严谨的分析,找出参与运算的所有变量的变化范围,充分估计运算中可能出现的各种情况,然后确定采用何种定标标准才能保证运算结果正确可靠。这里,所讨论的理论分析法和统计分析法确定变量绝对值最大值|max|,然后根据|max|再确定 Q 值。但是,DSP 操作过程中的意外情况是无法避免的,即使采用统计分析法也不可能涉及所有情况。因此,在定点运算过程中应该采取一些判断和保护办法(特别是在定点加

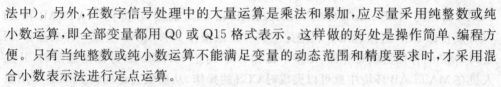

法中)。另外,在数字信号处理中的大量运算是乘法和累加,应尽量采用纯整数或纯小数运算,即全部变量都用 Q0 或 Q15 格式表示。这样做的好处是操作简单、编程方便。只有当纯整数或纯小数运算不能满足变量的动态范围和精度要求时,才采用混合小数表示法进行定点运算。

本节专门设计了一个 Q15 转化程序,可以方便地把在 MATLAB 中得到的滤波器的系数和输入的原始随机信号进行处理输入到 CCS 中。

12.1.2　误差问题

因为在用定点 DSP 实现时,所有的数据都是定长的,运算也都是定点运算,因而会产生有限字长效应。所产生的误差主要包括:数模转换引起的量化误差、系数量化引起的误差以及运算过程中的舍入误差。在用定点 DSP 时,产生误差是不能避免的,但是可以通过一些办法减小误差。比如,可以用两个存储单元来表示一个数,运算时运用双字运算;可以根据需要将滤波器系数都用双字表示,也可以只将一半的系数用双字表示,视需要而定。

另外,FIR 数字滤波器和 IIR 数字滤波器所引入的量化误差是不一样的。FIR 数字滤波器主要采用非递归结构,因而在有限精度的运算中都是稳定的;而 IIR 数字滤波器是递归结构,极点必须在 Z 平面单位圆内才能稳定,这种结构运算中的四舍五入处理有时会引起寄生振荡。除了有限字长效应以外,不同结构引入的误差也有所不同。在实际设计中,要注意实现中的误差问题。在选择不同的结构时,应考虑它们所引入的误差,并用高级语言进行定点仿真,以比较不同结构下误差的大小,从而做出合理选择。

从理论上说,可以用高阶 FIR 数字滤波器实现良好的滤波效果。但由于 DSP 本身有限字长和精度的因素,加上 IIR 滤波器在结构上存在反馈回路,是递归型的,再者高阶滤波器参数的动态范围很大,这样一来造成两个后果:结果溢出和误差增大,从而导致算法无法在 DSP 上实现。因此要合理选择滤波器的阶数。

12. 2　CCSLink

在 DSP 应用程序开发过程中,开发设计部分完成算法设计与验证,一般先用 MATLAB 语言进行仿真,当仿真结果满意时,再进入产品的实现阶段。将开发设计阶段的算法用 C/C++或汇编语言实现,在硬件的 DSP 目标板上调试,需要通过开发工具 CCS 把目标 DSP 程序运行的中间结果保存到 PC 的硬盘上;然后调到 MAT-LAB 工作空间,与 MATLAB 仿真算法的中间结果进行比较,以发现 DSP 程序中由设计或精度导致的结果偏差。如此过程反复进行,非常不便。

MathWorks 公司和 TI 公司联合开发的 MATLAB Link for CCS Development

Tools(简称为"CCSLink")提供了 MATLAB 和 CCS 的接口,即把 MATLAB 和 TI CCS 及目标 DSP 链接起来。利用此工具可以像操作 MATLAB 变量一样来操作 TI 公司 DSP 的存储器或寄存器,即整个目标 DSP 对于 MATLAB 好像是透明的,开发人员在 MATLAB 环境中就可以完成对 CCS 的操作,从而极大地加快了 DSP 应用系统的开发进程。

MATLAB 语言可以译成 C 语言,而 DSP 又可以用 C 语言设计,把 MATLAB 和 DSP 开发工具集成在一起,成为研究人员的迫切需要。MATLAB–DSP 集成环境下的工具包有:MathWorks 公司和 TI 公司联合开发的工具包——MATLAB Link for CCS Development Tools;针对 ADI 公司的 SHARC 浮点型 DSP 的 DSP-developer。

12.2.1　CCSLink 简介

集成在 MATLAB6.5 中的 CCSLink 工具通过双向链接将 MATLAB、CCS 和 DSP 目标板联系起来,允许开发者利用 MATLAB 强大的可视化、数据处理和分析函数对来自 CCS 和 TI DSP 的数据进行分析和处理,极大地简化了 TI 公司 DSP 软件的分析、调试和验证过程。CCSLink 可以支持 CCS 能够识别任何目标板,包括 TI 公司的 DSK、EVM 板和用户自己开发的目标 DSP(C2000、C5000、C6000)板。MAT-LAB、CCSLink、CCS 和硬件目标 DSP 的关系如图 12.2.1 所示。

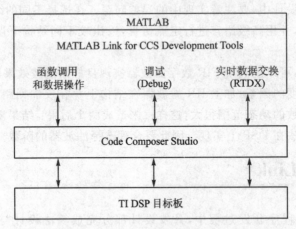

图 12.2.1　MATLAB 与 TI DSP 的交互

CCSLink 的主要特点如下。

➢ MATLAB 函数可以自动完成调试、数据传递和验证。

➢ 在 MATLAB 和 DSP 之间实时传递数据,而不用停止 DSP 上程序的执行。

➢ 支持 XDS510、XDS560 仿真器,可以高速调试硬件 DSP 目标板。

➢ 提供嵌入式对象,可以访问 C/C++变量和数据。

> 对测试、验证和可视化 DSP 代码提供帮助。
> 扩展了 MATLAB 和 eXpressDSP 的调试能力。
> 符合 TI eXpressDSP 标准。

开发者利用 CCSLink 提供的 MATLAB 函数完成 MATLAB 与 CCS 和目标 DSP 的存储器、寄存器中信息之间的交换。CCSLink 提供了 3 个组件的内容,具体如下。

① 与 CCS IDE 的链接对象。利用与 CCS 的链接对象可以创建 CCS 与 MAT-LAB 的链接。运行 MATLAB 命令就可以运行 CCS 中的应用程序,与目标 DSP 存储器和寄存器进行双向数据交换。检测处理器的状态,停止或启动程序在 DSP 中的运行。

Link for CCS IDE 的优点:

> 用户可以利用 MATLAB 强大的数据分析和可视化功能,节省设计和调试程序的时间;
> 可以编写用于调试数字信号处理程序的 MATLAB 语言批处理脚本,实现调试和分析的自动化;
> 支持 TI 的 C5000/6000 系列 DSP。

② 与 RTDX 的链接对象。与 RTDX 的链接对象提供了 MATLAB 与目标 DSP 之间的实时通信通道。利用此通道可以实时地与目标 DSP 进行数据交换而不用停止 DSP 上正在执行的程序。

DSP 的实时数据交换(RTDX)允许系统工程师在 Host Computer 和 Target 之间进行实时的数据传输且不用考虑 Target 程序。这里的 Link for RTDX 接口提供了 MATLAB 和支持 RTDX 的 TI DSP 上运行的程序之间实时交换数据的一种方式。利用此链接对象,可以打开、使能、关闭或禁止 DSP 的 RTDX 通道,利用此通道可以实时地向硬件目标 DSP 发送和取出数据,而不用停止 DSP 正在执行的程序。Link for RTDX 实现了对实时数据的自动化的高级分析和可视化,实现了对复杂 DSP 程序的有效验证。

例如,把原始数据发送给程序进行处理,并把数据结果取回到 MATLAB 空间中进行分析。RTDX 链接对象实际上是 CCS 链接对象的一个子类,在创建 CCS 链接对象的同时创建 RTDX 链接对象,它们不能分别构建。

③ 嵌入式对象。在 MATLAB 环境中能够创建一个代表嵌入在目标 C 程序中的变量的对象。利用嵌入式对象可以像处理 MATLAB 的变量那样直接访问嵌入在目标 DSP 的存储器和寄存器中的变量。

在 MATLAB 环境中创建一个可以代表嵌入目标 C 程序中的变量的对象。利用嵌入式对象可以直接访问嵌入在目标 DSP 的存储器和寄存器中的变量,即把目标 C 程序中的变量作为 MATLAB 的一个变量对待。在 MATLAB 中收集 DSP 程序中的信息,转变数据类型,创建函数声明,改变变量值,并把信息返回到 DSP 程序中,所

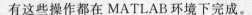

有这些操作都在 MATLAB 环境下完成。

　　利用 CCSLink 可以像操作 MATLAB 变量一样来操作 DSP 的存储器或寄存器,即整个目标 DSP 对于 MATLAB 几乎是透明的,在 MATLAB 环境下就可以完成对 CCS 的操作,可以把数据从 CCS 中传送到 MATLAB 中去,也可以把 MATLAB 中的数据传到 CCS 中。CCSLink 为 TI DSP 应用系统设计的调试和测试阶段提供了强大的支持。

12.2.2　对象的建立

　　在对 DSP 进行操作之前,应该首先建立一个 DSP 目标。在 MATLAB 环境下,输入 ccsboardinfo 命令查看系统的目标板配置,系统将返回板卡的编号 boardNum 和处理器标号 procNum 的值。利用 ccsdsp 函数可以建立一个与 CCS IDE 的链接对象,ccsdsp 函数以 boardNum 和 procNum 为参数,并在正确建立链接后返回其他属性,如处理器型号、处理器名称等。例如,在 MATLAB 环境下运行"CC—ccsdsp('boardNum',boardNum,'procNum',procNum)",则建立起一个与 CCS IDE 的链接对象的句柄 CC,从而可以通过 CC,在 MATLAB 环境下实现对 CCS 的操作并控制 DSP 芯片。实际上,与 RTDX 的链接对象是与 CCS IDE 的链接对象的一个子类,在创建与 CCS IDE 的链接对象的同时创建与 RTDX 的链接对象,它们不能分别创建。嵌入式对象利用链接对象来访问目标 DSP 的存储器内容,因此在利用嵌入式对象之前必须先创建链接对象。

12.3　FDATool

　　FDATool 是 MATLAB 数字信号处理工具箱中一种图形化的滤波器设计与分析工具,使用该工具可以快速设计各种类型的滤波器,并计算出滤波器系数,还可以画出滤波器的幅度/相位响应、群/相位延迟和零极点分布图等。在 FDATool 设计界面下,可分别设计 FIR 和 IIR 滤波器。

　　在 FDATool 图形界面下,根据滤波器的频带参数、通带截止频率 m、滤波器的阶数等,即可以设计出符合要求的滤波器。其中:FIR 滤波器有等波纹、最小二乘 LS 及窗函数等设计方法;IIR 滤波器有巴特沃斯、切比雪夫 I 型、切比雪夫 II 型及椭圆型等设计方法。滤波器类型包括低通、高通、带通、带阻和其他特殊类型。

　　在 MATLAB 环境下,采用 FDATool 分析设计滤波器,使用 TI 公司提供的标准库函数 DSPI IB 实现滤波器设计的方法。该方法能以一种图形交互的方式快速设计 FIR 或 IIR 滤波器,即使不具备 MATLAB 编程基础和数字滤波器算法理论基础,也能轻松掌握滤波器的设计。由 FDATool 设计的滤波器系数,通过 CCSLink 工具能以 C 语言头文件(∗.h)的形式或直接写入目标 DSP 存储器的形式由标准库函数调用。由于标准库函数直接采用汇编程序编写,能被 C/C++程序直接调用,可适用于数据量大、实时性强的信号处理应用。

12.3.1 FDATool 的设置

在 FDATool 图形界面下,根据待处理信号的频率特性设定滤波器的频带参数,包括信号的采样频率 F_s、通带截止频率 F_c 以及滤波器的阶数等,即可以设计出符合要求的滤波器。

现对一混频信号进行采样,设使用的采样率为 1 200 Sa/s,设计一个截止频率为 150 Hz 的 FIR 高通滤波器对该信号进行处理。FDATool 下滤波器的设计步骤为:

① 在 MATLAB 命令窗口下输入 fdatool 命令,打开 FDATool 设计界面;

② 在滤波器类型选项中选择窗函数(Window)设计 FIR 高通(Highpass)滤波器;

③ 设定滤波器的阶数(Filter Order)为 32 阶,在窗函数类型中选择汉明窗(Hamming);

④ 设置采样率(F_s)为 1 200 Hz,截止频率(F_c)为 150 Hz;

⑤ 设计滤波器(Design Filter)。

滤波器的参数设置和设计的滤波器幅频/相频响应如图 12.3.1 所示。

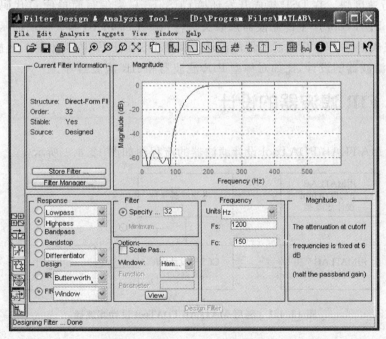

图 12.3.1　FDATool 滤波器设计界面

从 FDATool 向 IDE 输出滤波器系数有两种方式:第一种产生 C 语言头文件或直接向目标 DSP 的存储器中写入滤波器系数;第二种需要合理选择当前使用的目标板。所以通常选择第一种方式。

单击 FDATool 界面下的 Targets 菜单,可以选择 Generate C header 或 Code Composer Studio(tm)IDE 选项输出 C 语言头文件,经 FDATool 计算的滤波器系数为双精度浮点数。由于 C5500 系列 DSP 属于 16 位定点数字信号处理器,可在输出 Code Composer Studio(tin)IDE 对话框中选择输出数据的类型为 Signed 16-bit integer,将浮点数转换为整型数,输出滤波器的系数 const DATA y[33]。

12.3.2 CCS 中滤波器的设计

使用 CCSLink 工具可以直接在 MATLAB 环境下通过编写 *.m 文件实现对目标 DSP 的开发。但 MATLAB 编程语言属于解释性语句,代码执行效率较低,因此该方法仅适用算法的模拟仿真,不适宜对实时性要求较高的信号处理。如果直接采用 TI 公司提供的数字信号处理算法库(DSPLIB)函数,既能保证信号处理的实时性,还能加快软件设计速度,具有广泛的通用性。

DSPLIB 提供的通用数字信号处理算法库包括实数或复数的 FFT 算法、数字滤波和卷积、自适应滤波和相关运算等,这些函数均用汇编语言编写,可直接由 C 程序调用,执行速度快。在 DSP 集成开发环境 CCS 下,只需编写简单的 C 代码,在程序中调用由 FDATool 产生的滤波器系数头文件,调用 DSPLIB 函数提供的函数 short fir 就能完成上述 FIR 高通滤波器的设计。调用 DSPLIB 库中其他函数,还能实现不同类型的滤波器的设计,比如对称型 FIR 滤波器和 IIR 滤波器等。

12.4 FIR 滤波器的设计

使用 MATLAB FDATool 设计滤波器的流程图如图 12.4.1 所示。

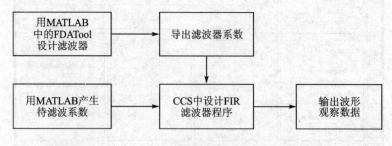

图 12.4.1 利用 MATLAB FDATool 设计滤波器

12.4.1　使用 FDATool

在 MATLAB 的 Start 菜单中选择 Toolboxes→Filter Design→Filter Design & Analysis Tools(fdatool)选项,或者在命令行中输入 fdatool 来启动滤波器设计分析器。启动成功后界面如图 12.4.2 所示。

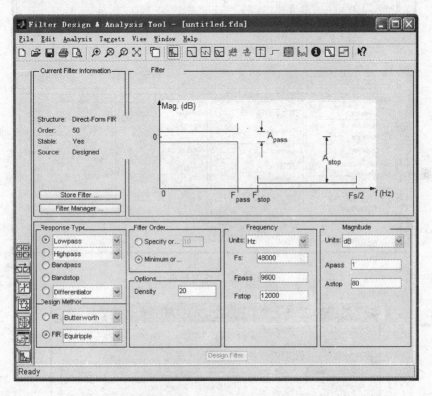

图 12.4.2　FDATool 设计界面

在选项中选择或输入滤波器参数,然后单击 Design Filter 按钮,完成滤波器的设计。具体参数及设计成功后的结果如图 12.4.3 所示。

从 MATLAB 中导出 FIR 滤波器系数步骤如下。

➢ 在 FDATool 中选择 Targets→Code Composer Studio(tm)IDE 选项。
➢ 在出现的对话框中选择输出文件类型为 C header file,输出系数类型为 Signed 16-bit integer,如图 12.4.4 所示。
➢ 单击 Generate 按钮,选择路径,即可输出前一步设计出的 FIR 滤波器的系数表。在此生成的系数表文件为 fdacoefs.h。

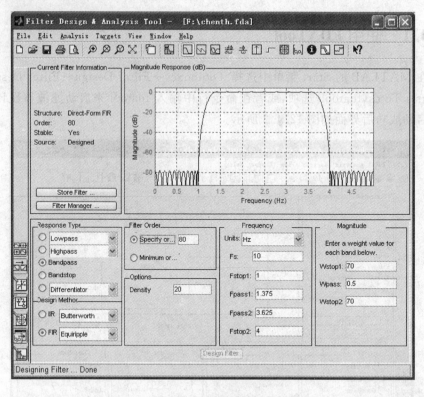

图 12.4.3　滤波器设计

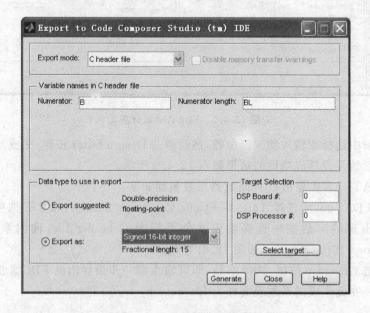

图 12.4.4　设置输出数据类型

12.4.2 利用 MATLAB 产生噪声信号用于滤波器测试

将下面代码另存为 M 文件,在 MATLAB 中运行后将会生成 input. dat 文件。该数据文件中含有 500 Hz、3 000 Hz、8 000 Hz 三种频率的信号,用于滤波器滤波效果测试。信号的时域图和频谱分别如图 12.4.5 和图 12.4.6 所示。

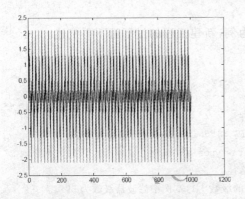

图 12.4.5 信号的时域图

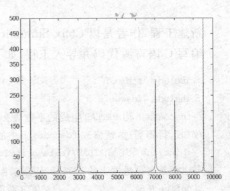

图 12.4.6 信号频谱图

```
f11 = 500;                        % /Hz
f12 = 3000;                       % /Hz
f13 = 8000;                       % /Hz
fs = 10000;                       % /采样 Hz
N = 1000;                         % 数据个数
T = 1/fs;                         % 采样周期
n = 0: N;
x11 = sin(2 * pi * f11 * n * T);
x12 = 0.7 * sin(2 * pi * f12 * n * T);
x13 = 0.5 * sin(2 * pi * f13 * n * T);
x_base = (x11 + x12 + x13);
% 待滤波信号波形
figure(1);
plot(x_base);
% 待滤波信号频谱
figure(2);
yff = abs(fft(x_base));
df = n * (fs/N);
plot(df,yff);
xout = x_base/max(x_base);        % 归一化
xto_ccs = round(32767 * xout)
```

```
fid = fopen('input.dat','w');          % 打开文件
fprintf(fid,'1651 1 0 0 0\n');          % 输出文件头
fprintf(fid,'% d\n',xto_ccs);          % 输出
fclose(fid);
```

12.4.3 在 CCS 中编写 FIR 滤波器程序

新建工程,作者是以 C55x Simulator 为例,新建工程的过程就不再赘述。

编写 C 语言源代码并导入工程,如下:

```
# include "stdio.h"
# include "fdacoefs.h"
//fdacoefs.h 为 MATLAB 生成的系数表头文件
//如运行不通过,请修改 fdacoefs.h 中的代码,将"# include"这行修改为如下:
// # include "d:\MATLAB7\extern\include\tmwtypes.h"
//也就是自己机器上的 MATLAB 安装的绝对路径
# define N 81                    //FIR 滤波器的级数 + 1,本例中滤波器级数为 80
# define LEN 200                 //待滤波的数据长度
long yn;
int input[LEN];                  //输入缓冲,在仿真时将从内存载入
int output[LEN];                 //输出缓冲,直接存放在内存中
void main()
{
int i,j;
int * x;
for(j = 0;j<LEN - 1;j + +)
{
x = &input[j];
yn = 0;
for(i = 0;i<N - 1;i + +)
yn + = B[i] * ( * x + +);
output[j] = yn>>15;
}
while(1);
}
```

12.4.4 滤波器仿真测试

编译成功后会在"<工程所以目录>/debug"文件夹下产生 *.out 文件,在 CCS 软件的 File→Load Program 里打开这个.out 文件。

下面将滤波器设计文件载入到内存中,具体如下。

➢ 选择 File→Data→Load 菜单项打开之
前 MATLAB 生成的 input. dat 文件,
如图 12.4.7 所示。

➢ 将 Address 设置为 input,Length 设置
为 0x00C8(200),Page 设置为 Data。

单击 OK 按钮,程序即开始运行。

查看滤波器滤波效果,具体如下。

➢ 选择 View→Graph→Time/Frequency
选项,如图 12.4.8 所示。

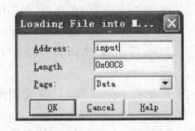

图 12.4.7　载入 input. dat 文件

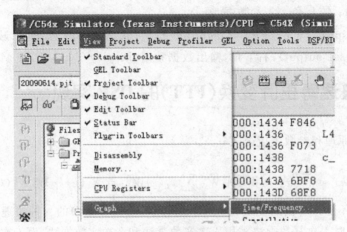

图 12.4.8　设置 graph

➢ 在上一步出现的对话框中,按图 12.4.9 进行设置。

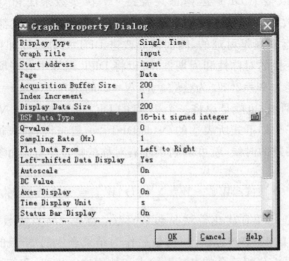

图 12.4.9　设置参数属性

➤ 如果出现的波形图太大,在图形上右击,取消选中 Allow Docking、Float in main window,即会变成如图 12.4.10 所示的波形。

➤ 重复前 3 个步骤,只改变图形选项中的 Display Type、Graph Title、Start Address,使之最后出现如下的图形:左上角,输入数据时域图(Start Address:input);右上角,输入数据频谱(Display Type:FFT Magnitude);左下角,输出数据时域图(Start Address:output);右下角,输出数据频谱(Display Type:FFT Magnitude)。

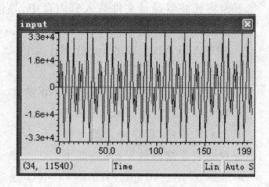

图 12.4.10　CCS 显示波形

12.5　快速傅里叶变换(FFT)的 DSP 实现

FFT 的原理和参数生成公式:

$$x(k) = \sum_{r=0}^{\frac{N}{2}-1} x_1(r) W_{\frac{N}{2}}^{rk} + W_N^k \sum_{r=0}^{\frac{N}{2}-1} x_2(r) W_{\frac{N}{2}}^{rk} = X_1(k) + W_N^k X_2(k)$$

FFT 并不是一种新的变换,它是离散傅里叶变换(DFT)的一种快速算法。由于在计算 DFT 时 1 次复数乘法需用 4 次实数乘法和 2 次实数加法,而 1 次复数加法则需 2 次实数加法,每运算一个 $X(k)$ 需要 $4N$ 次复数乘法及 $2N+2(N-1)=2(2N-1)$ 次实数加法,所以整个 DFT 运算总共需要 $4N^2$ 次实数乘法和 $N\times2(2N-1)=2N(2N-1)$ 次实数加法。如此一来,计算时乘法次数和加法次数都是与 N^2 成正比的,当 N 很大时,运算量是可观的,因而需要改进 DFT 的算法以加快运算速度。

根据傅里叶变换的对称性和周期性,可以将 DFT 运算中有些项合并:

先设序列长度为 $N=2^L$,L 为整数。将 $N=2^L$ 的序列 $x(n)(n=0,1,\cdots,N-1)$,按 N 的奇偶分成两组,也就是说将一个 N 点的 DFT 分解成两个 $N/2$ 点的 DFT,它们又重新组合成一个如下式所表达的 N 点 DFT:一般来说,输入被假定为连续的。当输入为纯粹的实数的时候,就可以利用左右对称的特性更好地计算 FFT。

$$x(k) = \sum_{r=0}^{\frac{N}{2}-1} x_1(r) W_{\frac{N}{2}}^{rk} + W_N^k \sum_{r=0}^{\frac{N}{2}-1} x_2(r) W_{\frac{N}{2}}^{rk} = X_1(k) + W_N^k X_2(k)$$

我们称这样的 RFFT 优化算法是包装算法:首先 $2N$ 点实数的连续输入称为"进包",其次 N 点的 FFT 被连续运行,最后作为结果产生的 N 点的合成输出是"打开"成为最初的与 DFT 相符合的 $2N$ 点输入。使用这一思想,我们可以划分 FFT 的大小,算法完成总时间的一半使用在包装输入 $O(N)$ 的操作和打开输出上。这样的 RFFT 算法和一般的 FFT 算法同样迅速,计算速度几乎达到了两次 DFT 的连续输入。下列部分将描述更多在 TMS320C55x 上算法和运行的细节。

程序的实验主要步骤如图 12.5.1 所示。

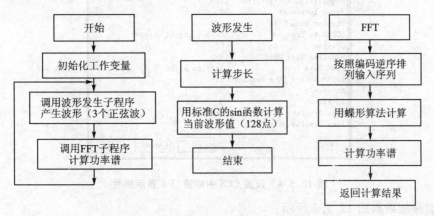

图 12.5.1　FFT 程序的主要步骤流程

① 在 CCS 中加载 FFT 程序,选择 View→Graph→Time/Frequency 菜单项,按图 12.5.2～图 12.5.4 所示设置。

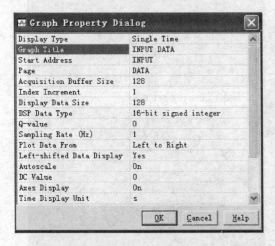

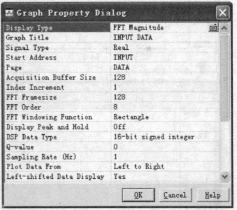

图 12.5.2　设置 CCS 中的窗口 1 显示属性　　**图 12.5.3　设置 CCS 中的窗口 2 显示属性**

② 执行 Project→Rebuild ALL,编译链接。说明:第一次使用时也可以跳过这步,直接到第③步加载 .out 文件。

③ 执行 File→Load Program。

④ 执行 Debug→GO Main。

⑤ 执行 Debug→RUN(快捷键 F5),全速运行。

图 12.5.4　设置 CCS 中的窗口 3 显示属性

实验结果如图 12.5.5 所示。

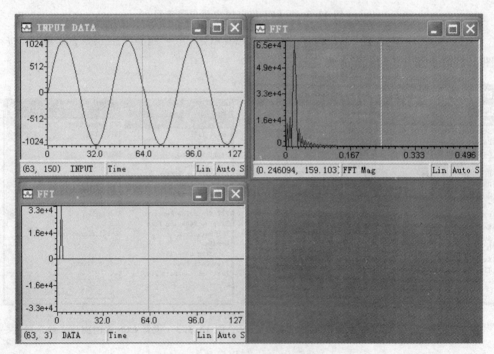

图 12.5.5　FFT 时域和频域波形

通过观察时域和频域图,程序计算出了测试波形的功率谱,与 CCS 计算的 FFT 结果相近。

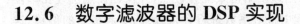
12.6　数字滤波器的 DSP 实现

　　数字滤波器是指完成信号滤波处理功能的、用有限精度算法实现的离散时间线性非时变系统,其输入是一组数字量,其输出是经过变换的另一组数字量。因此,数字滤波器本身既可以是用数字硬件装配成的一台完成给定运算的专用数字计算机,也可以将所需要的运算编成程序,让通用计算机来执行。

　　从数字滤波器的单位冲击响应来看,可以分为两大类:有限冲击响应(FIR)数字滤波器和无限冲击响应(IIR)数字滤波器。滤波器按功能可以分为低通滤波器(LPF)、高通滤波器(HPF)、带通滤波器(BPF)、带阻滤波器(BSF)。

　　相对于模拟滤波器,数字滤波器没有漂移,能够处理低频信号,频率响应特性可做成非常接近于理想的特性,且精度可以达到很高,容易集成等,这些优势决定了数字滤波器的应用将会越来越广泛。同时,DSP(Digital Signal Processor)的出现和FPGA(Field Programmable Gate Array)的迅速发展也促进了数字滤波器的发展,并为数字滤波器的硬件实现提供了更多的选择。

12.6.1　FIR 滤波器与 IIR 滤波器的比较

　　在很多实际应用中,如语音和音频信号处理中,利用数字滤波器来实现选频功能。因此,指标的形式应为频域中的幅度和相位响应。在通带中,通常希望具有线性相位响应。在 FIR 滤波器中可以得到精确的线性相位。在 IIR 滤波器中通带的相位是不可能得到的,因此主要考虑幅度指标。IIR 数字滤波器的设计和模拟滤波器的设计有着紧密的联系,通常要设计出适当的模拟滤波器,再通过一定的频带变换把它转换成为所需要的数字 IIR 滤波器。此外,任何数字信号处理系统中也不可避免地用到模拟滤波器,如 A/D 变换器前的抗混叠滤波器及 D/A 转换后的平缓滤波器,因此,模拟滤波器设计也是数字信号处理中应当掌握的技术。

　　从性能上来说,IIR 数字滤波器传递函数包括零点和极点两组可调因素,对极点的唯一限制是在单位圆内。因此可用较低的阶数获得高的选择性,所用的存储单元少、计算量小、效率高,但是这个高效率是以相位的非线性为代价的。选择性越好,则相位非线性越严重。FIR 滤波器传递函数的极点固定在原点,是不能动的,它只能靠改变零点位置来改变它的性能,所以要达到高的选择性,必须用高的阶数。对于同样的滤波器设计指标,FIR 滤波器所要求的阶数可能比 IIR 滤波器高 5~10 倍,结果成本高、信号延时也较大。如果按线性相位要求来说,则 IIR 滤波器就必须加全通网络进行相位校正,同样大大增加了滤波器的阶数和复杂性;而 FIR 滤波器却可以得到严格的线性相位。

从结构上看,IIR 滤波器必须采用递归结构来配置极点,并保证极点位置在单位圆内。由于有限字长效应,运算过程中将对系数进行舍入处理,引起极点的偏移,这种情况有时会造成稳定性问题,甚至造成寄生振荡。相反,FIR 滤波器只要采用非递归结构,不论在理论上还是实际的有限精度运算中都不存在稳定性问题,因此造成的频率特性误差也较小。此外 FIR 滤波器可以采用快速傅里叶变换算法,在相同的阶数条件下运算速度可以快得多。从设计工具看,IIR 滤波器可以借助模拟滤波器的成果,因此,一般都有有效的封闭形式的设计公式可供参考,计算工作量比较小,而且对计算工具的要求不高;FIR 滤波器一般没有封闭形式的设计公式。窗函数法设计 FIR 滤波器也仅给出了窗函数的计算公式,但是在计算通带阻带衰减时无显示表达式。一般 FIR 滤波器的设计只有计算程序可循,因此它对计算工具要求较高。

从上面的简单比较可以看到 IIR 与 FIR 滤波器各有所长,所以在实际应用中应该从多方面考虑来加以选择。从使用要求来看,在对相位要求不敏感的场合,语言、通信等选用 IIR 较为合适,这样可以充分发挥其经济高效的特点;对于图像信号处理、数据传输等以波形携带信息的系统,对线性相位要求较高,如果有条件,采用 FIR 滤波器较好。当然在实际应用中可能还要考虑更多方面的因素。

12.6.2　FIR 滤波器的设计方法

(1) 实验原理

➤ 有限冲激响应数字滤波器的基础理论(请参考相关书籍)。

➤ 模拟滤波器原理(巴特沃斯滤波器、切比雪夫滤波器、椭圆滤波器、贝塞尔滤波器)。

➤ 数字滤波器系数的确定方法。

➤ 根据要求设计低通 FIR 滤波器。

(2) 实验要求

通带边缘频率 10 kHz,阻带边缘频率 22 kHz,阻带衰减 75 dB,采样频率 50 kHz。

(3) 设计流程

➤ 过渡带宽度=阻带边缘频率-通带边缘频率=22 kHz-10 kHz=12 kHz。

➤ 采样频率:

f_1=通带边缘频率+(过渡带宽度)/2=10 000 Hz+12 000 Hz/2=16 kHz

$$\Omega_1 = 2\pi f_1/f_s = 0.64\pi$$

➤ 理想低通滤波器脉冲响应:

$$h_1[n] = \sin(n\Omega_1)/n/\pi = \sin(0.64\pi n)/n/\pi$$

➤ 根据要求,选择布莱克曼窗,窗函数长度为:

$$N = 5.98 f_s/过渡带宽度 = 5.98 \times 50/12 = 24.9$$

➢ 选择 $N=25$, 窗函数为:
$$w[n]=0.42+0.5\cos(2\pi n/24)+0.8\cos(4\pi n/24)$$

➢ 滤波器脉冲响应为:
$$h[n]=h1[n]w[n]\quad |n|\leqslant 12$$
$$h[n]=0\quad |n|>12$$

➢ 根据上面各式计算出 $h[n]$, 然后将脉冲响应值移位为因果序列。

➢ 完成的滤波器的差分方程为:
$$\begin{aligned}
y[n]=&-0.001x[n-2]-0.002x[n-3]-0.002x[n-4]+\\
&0.01x[n-5]-0.009x[n-6]-0.018x[n-7]-0.049x[n-8]-\\
&0.02x[n-9]+0.11x[n-10]+0.28x[n-11]+0.64x[n-12]+\\
&0.28x[n-13]-0.11x[n-14]-0.02x[n-15]+0.049x[n-16]-\\
&0.018x[n-17]-0.009x[n-18]+0.01x[n-19]-0.002x[n-20]-\\
&0.002x[n-21]+0.001x[n-22]
\end{aligned}$$

设计滤波器的程序流程图如图 12.6.1 所示。

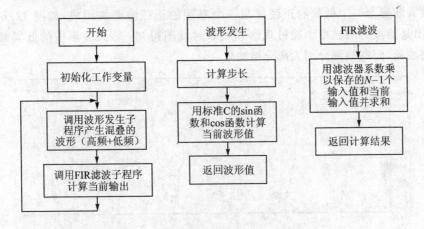

图 12.6.1　设计 FIR 数字滤波器流程图

(4) 具体操作

① 在 CCS3.3 开发环境中, 载入 FIR 滤波器程序, 选择 CCS 的菜单项 View→Graph→Time/Frequency, 如图 12.6.2 所示进行设置。

② 执行 Project→Rebuild ALL, 编译链接。说明: 第一次使用时也可以跳过这步, 直接到第③步加载 .out 文件。

③ 执行 File→Load Program。

④ 执行 Debug→GO Main。

⑤ 执行 Debug→RUN(快捷键 F5), 全速运行。

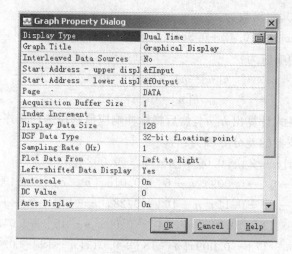

图 12.6.2　FIR 滤波器显示设置

(5) 实验结果

　　输入波形由一个低频的正弦波与一个高频的正弦波叠加而成,如图 12.6.3 所示,输出是滤波后的波形。通过观察频域和时域图得知:输入波形中的低频部分通过了滤波器,而高频部分则大部分被滤除。

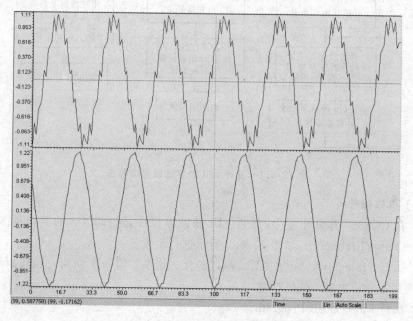

图 12.6.3　FIR 输入/输出波形图

12.6.3　IIR 滤波器的设计方法

(1) 实验原理

➤ 无限冲激响应数字滤波器的基础理论。

➤ 模拟滤波器原理(巴特沃斯滤波器、切比雪夫滤波器、椭圆滤波器、贝塞尔滤波器)。

➤ 数字滤波器系数的确定方法。

➤ 根据要求设计低通 IIR 滤波器。

(2) 实验要求

低通巴特沃斯滤波器在其通带边缘 1 kHz 处的增益为 -3 dB,12 kHz 处的阻带衰减为 30 dB,采样频率 25 kHz。

(3) 设计流程

确定待求通带边缘频率 f_{p1} Hz、待求阻带边缘频率 f_{s1} Hz 和待求阻带衰减 $-20\lg\delta_s$ dB。模拟边缘频率为:$f_{p1}=1\,000$ Hz,$f_{s1}=12\,000$ Hz;阻带边缘衰减为 $-20\lg\delta_s=30$ dB。

用 $\Omega=2\pi f/f_s$ 把由 Hz 表示的待求边缘频率转换成弧度表示的数字频率,得到 Ω_{p1} 和 Ω_{s1}。

$$\Omega_{p1}=2\pi f_{p1}/f_s=2\pi 1\,000/25\,000=0.08\pi\,\text{rad}$$
$$\Omega_{s1}=2\pi f_{s1}/f_s=2\pi 12\,000/25\,000=0.96\pi\,\text{rad}$$

计算预扭曲模拟频率以避免双线性变换带来的失真。

由 $w=2f_s\tan(\Omega/2)$ 求得 w_{p1} 和 w_{s1},单位为 rad/s(弧度/秒)。

$$w_{p1}=2f_s\tan(\Omega_{p1}/2)=6\,316.5\,\text{rad/s}$$
$$w_{s1}=2f_s\tan(\Omega_{s1}/2)=794\,727.2\,\text{rad/s}$$

由已给定的阻带衰减 $-20\lg\delta_s$ 确定阻带边缘增益 δ_s。

因为 $-20\lg\delta_s=30$,所以 $\lg\delta_s=-30/20$,$\delta_s=0.031\,62$。

计算所需滤波器的阶数:

$$n\geqslant\frac{\lg\left(\dfrac{1}{\delta_s^2}-1\right)}{2\lg\left(\dfrac{w_{s1}}{w_{p1}}\right)}=\frac{\lg\left[\dfrac{1}{(0.031\,62)^2}-1\right]}{2\lg\left(\dfrac{794\,727.2}{6\,316.5}\right)}=0.714$$

因此,一阶巴特沃斯滤波器就足以满足要求。

一阶模拟巴特沃斯滤波器的传输函数为:$H(s)=w_{p1}/(s+w_{p1})=6\,316.5/(s+6\,316.5)$。

由双线性变换定义 $s=2f_s(z-1)/(z+1)$ 得到数字滤波器的传输函数为:

$$H(z)=\frac{6\,316.5}{50\,000\dfrac{z-1}{z+1}+6\,316.5}=\frac{0.112\,2(1+z^{-1})}{1-0.775\,7z^{-1}}$$

因此,差分方程为: $y[n]=0.775\ 7y[n-1]+0.112\ 2x[n]+0.112\ 2x[n-1]$。

IIR 滤波器程序流程图如图 12.6.4 所示。

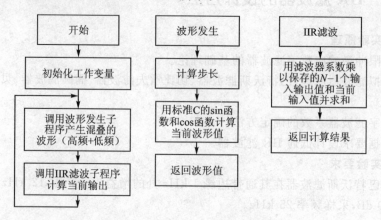

图 12.6.4 IIR 滤波器程序流程图

(4) 具体操作

在 CCS3.3 中的操作如下。

① 选择菜单项 View→Graph→Time/Frequency,如图 12.6.5 所示进行设置。

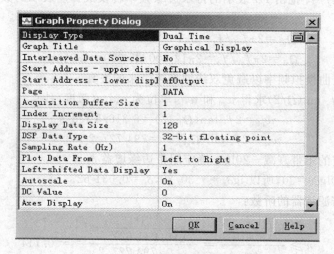

图 12.6.5 IIR 滤波器显示设置

② 执行 Project→Rebuild ALL,编译链接。说明:第一次使用时也可以跳过这一步,直接到第③步加载.out 文件。

③ 执行 File→Load Program。

④ 执行 Debug→GO Main。

⑤ 执行 Debug→RUN(快捷键 F5),全速运行。

(5) 实验结果

输入波形由一个低频率的正弦波与一个高频的余弦波叠加而成,如图 12.6.6 所示。通过观察频域和时域图得知:输入波形中的低频部分通过了滤波器,而高频部分则被衰减。

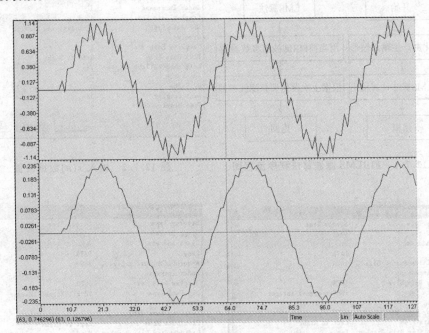

图 12.6.6　IIR 输入/输出波形图

12.7　FIRLMS 滤波器

自适应滤波是仅需对当前观察的数据做处理的滤波算法。它能自动调节本身冲激响应的特性,或者说自动调节数字滤波器的系数,以适应信号变化的特性,从而达到最佳滤波。由于自适应滤波不需要关于输入信号的先验知识,计算量小,特别适用于实时处理,近年来得到广泛应用,广泛用于脑电图和心电图测量、噪声抵消、扩频通信及数字电话等中。

实验中的自适应滤波器采用 16 阶 FIR 滤波器,采用相同的信号作为参考信号 $d(n)$ 和输入信号 $x(n)$,并采用上一时刻的误差值来修正本时刻的滤波器系数,2μ 取值 0.000 5,对滤波器输出除以 128 进行幅度限制。

实验程序流程如图 12.7.1 所示。

① 在 CCS3.3 开发环境中,载入 FIR 滤波器程序,选择 CCS 菜单项 View→Graph→Time/Frequency,如图 12.7.2～图 12.7.4 所示进行设置。

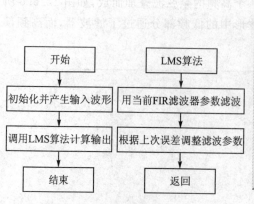

图 12.7.1   FIRLMS 滤波算法程序流程图

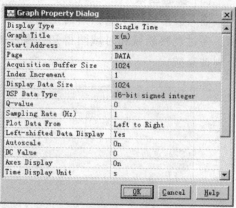

图 12.7.2   输入 $x(n)$ 数据设置

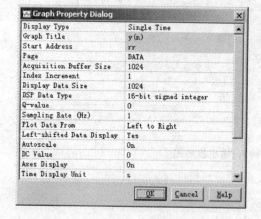

图 12.7.3   输出 $y(n)$ 数据设置

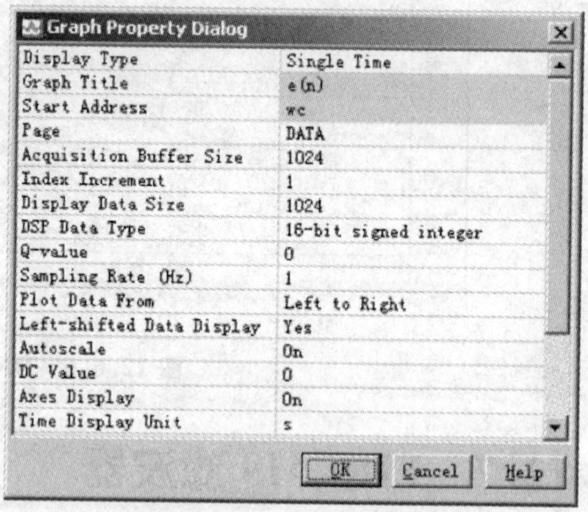

图 12.7.4   误差 $e(n)$ 数据设置

② 执行 Project→Rebuild ALL,编译链接。说明:第一次使用时也可以跳过这步,直接到第③步加载.out 文件。

③ 执行 File→Load Program。

④ 执行 Debug→GO Main。

⑤ 执行 Debug→RUN(快捷键 F5),全速运行。

实验结果如图 12.7.5 所示,可以看出:输出波形 $y(n)$ 在自适应滤波器的调整中逐渐与输入波形 $x(n)$ 重合,误差 $e(n)$ 逐渐减小到 0 值附近。自适应滤波器工作正常。

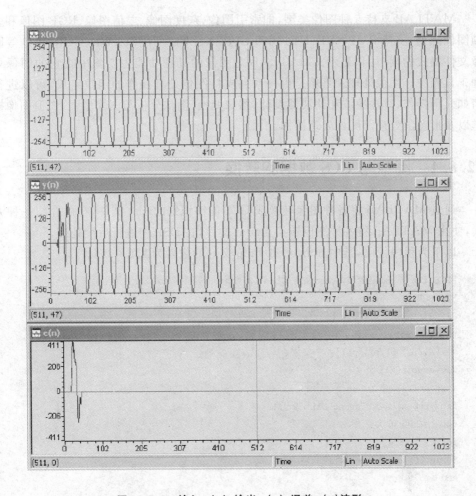

图 12.7.5 输入 $x(n)$、输出 $y(n)$、误差 $e(n)$ 波形

12.8 数字图像处理

数字图像处理(Digital Image Processing)是通过计算机对图像进行去除噪声、增强、复原、分割、提取特征等处理的方法和技术。数字图像处理的产生和迅速发展主要受 3 个因素的影响:一是计算机的发展;二是数学的发展(特别是离散数学理论的创立和完善);三是广泛的工业、消费电子、农牧业、林业、环境、军事、医学等方面的应用需求的增长。

MATLAB 图像处理工具箱(Image Processing Toolbox)是一个函数的集合,它扩展了 MATLAB 数值计算环境的能力。这个工具箱支持大量图像处理操作,包括:空间图像变换、形态操作、邻域和块操作、线性滤波和滤波器设计、图像分析和增强等。

　　MATLAB 支持 5 种图像类型,即索引图像、灰度图像、二值图像、RGB 图像和多帧图像阵列;支持 BMP、GIF、HDF、JPEG、PCX、PNG、TIFF、XWD、CUR、ICO 等图像文件格式的读/写和显示。MATLAB 对图像的处理功能主要集中在它的图像处理工具箱中。图像处理工具箱是由一系列支持图像处理操作的函数组成,可以进行诸如几何操作、线性滤波和滤波器设计、图像变换、图像分析与图像增强、二值图像操作以及形态学处理等图像处理操作。

12.8.1　图像与 CCS 数据的转换

　　通过 MATLAB 将各种图像转换成 CCS 能够识别的. dat 文件,在此介绍一种方法,使用 MATLAB 将各种图像转换为. dat 文件,在 DSP 中进行后续处理。

　　以下为程序代码,其中 hongchen. bmp 文件的像素为 256×256。

```
[RGB,map] = imread('f:\hongchen.bmp');
M1 = RGB;
P1 = 256;
p2 = P1 - 255;
M = [M1(p2:p1,p2:p1)];
I1 = double(M);
imshow(I1,map);
fid = fopen('f:\Missone.dat','wt');
for i = 1:256
for j = 1:256
fprintf(fid,'%d\n',I1(i,j));
end
end
fclose(fid);
```

12.8.2　CCS 读取 BMP 文件

　　BMP(Bitmap-File)图形文件是 Windows 采用的图形文件格式,在 Windows 环境下运行的所有图像处理软件都支持 BMP 图像文件格式。在此介绍一种 CCS 直接读取 BMP 图像格式的方法,给出主要程序并做简要分析,有兴趣的读者可以在此基础上深入分析。

```
#include<stdio.h>
#define IMAGEWIDTH 80
#define IMAGEHEIGHT 80
void ReadImage(unsigned char * pImage,char * cFileName,int nWidth,int nHeight);
```

```
void Reverse(int nWidth,int nHeight);
unsigned char dbImage[IMAGEWIDTH * IMAGEHEIGHT];
unsigned char dbTargetImage[IMAGEWIDTH * IMAGEHEIGHT];
int main()
{
    ReadImage(dbImage,"..\\DSP.bmp",IMAGEWIDTH,IMAGEHEIGHT);
    Reverse(IMAGEWIDTH,IMAGEHEIGHT);
    while(1);
}
void ReadImage(unsigned char * pImage,char * cFileName,int nWidth,int nHeight)
{
    int j;
    unsigned char * pWork;
    FILE * fp;
    if(fp = fopen(cFileName,"rb"))
    {
        fseek(fp,1078L,SEEK_SET);
        pWork = pImage + (nHeight - 1) * nWidth;
        for(j = 0;j<nHeight;j + + ,pWork - = nWidth)
            fread(pWork,nWidth,1,fp);
        fclose(fp);
    }
}
void Reverse(int nWidth,int nHeight)
{
    int mi,mj;
        unsigned char * pImg, * pImg1;
        pImg = dbImage;pImg1 = dbTargetImage;
        for(mj = 0;mj<nHeight;mj + + )
            for(mi = 0;mi<nWidth;mi + + ,pImg + + ,pImg1 + + )
                ( * pImg1) = (~( * pImg))&0x0ff;
}
int fseek(FILE * stream,long offset,int origin);
```

第 1 个参数 stream 为文件指针；offset 为偏移，若要从文件的第 10 000 个字节开始读取的话，offset 就应该为 10 000；origin 为标志是从文件开始还是末尾。

其中，offset 是 long 型数据，它表示位置指针相对于 origin 移动的字节数。如果位移量是一个正数，表示从"起始点"开始往文件尾方向移动；如果位移量是一个负数，则表示从"起始点"开始往文件头方向移动。1078L 的单位是 long。

origin 不能任意设定，它只能是在 stdio.h 中定义的 3 个符号常量之一：

```
origin
对应的数字    代表的文件位置
SEEK_SET 0   文件开头
SEEK_CUR 1   文件当前位置
SEEK_END 2   文件末尾
```

BMP 图像文件由文件头、文件信息头、调色板和图像数据组成。文件头 14 个字节,由文件头可以获得该文件的类型、大小及第 1 个像素的偏移地址。文件信息共 40 字节,由文件信息头可以获得有关位图的详细信息,位图的实际大小并不完全等于 biWidth 和 biHeight 的乘积。因为在保存位图时要求每一行的字节数必须是 4 的整数倍;如果不是,则需要补齐。

调色板是由 256 色×4 组成。

所以,图像内容从 14+40+1 024＝1 078 字节开始读取。

还有需要注意的是,BMP 图像数据是按逆序存储的,即数据是从下到上、从左到右。数据的第 1 行第 1 列是屏幕显示的最后 1 行第 1 列,因此常采用顺序读取、逆序显示的方法。

第 13 章
DSP /BIOS 实践与应用

13.1 操作系统与 DSP /BIOS 基础

嵌入式操作系统主要可分为实时操作系统和非实时操作系统两类。实时系统的一个重要特点就是对时间要求非常严格。如果实时系统不能在某个预定的时间内响应某个事件,系统将会出错或出现不可预知的事件,这在工业以及军事应用中会造成很大的损失。

13.1.1 操作系统简介

(1) 实时操作系统的特点

① 高精度计时系统。计时精度是影响实时性的一个重要因素。在实时应用系统中,经常需要精确确定、实时地操作某个设备或执行某个任务,或精确地计算一个时间函数。这些不仅依赖于一些硬件提供的时钟精度,也依赖于实时操作系统实现的高精度计时功能。

② 多级中断机制。一个实时应用系统通常需要处理多种外部信息或事件,但处理的紧迫程度有轻重缓急之分。有的必须立即做出反应,有的则可以延后处理。因此,需要建立多级中断嵌套处理机制,以确保对紧迫程度较高的实时事件进行及时响应和处理。

③ 实时调度机制。实时操作系统不仅要及时响应实时事件中断,同时也要及时调度运行实时任务。但是,处理机调度并不能随心所欲地进行,因为涉及两个进程之间的切换,只能在确保"安全切换"的时间点上进行。实时调度机制包括两个方面:一是在调度策略和算法上保证优先调度实时任务;二是建立更多"安全切换"时间点,保证及时调度实时任务。

(2) 实时操作系统基本概念

代码临界段　指处理时不可分割的代码。一旦这部分代码开始执行则不允许中断打入。

资源　任何为任务所占用的实体。

共享资源　可以被一个以上任务使用的资源。

任务　也称作一个线程,是一个简单的程序。每个任务被赋予一定的优先级,有它自己的一套 CPU 寄存器和自己的栈空间。典型的,每个任务都是一个无限的循环,每个任务都处在以下 5 个状态下:休眠态、就绪态、运行态、挂起态及被中断态。

任务切换　将正在运行任务的当前状态(CPU 寄存器中的全部内容)保存在任务自己的栈区,然后把下一个将要运行任务的当前状态从该任务的栈中重新装入 CPU 的寄存器,并开始下一个任务的运行。

内核　负责管理各个任务,为每个任务分配 CPU 时间,并负责任务之间通信。它分为不可剥夺型内核与可剥夺型内核。

调度　内核的主要职责之一是决定轮到哪个任务运行。一般基于优先级调度法。

(3) 关于优先级的问题

任务优先级　分为优先级不可改变的静态优先级和优先级可改变的动态优先级。

优先级反转　优先级反转问题是实时系统中出现最多的问题。共享资源的分配可导致优先级低的任务先运行,优先级高的任务后运行。解决的办法是使用"优先级继承"算法来临时改变任务优先级,以遏制优先级反转。

(4) 互　斥

虽然共享数据区简化了任务之间的信息交换,但是必须保证每个任务在处理共享数据时的排他性。使之满足互斥条件的一般方法有:关中断、禁止做任务切换及利用信号量。

13.1.2　DSP/BIOS 简介

DSP/BIOS 是 CCS 中集成的一个简易的嵌入式实时操作系统,能够大大方便用户编写多任务应用程序。DSP/BIOS 拥有很多实时嵌入式操作系统的功能,如任务的调度、任务间的同步和通信、内存管理、实时时钟管理、中断服务管理等。有了它,用户可以编写复杂的多线程程序,并且会占用更少的 CPU 和内存资源。

DSP/BIOS 是一个可用于实时调度、同步、主机和目标机通信以及实时分析系统上的一个可裁剪实时内核,它提供了抢占式的多任务调度、对硬件的及时反应、实时分析和配置工具等,同时提供标准的 API 接口,易于使用。它是 TI 的 eXpressDSP实时软件技术的一个关键部分。

在一般以 MCU 为核心的项目开发中,用超循环程序可以解决大部分项目中的软件需求;但是在实时性严格的项目中,不能在规定时间内完成超循环软件中的功能函数切换,而实时操作系统 DSP/BIOS 很容易做到这一点,并且由操作系统管理任务,程序更加清晰,层次更加分明。

13.1.3　DSP/BIOS 组成

DSP/BIOS 在一个主机/目标机环境中的组件分布如图 13.1.1 所示。

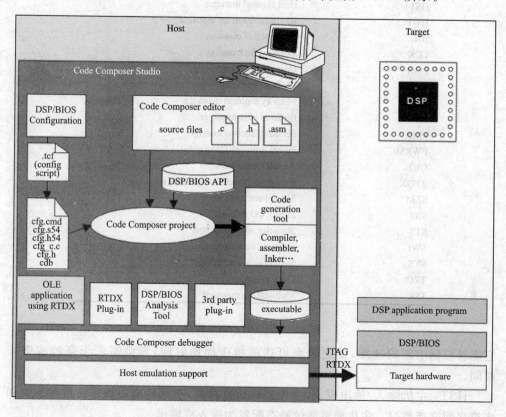

图 13.1.1　DSP/BOIS 组件分布图

> DSP/BIOS API:编写的程序可以调用 API 接口函数;
> DSP/BIOS 配置:创建的配置文件定义了程序使用的静态 BIOS 对象;
> DSP/BIOS 分析工具:集成在 CCS 上的一些 BIOS 分析工具,可以对运行在目标设备上的程序进行监测,包括 CPU 负载、时间、日志、线程执行状态等。

DSP/BIOS 分为很多模块,提供的所有 API 函数都按照模块分类,以模块名加下划线开头来命名。图 13.1.2 所示为 DSP/BIOS 的全部模块。

CLK:片内定时器模块,控制片内定时器并提供高精度的 32 位实时逻辑时钟,

Module	Description
ATM	Atomic functions written in assembly language
BUF	Fixed-length buffer pool manager
C28,C54,C55,C62,C64	Target-specific functions,platform dependent
CLK	Clock manager
DEV	Device driver interface
GBL	Global setting manager
GIO	General I/O manager
HOOK	Hook function manager
HST	Host channel manager
HWI	Hardware interrupt manager
IDL	Idle function manager
LCK	Resource lock manager
LOG	Event log manager
MBX	Mailbox manager
MEM	Memory segment manager
PIP	Buffered pipe manager
PRD	Periodic function manager
PWRM	Power manager(C55x only)
QUE	Atomic queue manager
RTDX	Real-time data exchange settings
SEM	Semaphore manager
SIO	Stream I/O manager
STS	Statistics object manager
SWI	Software interrupt manager
SYS	System services manager
TRC	Trace manager
TSK	Multitasking manager

图 13.1.2 DSP/BIOS 模块

它能够控制中断的速度,使之快则可达单指令周期时间,慢则需若干毫秒或更长时间。

HST:主机输入/输出模块,管理主机通道对象,它允许应用程序在目标系统和主机之间交流数据。主机通道通过静态配置为输入或输出。

IDL:休眠功能模块,管理休眠函数,休眠函数在目标系统程序没有更高优先权的函数运行时启动。

LOG:日志模块,管理 LOG 对象,LOG 对象在目标系统程序执行时实时捕捉事件。开发者可以使用系统日志或定义自己的日志,并在 CCS 中利用它实时浏览信息。

MEM:存储器模块,允许指定存放目标程序的代码和数据所需的存储器段。

PIP:数据通道模块,管理数据通道,它被用来缓存输入和输出数据流。这些数据通道提供一致的软件数据结构,可以使用它们驱动 DSP 和其他实时外围设备之间的 I/O 通道。

PRD：周期函数模块，管理周期对象，它触发应用程序的周期性执行。周期对象的执行速率可由时钟模块控制或 PRD_tick 的规则调用来管理，而这些函数的周期性执行通常是为了响应发送或接收数据流的外围设备的硬件中断。

RTDX：实时数据交换，允许数据在主机和目标系统之间实时交换，在主机上使用自动 OLE 的客户都可对数据进行实时显示和分析。

STS：统计模块，管理统计累积器，在程序运行时，它存储关键统计数据并能通过 CCS 浏览这些统计数据。

TRC：跟踪管理模块，它们通过事件日志和统计累积器控制程序信息的实时捕捉。如果不存在 TRC 对象，则在配置文件中就无跟踪模块。

DSP/BIOS 是一种基于优先级的抢先型实时、多任务操作系统内核。它有一个很友好的图形分配界面来进行 DSP 的软、硬件控制，开发者可以动态地进行操作系统对象设计，也可以很直观地在图形分配界面中直接进行任务的分配，大大简化了程序设计步骤。DSP/BIOS 主要有 3 个组成部分：多线程实时内核、实时分析工具和芯片支持库。DSP 以模块化方式提供给用户对线程、定时器及外设资源的管理，同时每一个算法作为一个线程由 DSP/BIOS 调度。

DSP/BIOS 支持 4 种线程类型：HWI、SWI、TSK、IDL。主要 DSP/BIOS API 模块分析如下。

HWI（硬件中断）模块：管理 DSP/BIOS 的中断向量表，指定某个硬件中断调用某个中断服务程序，具有最高的优先级和严格的实时性。DSP 响应硬件中断后会自动屏蔽所有中断，所以硬件中断所调用的程序应该尽量在短时间内完成。为了满足实时性的要求，所有实时性要求非常严格的任务由 HWI 调用，而实时性要求不是很严格的任务可以放到 SWI 或 TSK 中完成。

SWI（软件中断）模块：用于软件中断管理，调用优先级仅次于硬件中断的软件中断服务子程序。一般伴随硬件中断发生，可由硬件中断触发调用。允许其他优先级高的线程抢占 CPU，但执行时不可以被挂起。

TSK（任务）模块：程序中的主要部分，用于多任务的管理，充分体现了系统模块化和多线程的思想。允许其他优先级高的线程抢占 CPU，而且执行时可以被挂起，适合无实时性要求的任务。由 SEM 进行管理，用于各个任务和线程之间的同步和调配。

13.1.4　DSP /BIOS 内核

DSP/BIOS 内核是一个 200 字节～4 千字节范围内可剪裁的软件框架，它实质上是可以从 C 源程序或汇编源程序中调用的函数库，目标应用程序通过在源程序中嵌入相应的 API 调用，从而唤醒 DSP/BIOS 的运行时刻服务。该函数库提供如下服务或功能：

> 一个小型的抢占式的实时应用程序线程调度器，支持多任务功能；
> 对片上定时器和硬件中断的硬件抽象；
> 与设备无关的管理实时数据流的 I/O 模块；
> 捕获目标程序线程实时运行期间生成的实时信息的一系列函数，从而可以分析目标程序实时运行期间的一些信息。

具体来说，DSP/BIOS 提供了如下 6 类组件或服务：系统服务组件、实时分析组件、调度组件、输入/输出组件和芯片支持库(CSL)。其中，每类组件或服务又包括数个功能模块，每个模块一般管理相关内核对象类一个或多个实例，下面分别加以描述。

① 系统服务。

DSP/BIOS 配置工具提供一个可视编辑器来定义目标应用的全局属性、系统内存映象图、中断向量表，以及对片上定时器进行编程。DSP/BIOS 内核提供 API 调用来对内存进行动态的分配和回收工作。

② 实时分析。

该服务可以在目标应用程序正在运行时，利用其提供的实时交互和诊断功能，对程序线程的运行状态进行实时监控和数据分析。该类服务提供相应的 API 来完成其功能。

③ 调度组件。

DSP/BIOS 调度器向程序员提供了 4 种不同的线程类型，每一种线程提供不同的执行效果。DSP/BIOS 支持两种高优先级的中断线程和一种背景空闲线程。HWI、SWI 和 IDL 模块管理这些内核执行线程。除此之外，DSP/BIOS 内核还提供了一种多任务线程类同步线程，能够在它们执行的任意点上挂起和重新调度执行。

④ 输入/输出组件。

设备无关的 I/O 模块负责管理数据的传输。DSP/BIOS 提供两种传输方式：数据管道和数据流。数据管道是快速地在读/写线程之间传递数据的通用组件。数据流在缓冲机制方面提供了更大的灵活性，从而满足更加广泛的需求。数据流依赖于一个或多个基础设备驱动程序。PIP 和 SIO 模块负责管理目标应用程序中的数据传输。SIO 还伴随着一个设备驱动程序模块 DEV，由该模块与 SIO 模块完成数据的流入或流出。对实时分析很关键的是：具有在主机和目标应用程序之间传输数据的能力。DSP/BIOS 还提供了 API 调用来管理主机与目标机之间的数据传输，由 HST 模块和 RTDX 模块管理这些函数。

⑤ 芯片支持库(CSL)。

芯片支持库提供了配置和控制片上外围设备的 C 语言接口。该模块是顶层的 API 模块。模块的主要目的是初始化该库。该配置工具用于对片上外围设备进行编程，如 DMA、多通道缓冲串行口(McBSP)以及其他一些外围设备等。

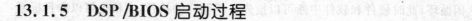

13.1.5　DSP/BIOS 启动过程

作为 CCS 强大开发工具的一个集成,DSP/BIOS 是一个简易的嵌入式操作系统,它能大大方便用户编写多任务应用程序,同时还能增强对代码执行效率的监控。DSP/BIOS 工具已经具有实时操作系统的很多功能,如任务调度管理、任务间的同步和通信、内存管理、实时时钟管理、中断服务管理、外设驱动程序的管理等。使用DSP/BIOS 开发 DSP 有两个重要的特点,如下。

① 所有与硬件相关的操作都必须借助 DSP/BIOS 本身提供的函数完成,开发者应避免直接控制硬件。

② 带有 DSP/BIOS 功能的程序在运行时与传统开发的程序有所不同。在传统开发中程序是顺序执行的,基于 DSP/BIOS 开发的程序由 BIOS 来调度,不再按照编写的顺序来执行。选择 File→New→DSP/BIOS Configuration,建立新的配置文件,根据开发所用 DSP 的不同芯片,对 BIOS 进行配置。

在 DSP/BIOS 应用程序中,main() 函数用于实现用户的初始化操作、片内/片外外设的配置以及使能单独的硬件中断等。然而,main() 函数并不属于 DSP/BIOS 的任何线程类型,它仅仅是一个匆匆过客,在做完用户期望的初始化之后,也就寿终正寝了,甚至连一片云彩都不曾带走。

值得注意的一点是,应用程序在执行 main() 函数时,并不是所有的 DSP/BIOS API 函数都可以调用,其间有着相应的先后关系。这是因为,main() 函数启动时,DSP/BIOS 并没有完成最终的初始化,因此,main() 函数对有些 DSP/BIOS API 函数的调用是受限的。这里不得不提起 DSP/BIOS 的启动过程(对于 bootloader 暂且不谈),具体如下。

> 初始化 DSP:复位中断向量指向 c_int00 地址,DSP/BIOS 程序从入口点 c_int00 开始运行。

> 用 .cinit 段中的记录来初始化 .bss 段。

> 调用 BIOS_init 初始化 DSP/BIOS 模块:BIOS_init 执行基本的模块初始化,然后调用 MOD_init 宏分别初始化每个用到的模块。

> 处理 .pinit 表: .pinit 表包含了初始化函数的指针。

> 调用应用程序 main() 函数:在所有 DSP/BIOS 模块初始化之后,调用 main() 函数。在 main() 函数中添加了必要的初始化代码。main() 函数初始化之后CPU 的控制权交给 DSP/BIOS。

> 调用 BIOS_start 启动 DSP/BIOS:BIOS_start 函数是由配置工具产生的,包含在 XXXcfg.snn 文件中(XXX 与用户对工程的起名相关,nn 与使用的 DSP型号相关)。它负责使能 DSP/BIOS 模块并为每个用到的模块调用 MOD_startup 宏使其开始工作。

➢ 在这些工作完成之后,DSP/BIOS 调用 IDL_loop 引导程序进入 DSP/BIOS 空闲循环,此时硬件和软件中断可以抢先空闲循环的执行,主机也可以和目标系统之间开始数据传输。

从 DSP 启动的过程来看,DSP/BIOS 的初始化分为两大阶段:一个是位于 main()函数前面的 BIOS_init 中;另一个是在 main()函数后面的 BIOS_start 中。

BIOS_init 主要完成的是 MEM 模块的初始化工作,而 BIOS_start 负责的是使能全局中断、配置和启动定时器、打开线程调度、启动 DSP/BIOS 线程等。因此,在 main()函数中,可以调用实现动态存储器分配的函数:MEM_alloc、MEM_free;以及动态创建对象的 API 函数:XXX_create、XXX_delete 等。对于"假设硬件中断和定时器都已经使能的 API"或者可能引起阻塞的 API 函数,都不可以在 main()函数中调用,如 CLK_gethtim、CLK_getltime、HWI_enable、HWI_disable、SWI_enable、SWI_disable、TSK_disable、TSK_enable、SEM_pend、MBX_pend 等。特别需注意的是,main()函数中一定不能存在无限循环,否则整个 DSP/BIOS 程序有可能导致瘫痪。

但是对于使 DSP/BIOS 线程就绪的调度函数却允许在 main()函数中调用,如 SEM_post、SWI_post 等,其实质还是在等 BIOS_start 进行完所有的初始化后再执行如上的调度操作。

main()函数穿插在 BIOS 的初始化过程中,为人工干预 DSP/BIOS 的启动提供了机会,使得 BIOS 的运作更具"个性化"。其间 CPU 的控制权从 DSP/BIOS 提交给用户,然后再返回给 DSP/BIOS。

13.2 DSP/BIOS 的配置

DSP/BIOS 配置工具集成在 CCS 中,它允许程序开发者对内核模块进行选择,并设置 DSP/BIOS 在运行时所使用的各个参数。配置工具生成一个链接命令文件,用来控制应用系统程序的链接过程。

DSP/BIOS 配置工具是一个可视化的编辑器,它为用户提供了在程序开发阶段静态的创建和配置 DSP/BIOS 内核对象的功能。使用配置工具可以和调用 DSP/BIOS 的方式相结合,创建并配置目标应用系统运行时,需要各个内核对象如线程、数据流等。与在程序执行期间调用 DSP/BIOS 动态创建对象相比,使用配置工具静态地创建和配置对象会大大减少目标代码,因为创建对象函数的代码不必链接到最终的目标代码之中。使用配置工具静态地创建和配置对象的另一个优点是,配置工具可以检查对象设置的参数是否符合语法,这样在程序开发阶段就可以避免多种错误。DSP/BIOS 需要设置几个全局系统参数,包括 DSP 设置、CPU 时钟速度、缓存设置以及其他一些参数等。这些绝大多数的参数初始化或设置都可以通过其配置工具(DSP/BIOS Configuration Tool)来完成。

除了 DSP/BIOS 基于主机端配置工具,DSP/BIOS 主机端在 CCS 还集成了一些主要的实时分析程序的插件。通过 DSP/BIOS,CCS 对 DSP 程序进行可视化的性能分析、跟踪和监视,而不会对运行程序的实时性能产生明显的影响。这样,用户就可以利用这种实时分析功能,检查系统是否按照设计的限制来工作、系统是否满足目标性能以及是否有扩展系统功能的余地。DSP/BIOS 提供的一些主要的实时程序分析能力有:程序跟踪、性能监视和文件流。

基于主机端的 DSP/BIOS 工具与目标平台之间的通信,是通过与 CCS 使用的物理链接相同的 JTAG 进行的。尽管带宽很窄,JTAG 仍然可以在目标和主机之间提供实时的通信链接。DSP/BIOS 内核的 3 个测试模块用于数据采集:LOG、STS 和 HST。数据被采集并上传到主机后,DSP/BIOS 插件在 CCS 中用有意义的方法来将这些数据表示出来。目前使用较多的是执行图、CPU 负载图、统计数据观察窗和消息日志窗口。

DSP/BIOS 的静态配置利用 CCS 提供的配置工具完成,包括图形化配置工具和文本配置工具。图形化工具层次清晰,比较直观;而文本工具更加灵活。通常使用图形化的配置方法,下面对主要的模块配置做一些介绍。

13.2.1　建立 DSP/BIOS 配置文件

如果项目需要使用 DSP/BIOS,则需要建立一个 .tcf 文件,它是一个可编辑的文本文件,记录 DSP/BIOS 配置的命令,实际的配置文件是一个只读的 .cdb 文件。

选择菜单项 File→New→DSP/BIOS Configuration,弹出如图 13.2.1 所示对话框。

图 13.2.1 中是一些 DSP/BIOS 的模板,可以选择合适的来创建。创建好的配置文件图形界面如图 13.2:2 所示,配置完成保存为 .tcf 文件后,在工程中使用 Add Files to Project 将 .tcf 文件加入到工程中去即可。

也可以使用文本模式编辑配置文件,在工程视图窗口相应的 .tcf 文件上右击选择 DSP/BIOS Config→Text Edit 后,出现如图 13.2.3 所示文本编辑窗口。

需要注意第 1 行 Platform 的路径是否与自己复制的目录一致,特别是从别处复制过来的工程,需要首先检查一下此项。如果不一致,CCS 无法打开图形化的配置界面,并且会产生严重错误,导致程序强行退出。

为调试查看方便,可以打印输出调试信息到 LOG 窗口(快捷键🖺)。调用 CCS 库函数 LOG_printf()可以打印输出调试信息到 LOG 窗口,如下:

```
LOG_printf(&LOG_drv,"DPRAM: DL FP buffer meet 0xFF fill!!");
```

其中 LOG_drv 是在 *.tcf 文件的 Instrumentation→LOG 项中进行设置,如图 13.2.4所示。

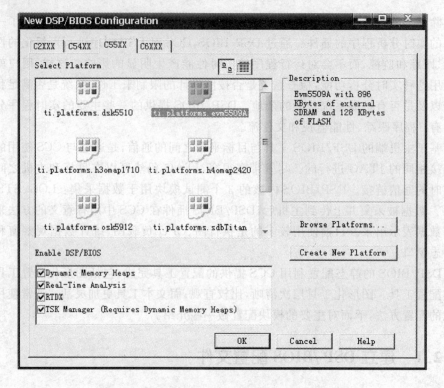

图 13.2.1 New DSP/BIOS Configuration 对话框

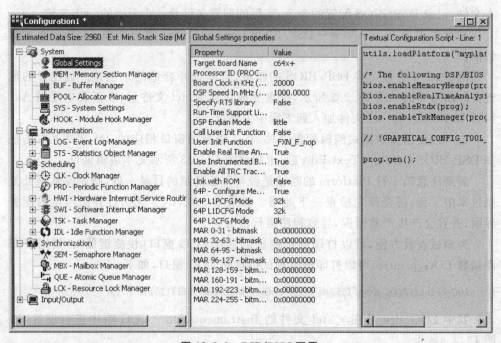

图 13.2.2 DSP/BIOS 配置

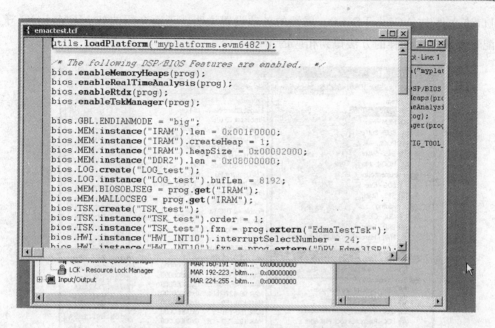

图 13.2.3　文本方式编辑 .tcf 文件

Kernel Object View 窗口可以显示当
前正在运行的目标代码的 DSP/BIOS 配
置、状态等信息,动态和静态配置都能显示,
如图 13.2.5 所示。详细内容请查看 CCS
帮助,检索关键字:Kernel/Object View。

图 13.2.4　LOG 模块设置

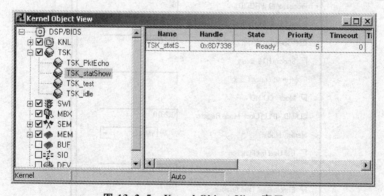

图 13.2.5　Kernel Object View 窗口

13.2.2　全局属性设置

如图 13.2.6 所示,右击 Global Settings,选择 What's This 选项则弹出帮助窗

口,该文件中有 Global Setting 属性的各项设置说明。下面介绍的如 MEM、LOG 等配置都可以用同样的方法得到相应的帮助。

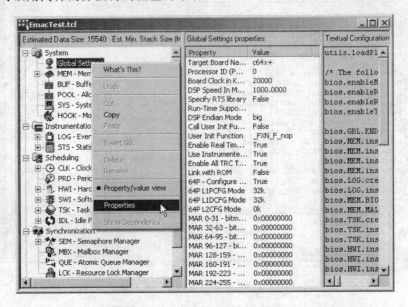

图 13.2.6   设置 Global Setting 属性

在快捷菜单中选择 Properties,弹出如图 13.2.7 所示对话框。

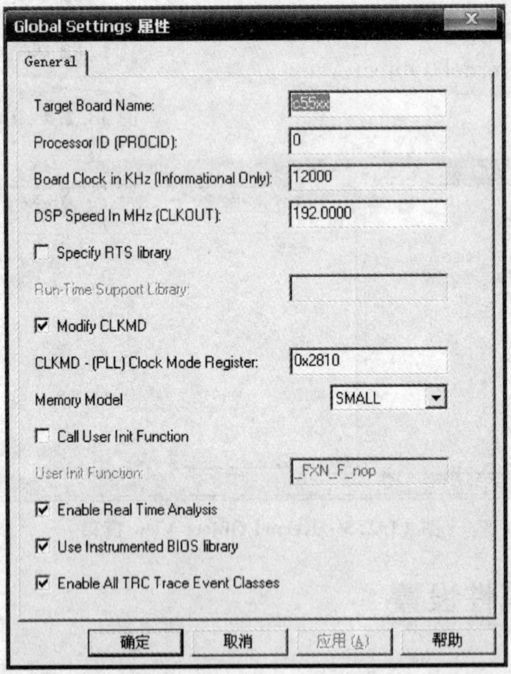

图 13.2.7   "Global Setting 属性"对话框

一般选择默认设置即可,CLKOUT 需要根据 DSP 硬件单板提供的工作时钟设置。

13.2.3　MEM 设置

MEM 模块用于定义目标系统的内存使用,系统根据此信息自动产生.cmd文件。

MEM 模块设置中可以根据具体情况设置不同的内存段,其中存在一个默认的 IRAM 片内内存段。需要注意的是,首先必须在 IRAM 段上设置一个 heap 段落,用于 BIOS 的内部使用。设置方法是在 IRAM 段上右击选择 Properties 选项,弹出如图 13.2.8 所示对话框,必须设置方框中的选项,heap size 可根据情况具体设置。

接下来配置 MEM 全局属性,右击配置窗口中的 MEM – Memory Setting Manager,从弹出的快捷菜单中选择 Properties 选项,如图 13.2.9 所示,弹出如图 13.2.10 所示对话框。

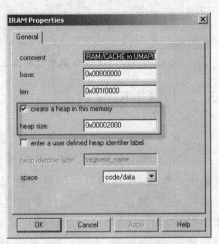

图 13.2.8　IRAM 段设置

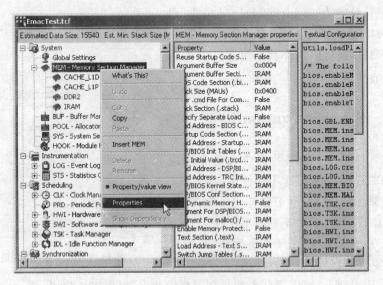

图 13.2.9　MEM 全局属性配置 1

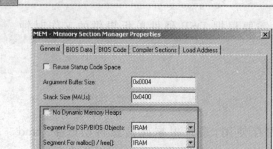

图 13.2.10　MEM 全局属性配置 2

如图 13.2.10 所示的对话框内，两个 heap 段都要选择为 IRAM，Stack Size 项需要根据实际情况设置最大的栈大小，其他使用默认设置即可。

在图 13.2.9 所示的菜单中，选择 Insert MEM 可创建新的内存段。在新的内存段名上右击选择 Properties，弹出设置窗口，根据情况设置 base(基地址)、len(段长度)、heap size(用于 MEM 动态内存分配的堆大小)。

13.2.4　CLK 设置

CLK 模块用于片上定时器管理，设置定时器中断的间隔时间。

CLK 函数按照设置属性中的频率设置执行。在默认情况下，这些函数由硬件定时器中断触发，并在与定时器对应的 HWI 函数环境中执行。

在 CLK 属性中，通常选择定时器 Timer0 作为 DSP/BIOS 的基准时钟，计时分辨率设置为每秒 1 000 次中断，在 1 GHz 系统时钟频率下，近似为每次定时中断间隔 999.996 μs。Timer Mode 选择为 32-bit unchained 模式，即使用 TCI6482 的 TMR0 的 TIMLO 作为 Timer0，而 TIMHI 还可以用作其他用途。CLK 属性配置对话框如图 13.2.11 所示。

13.2.5　Synchronization 设置

DSP/BIOS 中任务间的通信和同步可由 SEM、MBX、QUE、LCK 这 4 个模块完成。

➢ SEM(信号量)：用于任务同步和互斥，有计数功能，根据需要使用；
➢ MBX(邮箱)：也用于任务同步，可以传递少量数据，根据需要使用；

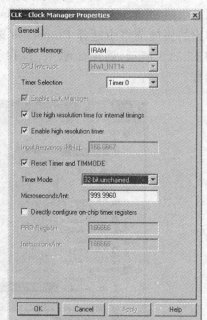

图 13.2.11　CLK 模块设置

➢ QUE(队列)：可实现任务同步和资源的共享，根据需要使用；
➢ LCK(资源锁)：实现对共享资源的互斥，根据需要使用。

4 种同步模块对象都可以在各自的快捷菜单中选择 Insert 选项来创建，并可对其属性做相应的设置,如图 13.2.12 所示。

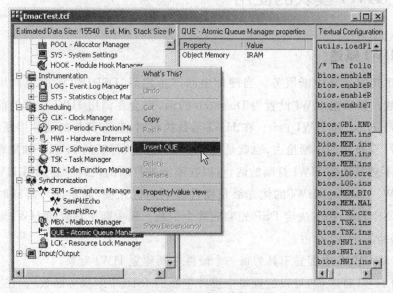

图 13.2.12　同步模块的设置

13.2.6　Input /Output 设置

这里可以进行一些输入/输出相关的高级设置,具体可通过 CCS 的帮助项来了解,一般不需要进行设置。只有 RTDX(实时数据交换)需要根据目标环境的情况对数据交换模式进行选择,用来在调试中主机和目标机进行数据交换。它可以是仿真器环境的 JTAG 模式,也可以是模拟器环境的 Simulator 模式,如图 13.2.13 所示。

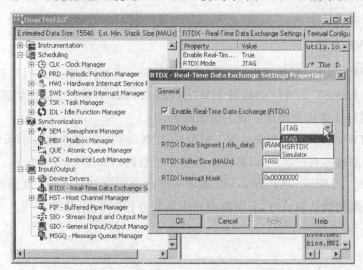

图 13.2.13　输入/输出相关的设置

13.3　HWI 模块的使用

1. HWI 概述

HWI 其实就是中断服务。当硬件中断产生之后,DSP/BIOS 就会调用相应的 HWI 函数。如果把 HWI 设置为 Dispatch 的话,则会在调用 HWI 函数的前后自动调用 HWI_enter 和 HWI_exit。在 HWI 函数执行时,若有其他的硬件中断产生,当前的 HWI 会被新的中断抢占,也就是说 DSP 会先去执行新的 HWI。如果希望当前的 HWI 不被其他的 HWI 打断的话,可以在不能被打断的代码前后调用 HWI_disable 和 HWI_enable。HWI 的优先级是硬件级别的优先级(固定的),若同时有多个中断向 DSP 请求,由它决定 DSP 先响应哪个中断。而中断所对应的 HWI 则是可以被任何其他的 HWI 抢占。

在 DSP/BIOS 中配置工具为每一个硬件中断建立 HWI 对象。

使用 HWI 管理器,可以配置每个硬件中断的 ISR(中断服务函数)。在 HWI 对象的属性页中输入 ISR 的函数名即可。

在使用 HWI 时需要注意以下几点。

① 一个中断抢占另外一个中断时,这个中断要保存和恢复它修改的寄存器。使用 HWI_enter 和 HWI_exit 保存和恢复寄存器。

② HWI_enter 和 HWI_exit 还保证 SWI 和 TSK 管理器在合适的时候被调用。

③ 使用 HWI Dispatcher,就把 C 语言编写的 HWI 函数放到 HWI_enter 和 HWI_exit 宏对中,所以使用 HWI Dispatcher 后,就不能再调用 HWI_enter 和 HWI_exit,否则导致系统崩溃。

2. HWI 设置

HWI(硬中断)中包含 HWI_INT4～HWI_INT15,可用来定义用户自己的硬件中断,HWI_RESET、HWI_NMI 和 HWI_RESERVED 不要去改动。如图 13.3.1 所示,每个硬 HWI 的优先级从上到下逐渐降低。

选择 HWI_INT10 为例来设置 EMAC/MDIO 的中断,需要填写中断事件号 17,并且填写中断服务程序名(C 函数前面需要加下划线),如图 13.3.2 所示。

如图 13.3.3 所示,在 Dispatcher 选项卡中选中 Use Dispatcher 复选框,由 BIOS 代理控制中断的确认和清除,不需要用户中断服务程序干预,比较简便。

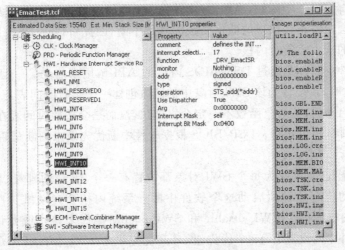

图 13.3.1　HWI(硬中断)设置

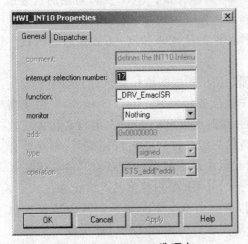

图 13.3.2　General 选项卡

图 13.3.3　Dispatcher 选项卡

13.4　SWI 模块的使用

SWI 模块管理软件中断服务程序。这些中断服务程序与 HWI 硬件中断服务程序有密切关系。一般情况下,会将大多数常用处理函数放到这些软件中断服务程序中管理运行。

13.4.1　SWI 概述

在 DSP/BIOS 内核中,系统管理并运行的线程分为 4 个等级:硬件中断服务程序、软件中断服务程序、任务以及后台空闲函数,它们优先级依次降低。每个软件中断服务程序都对应一个函数,当然,每个软件中断也可以单独设置优先级。高优先级的软件中断会抢占正在执行的低优先级的软件中断,因此可以说 DSP/BIOS 是一个基于优先级的抢占式实时内核。

所有软件中断都是通过 DSP/BIOS 内核的 API 调用来启动。一旦启动了一个 SWI 对象,此时,系统将为该 SWI 对象中的函数创建一个运行时间表。因此,当一个软件中断被启动后,其对象函数不一定会立即执行,而是会按照时间表在执行队列中根据优先级排队等候运行。DSP/BIOS 根据软件中断优先级来判断是否要暂停当前运行的线程。

为了便于控制,系统为每个 SWI 对象都设置有一个 16 位的邮箱(Mailbox),可以利用邮箱的值有条件地启动这个软件中断。系统内核会自动维护邮箱的管理。DSP/BIOS 内核提供了 SWI_disable 和 SWI_enable 操作来禁止或允许软件中断。同时还为软件中断设置有 15 个优先级,最高优先级为 SWI_MAXPRI(14),最低优先级为 SWI_MINPRI(0),0 优先级为 KNL_swi 对象保留。KNL_swi 对象的任务是执行任务调度程序,该对象由内核自动创建,高优先级的软件中断会打断正在运行的低优先级的软件中断。如果启动的两个软件中断的优先级相同,那么先启动的软件中断会先执行。

中断线程(包括硬件中断和软件中断)都是使用相同的堆栈来执行。当中断发生时,新的线程就会添加到栈顶,系统会执行一次任务切换(Context Switch)。由于高优先级软件中断会打断低优先级软件中断的运行,所以 SWI 模块在运行高优先级软件中断前会自动保存寄存器中的内容。在高优先级软件中断运行完成后,寄存器会恢复原来的内容,以便继续运行原来的低优先级中断。如果没有启动其他高优先级的软件中断,低优先级的软件中断就会运行。DSP/BIOS 内核虽然具有抢占的特点,但如果没有导致任务切换的 API 函数调用,系统则不会主动切换到其他线程去执行。理解这点在实际应用中很重要,即如果现在运行的是低优先级软中断对应的函数,如果不在函数中调用如 SWI_post() 启动更高优先级的软件中断或启动了比自身低的优先级中断,则当前软中断就不会被打断,执行直到退出。

尽量不要在一个软件中断对应的函数中去启动另一个比其本身优先级高的软件中断,因为根据抢占原则,其本身将被打断,从而 CPU 转去执行高优先级软件中断对应的函数,低优先级的实时性将得不到保证,当有多级优先级及系统复杂情况下甚至引起系统瘫痪。另外,也不要设置很多的优先级。当然这也不是绝对的,如果系统规划得好,利用好软件中断的基于优先级抢占式的特点会大大简化设计。

13.4.2　SWI 设置

应用程序通过调用 API 函数来使用 DSP/BIOS 接口。

SWI(软中断)的优先级在 HWI 之后,但是比 TSK 高,用于处理那些时间限制比

TSK 严格,但是比 HWI 宽松的作业。HWI 线程和 SWI 线程都会移植运行到完成。软件中断应该用于处理那些执行时间为 $100\ \mu s$ 或更长时限的应用程序作业。SWI 使得 HWI 可以将一些不太关键的处理委托给一个优先级比它低的 SWI 线程,从而减少 CPU 在中断服务程序中花费的时间,使其他的 HWI 可以得到运行。

SWI 模块用于管理软件中断,CCS 将运行队列中的软件中断,并可以设置 15 个优先级,但都比硬件中断低。

可以通过右击菜单中的 Insert SWI 创建一个 SWI 对象,可以指定 SWI 内部优先级,从 0(最低)到 14(最高),如图 13.4.1 所示。

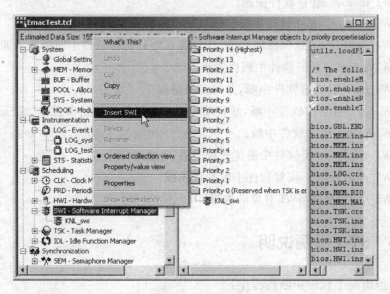

图 13.4.1　插入 SWI 对象

软件中断可以在 DSP/BIOS 的配置文件中静态说明。打开 DSP/BIOS 配置文件,展开 Scheduling 选项,即可选择 SWI 模块。

comment:添加一段注解来说明该 SWI 对象。

function:该软件中断对象将调用的函数名。

priority:显示 SWI 对象的优先级。

mailbox:设置邮箱的初始值。

arg0、arg1:软件中断函数的两个指针类型变量。该变量可以在启动运行软件函数时由内核传递给该函数。

13.4.3　API 函数接口说明

SWI 的触发是编程实现的,有 5 个函数(SWI API)可以触发软件中断:SWI_andn、SWI_dec、SWI_inc、SWI_or 及 SWI_post。

一个软件中断会一直执行到完毕(没有挂起状态),除非被硬件中断或更高级别的软件中断抢占。利用 SWI 邮箱实现同步,邮箱值为 0 的时候才触发软件中断 1 次,触发中断后,邮箱值复位。

软件中断主要使用的函数如下所述。

- SWI_andn:该函数提供的参数与邮箱值做"与"运算,若邮箱为 0,则启动该软件中断。
- SWI_dec:邮箱值减 1,若邮箱值为 0,则启动该软件中断,并恢复邮箱到初始值。
- SWI_disble:禁止软件中断。
- SWI_enable:允许软件中断。
- SWI_getmbox:返回邮箱的值,注意该函数只能在软件中断函数中调用。
- SWI_getpri:返回软件中断优先级。
- SWI_inc:启动该软件中断,并对邮箱值加 1。
- SWI_or:启动该软件中断,并且邮箱值与该函数提供的参数做"或"运算。
- SWI_post:启动软件中断。
- SWI_raisepri:将软件中断优先级升高。
- SWI_restorepri:恢复软件中断的优先级。
- SWI_self:返回 SWI 对象的地址。

13.4.4　SWI 举例说明

下面给出一个软件中断的程序:

```
# include <std.h>
# include <log.h>
# include <swi.h>
# include <sys.h>
# include "swicfg.h"
Void swiFxn0(Void);
Void swiFxn1(Void);
/ * ========= main =========* /
Void main(Int argc,Char * argv[])
{
    LOG_printf(&trace,"swi example started! \n");
    LOG_printf(&trace,"Main posts SWI0\n");
    SWI_post(&SWI0);
    LOG_printf(&trace,"Main done! \n");
}
```

```
/* ======== swiFxn0 ========*/
Void swiFxn0(Void)
{
    LOG_printf(&trace,"swiFxn0 posts SWI1\n");
    SWI_post(&SWI1);
    LOG_printf(&trace,"SWI0 done!\n");
}
/* ======== swiFxn1 ========*/
Void swiFxn1(Void)
{
    LOG_printf(&trace,"SWI1 done!\n");
}
```

在这个程序中,声明了两个软件中断,分别为: Void swiFxn0(Void)和 Void swiFxn1(Void)。主程序首先启动软件中断 0,然后在软件中断 0 中启动软件中断 1,两个软件中断执行完毕结束,返回主程序。

13.5　TSK 模块的使用

13.5.1　TSK 模块概述

任务的优先级高于后台线程 IDL 而低于软件中断 SWI。任务和软件中断的不同之处在于,任务在运行过程中可以等待(阻塞),知道所需要的资源可用。DSP 提供了许多任务间同步通信的结构体,如队列、信号量和邮箱。

任务通常写成一个死循环的形式,只执行一次的任务意义不大。

13.5.2　TSK 模块的设置

在 TSK Manager(任务管理器)中可以根据需要创建各种任务,任务间是根据优先级抢占策略来进行调度的。TSK 提供有多种优先级别,包括-1(Suspend)、0(Idle)、1(最低)~15(最高),如图 13.5.1 所示。

在 TSK Manager 上右击选择 Insert TSK 选项,并填写任务名称后就可以创建一个任务;在相应任务上右击选择 Properties 选项,可对任务属性进行设置,如图 13.5.2所示。

Stack size(最大堆栈大小)和 Priority(优先级)需要根据任务的具体情况进行设置。如图 13.5.3 所示,在 Function 选项卡中填写任务实体函数名(C 函数前面加一个下划线)。

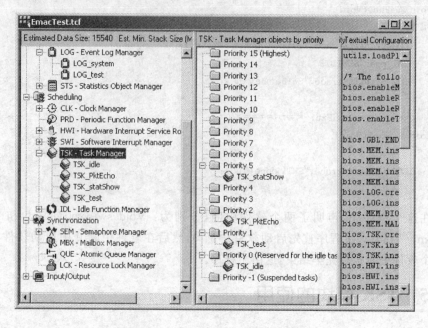

图 13.5.1 TSK Manager(任务管理器)

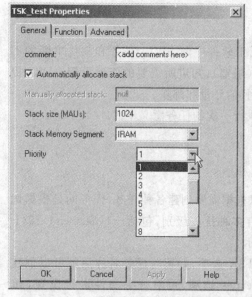

图 13.5.2 新建任务属性设置

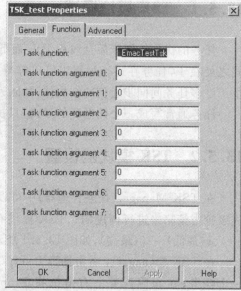

图 13.5.3 任务的调用函数以及参数设置

13.5.3　TSK 模块的接口函数

本小节列出 TSK 模块的接口函数以及使用说明,详细内容如下。

① void TSK_checkstacks(TSK_Handle oldtask,TSK_Handle newtask)。

无论是新任务还是老任务,如果堆栈的最后位置上都没有 RG_STACKSTAMP 标识,那么 TSK_checkstacks 就会报错 SYS_abort。出现这种情况可能是由于上一个任务堆栈溢出或无效的存储占用了新任务的堆栈。一般用 TSK_checkstac-ks(TSK_self(),TSK_self())来检查堆栈定义 Switch 函数,这样在任务切换时自动调用堆栈检查函数:

```
void myswitchfxn(TSK_Handle oldtask,TSK_Handle newtask)
{
...
TSK_checkstacks(oldtask,newtask);
...
}
```

② TSK_Handle task＝TSK_create(Fxn fxn,TSK_Attrs ＊ attr,Arg［arg,］…)。

创建一个调用函数 fxn 的任务对象,返回新对象的句柄,失败返回 NULL。

调用此函数是动态创建,而在配置工具中创建是静态创建,二者效果一样。静态创建的任务对象,创建函数将在 BIOS_start 函数中自动调用。BIOS_start 函数在 main()函数之后,在后台 IDL 循环之前运行。而动态创建的任务处于 Ready 状态。函数参数最多不超过 8 个。任务对象函数 fxn 返回时,自动调用 TSK_exit 函数。

解析:TSK_Attrs ＊ attrs 任务参数指针。

```
struct TSK_Attrs{
int priority;
Ptr stack;
Uns stacksize;＃ifdef _64_//imitate C55 series. to check
Uns sysstacksize;
＃endif
Uns stackseg;
Ptr environ;
String name;
bool exitflag;
}
```

③ void TSK_delete(TSK_Handle task)。

从所有内部队列里删除该任务,并调用 MEM_free 释放任务对象和堆栈。只能删除处于结束状态的任务,也可调用删除的钩子函数 void myDeleteFxn(TSK_Handle task)。

④ void TSK_deltatime(TSK_Handle task)。

累计从任务准备好到执行此函数时的时间差,如果未调用此函数,那么就算打开任务统计累加器选项,统计对象也不会更新。一般统计时先用 TSK_settime 函数记录起始点,用此函数记录终点。

⑤ void TSK_settime(TSK_Handle task)。

设定统计初始值:

```
void task()
{
- - do some startup work—
TSK_settime(TSK_self);
for(;;){
SIO_get(...);
- - process data—
TSK_deltatime(TSK_self);
}
}
```

假如流式 IO 没有准备好,那么该 API 函数会阻塞(Blocked)。任务切换,一段时间后,流式 IO 数据准备好了,此时发出 READY 信号,将本任务置为 ready 状态,此时 TSK_settime 会重新记录时间。

⑥ void TSK_disable(void)。

全局关闭内核调度机制,Busy-Shutting-Down 状态。只有当前任务可行,其余所有任务禁止。此函数不会禁止中断,所以在中断开始前需要调用此函数保证中断发生时不会发生任务切换。可以嵌套,但是调用几次 TSK_disable,就得相应调用几次 TSK_enable。

⑦ void TSK_enable(void)。

全局开启内核调度机制。

⑧ void TSK_exit(void)。

终止当前任务运行。如果所有任务都被终止,则 DSP/BIOS 会调用 SYS_exit 终止程序。无论什么时候,任务从顶层函数返回时,都是自动调用此函数。可以注册一个退出辅助函数 void myExitFxn(void),这样,在任务被设置为 TSK_TERMINAT-ED 模式之前,会调用这个辅助函数。

⑨ Ptr environ=TSK_getenv(TSK_Handle task)。

返回任务环境指针,这个指针指向一个该任务可以访问的全局属性的结构。若程序定义多个钩子对象,那么 HOOK_getenv 函数可以获取设置的环境指针。

⑩ void TSK_setenv(TSK_Handle task,Ptr environ)。

设置指定任务的环境指针。若程序定义多个钩子对象,那么 HOOK_setenv 函数可以为每个钩子和任务对象的组合体设置独立的环境指针。

⑪ int errno＝TSK_geterr(TSK_Handle task)。

每个任务对象都有一个包含任务错误号的存储单元,初始值为 SYS_OK。

⑫ void TSK_seterr(TSK_Handle task,int errno)。

改变错误号。

⑬ String name＝TSK_getname(TSK_Handle task)。

返回任务的名字。对于静态对象来说,必须打开 Allocate Task Name on Target;对于动态对象来说,TSK_getname 返回 attrs. name 字段。

⑭ int priority＝TSK_getpri(TSK_Handle task)。

返回优先级。

⑮ int oldpri＝TSK_setpri(TSK_Handle task,int newpri)。

设置优先级。设置优先级对于 TSK_BLOCKED 状态任务只是优先级改变,而不会改变状态;对于 TSK_READY 状态的任务而言,可能会改变运行状态。

⑯ STS_Handle sts＝TSK_getsts(TSK_Handle task)。

获得统计对象句柄,以便查看数据。

⑰ void TSK_sleep(Uns nticks)。

暂停任务的时钟个数,此时钟数可能比真实的暂停时钟少一个时钟(告警时钟)。

⑱ void TSK_itick(void)。

对告警时钟加 1,以便让 TSK_sleep 或 SEM_pend 函数暂停执行的任务恢复到 ready。一些暂停的任务可能会随着告警时钟的增加而超时,从而就绪。

⑲ void TSK_tick(void)。

对告警时钟加 1,以便让 TSK_sleep 或 SEM_pend 函数暂停执行的任务恢复到 ready。一些暂停的任务可能会随着告警时钟的增加而超时,从而就绪。可以在中断服务程序和当前任务中调用,后者在控制超时中非常有用。

⑳ Uns currtime＝TSK_time(void)。

返回系统告警时钟的当前值。由于延时,只能得到一个大概的系统时钟。

㉑ TSK_Handle currtask＝TSK_self(void)。

返回当前任务对象的句柄。

㉒ void TSK_stat(TSK_Handle task,TSK_Stat * statbuf)。

返回任务的属性参数和状态信息。

```
struct TSK_Stat{
    TSK_Attrs attrs;              //任务参数
    TSK_Mode mode;               //任务执行模式
    Ptr sp;                      //任务当前堆栈指针
    Uns used;                    //任务堆栈曾经使用的最大值
}
```

注意：任务比 HWI 和 SWI 中断优先级要低，所以当任务被中断时，还是返回 TSK_RUNNING，因为中断完成后任务继续运行。

㉓ void TSK_yield(void)。

强制任务切换，请注意，任务可以被中断，但是，任务之间必须依靠切换来进行。也就是说，即便当前有高优先级任务就绪，它也不能被执行，除非切换。此函数用于任务之间的同步。

13.5.4 TSK 使用举例

调试 TI 的一个例程 tsktest，位置：X:\CCStudio_v3.1\tutorial\sim55xx\tsktest。

程序中有一个 mbx，能放 2 个 8 字节的数据；有 4 个 tsk，1 个是读 mbx，3 个写 mbx，这 3 个写 mbx 的 tsk 调用的是同一个函数，不过为了区分，调用的时候传递了一个不同的参数。

```
# include <std.h>
# include <log.h>
# include <tsk.h>
# include "tskcfg.h"
# define NLOOPS    5
Void task(Arg id_arg);  /* Config Tool 工具生成的任务函数 */
/* ======== main ======== */
Void main()
{
}
/* ======== task ======== */
Void task(Arg id_arg)
{
    Int     id = ArgToInt(id_arg);
    Int     i;
    for(i = 0;i<NLOOPS ;i ++){
        LOG_printf(&trace,"Loop % d: Task % d Working",i,id);
        TSK_yield();
    }
    LOG_printf(&trace,"Task % d DONE",id);
}
```

现对程序做以下说明。

经过改变 mbx 的 length 和 write 函数的循环写入次数后，可以确定 mbx 有自己的一个任务队列。当 mbx 满的时候，post 过来的 tsk 会被阻塞，但是这个 post 的动作已经是放在 mbx 的任务队列中；等到 mbx 被读空的时候，会自动开始这个 post 动作。如果在这个 post 动作后面还排着其他的动作,那么会接着执行后面的动作。

举个现实中的例子,假设有 A、B、C 三队人在排队买票,每队 3 人,分别叫 A1、A2、A3、B1、B2、B3、C1、C2、C3。他们在售票大厅外面的广场排队,售票大厅有一个门,要进大厅的人必须在门前排成一队,然后才能进去。从各自的队伍排到门口的队伍,按照 ABC 的顺序,门口的队伍每队只能有一人。大厅里面有 2 个窗口在卖票,如果两个窗口都有人在买,那么后面的人只能排在门口,不能进大厅。只有当在 2 个窗口买票的人都离开后,排在后面的前 2 个人才能进大厅。进入大厅的人,如果自己的队伍还有人,必须通知下一个人过来排队。

那么看一下买票和排队的顺序:

一开始 A1、A2 到门口,大厅空;
两人进去,通知 A3 过来排队;
A3 到门口,里面满了,在门口排队;
A 队已经一人在门外,就轮到 B 队了;
B1 到门口排队,排在 A3 后面,B 组结束;
轮到 C 队,C1 排到 B1 后面,C 队结束。

具体流程如下:

现在开始第一轮卖票:
A1、A2 买完走人,大门可以进人;
A3 进大厅,因为 A 队没人了,不用通知;
接着 B1 进入大厅,顺便通知 B 队的 B2 过来排队,B2 只能排在 C1 后面。
大厅又满,禁止进入。
开始卖票:
A3、B1 买完走人,大门开;
C1 进门,通知 C2 过来排队,C2 排在 B2 后面;
B2 进门,通知 B3 来排队,B3 排在 C2 后边。
大厅满。
开始卖票:
C1、B2 买完走人,大厅空,门开;
C2 进,通知 C3,C3 排在 B3 后边;
B3 进大厅,B 队没人,不用通知。
大厅满。
开始卖票:
C2、B3 买完走人,大厅空,门开;
C3 进,后边没人,不用通知;
由于所有队都排完,大厅虽然没满,也开始卖票;
C3 买完走人。
卖票的人等了一会儿,发现没人来买了,就关门回家了。

买票的顺序就是 A1A2、A3B1、C1B2、C2B3、C3。

再与 tsk 和 mbx 类比,3 个 tsk 就是 A、B、C 这 3 条队伍,每次要 post 一个数据,就是来门口排队,而门口的队伍就是 mbx 的任务队列,只有 mbx 中的内容被读完,才会依次启动任务队列中的任务。

13.5.5　阻塞和中断的区别和联系

共性:它们都能停止一个 tsk(任务)。

区别:

① 只有 TSK(任务)能被阻塞,而 SWI(软中断)和 HWI(硬中断)不能阻塞,只能中断。

② 停止的原因不一样。阻塞是在某些条件不满足时停止 TSK,中断是因为有高优先级的事情要做而停止。

③ 恢复运行的条件不一样。阻塞是要等到原来不满足的条件满足后才能继续,而中断是要等高优先级的任务返回后才继续执行。

④ 阻塞改变 TSK 的任务队列,而中断一个 TSK 不会改变 TSK 的任务队列。

举个现实的例子:

如果你在写作业,写着写着,碰到一道很难的题,你百思不得其解,这个时候写作业的这个 TSK 就被阻塞了,只有等到你想出来这道题怎么做,才能继续做下去。

另外一种情况,还是在写作业,突然门铃响了,你必须去开门,那写作业这个 TSK 就被中断了,你记住自己作业写到哪,你开完门就能回来继续写作业,这就是任务的上下文切换。

13.6　SEM 模块的使用

13.6.1　SEM 模块概述

信号量分为二进制信号量和计数信号量,常用于协助一组相互竞争的任务来访问共享资源,可以实现任务同步和互斥。

二进制信号量只有两种状态:可用和不可用。

计数信号量对象有一个内部计数器,对有效的资源数进行计数。如果计数值大于 0,则任务再请求该信号量时不会被阻塞。

13.6.2　SEM 的接口函数

SEM_pend 用于等待一个信号量。如果信号量大于 0,则 SEM_pend 简单地将

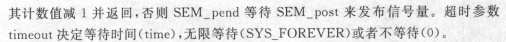

其计数值减 1 并返回,否则 SEM_pend 等待 SEM_post 来发布信号量。超时参数 timeout 决定等待时间(time),无限等待(SYS_FOREVER)或者不等待(0)。

SEM_post 用于发布信号量。如果有任务在等待该信号量,SEM_post 会从等待任务列表中将该任务删除,并将其放入就绪任务列表中等待调度;如果没有任务等待这个信号量,SEM_post 简单地将计数值加 1 并返回。

13.6.3　SEM 举例说明

目的:说明如何使用 SEM 来阻止另一个任务线程访问该数据结构。

方法:两个任务线程共享一个数据结构,当其中一个任务线程修改这个数据结构时,就产生了冲突。为了解决这个冲突,两个任务都有一段通过使用同一个 SEM 调用 SEM_pend 来保护的代码。在第一个任务执行这段受保护代码期间,另一个任务即使抢先了第一个任务,也不能执行这段受保护的代码(互斥)。

步骤:

① 复制并打开工程。

从 CCS 安装目录的 tutorial\sim55xx 文件夹中将例子文件目录 mutex 复制到一个新文件夹中,该工程中使用的文件如下:mutex. c 为程序的源代码;mutex. tcf 为 DSP/BIOS 的配置文件。

② 在实验板上运行这个例子。该程序的. tcf 配置文件已经创建了 1 个 SEM 对象、2 个 TSK 任务对象和 1 个现实消息的 LOG 对象。为了在 VC5509 上运行,还需要修改 VECT 中断向量表的位置,设置 RTDX 的模式为 JTAG 模式,再将 LOG_system 对象的 buflen 参数改为 512,将 logtype 项设为 fixed,然后保存该配置文件。

③ 在 CCS 的 Project View 区域中,可以双击 mutex. c 文件来查看源代码。下面是各个部分的详细介绍。

变量声明部分:包含了程序用到的各种头文件以及程序中使用的函数原型。同时,还定义了 maincoun 全局变量,它由两个任务共同使用,并通过 SEM 来实现互斥访问。另外,两个全局变量 tsk1count 和 tsk2count 分别用于记录任务运行次数。

main 函数:该例子中的 main() 为空函数,简单地返回 DSP/BIOS 内核的 IDL 循环。

mutex1 函数:该函数在任务线程 task() 中调用,其程序代码如下。

```
/* ======== mutex1 ======== */
Void mutex1()
{
LgUns tempvar;
LgUns time;
for(;;){
```

```
    LOG_printf(&trace,"\n Running mutex1 function");
    if(SEM_count(&sem) == 0){
    LOG_printf(&trace,"Sem blocked in mutex1");
    }
    SEM_pend(&sem,SYS_FOREVER);
    tempvar = maincount;
    time = CLK_getltime();
    /* 等待两个系统时钟 */
    while(CLK_getltime()<= (time + 1)){
    ;
    }
    tsk1count + + ;
    maincount = + + tempvar;
    /* combine hex values to display LgUns */
    # ifdef _28_
    LOG_printf(&trace," mutex1: loop 0x% 04x% 04x;",(Arg)(tsk1count >> 16),(Arg)
(tsk1count & 0xffff));
    LOG_printf(&trace," total count = 0x% 04x% 04x",(Arg)(maincount >> 16),(Arg)(main-
count & 0xffff));
    # else
    LOG_printf(&trace," mutex1: loop 0x% 04x% 04x;",(Int)(tsk1count >> 16),(Int)
(tsk1count & 0xffff));
    LOG_printf(&trace," total count = 0x% 04x% 04x",(Int)(maincount >> 16),(Int)(main-
count & 0xffff));
    # endif
    SEM_post(&sem);
    TSK_sleep(1);
    }
    }
```

该函数是一个无限循环,在进入循环时首先打印输出信息,表示该任务函数已经开始运行。然后判断 SEM 计数器,如果计数器为 0,则输出一条该任务即将暂停等待 SEM 的信息。接下来调用 SEM_pend 函数等待 SEM。当收到 SEM 后,对全局变量 maincount 加 1,输出计算结果,最后发送 SEM 信号,并使该任务线程暂停一会儿。在这个函数中,SEM_pend 和 TSK_sleep 函数的调用都会导致任务切换。

mutex2 函数:mutex2 函数由任务 task1 调用,它将首先运行(task1 的优先级比 task()高)。该函数与前面介绍的 mutex1 函数非常相似,这里不再重复。比较两个任务函数可以看出,两个函数都需要对全局变量 maincount 进行操作,所以在每个任务对 maincount 操作前,都需要得到 SEM 信号。在没有这个信号前,任务都处于暂停状态,即使优先级高的任务也如此。

④ 在 CCS 中运行。

编译链接后,装入该程序。选择菜单命令 DSP/BIOS|RTA Control Panel,打开
DSP/BIOS 分析工具的控制面板窗口,只选择 nable CLK logging、Enable TSK log-
ging 和 lobal host enable 这 3 项,这样,DSP/BIOS 执行图更加清晰。同时,打开执
行图窗口和 LOG 窗口,按 F5 键开始运行程序。

下面是所有源程序。

① mutexcfg. h 代码:

```
/ * INPUT mutex. cdb * /
#define CHIP_5509 1
/ * Include Header Files * /
# include <std. h>
# include <hst. h>
# include <swi. h>
# include <tsk. h>
# include <log. h>
# include <sem. h>
# include <sts. h>
# ifdef __cplusplus
extern "C" {
# endif
extern far HST_Obj RTA_fromHost;
extern far HST_Obj RTA_toHost;
extern far SWI_Obj KNL_swi;
extern far TSK_Obj TSK_idle;
extern far TSK_Obj task0;
extern far TSK_Obj task1;
extern far LOG_Obj LOG_system;
extern far LOG_Obj trace;
extern far SEM_Obj sem;
extern far STS_Obj IDL_busyObj;
extern far void CSL_cfgInit();
# ifdef __cplusplus
}
# endif            / * extern "C" * /
```

② mutexcfg_c. c 代码:

```
/ * INPUT mutex. cdb * /
/ * Include Header File * /
# include "mutexcfg. h"
```

```
# ifdef __cplusplus
# pragma CODE_SECTION(".text: CSL_cfgInit")
# else
# pragma CODE_SECTION(CSL_cfgInit,".text: CSL_cfgInit")
# endif

# ifdef __cplusplus
# pragma FUNC_EXT_CALLED( )
# else
# pragma FUNC_EXT_CALLED(CSL_cfgInit)
# endif
/ * 配置结构手柄 * /

/ * ========CSL_cfgInit() ========* /
void CSL_cfgInit()
{
}
```

③ mutex.c 代码:

```
/ * ========= mutex.c ========* /
# include <std.h>
# include

# include <log.h>
# include <tsk.h>
# include <sem.h>

# include "mutexcfg.h"
Void mutex1();

Void mutex2();

LgUns tsk1count = 0;

LgUns tsk2count = 0;

LgUns maincount = 0;
/ * ======== main ========* /
Void main()
{
/ * 空操作 * /
}
/ * ======== mutex1 ========* /
Void mutex1()
{
LgUns tempvar;
LgUns time;
for(;;){
```

```
LOG_printf(&trace,"\n Running mutex1 function");
if(SEM_count(&sem) == 0){
LOG_printf(&trace,"Sem blocked in mutex1");
}
SEM_pend(&sem,SYS_FOREVER);
tempvar = maincount;
time = CLK_getltime();
/ * 等待 2 个系统时钟 * /
while(CLK_getltime()< = (time + 1)){
;
}
tsk1count + + ;
maincount = + + tempvar;
/ * combine hex values to display LgUns * /
# ifdef _28_
LOG_printf(&trace," mutex1: loop 0x % 04x % 04x;",(Arg)(tsk1count >> 16),(Arg)
(tsk1count & 0xffff));
LOG_printf(&trace," total count = 0x % 04x % 04x",(Arg)(maincount >> 16),(Arg)(main-
count & 0xffff));
# else
LOG_printf(&trace," mutex1: loop 0x % 04x % 04x;",(Int)(tsk1count >> 16),(Int)
(tsk1count & 0xffff));
LOG_printf(&trace," total count = 0x % 04x % 04x",(Int)(maincount >> 16),(Int)(main-
count & 0xffff));
# endif
SEM_post(&sem);
TSK_sleep(1);
}
}
/ * ======== mutex2 ======== * /
Void mutex2()
{
LgUns tempvar;
for(;;){
LOG_printf(&trace,"\n Running mutex2 function");
if(SEM_count(&sem) == 0){
LOG_printf(&trace,"Sem blocked in mutex2");
}
SEM_pend(&sem,SYS_FOREVER);
tempvar = maincount;
tsk2count + + ;
maincount = + + tempvar;
```

```
/* combine hex values to display LgUns */
#ifdef _28_
LOG_printf(&trace,"mutex2: loop 0x%04x%04x;",(Arg)(tsk2count >> 16),(Arg)
(tsk2count & 0xffff));
LOG_printf(&trace," total count = 0x%04x%04x",(Arg)(maincount >> 16),(Arg)(main-
count & 0xffff));
#else
LOG_printf(&trace,&quot;mutex2: loop 0x%04x%04x;",(Int)(tsk2count >> 16),(Int)
(tsk2count & 0xffff));
LOG_printf(&trace," total count = 0x%04x%04x",(Int)(maincount >> 16),(Int)(main-
count & 0xffff));
#endif
SEM_post(&sem);
TSK_sleep(1);
}
}
```

13.7 MBX 模块的使用

MBX 模块可以用来在任务间传递消息,有一个固定长度的共享邮箱来实现任务间的同步,可以保证消息流的输入不会超过系统处理这些消息的能力。

13.7.1 Mailbox 的接口函数说明

Mailbox,邮箱。在 Synchronization 中,一般作为不同的任务(TSK)之间传递数据。

MBX 有两个属性:Size,这里面可以存放单个数据的大小,如想在这里面存放 int 类型的数值,那么 Size 就设为 4;Length,里面最多能存放多少个大小为 Size 的数据,如果设为 2,那么就能存放 2 个。

① 函数 MBX_pend。

语法:

```
status = MBX_pend(mbx,msg,timeout);
```

参数:

```
MBX_Handle mbx;          /*句柄*/
Ptr msg;                 /*用以保存读取出来的数据地址*/
Uns timeout;             /*超时时间*/
```

返回值:

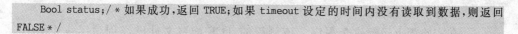

Bool status;/ ＊如果成功,返回 TRUE;如果 timeout 设定的时间内没有读取到数据,则返回
FALSE ＊ /

描述:

函数 MBX_pend 用于等待(从邮箱中读取)一个消息,如果没有可读的消息(邮箱为空),则 MBX_pend 阻塞。如果 MBX 不为空,将复制其中的第一个数据到 MSG 指定的地址并且返回 TRUE;如果为空,这个任务将被挂起,直到 MBX_post 函数被调用或者 timeout 设置的时间到。

如果 timeout 的值是 SYS_FOREVER,那这个任务将一直挂起,直到 MBX_post 函数被调用;如果 timeout 的值是 0,那么将立即返回 FALSE。

② 函数 MBX_post。

语法:

status = MBX_post(mbx,msg,timeout);

参数:

MBX_Handle mbx;　　　　　/ ＊句柄 ＊ /
Ptr msg;　　　　　　　　/ ＊存放写入数据的地址 ＊ /
Uns timeout;　　　　　　/ ＊等待时间,如果超过此时间仍然不能写入,返回 FALSE ＊ /

返回值:

Bool status;　　　　　　/ ＊成功写入返回 TRUE,超时返回 FALSE ＊ /

描述:

MBX_post 检查 MBX 中是否有空闲的位置,如果有,则将 MSG 的内容写入 MBX,同时将下一个 MBX_post 任务(如果有的话)设为 ready 状态。

如果 MBX 已经满了,而且 timeout 等于 SYS_FOREVER,这个任务将被挂起,等待 MBX_pend 函数被调用。如果 timeout 等于 0,那么立即返回 FALSE;如果 timeout 是不为 0 的数,这个任务将等待设置的时间。如果还是没有 MBX_pend 函数被调用,则返回 FALSE。

13.7.2　使用举例

目的:介绍如何使用邮箱在两个任务间发送消息。

方法:

① 直接从 CCS 安装目录的 tutorial\sim\54xx 文件夹中将例子文件目录 mbxtest 复制到一个新文件夹中。这个工程中使用的文件包括:mbxtest.c,程序的源代码;mbxtest.tcf,该例子的 DSP/BIOS 配置文件;mbxtestcfg.cmd,程序使用的内存定位文件,它由 TCF 配置工具自动生成。

② 检查 CDB 配置文件。

③ 在实验板上运行这个程序。该例程的 TCF 配置文件已经创建了 1 个 MBX 邮箱对象、4 个 TSK 任务对象和 1 个显示消息的 LOG 对象。为了在 C5509 上运行，需要修改 VECT 中断向量表的位置，设置 RTDX 的模式为 JTAG 模式，再将 LOG_system 对象的 buflen 参数改为 512，将 logtype 项设为 fixed，然后保存该配置文件。

在 CCS 的 Project View 区域中，双击 mbxtest.c 文件来查看源代码。下面是各部分的说明。

声明部分：这个部分包含了程序用到的各种头文件以及程序中使用的函数原型。它也包含 mbxtestcfg.h 头文件，这个头文件包含在配置文件中创建的 DSP/BI-OS 对象的声明。常量 NUMMSGS 定义为消息数量，常量 TIMEOUT 定义为等待邮箱存满的时间。MsgObj 结构包含一个写入邮箱的信息。

main 函数：main()直接返回 DSP/BIOS 内核。

reader 函数：这个函数先等待邮箱被写满。在等待过程中，其他线程可以运行。当邮箱写满时，它将从邮箱读取信息，并在 LOG 记录窗口打印输出。如果它在指定的 TIMEOUT 个系统时钟后邮箱仍然没有写满，将跳出循环并结束任务。

writer 函数：这个函数将循环 NUMMSGS 次。在每次循环中，它将一个 MsgObj 结构变量存入邮箱，同时在 LOG 窗口中打印存入邮箱的内容。如果邮箱已满，它将等待可用空间。在它等待的过程中，其他线程可以运行。

④ 编译链接后，装入该程序。选择菜单命令 DSP/BIOS|RTA Control Panel，打开 DSP/BIOS 分析工具的控制面板窗口，只选择 Enable CLK logging、Enable TSK logging 和 Global host enable 这 3 项，这样，DSP/BIOS 执行图会更加清晰。同时，打开执行窗口和 LOG 输出窗口，按 F5 键开始运行程序。

下面是所有源程序。

① mbxtestcfg.h 代码：

```
/* INPUT mbxtest.cdb */
#define CHIP_5509 1
/* Include Header Files */
#include <std.h>
#include <hst.h>
#include <swi.h>
#include <tsk.h>
#include <log.h>
#include <mbx.h>
#include <sts.h>
#ifdef __cplusplus
extern "C" {
```

```
# endif
extern far HST_Obj RTA_fromHost;
extern far HST_Obj RTA_toHost;
extern far SWI_Obj KNL_swi;
extern far TSK_Obj TSK_idle;
extern far TSK_Obj reader0;
extern far TSK_Obj writer0;
extern far TSK_Obj writer1;
extern far TSK_Obj writer2;
extern far LOG_Obj LOG_system;
extern far LOG_Obj trace;
extern far MBX_Obj mbx;
extern far STS_Obj IDL_busyObj;
extern far void CSL_cfgInit();
# ifdef __cplusplus
}
# endif/ * extern "C" * /
```

② mbxtestcfg_c. c 代码：

```
/ * Include Header File * /
# include "mbxtestcfg. h"
# ifdef __cplusplus
# pragma CODE_SECTION(". text: CSL_cfgInit")
# else
# pragma CODE_SECTION(CSL_cfgInit,". text: CSL_cfgInit")
# endif
# ifdef __cplusplus
# pragma FUNC_EXT_CALLED()
# else
# pragma FUNC_EXT_CALLED(CSL_cfgInit)
# endif
/ * 配置结构句柄 * /
/ * ======== CSL_cfgInit() ======== * /
void CSL_cfgInit()
{
}
```

③ mbxtest. c 代码：

```
# include <std. h>
# include <log. h>
# include <mbx. h>
```

```c
# include <tsk. h>
# include "mbxtestcfg. h"

# define NUMMSGS 3                    /* number of messages */
# define TIMEOUT 10
typedef struct MsgObj {

Int id;                               /* 写任务的 ID */
Char val;                             /* 邮箱的值 */
} MsgObj, * Msg;

Void reader(Void);
Void writer(Arg id_arg);
/* ======== main ======== */
Void main()
{
/* 空操作 */
}
/* ======== reader ======== */
Void reader(Void)
{
MsgObj msg;
Int I;
for (I = 0; ;I+ +) {
/* 等待 writer()函数发布的邮箱 */
if (MBX_pend(&mbx, &msg, TIMEOUT) = = 0) {
LOG_printf(&trace, "timeout expired for MBX_pend()");
break;
}
/* 打印信息 */
# ifdef _28_
LOG_printf(&trace, "read '% c' from ( % d).", (Arg)msg. val, (Arg)msg. id);
# else
LOG_printf(&trace, "read '% c' from ( % d).", msg. val, msg. id);
# endif
}
LOG_printf(&trace, "reader done.");
}
/* ======== writer ======== */
Void writer(Arg id_arg)
{
MsgObj msg;
Int I;
```

```
Int id = ArgToInt (id_arg);
for (I = 0; I < NUMMSGS; I + + ) {
/ * 填充值 * /
msg.id = id;
msg.val = I % NUMMSGS + (Int)('a');
/ * 队列信息 * /
MBX_post(&mbx, &msg, TIMEOUT);

# ifdef _28_
LOG_printf(&trace, "( % d) writing '% c'···", (Arg)id, (Arg)msg.val);
# else
LOG_printf(&trace, "( % d) writing '% c'···", id, (Int)msg.val);
# endif
}
# ifdef _28_
LOG_printf(&trace, "writer ( % d) done.", (Arg)id);
# else
LOG_printf(&trace, "writer ( % d) done.", id);
# endif
}
```

13.8　其他常用模块的使用

13.8.1　LOG 模块

1. LOG 模块概述

CCS 是一个完整的 DSP 集成开发环境,其不仅集成了常规的开发工具如源程序编辑器、代码生成工具(编译、链接器)以及调试环境外,还提供了 DSP/BIOS 开发工具。DSP/BIOS 是一个简易的嵌入式操作系统,其可以大大方便用户编写多任务应用程序。

在用 CCS 开发及调试项目时,总是会需要当程序运行到某一位置或者当某一错误出现时打印一段消息给开发者,以便于其调试及排错。DSP/BIOS 提供的强大的 LOG 模块可以很好地帮助开发者完成这些工作。以下是 LOG 模块的介绍及作者在使用过程中总结的注意事项。

目标程序执行时,可以使用 LOG 模块中的事件日志来记录实时的事件。我们可以使用系统日志,也可以创建用户自定义的日志。如果日志类型是循环的,那么缓存区始终保存的是最后一次记录的信息;如果日志类型是固定的,那么缓存区始终保存了第一次记录的信息。LOG 模块的系统日志存储与系统事件有关的消息,这些系统消息应该是在 TRC 跟踪模块中激活了的事件。

为了减少运行时间,日志数据的格式化处理总是在主机上完成。也就是说,由运行 CCS 的主机而不是 DSP 目标系统来处理这些日志数据,理解这点很重要。我们通常使用 LOG_printf 函数来替代标准 C 语言中的 printf 函数,以便更快地在 CCS 中显示需要打印的信息。

日志缓存区是在数据存储器中一段固定大小的存储空间。在日志缓存区里,一个消息占用 4 个字的存储空间。第 1 个字用来存储序号,这些序号控制事件日志用正确的顺序显示日志;剩下的 3 个字记录数据,它们是调用 API 函数时写进日志的。

2. LOG 设置

LOG 用于输出和记录一些打印信息,默认存在一个 LOG_system 对象,是系统内部用来处理打印信息的,不需要去设置。可以增加新的 LOG 对象,用来在应用程序中输出打印信息。如图 13.8.1 所示,在 LOG 标签上右击选择 Insert LOG,填写对象名 LOG_test 即建立了一个新的 LOG 对象。

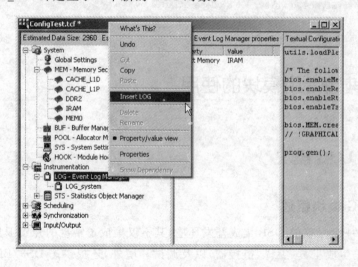

图 13.8.1 LOG 设置

在 LOG_test 标签上右击选择 Properties,弹出如图 13.8.2 所示对话框,可对此 LOG 对象属性做一些设置。具体设置含义可通过 Help 查看。

打开 DSP/BIOS 配置文件,然后展开 Instrumentation 选项,在 LOG – Event Log Manager 菜单下:LOG_system 对象是系统创建该配置文件时自动添加的,用于系统事件记录;LOG_msg 是用户自定义的。右击该对象名称,在弹出的快捷菜单中选择 Properties 激活属性窗口。

comment:添加一段注解来说明该 LOG 对象。

bufseg:选择日志缓冲区的存储段的名称。

buflen：说明日志缓冲区的大小（以字为单位）。

logtype：说明日志类型，循环或者固定。在缓冲区内，原有的循环类型的日志可以被新的事件覆盖，但是固定类型的日志不能被覆盖。因此，当你的日志消息可以正常显示但不更新时，请设置日志类型。

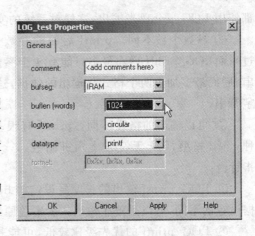

fixed（固定）：只存储其最先接收的信息，当消息缓冲区满时就会拒绝接收新的信息。

circular（循环）：当消息缓冲区满时，新日志会自动覆盖原有的日志。

图 13.8.2　LOG 属性设置

datatype：若使用 LOG_printf 函数来打印输出日志信息时，请选择 printf 类型；若使用 LOG_event 函数记录日志信息，请选择 raw data。

format：当 datatype 选择 raw data 即原始数据作为数据类型，那么就要写一段"printf 风格"的格式串。

3. API 接口函数说明

LOG_disable：关闭指定对象的日志记录功能，此时日志缓冲区的内容将不会被更新。

LOG_enable：允许日志记录事件。DSP/BIOS 默认日志记录功能为打开状态。

LOG_error：将一个事件、数据或者出错信息按指定的格式串写入系统日志。

LOG_event：将一个未格式化的事件消息写入日志中。

LOG_message：功能及用法与 LOG_error 相同，只是它要受跟踪管理模块的影响。

LOG_printf：在指定的 LOG 窗口中显示消息，等效于标准 C 的 printf() 函数。

LOG_reset：复位日志缓冲区。

4. LOG_printf 和 printf 的联系与区别

共性：都是用于输出一些内容，一般用于显示一些调试信息，而且可以格式化输出，比如用'%d'输出整数。

区别：

① 输出目标不同。printf 输出到 output 窗口，而 LOG_printf 输出到 BIOS 的 log 窗口。

② 汇编指令条数不同。printf 需要上万条汇编指令，而 LOG_printf 只要 30 多条汇编指令，因此 LOG_printf 的运行速度比 printf 要快得多。一般在实时系统中，

都使用 LOG_printf 来输出,这样对系统的实时性影响才不大。

③ 参数个数不同。printf 后面的参数个数可以有很多个(具体多少个没测试过);而 LOG_printf 后面最多只能有 4 个参数,第 1 个是写入的地址,第 2 个是字符串,后面最多加上两个格式化输出的数据,这两个数据还必须是整型、指针或者常量字符串。

④ 可以输出的格式不同。printf 有很多的格式;而 LOG_printf 只有有限的几种:%d 整型,%x 无符号十六进制数,%o 无符号八进制数,%s 常量字符串,%p 指针。

⑤ LOG_printf 输出的长度受设定的 buffer 大小限制,如果超出 buffer 大小,根据设置的不同,可以是停止输出或者覆盖原来的内容。

⑥ LOG_printf 的优先级比较低,可能是在 KNL 层,只有系统比较空闲时才会输出;而 printf 是必然会输出的。比如在一个 $i=1\sim100$ 的循环中,用 printf 就会输出 100 个数;而用 LOG_printf 就只会输出一部分数,而且在没有碰到断点时,根本不会输出,因为它的优先级相当低,只有在走到断点的时候,系统才允许它执行。

5. 使用举例

以下是程序示例:

```
/* ======== hello.c ======== */
/* DSP/BIOS 头文件 */
#include <std.h>
#include <log.h>
/* 配置工具创建的对象 */
extern LOG_Obj trace;
/* ======== main ======== */
Void main()
{
LOG_printf(&trace,"hello world!");
/* 进行 DSP/BIOS 空循环操作 */
return;
}
```

程序说明:

① C 源程序中包含 std.h 和 log.h 头文件。所有使用 DSP/BIOS API 的程序都必须包含头文件 std.h 和 log.h。在 LOG 模块中,头文件 log.h 定义了 LOG_obj 的结构并阐述了 API 的功能。源代码中必须首先包含 std.h,而其余模块的顺序并不重要。

② 源程序中声明了配置文件中创建的 LOG 对象。

③ 主函数中,通过调用 LOG_printf 将 LOG 对象的地址(&trace)和 hello world

信息传到 LOG_printf。

④ 主函数返回时,程序进入 DSP/BIOS 空循环,DSP/BIOS 在空循环中等待软中断和硬中断信号。

13.8.2　LCK 模块

LCK 模块主要用于共享资源的互斥访问。

HWI 和 SWI 不能调用 LCK_pend 和 LCK_post。

在应用程序中,有一部分可以根据实时时钟来确定函数运行的时间,也有一些应用需要根据 I/O 是否可用或已经计划好的事件来确定运行的时间。这时,我们可以利用 DSP/BIOS 提供的 PRD 来完成这些要求。

PRD 函数的触发周期基于片上定时器中断周期的倍数或其他事件发生的周期的倍数,周期函数是一种特殊的软件中断。

13.8.3　PRD 模块

1. PRD 模块概述

PRD 函数大多被用于那些需要定时执行的函数,特别是一些需要周期性地执行而其执行频率很低的函数,如:键盘等慢速 I/O 设备的扫描、WatchDog 的监控等。这些简单的应用情况我们只需要在创建 PRD 模块时,说明该 PRD 模块执行的时间间隔即可。而有些时候,我们需要根据条件来启动周期性函数,或对一些周期性函数进行延时操作,这时就可以调用 PRD_start 和 PRD_stop 等 API 来增强 PRD 模块的管理。

PRD 函数实际上是由内核的 PRD_swi(SWI 对象)来管理的。当用户在 DSP/BIOS 配置工具中建立一个 PRD 对象后,系统内核将自动创建一个软件中断模块 PRD_swi。当 PRD_tick 函数计数达到预设值时,内核启动 PRD_swi 模块,并由该模块具体确定将哪个 PRD 对象放到执行队列中等待运行。

2. PRD 模块的配置

① 根据实时时钟确定函数运行的时间。

打开 PRD 模块的属性修改窗口,选择 Use CLK Manager to driver PRD 以启动运行周期函数管理程序,然后在每个 PRD 对象属性窗口中,设置该对象调用函数的执行频率。

注意:当程序中有多个 PRD 对象时,所有的 PRD 对象都是由同一个周期计数器来驱动的。通常情况下,是由 DSP/BIOS 的时钟 CLK 模块来管理。每一个 PRD 对象在不同的周期内完成自己的功能。

② 根据 I/O 的可用性或一些其他事件确定函数运行时间。

如果用户想自己管理周期函数的计数器,则需选择 Use CLK Manager to driver PRD,然后在程序中自己调用 PRD_tick 来对周期计数器加 1,用于保证周期函数能顺利启动。

3. API 函数接口说明

PRD_getticks:返回周期性函数执行的计数值。

PRD_start:启动该 PRD 模块计数器。

PRD_stop:停止该 PRD 模块计数器。

PRD_tick:系统内核或用户调用该函数完成对 PRD 管理模块的计数。

4. 使用步骤

周期函数对象(PRD)是一个 SWI 线程的一个特例。它们可以以一定的速度得到 CLK 模块或是程序激活的通知。

右击 PRD 管理器选择插入 PRD 模块,然后根据图 13.8.3 所示属性,单击 OK 完成设置。

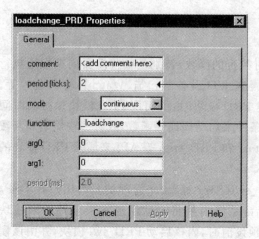

图 13.8.3 PRD 设置

把 period 改为 2。默认的情况下,PRD 管理器是用 CLK 来驱动 PRD 执行的,并且每微秒时钟中断触发一次 PRD。因此,更改后 PRD 对象每 2 μs 执行一次。

把 function 改为 _loadchang。这个 PRD 对象会在每次的时间间隔到了的时候就执行 loadchang 的 C 函数(记住在配置文件中必须在 C 函数前面加 "_")。

注意:在加载 loadchang_PRD 对象的时候,一个名为 PRD_swi 的软件中断自动生成并周期执行。因此,一切 PRD 函数都可以从软件中断中调用并且可以让硬件中断占先。相反,CLK 函数在硬件中断中执行。

PRD_clock 对象执行一个叫 PRD_F_tick 的函数。这个函数驱动 DSP/BIOS 系统时钟,如果有任何的 PRD 函数需要执行,PRD_swi 软件中断会被通知。在周期间隔时间到的时刻 PRD_swi 会执行它的函数。

单击 PRD 管理器,选择属性。PRD 管理器有一个属性为 Use CLK Manager to drive PRD,一定要选择它。在自己的工程中,如果移除了这个选项,PRD_clock 对象会自动被移除;然后程序会从别的事件调用 PRD_tick,如硬件中断。

通过属性对话框与源代码建立调用关系,需要在 function 中添加.c 源代码文件中的函数名(函数名前需要加一个下划线)。

13.8.4　QUE 模块

QUE(队列)模块是带有头节点的双向列表,可以在链表的任何位置进行插入或删除,但通常只用作实现一个 FIFO 链表——队列元素从表尾插入,从表头删除。QUE 模块像链表一样执行,队列无最大尺寸。

QUE 模块通过队列句柄的访问来管理一系列队列操作函数。每个队列包含 0 个或多个有序的元素项,其中每个元素项都是一个结构体变量。它的第 1 个成员是类型为 QUE_Elem 的变量,该结构体成员用作内部指针。

QUE_Handle queue=QUE_create(QUE_Attrs * attrs):创建队列,成功返回新队列对象句柄,失败返回 NULL。

void QUE_delete(QUE_Handle queue):删除队列。

Ptr elem=QUE_dequeue(QUE_Handle queue):删除队列最前面的元素项并返回该项的指针。此指针是一个指向结构体的指针,该结构第 1 个成员必须是 QUE_Elem 类型的成员。

注意:多任务共享队列时使用 QUE_get 函数,此函数取元素时禁止中断。

bool empty=QUE_empty(QUE_Handle queue):判定队列是否为空。

void QUE_enqueue(QUE_Handle queue,Ptr elem):在队尾插入一个元素项,参数 elem 是一个指向结构体的指针。

注意:多任务共享队列时使用 QUE_put 函数,此函数取元素时禁止中断。

void * elem=QUE_get(QUE_Handle queue):如果队列不为空,则此函数删除最前面元素项,并返回指向其的指针;如果队列为空,返回此队列本身。判定队列是否为空的方法:

```
if((QUE_Handle)(elem = QUE_get(q))! = q)//队列非空
```

QUE_Elem * elem=QUE_head(QUE_Handle queue):返回一个指向队列中最靠前元素的指针,队列为空,返回此队列本身。

void QUE_insert(Ptr qelem,Ptr elem):在原队列的 qelem 前面插入新元素项 elem。多任务共享队列时,此函数应和一些避免冲突的函数配合使用。

void QUE_new(QUE_Handle queue):初始化指定的队列对象,使队列变空。当使用变量说明方法静态创建队列时,初始化此队列。若队列原来为空,其元素不被处理,而是遗弃。

Ptr elem=QUE_next(Ptr qelem):返回元素 qelem 的下一个元素项的指针。多任务共享队列时,此函数应和一些避免冲突的函数配合使用。

Ptr elem＝QUE_prev(Ptr qelem)：返回元素 qelem 的前一个元素项的指针。多任务共享队列时,此函数应和一些避免冲突的函数配合使用。

void QUE_put(QUE_Handle queue,void ＊ elem)：在队尾添加元素项,自动禁止中断。

void QUE_remove(Ptr qelem)：删除队列中的元素项。由于队列是双向链表,所以不要删除头结点。

13.9 DSP/BIOS 实时监测与软件优化

13.9.1 DSP/BIOS 实时监测

实时监测是指在一个系统运行的过程中对获取的数据进行分析,其目的是帮助用户更容易地判断系统行为与程序执行情况。顺序执行的软件的传统调试方法是一直运行程序直到出现错误,然后停止程序,检查程序状态,插入断点,重新执行程序来收集信息。因为实时系统具有连续不断运行、非确定性执行和时序约束严格的特点,所以传统调试方法对实时系统的调试效果不佳,必须对系统进行实时监测调试。DSP/BIOS 提供了监测类 API 和 DSP/BIOS 分析工具,分为显示监测和隐式监测两类。显示监测功能包括事件日志管理器、统计对象管理器等;隐式监测包括分析工具显示的执行图、隐式 HWI 监测等。

(1) 事件日志管理器(LOG 模块)

LOG 对象可以实时捕获有关事件的信息。系统事件被记录在系统日志中,应用程序可以向任意一个日志中添加消息,使用 LOG_printf 函数在 DSP/BIOS Message Log 窗口中可以实时地观察日志中的消息。DSP/BIOS Message Log 窗口如图 13.9.1 所示。

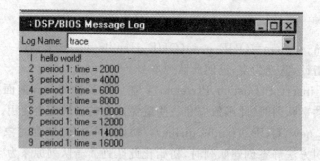

图 13.9.1　DSP/BIOS Message Log 窗口

为了减少运行时间,日志数据的格式化处理是在主机上完成的。 主机获取日志数据时,目标 DSP 中 LOG 缓冲区的内容会被读取并复制到主机上一个更大的缓冲区中,同时目标 DSP 中被读取过的记录会被标记为空,其过程如图 13.9.2 所示。

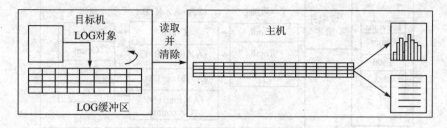

图 13.9.2　主机读取 LOG 日志数据

（2）统计对象管理器（STS 模块）

统计对象对 SWI、PRD、HWI 和 TSK 对象的统计信息可自动捕获,利用 STS 模块全面了解中断、任务等的运行时间,为了控制数据更新的速率,可以设定查询速率。每个 STS 对象可以收集任意一个长度不大于 32 位的数据变量的信息,如下所示：

Count　　目标 DSP 中一个应用程序提供的数据变量被观测的次数；

Total　　目标 DSP 中该数据变量所有观测值的算术和；

Maximun　　目标 DSP 中该数据变量的最大观测数值；

Average　　在主机端,由统计分析工具根据 Count 和 Total 计算得到的观测序列的平均值。

STS 模块的统计结果可以在 DSP/BIOS 的 Statistics View 窗口中显示,在统计窗口中的每个统计模块可以有不同的单位,如指令数、时间等。Statistics View 窗口如图 13.9.3 所示。

STS	Count	Total	Max	Average
loadPrd	1931	0	0	0
stepPrd	1	0	0	0
PRD_swi	1931	71200064.00 inst	102572.00 inst	36872.12 inst
KNL_swi	15453	81301080.00 inst	102764.00 inst	5261.18 inst
audioSwi	1287	2693364.00 inst	3236.00 inst	2092.75 inst
IDL_busyObj	635928	1217	1	0.00191374

图 13.9.3　Statistics View 窗口

对算术和的统计在目标 DSP 上是使用 32 位变量累加的,而在主机端是使用 64 位变量累加的。当主机对目标 DSP 完成一次实时统计数据的查询后,会将目标 DSP 上的累加变量初始化为零,这种方式能够最小化目标 DSP 的存储空间需求,并能实现长时间的统计。主机端的统计视图窗口还可以在输出显示之前可选地对数据进行算术滤波,统计变量处理过程如图 13.9.4 所示。

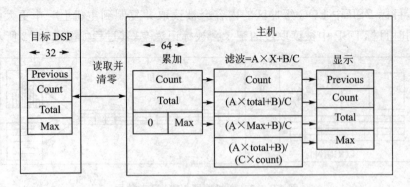

图 13.9.4 统计变量处理过程

(3) 执行图

执行图是一种特殊的图形,用于显示有关 SWl、PRD、TSK、SEM 和 CLK 的活动信息,可以使用 RTA 控制面板或 TRC 模块的 API 函数来使能或禁止对这些对象的日志记录。通过执行图可以观察程序中各个线程的运行状态及时序关系,图中各线程的顺序按优先级由高到低排列,执行图窗口如图 13.9.5 所示。

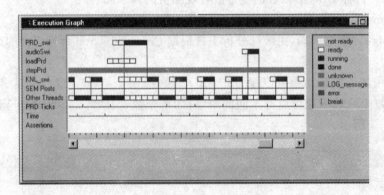

图 13.9.5 执行图窗口

(4) 隐式 HWI 监测

通过设置 HWI 对象的隐式监测参数,应用程序可以在每次硬件中断被触发时监测寄存器、数据值、堆栈指针等。DSP/BIOS 会为每个被监测的 HWI 自动创建一个 STS 对象来获取指定的统计信息,该 STS 对象会自动出现在配置中。

13.9.2 DSP/BIOS 软件优化

对 DSP/BIOS 程序的优化一般从两个角度来实现:对速度的优化和对程序大小的优化。从速度角度来考虑,应用程序应在存储空间安排、数值精度以及是否使用片内存储器等方面仔细选择。提高使用 DSP/BIOS 应用程序性能的建议有:使用不同的程序函数要仔细选择线程的类型;把系统堆栈安置在片上内存中;减小时钟中断频率;增加流式输入/输出缓冲器的大小。

DSP/BIOS 是一个可以伸缩的内核,因此,在最终的目标应用程序中可以只包括那些必须使用的 DSP/BIOS 函数。可以使用 DSP/BIOS 的配置工具静态创建所使用的对象来缩短程序代码的长度。同时,通过在 DSP/BIOS 配置工具中的参数调整也可以减小代码的长度。

(1) 对 DSP/BIOS 后台 IDL 循环的优化

通过 DSP/BIOS 实时分析工具中的 CPU 负荷数据图,可以直观地了解当前 DSP 的空闲时间。该负荷图虽然在 PC 主机的 CCS 软件中绘制显示,但是目标 DSP 仍然需要在 DSP/BIOS 的后台 IDL 循环中计算数据,因此,可以在应用程序调试结束后关闭该功能,以减小 DSP/BIOS 内核的大小。一般情况下,该功能作为 DSP/BIOS 的默认配置是自动开启的,可以在其配置工具的 Scheduling 选项下的 IDL 模块属性窗口中取消选中 Auto calculate idle loop instruction count 项。关闭该功能后,CCS 将不再提供 CPU 的负荷图。对于 C55x 而言,关闭该功能将使 DSP/BIOS 内核减小 416 字节程序空间。

(2) 禁止 CLK 时钟管理

DSP/BIOS 的 CLK 时钟模块允许应用程序周期性地调用函数。该时钟管理模块将提供一个实时时钟,并为实时分析工具提供时间测量,或为事件记录提供时间标签。CLK 在 DSP/BIOS 的默认配置中自动开启,同时 PRD 周期性模块也默认使用 CLK 模块提供的时钟信号。当应用程序不使用 PRD 周期性模块和 CLK 时钟模块,或 PRD 模块不由 CLK 模块驱动时,可以禁止 CLK 时钟管理来减小 DSP/BIOS 内核的大小。禁止 CLK 时钟管理,首先在 PRD 模块属性窗口中将 PRD 模块的驱动源改为不使用 CLK 时钟管理,然后在 CLK 的属性窗口中取消选中 Enable CLK Manager 复选框。

(3) 禁止使用动态堆

DSP/BIOS 允许应用程序使用 XXX_create0 函数动态创建对象,或使用 MEM_alloc() 等函数动态申请内存。如果不使用动态堆,可以在 DSP/BIOS 中关闭该功能,以减小 DSP/BIOS 内核的大小。关闭该功能时,可以在 System 选项下的 MEM-Memory Section Manager 属性窗口中选择 No Dynamic Memory Heaps 选项。一旦选择该选项,应用程序将不能调用 API 函数动态创建对象或动态分配内存。

(4) 关闭实时分析功能

在 DSP/BIOS 内核中,实时分析数据由内核库收集,然后传递给主机,以便主机上 CCS 中的各种分析工具使用。DSP/BIOS 将自动创建 LNK_dataPump、RTA_dispatcher、IDL_cpuLoad 这 3 个对象以及 RTA_fromHost、RTA_toHost 这 2 个对象,并在后台的 IDL 循环中完成分析数据的采集。但这部分分析代码不是必需的,可以在调试完成后关闭这些功能。在配置工具的全局参数设置属性窗口中取消选中

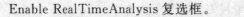

Enable RealTimeAnalysis 复选框。

(5) 最小化数据存储器

在 DSP/BIOS 配置工具窗口顶部的状态条中,配置工具自动以文字形式列出了当前配置数据内存需求的估计值。此数值包括所有和 DSP/BIOS 对象相关的数据缓冲器的大小,比如 LOG 模块记录缓冲区、分配给 I/O 对象的缓冲区等,但这没有包括应用程序中声明和分配给变量的数据存储器部分,因此,此数值为最低需求值。采用减少缓冲区和栈大小的方法来减小数据存储器的使用。

在保证应用程序需求的前提下,使数据内存最小化的方法有:在 LOG 对象中减小 LOG 记录缓冲区的大小 Buflen 值、在 MBX 对象中减小 Message Size 和 Mailbox Length 的值、在 MEM 对象中减小 Argument Buffer Size 的值和系统堆栈 Stack Size 的值、在 TSK 模块中减小任务线程堆栈 Stack Size 的值等。

(6) 选择静态对象创建

对于典型的 DSP 应用程序,大多数目标对象要用 DSP/BIOS 配置工具静态创建,因为这些目标对象在整个程序执行过程中都被使用。

使用配置工具创建目标对象具有如下优点:便于 DSP/BIOS 分析工具读取访问,比如执行图表列出了用配置工具创建目标的名称;简化代码长度,对于一个模块,XXX_create()和 XXX_delate()函数包含了 50% 执行该模块所需求的代码,用配置工具创建目标对象可以避免对这类函数的调用,从而大幅度减少应用程序的代码长度;静态创建对象除了可以节省代码空间、避免动态对象的创建外,还可以减少系统启动程序运行的时间。

DSP 嵌入式应用系统调试与软件的优化保证了系统的功能和性能,是应用系统设计的关键之一。

小结: 以上介绍 DSP/BIOS 的初步使用,详细可以参考 CCS 的 TMS320C55x DSP/BIOS 用户指南。

第 14 章
工程项目实践与应用

在前面的章节中,为读者介绍了 DSP 开发的基本知识,这些知识点是相对孤立的。在本章中,选取几个有代表性的项目,如基于 BIOS 的实时数据采集和处理、DSP 网络传输系统、SD 与文件系统等实际项目,抛砖引玉,引起读者的开放性思维,更好、更快地完成实际项目的开发。

14.1 基于 BIOS 的实时数据采集和处理

传统的数据采集系统在软件实现上多采用单任务顺序结构,这样的结构实时性差,资源利用率低,在高速、实时数据采集领域难以满足实际要求。为了合理利用 CPU 资源,确保数据采集的实时性,引入 DSP/BIOS 实时操作系统提供的多任务机制,将采集系统按功能划分成 3 个相对独立的任务(数据采集任务、数据处理和分析任务、数据传输任务),这些任务在 DSP/BIOS 的调度下,按用户指定的优先级并发运行。

为了确保数据采集的实时性,将数据采集任务的优先级设为最高,一旦采样时间到,CPU 立即挂起当前任务,进行数据采集,在数据采集的间隙进行数据处理和传输。这样既避免了 CPU 在采集周期内的无限等待,大大提高了系统工作效率,又确保了采样的实时性和采样周期的精确性,因此,在高速、实时数据采集领域中具有一定的应用价值。

14.1.1 任务的划分

一般的数据采集系统软件可划分成 3 个相对独立的任务:数据采集任务(Tsk1)、数据分析处理任务(Tsk2)和数据传输任务(Tsk3),它们之间通过特定的管道进行数据交换。

Tsk1 负责外部信号录入,根据其周期性特征,选用 DSP/BIOS 的定时中断模块(CLK)来实现。CLK 对象是一种 DSP/BIOS 支持的线程类型,属于硬件中断(HWI),具有严格的实时性和高优先级,一旦定时时间到 CPU 会立即挂起当前任务,调用 CLK 对象的内联函数 my_clk( )进行数据采集,保证了数据采集的实时性和采样周期的精确性。当采样结束后,Tsk1 将采集到的数据写入管道 pip1,时钟重新开始计时,CPU 的使用权返还给先前任务。

Tsk2 负责对采集到的数字量信号进行 FIR 数字滤波处理,在设计时引入 DSP/BIOS 的另一种线程类型 TSK 来实现。TSK 对象的优先级低于定时中断 CLK,可根据任务的优先级和当前的执行状态动态地调度或抢占任务。Tsk2 在 Tsk1 空闲周期执行,当管道 pip1 中有数据写入时,Tsk2 被唤醒,取出数据帧,调用 processing( )函数对数据进行处理,处理后的数据写入 pip2。如果管道 pip1 中没有数据,Tsk2 则自动挂起。经过 Tsk2 滤波处理后的数据通过 pip2 传递给 Tsk3。Tsk3 负责外部通信,将 pip2 中的数据通过网络传输给上位机。

Tsk3 和 Tsk2 一样采用 DSP/BIOS 中的 TSK 线程类型加以实现。Tsk3 的优先级低于 Tsk2 和 Tsk1,在数据采集和数据处理的间隙执行,其内联函数为 transmit( )。Tsk1、Tsk2、Tsk3 这 3 个线程任务间的数据交换通过两个单向数据流管道来实现。

14.1.2　软件实现

在进行 DSP/BIOS 流程设计之前,需将各功能模块转换为 DSP/BIOS 应用程序中的各个线程。根据 DSP 软件需要实现的功能,DSP 应用软件可以分为数据采集、数据分析处理和数据传输,即相应的软件流程中应包括数据采集任务、数据分析处理任务和数据传输任务等内容。系统设计中,DSP/BIOS 配置系统资源,嵌入定制的信号处理算法线程,3 个线程在 DSP/BIOS 操作系统内核调度器的调度下并发执行,如图 14.1.1 所示。

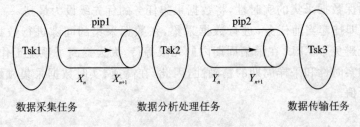

图 14.1.1　任务间通信

打开 DSP/BIOS 配置工具,创建一个时钟对象 clk0、两个任务对象 Tsk2 和 Tsk3、两个数据管道对象 pip1 和 pip2。在对应的属性窗口中设置 clk0 模块执行周期为 10 ms,连接函数为 my_clk( );Tsk2 模块的优先级为 3,连接函数为 processing( );Tsk3 模块的优先级为 2,连接函数为 transmit( );pip1 和 pip2 的帧数量为 3,帧长度为 10。

如图 14.1.2 所示,在 DSP 系统上电之后,应用程序和 DSP/BIOS 内核代码先由外部 Flash 调入片内 RAM 中,完成系统引导过程,使 DSP 的各个寄存器处于初始状态;通过调用 BIOS_init,启动程序中所定义的各 DSP/BIOS 模块的 MOD_init 宏,以初始化 DSP/BIOS 操作系统;然后调用 main(),这个函数只用于初始化所需的数据结构。在 main() 函数执行完退出后,启动 DSP/BIOS,跳入空闲状态(IDL)并等待外部中断信号,系统自动运行线程函数并进行多线程的管理,即数据采集、数据分析、数据通信等多线程的执行。采用 DSP/BIOS 操作系统的应用程序可以保证系统的实时性、系统线程的并发性,并且使 DSP 软件的开发更具条理、更加简捷,缩短了开发周期。

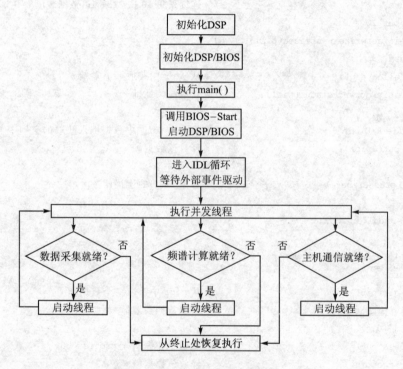

图 14.1.2 DSP/BIOS 执行过程

下面给出执行函数的源程序:

```
# include "g723_5509cfg.h"
int A/D_buf[11];            /*保存 A/D 采集数据*/
int process_buf1[10];       /*数据处理缓冲区*/
int process_buf2[10];       /*数据处理缓冲区*/
int transmit_buf[10];       /*数据传输缓冲区*/
main( )                     /*主程序*/
```

```
{
}
void my﹁ clk( )                                /*对象 clk0 的连接函数*/
{
int * add;
int * A/D;                                     /*定义外部 A/D 的 I/O 地址*/
int i,j;
i = A/D_buf[10];                               /*A/D_buf[10]用于存放采集次数,初始值为 0*/
A/D_buf[i + +] = * A/D;
If(i<9)
return;                                        /*连续采集 10 次 A/D 端口数据装满 A/D_buf[ ]*/
A/D_buf[10] = 0;
if(pip_getwriternumframes(pip1)< = 0)
return;
pip_alloc(pip1);                               /*从 pip1 中获取一个空帧*/
add = pip_getwriteraddr(pip1);                 /*获取空帧地址*/
for(j = 0;j<10;j + +)
* add = A/D_buf[j + +];                         /*将 A/D_buf[]中数据倒入获的空帧中*/
pip_put(&pip1);                                /*释放该数据帧*/
}
void processing( )                             /*对象 tsk0 的连接函数*/
{
int * add1, * add2;
int j,k;
if(pip_getreadernumframes(pip1)< = 0)
return;
pip_get(pip1);                                 /*从 pip1 中获取一个数据帧*/
add1 = pip_getreaderaddr(pip1);                /*获取数据帧地址*/
for(j = 0;j<10;j + +)
process_buf1[j + +] = * add1 + +;              /*将帧中数据倒入 process_buf1*/
pip_free(pip1);                                /*释放该数据帧*/
fir_fun();                                     /*调用 FIR 滤波函数,处理后的数据存入 process_buf2*/
if(pip_getwriternumframes(pip2)< = 0)
return;
pip_alloc(pip2);                               /*从 pip2 中获取一个空帧*/
add2 = pip_getwriteraddr(pip2);                /*获取空帧地址*/
for(k = 0;k<10;k + +)
* add2 + + = process_buf2 [k + +];             /*将 process_buf2 中的数据装入空帧*/
pip_put(&pip1);                                /*释放该数据帧*/
}
void transmit( )                               /*对象 tsk1 的连接函数*/
```

```
{
    int * add;
    int n;
    if(pip_getreadernumframes(pip2)<= 0)
    return;
    pip_get(pip2);                              /* 从 pip2 中获取一个数据帧 */
    add = pip_getreaderaddr(pip2);              /* 获取数据帧地址 */
    for(n = 0;n<10;n ++ )
    transmit _buf[n ++ ] = * add ++ ;           /* 将帧中数据倒入 transmit _buf */
    pip_free(pip1);                             /* 释放该数据帧 */
    output_fun()            /* 调用通信函数将 transmit_buf 中的数据送往上位机 */
}
```

实时数据采集系统中成功引入 DSP/BIOS 的多任务机制,建立了一套完整的集数据采集、数据处理、数据通信为一体的多任务软件模型。该模型使数据采集系统的性能和功能得到加强和完善,能在完成实时数据采集的同时,对数字信号做前期滤波处理,大大减轻了上位机的工作负担,在分布式实时数据采集系统中有一定的的应用价值。

14.2　DSP 与网络数据传输

DSP 芯片是专门为实现各种数字信号处理算法而设计的具有特殊结构的微处理器,其卓越的性能、不断上升的性价比、日趋完善的开发方式使它的应用越来越广泛。将计算机网络技术引入以 DSP 为核心的嵌入式系统,使其成为数字化、网络化相结合,集通信、计算机和视听功能于一体的电子产品,必将大大提升 DSP 系统的应用价值和市场前景。

14.2.1　常用网络芯片简介

在网络传输系统中,经常使用的网络芯片包括 CS8900A、W5100、ENC28J60 等,在此做简要概述,详细资料请参考相应的数据手册。

(1) CS8900A

CS8900A 芯片是 CIRRUS LOGIC 公司生产的 8/16 位以太网控制器,芯片内嵌RAM、10BASE-T 收发滤波器,并且具有 ISA 总线接口。该芯片的突出特点是使用灵活,其物理层接口、数据传输模式和工作模式等都能根据需要而动态调整,通过内部寄存器的设置来适应不同的环境。

CS8900A-CQ3 是 100 脚 TQVP 封装,除了具备其他以太网所具有的基本功能外,还具有以下优点。

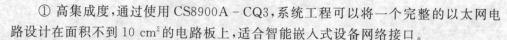

① 高集成度,通过使用 CS8900A - CQ3,系统工程可以将一个完整的以太网电路设计在面积不到 10 cm² 的电路板上,适合智能嵌入式设备网络接口。

② 独特的 PacketPage 结构,可以自动适应网络接口通信模式的改变,占用系统资源少,从而增加系统的效率。

③ 具有冲突自动重传、自动填充和 CRC 生成可编程发送控制的特点。

CS8900A 有 3 种工作模式,分别是 I/O 模式、存储器模式和 DMA 模式。I/O 模式是默认的工作模式,该设计采用 CS8900A 的 I/O 模式。在 I/O 模式下,通过访问 8 个 16 位的寄存器来访问 PacketPage 结构,这 8 个寄存器被映射到 DSP 地址空间的连续地址处。当 CS8900A 上电后,I/O 基地址默认为 0x300。系统中,基地址的确定与硬件连接有关。

CS8900A 的内部结构框图如图 14.2.1 所示。内部功能模块主要是 802.3 介质访问控制器(MAC)。它负责处理以太网数据帧的发送和接收,包括冲突检测、数据帧帧头的产生和检测、CRC 校验码的生成和验证。

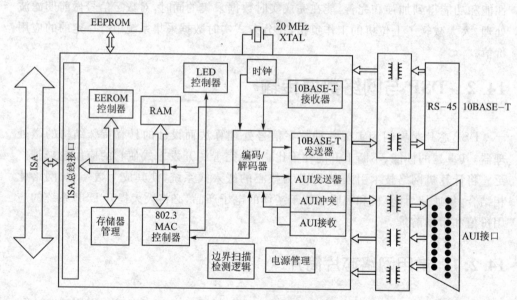

图 14.2.1 CS8900A 内部结构框图

CS8900A 实现以太网介质访问层(MAC)和物理层(PHY)的功能,包括 MAC 数据帧的组装/拆分与收发、地址识别、CRC 编码与校验、曼彻斯特编码、接收噪声抑制、超时重载、链路完整性测试、信号极性检测与纠正等。主处理器需要做的只是在 CS8900A 的外部总线上读/写 MAC 帧。

当芯片收到主机发来的数据报(从目的地址域到数据域)后,侦听网络线路。如果线路忙,它就等到线路空闲为止,否则立即发送该数据帧。发送过程中,首先添加以太网帧头(包括先导字段和帧开始标识),然后生成 CRC 校验码,最后将此数据帧发送到以太网上。接收时,它将从以太网收到的数据帧经过解码、去掉帧头和地址检验等步骤后存到片内的缓冲区。通过 CRC 校验后,它会根据初始化配置情况,通知主机 CS8900A 收到了数据帧,最后以某种传输模式传到主机的缓冲区。

(2) W5100

W5100 是 WIZnet 公司推出的固件网络芯片,其内部集成有 10/100 Mbps 以太网控制器,主要应用于高集成、高稳定、高性能和低成本的嵌入式系统中。使用 W5100 可以实现没有操作系统的 Internet 连接。W5100 芯片与 IEEE802.3 10BASE - T 和 802.3u 100BASE - TX 兼容。

W5100 内部集成了全硬件的且经过多年市场验证的 TCP/IP 协议栈、以太网介质传输层(MAC)和物理层(PHY)。硬件 TCP/IP 协议栈支持 TCP、UDP、IPv4、ICMP、ARP、IGMP 和 PPPoE,这些协议已经在很多领域经过了多年的验证。图 14.2.2 为 W5100 的内部结构框图。W5100 内部还集成有 16 KB 存储器用于数据传输。使用 W5100 不需要考虑以太网的控制,只需要进行简单的端口(Socket)编程。

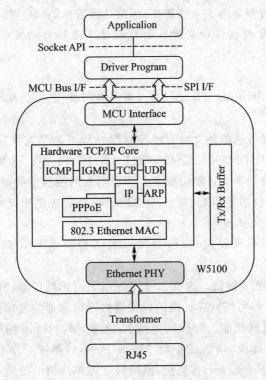

图 14.2.2　W5100 的内部结构框图

W5100 提供 3 种接口:直接并行总线、间接并行总线和 SPI 总线。W5100 与 MCU 接口非常简单,就像访问外部存储器一样。

> 支持硬件化 TCP/IP 协议:TCP、UDP、ICMP、IPv4 ARP、IGMP、PPPoE 和以太网;

➤ 内嵌 10BASE - T/100BASE - TX 以太网物理层；

➤ 支持自动通信握手(全双工和半双工)；

➤ 支持自动 MDI/MDIX,自动校正信号极性；

➤ 支持 ADSL 连接(支持 PPPoE 协议中的 PAP/CHAP 认证模式)；

➤ 支持 4 个独立端口同时运行；

➤ 不支持 IP 的分片处理；

➤ 内部 16 KB 存储器用于数据发送/接收缓存；

➤ 0.18 μm CMOS 工艺；

➤ 3.3 V 工作电压,I/O 口可承受 5 V 电压；

➤ 80 引脚 LQFP 小型封装；

➤ 环保无铅封装；

➤ 支持 SPI 接口(SPI 模式 0)；

➤ 多功能 LED 信号输出(TX、RX、全双工/半双工、地址冲突、连接、速度等)。

注意: W5100 内部集成了网络固件,但是速度有限,包括 W5300 在内,一般速度极限是 25 MHz,对于数据传输实时性和数据量不是很大的可以考虑使用,电路简单,软件实现方便。

(3) ENC28J60

ENC28J60 是 Microchip Technology(美国微芯科技公司)推出的 28 引脚独立以太网控制器。

嵌入式系统开发可选的独立以太网控制器一般是为个人计算机系统设计的,如 RTL8019、AX88796L、DM9008、CS8900A、LAN91C111 等。这些器件不仅结构复杂,体积庞大,且比较昂贵。目前市场上大部分以太网控制器的封装超过 80 引脚,而符合 IEEE 802.3 协议的 ENC28J60 只有 28 引脚,既能提供相应的功能,又可以大大简化相关设计,减小空间。

采用业界标准串行外设接口(SPI)的以太网控制器 ENC28J60 具有以下主要特点。

➤ 符合 IEEE 802.3 协议。内置 10 Mbps 以太网物理层器件(PHY)和媒体访问控制器(MAC),可按业界标准的以太网协议可靠地收发信息包数据。

➤ 具有可编程过滤功能。特殊的过滤器,包括 Microchip 的可编程模式匹配过滤器,可自动评价、接收或拒收 Magic Packet,单播(Unicast)、多播(Multicast)或广播(Broadcast)信息包,以减轻主控单片机的处理负荷。

➤ 10 Mbps SPI 接口。业界标准的串行通信端口,使得低至 18 引脚的 8 位单片机也具有网络连接功能。

➤ 可编程 8 KB 双端口 SRAM 缓冲器。以高效的方式进行信息包的存储、检索和修改,以减轻主控单片机的内存负荷。该缓冲存储器提供了灵活可靠的数据管理机制。

ENC28J60 的硬件设计需要注意复位电路时钟振荡器、振荡器启动定时器、时钟输出引脚、变压器、终端和其他外部器件、输入/输出电平等几个方面。图 14.2.3 是 ENC28J60 典型应用参考电路图，读者可以参考应用于自己的电路设计。

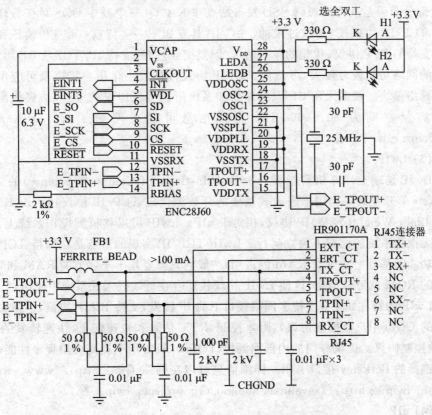

图 14.2.3　ENC28J60 典型硬件电路图

14.2.2　开源网络协议的移植

网络系统在使用内部不带有网络固件芯片的时候，需要移植相关的网络协议。在此介绍几种开源的网络协议，读者可以根据自己的需要选择合适的网络协议。

(1) BSD TCP/IP 协议栈

BSD 栈历史上是其他商业栈的起点，大多数专业 TCP/IP 栈（VxWorks 内嵌的 TCP/IP 栈）是 BSD 栈派生的。这是因为 BSD 栈在 BSD 许可协议下提供了这些专业栈的雏形，BSD 许用证允许 BSD 栈以修改或未修改的形式结合这些专业栈的代码而不用向创建者付版税。同时，BSD 也是许多 TCP/IP 协议中创新（如广域网中的拥塞控制和避免）的开始点。

(2) μC/IP

μC/IP 是由 Guy Lancaster 编写的一套基于 μC/OS 且开放源码的 TCP/IP 协议栈,也可移植到其他操作系统,是一套完全免费的、可供研究的 TCP/IP 协议栈,μC/IP 大部分源码是从公开源码 BSD 发布站点和 KA9Q(一个基于 DOS 单任务环境运行的 TCP/IP 协议栈)移植过来的。μC/IP 具有如下一些特点:带身份验证和报头压缩支持的 PPP 协议,优化的单一请求/回复交互过程,支持 IP/TCP/UDP 协议,可实现的网络功能较为强大,可裁剪。UCIP 协议栈带最小化用户接口及可应用串行链路网络模块。根据采用 CPU、编译器和系统所需实现协议的多少,协议栈需要的代码容量空间为 30～60 KB。详细信息可以在网站了解:http://ucip.sourceforge.net。

(3) LwIP

LwIP 是瑞士计算机科学院(Swedish Institute of Computer Science)的 Adam Dunkels 等开发的一套用于嵌入式系统的开放源代码 TCP/IP 协议栈。LwIP 的含义是 Light Weight(轻型)IP 协议,相对于 uIP。LwIP 可以移植到操作系统上,也可以在无操作系统的情况下独立运行。LwIP TCP/IP 实现的重点是在保持 TCP 协议主要功能的基础上减少对 RAM 的占用,一般它只需要几十千字节的 RAM 和 40 KB 左右的 ROM 就可以运行,这使 LwIP 协议栈适合在低端嵌入式系统中使用。

LwIP 的特性如下:支持多网络接口下的 IP 转发,支持 ICMP 协议,包括实验性扩展的 UDP(用户数据报协议)、阻塞控制,RTT 估算和快速恢复、快速转发的 TCP(传输控制协议),提供专门的内部回调接口(Raw API)用于提高应用程序性能,提供了可选择的 Berkeley 接口 API。详细信息可以在网站了解:http://www.sics.se/~adam/lwip 或 http://savannah.nongnu.org/projects/lwip。

(4) uIP

uIP 是专门为 8 位和 16 位控制器设计的一个非常小的 TCP/IP 栈。完全用 C 编写,因此可移植到各种不同的结构和操作系统上,一个编译通过的栈可以在几字节 ROM 或几百字节 RAM 中运行。uIP 中还包括一个 HTTP 服务器作为服务内容。详细信息可以在网站了解:http://www.sics.se/~adam/uip/。

(5) TinyTcp

TinyTcp 栈是 TCP/IP 的一个非常小而简单的实现,它包括一个 FTP 客户。TinyTcp 是为了烧入 ROM 而设计的,现在对大端结构似乎也是有用的(初始目标是 68000 芯片)。TinyTcp 也包括一个简单的以太网驱动器用于 3COM 多总线卡。详细可以在网站了解:http://ftp.ecs.soton.ac.uk/pub/elks/utils/tiny-tcp.txt。

(6) 比　较

选择一个开源协议栈可以从 4 个方面来考虑:

➢ 是否提供易用的底层硬件 API,即与硬件平台的无关性;

➢ 操作系统的内核 API,协议栈需要调用的系统函数接口是否容易构造;

➤ 对于应用支持程度；

➤ 最关键的是占用的系统资源是否在可接受范围内，有无裁剪优化的空间。

其中，BSD 栈可完整实现 TCP/IP 协议，但代码庞大，为 70～150 KB，裁剪优化有难度；uIP 和 TinyTcp 代码容量小巧，实现功能精简，但限制在一些较高要求场合下的应用，如可靠性与大容量数据传输。

LwIP 和 μC/IP 是同量级别的两个开源协议栈，两者代码容量和实现功能相似。LwIP 没有操作系统针对性，它将协议栈与平台相关的代码抽象出来，用户如果要移植到自己的系统，需要完成该部分代码的封装，并为网络应用支持提供了 API 接口的可选性。μC/IP 协议最初是针对 μC/OS 而设计的，为方便用户移植实现，同样也抽象了协议栈与平台相关代码，但是协议栈所需调用的系统函数大多参照 μC/OS 内核函数原型设计，并提供了协议栈的测试函数，方便用户参考，其不足在于该协议栈对网络应用支持不足。

根据以上分析，从应用和开发的角度看，似乎 LwIP 得到了更多人的青睐；μC/IP 在文档支持与软件升级管理上有很多不足，但是它最初是针对 μC/OS 而设计，如果选用 μC/OS 作为软件基础的话，在系统函数构造方面有优势。当然如果选择其他操作系统的话，可参照 OS_NULL 文件夹下的文件修改。

以上的这些开源协议栈也并非免费。据网络报道，μC/OS 的母公司推出 μC/OS-TCP/IP 花了 6 人×2 年的工作量；国内某公司使用 LwIP 作为移植的参照，花了 (4～5) 人×2 年的工作量来测试与优化协议；使用商用 TCP/IP 栈的高费用就更不足为奇了。作为广大的爱好者学习而言，如果只是跑跑原型，实验一下效果，以上的几种开源协议栈都提供了测试的例子，应该是不错的选择。

个人的看法：LwIP 可优先考虑，至少网上有很多人一块研究，参考的资料较多；μC/IP 其次，如果你想深入学习 TCP/IP 的话，移植 μC/IP 是一种挑战性的工作，它尚需完善。

14.2.3　TCP/IP 协议代码的实现

网络数据传输过程如下。

① 网络芯片的初始化，包括一些配置信息、IP 地址、MAC 等。

② 网络芯片 Socket 初始化。

③ Socket 连接。

如果 Socket 设置为 TCP 服务器模式，则调用 Socket_Listen() 函数，W5100 处于侦听状态，直到远程客户端与它连接。

如果 Socket 设置为 TCP 客户端模式，则调用 Socket_Connect() 函数。每调用一次 Socket_Connect(s) 函数，产生一次连接，如果连接不成功，则产生超时中断，然后可以再调用该函数进行连接。

如果 Socket 设置为 UDP 模式,则调用 Socket_UDP 函数。

④ Socket 数据接收和发送。

⑤ 网络芯片中断处理。

设置网络芯片为服务器模式的调用过程:W5100_Init() → Socket_Init(s) → Socket_Listen(s),设置过程即完成,等待客户端的连接。

设置网络芯片为客户端模式的调用过程:W5100_Init() → Socket_Init(s) → Socket_Connect(s),设置过程即完成,并与远程服务器连接。

设置网络芯片为 UDP 模式的调用过程:W5100_Init() → Socket_Init(s) → Socket_UDP(s),设置过程即完成,可以与远程主机 UDP 通信。

网络芯片产生的连接成功、终止连接、接收数据、发送数据、超时等事件,都可以从中断状态中获得。

14.3 Telnet 协议

14.3.1 Telnet 协议简介

Telnet 协议是支持远程登录的通信协议,它属于 TCP/IP 通信协议的终端协议部分,可实现不同操作系统间的通信,不用再单独为不同的操作系统开发不同的软件模块,系统之间遵循一定的协议规范,就可以实现共同的操作。在 Internet 上有相当多的服务是通过 Telnet 协议提供的,如 HyTelnet、BBS、Archive 等;另外电子邮件实时通知系统、网管系统及视频点播等都可应用 Telnet 协议来实现。

Telnet 以 23 号端口为传输端口,在用户计算机与远程宿主计算机之间建立一条通信线路,使终端设备通过线路与远程主机相连接,提供虚拟终端服务。若用户在远程系统拥有账号,通过这条临时线路,就可以实现本地终端的远程系统登录。这时 Telnet 使主机变成远程主机的虚终端,用户可以像使用本地计算机一样使用远程计算机。

Telnet 协议工作在 3 个思想基础上:网络虚拟终端(Network Virtual Terminal,NVT)、协商选项及通信两端的对等性。

(1) 网络虚拟终端

Telnet 协议建立在 NVT 的概念上。NVT 只是一种假想设备,根据 Telnet 协议,客户和服务器都要把自身的终端特性映射成虚拟终端描述,设备看起来就像 NVT 通信。

在客户和服务器两端,输入/输出采用各自的本地格式。远程登录连接时,客户软件将终端用户的输入转换为标准的 NVT 数据和命令序列,经 TCP 连接传送到远程服务器上,服务器再将 NVT 序列转换为远地系统的内部格式。由于客户和服务器既了解各自的本地格式,又了解 NVT 格式,所以上述转换容易实现,关于终端键盘输入的异质性便被 NVT 所屏蔽。

NVT 将报文分为两种类型,即数据对象和控制命令。数据对象用 7 位标准的 ASCII 码表示(最高位为 1),控制命令用 8 位扩展的 ASCII 码表示(最高位为 1)。在 128 个标准的 ASCII 字符中,NVT 保留 95 个字符的原有意义;其他 33 个字符为控制码,NVT 对其中 8 个重新定义,如表 14.3.1 所列。

表 14.3.1　NVT 控制码

ASCII 控制码	十进制	意　义	ASCII 控制码	十进制	意　义
MULL	0	无操作	LF	10	垂直下移到下一行
BEL	7	声音或可视信号	VT	11	下移到下一个垂直制表符位置
BS	8	左移一个字符位置	FF	12	移到下一页的顶部
HT	9	右移到下一水平制表符位置	CR	13	移到当前行的左边界

(2) 协商选项

通常默认通过 Telnet 连接的双方都是 NVT,但是实际上双方都是先相互发送协商选项数据进行初始化操作,然后才开始正常通信。协商选项的使用考虑了主计算机提供的服务超出虚拟终端服务范围的可能性。协商的方法是:一端发出使某一选项生效的请求命令给另一端,而另一端可以通过发送响应命令来接收或拒绝这一请求。该选项若被接收,在连接的两端立即同时生效;若被拒绝,两端仍都保持原来的约定。特别要注意的是,对于发送方的各种激活协商选项的请求,接收方有权接收请求或拒绝请求;而对于请求禁止某个协商选项的请求,接收方必须同意。因此共有 6 种请求和应答方式,如表 14.3.2 所列。

表 14.3.2　Telnet 请求和应答方式

发送主 (协商请求令)	接收方 (应答命令)	发送和应答选项说明
WILL	DO	发送方想主动激活选项,接收方同意
WILL	DONT	发送方想主动激活选项,接收方不同意
DO	WILL	发送方想让对方激活选项,接收方表示同意
DO	WONT	发送方想让对方激活选项,接收方表示不同意
WONT	DONT	发送方想主动禁止选项,接收方必须同意
DONT	WONT	发送方想让对方禁止选项,接收方必须同意

(3) 通信两端的对等性

协商间对称式的语法使得任意一端都有可能将对方的确认命令当成是请求命令而再次发出响应命令,这样就会造成协商过程的无限循环。因此,协商过程要遵循 3 个原则:

➤ 任何一方仅可以要求对选项状态的变化发出请求;

➤ 接收到的请求如果要求自己进入已经具有的状态,那么此请求将不被响应;

➤ 无论何时,一方发送选项命令到另一方,无论作为请求还是确认消息,如果选项的使用将对发送的数据处理有影响,则命令应该被插入到希望发生作用的数据流中的数据点之前。

14.3.2　Telnet 的实现

Telnet 采用 Client/Server 工作模式,Telnet 应用由两部分软件组成:客户机程序,运行在请求服务的计算机上;服务器程序,运行在提供服务的计算机上。虽然实现 Telnet 的应用程序有服务器和客户机之分,但运用 Telnet 协议进行通信的双方是完全对称的,就此而言是不分服务器和客户机的,因此这里对 Telnet 的实现只是监控系统客户端的软件实现。与其他应用协议不同,Telnet 协议可以双向传输命令。Telnet 协议的数据单元称为命令,其命令格式如图 14.3.1 所示。

IAC	命令代码	协商选项

图 14.3.1　命令格式码

命令格式由一个固定的两字节序列和一个可选的第 3 字节组成。第 1 个字节是命令解释字节 IAC,是协议中的一个保留代码,利用它来检测输入的报文是数据还是命令;第 2 个字节命令代码是 WILL、DO、WONT、DONT 四者之一;第 3 个字节协商选项用于定义会话期间使用的若干选项。

14.3.3　Telnet 协议代码的实现

在本小节,提供 Telnet 协议实现的主要代码,读者可以参考应用于自己的程序中。

```
void TELNETS(SOCKET s,DWORD port)
{
DWORD i;
//根据 Telnet 的状态进入不同的应用程序
switch(SR_flag)
```

```
{
        case S_SSR_ESTABLISHED:                          //TCP 建立连接
            if(first == 1)
            {
            //printf("W7100 TELENT server started via SOCKET % bu\r\n",s);
            init_telopt(s);
            first = 0;
            }
            if((getSn_RX_RSR(s))> 0)                      //如果 TCP 接收到的数据大于 0
            {
            tel_input(s);
            }
            break;
        case S_SSR_CLOSE_WAIT:                            //TCP 关闭
            //disconnect(s);
            break;
        case S_SSR_CLOSED:
            //printf("Close SOCKET: % bu\r\n",s);
            //close(s);
            socket(s,S_MR_TCP,port,0);                    //设置为 TCP 工作模式
            break;
        case S_SSR_INIT:                                  //侦听 TCP
            listen(s);
            //printf("Listen SOCKET: % bu for Telnet server\r\n",s);
            user_state = USERNAME;
            //首先进入用户名比较模式,然后进入密码模式,之后读取 SD 卡文件系统相关信息
            first = 1;
            break;
    }
}
```

14.4　TFTP 协议

14.4.1　TFTP 协议简介

TFTP 是 TCP/IP 协议簇中用于实现简单文本传递功能的协议。采用的网络结构如图 14.4.1 所示,从上至下分别为应用层、传输层、网际层、网络接口层。

TFTP(Trivial File Transfer Protocol)即简单文件传送协议,最初打算用于引导无盘系统。图 14.4.2 显示了 5 种 TFTP 报文格式。

应用层	FTP、TELNET、HTTP			SNMP、TFTP、NTP	
传输层	TCP			UDP	
网际层	IP				
网络接口层	以太网	令牌环网	802.2	HDLC、PPP、FRAME-RELAY	
			802.3	ELA/TIA-232、449、V.35、V.21	

图 14.4.1 TFTP 网络结构

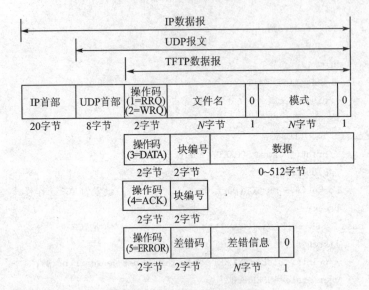

图 14.4.2 TFTP 报文格式

TFTP 报文的头两个字节标示操作码,对于读请求(RRQ)和写请求(WRQ),文件名字段说明客户要读或写的位于服务器上的文件,这个文件字段以 0 字节作为结束。模式字段是一个 ASCII 码串 netascii 或 octet(可大小写任意组合),同样以 0 字节结束。netascii 表示数据是以成行的 ASCII 码字符组成,以两个字节、一个回车字符后跟换行字符作为行结束符。这两个行结束字符在这种格式和本地主机使用的行定界符之间进行转化。octet 则将数据看作 8 位一组的字节流而不做任何解释。

每个数据分组包含一个块编号字段,它以后要在确认分组中使用。以读一个文件作为例子,TFTP 客户需要发送一个读请求说明要读的文件名和文件模式(mode)。如果这个文件能被这个客户读取,TFTP 服务器就返回一个块编号为 1 的数据分组,TFTP 客户又发送一个块编号为 1 的 ACK,TFTP 服务器随后发送块编号为 2 的数据,TFTP 客户发回块编号为 2 的 ACK。重复这个过程直到这个文件传送完。除了最后一个数据分组可含有不足 512 字节的数据,其他每个数据分组均含有 512 字节的数据。当 TFTP 客户收到一个不足 512 字节的数据分组,就知道它

收到最后一个数据分组。

在写请求的情况下，TFTP 客户发送 WRQ 指明文件名和模式。如果该文件能被该客户写，TFTP 服务器就返回块编号为 0 的 ACK 包。该客户就将文件的头 512 字节以块编号为 1 发出，服务器则返回块编号为 1 的 ACK。

最后一种 TFTP 报文类型是差错报文，它的操作码为 5。它用于服务器不能处理读请求或写请求的情况。在文件传输过程中的读和写差错也会导致传送这种报文，接着停止传输。差错编号字段给出一个数字的差错码，跟着是一个 ASCII 表示的差错报文字段，可能包含额外的操作系统说明的信息。

TFTP 是一个简单的协议，它只使用几种报文格式，是一种停止等待协议，其传输数据过程主要包括连接、写连接建立、连接终止、数据传输等。

① 连接。

TFTP 使用 UDP 服务。因为在 UDP 中不提供连接建立和终止，UDP 在传送每一个数据块时，把它封装在独立的用户数据报中。但是，在 TFTP 中，我们并不是希望仅传送一个数据块，也不希望把文件作为许多独立的数据块传送，而是希望传送的数据块能够连接在一起，因为它们属于同一个文件。TFTP 使用 RRQ、WRQ、ACK 和 ERROR 报文来建立连接。它使用具有小于 512 字节（0～511）的数据块来终止连接。

② 写连接建立。

要建立写的连接，TFTP 客户发送 WRQ 报文。文件名和传输模式都定义在这个报文中。若服务器能接收该文件的副本，则发送 ACK 报文作为正面响应，使用的块号为 0；若有问题，则服务器发送 ERROR 报文作为负面响应。

③ 连接终止。

在整个文件传送完后，必须终止连接。TFTP 并没有使用特殊报文作为终止。终止就是通过发送最后的数据块（即必须小于 512 字节）来完成的。

④ 数据传输。

数据传送阶段是在连接建立和连接终止之间发生的。TFTP 使用 UDP 服务，它是不可靠的。文件划分为若干个数据块，除最后一块外，每一块都是准确的 512 字节。最后一块必须为 0～511 字节。

TFTP 使用 DATA 报文发送数据块，并等待 ACK 报文。若在超时之前发送端就收到了确认，它就发送下一个块。这样，实现流量控制的方法是给数据块编号和在发送下一个数据块之前等待 ACK。

当客户打算读取文件时，它就发送 RRQ 报文。服务器响应 DATA 报文，发送块号为 1 的数据块。当客户打算存储文件时，它就发送 WRQ 报文。服务器响应块号为 0 的 ACK 报文。在收到这个确认后，客户使用块号 1 发送第 1 个数据块。

14.4.2 TFTP 的实现

PC 主机和 DSP 目标板组成了 Client/Server 模式,其中在 DSP 目标板上一旦启动 TFTP Sever 的功能,该目标板就会时刻监视通过网线过来的各种数据包,一旦某个 Client 送达数据包,Server 的应用程序会自动接收该数据包并进行相应的处理;PC 主机端可以通过 tftp.exe 程序接收和发送数据。

```
/* TFTP 程序:TFTP 经过 4 个过程传输数据 */
void tftp(SOCKET s,DWORD port)
{
DWORD i,data,name_count,j;
DWORD size;
DWORD cnt_bolck = 0;
    switch(SR_flag)
    {
      case S_SSR_UDP:
          temp = getSn_RX_RSR(s);          //获取接收到的数据字节大小
          if(temp>0)
          {
          recv(s);                         //接收所有获取的数据
          i = 0;
          //应答信号
          name_count = 0;
          if(Rx_buffer[9] == 0x01);        //判断是否读数据请求:0x01 是读数据请
                                           //求,0x02 是写数据请求
              {
              for(j = 0;j<4;j++)           //比较读取的数据文件名称是否和 SD 卡中
                                           //存放的文件名称一致
              {
              for(i = 0;i<8;i++)
              {
              if(Rx_buffer[10 + i] == FAT_name[j][i])
              name_count++;
              }
              if(name_count == 8)
              break;
              else
              name_count = 0;
              }
              call_send(s,j);              //发送文件数据
```

```
                    Rx_buffer[9] = 0;              //请求类型清除
                    data = 0;
                    name_count = 0;
                    close(s);                      //文件发送完毕，关闭 TFTP
                    Init_Network();                //初始化网络信息
                    break;
                }
            }
        break;
    case S_SSR_CLOSE_WAIT:
        break;
    case S_SSR_CLOSED:
        socket(s,S_MR_UDP,port,0);                 //设置为 UDP 工作模式
        break;
    case S_SSR_INIT:
        listen(s);
        break;
}
}
```

/ * TFTP 的发送文件函数 *

TFTP 包括 5 种数据类型：

1 Read request(RRQ)

2 Write request(WRQ)

```
2 bytes      string      1 byte        string 1 byte
------------------------------------------------------------
| Opcode  | Filename  | 0    | Mode        | 0 |
------------------------------------------------------------
```

3 Data(DATA)

```
2 bytes    2 bytes       n bytes
-----------------------------------
| Opcode | Block #    | Data  |
-----------------------------------
```

4 Acknowledgment(ACK)

```
2 bytes     2 bytes
----------------------
| Opcode   | Block # |
----------------------
```

```
5 Error(ERROR)
*/

void call_send(SOCKET s,long data)
{
DWORD i,name_count;
DWORD size;
DWORD cnt_bolck = 0;
    /* 读取根目录所在的扇区,读取文件的大小 */
    SD_Read_Sector(pArg->FirstDirSector);
    size = znFAT_Buffer[data * 32 + 28] + znFAT_Buffer[data * 32 + 29] * 256;
    data = znFAT_Buffer[data * 32 + 0x1a] - 2;
    /* 设置 TFTP 发送到的目的 IP、端口号 */
    net_write(W5100_S0_DIPR + s * 0x100,Rx_buffer[0]);
    net_write(W5100_S0_DIPR + s * 0x100 + 1,Rx_buffer[1]);
    net_write(W5100_S0_DIPR + s * 0x100 + 2,Rx_buffer[2]);
    net_write(W5100_S0_DIPR + s * 0x100 + 3,Rx_buffer[3]);
    net_write(W5100_S0_DPORT + s * 0x100,Rx_buffer[4]);
    net_write(W5100_S0_DPORT + s * 0x100 + 1,Rx_buffer[5]);        //发送目的端口
    /* 0x0003 是发送数据包,0x0001 是表示第 1 个数据包 */
    Tx_buffer[0] = 0x00;
    Tx_buffer[1] = 0x03;
    Tx_buffer[2] = 0x00;
    Tx_buffer[3] = 0x01;
    for(cnt_bolck = 0;cnt_bolck<63;cnt_bolck++)
      {
        SD_Read_Sector(pArg->FirstDirSector + 8 + 8 * 8 * data + cnt_bolck);
        for(i = 0;i<512;i++)
        {
          Tx_buffer[4 + i] = znFAT_Buffer[i];
        }
        send(s,512 + 4);                            //发送一个数据包
        Tx_buffer[3] = Tx_buffer[3] + 1;            //数据包号加 1
        i = 0;
        while(i == 0)
          {    //等待接收回应信号
            i = getSn_RX_RSR(s);
          }
        recv(s);                                    //接收回应信号 ACK
        i = 0;
      }
```

```
    Tx_buffer[3] = 64;
    size = (65536 - size)&0xFF;                //发送最后一包数据
    for(i = 0;i<size;i+ +)
      {
          Tx_buffer[4 + i] = znFAT_Buffer[i];
      }
    send(s,size + 4);
    cnt_bolck = 0;
    while(i == 0)
      {
        i = getSn_RX_RSR(s);
      }
    recv(s);
    i = 0;
}
```

14.5　SD 卡与文件系统

14.5.1　解读 FAT32 文件系统

文件分配表系统（File Allocation Table，FAT），在 1982 年开始应用于 MS - DOS 中。FAT 文件系统主要优点是它可以被多种操作系统访问，如 MS - DOS、Windows 所有系列和 OS/2 等。这一文件系统在使用时遵循 8.3 命名规则（即文件名最多为 8 个字符，扩展名为 3 个字符）。同时 FAT 文件系统无法支持系统高级容错特性，不具有内部安全特性等。FAT32 是 FAT16 文件系统的派生，比 FAT16 能支持更小的簇和更大的分区，这就使得 FAT32 分区的空间分配更有效率。

为了实现 C55x 对 SD 卡上的 FAT32 文件系统的读/写，我们需要了解文件系统的一些常识。图 14.5.1 为 FAT32 文件系统结构图。

完成的 FAT32 文件系统包括：DBR 操作系统引导记录区、FAT1（文件分配表 1）、FAT2（文件分配表 2）、根目录和数据、剩余扇区。

为了准确地认识 FAT32 文件系统，先格式化 SD 卡，建立一个文件 CTH. txt，输入实验数据并复制到 SD 卡中，把 SD 卡放入读卡器中并插入 PC 的 USB 口，使用 WinHex 工具查看插入的 SD 卡空间，如图 14.5.2 所示。

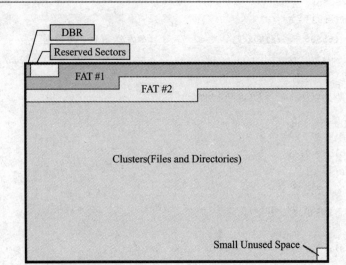

图 14.5.1　FAT32 文件系统结构图

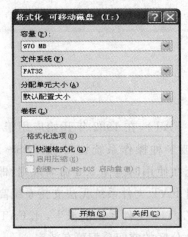

(a) 格式化

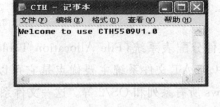

(b) 新建文件

图 14.5.2　格式化与新建文件

(1) DBR(DOS BOOT RECORD,DOS)引导记录

　　DBR 通常占用分区的第 0 扇区,共 512 字节(特殊情况也要占用其他保留扇区)。在这 512 字节中,又是由跳转指令、厂商标志、操作系统版本号、BPB(BIOS Parameter Block)、扩展 BPB、OS 引导程序、结束标志几部分组成。以 FAT32 为例说明分区 DBR 各字节的含义。图 14.5.3 为 WinHex 工具查看的第 1 个扇区数据内容,图 14.5.4 为 WinHex 工具显示的 DBR 内容,表 14.5.1 所列为 DBR 各个字段的含义。

```
Offset    0  1  2  3  4  5  6  7  8  9  A  B  C  D  E  F             
00000000 EB 58 90 4D 53 44 4F 53 35 2E 30 00 02 08 24 00  ëXIMSDOS5.0...$.
00000010 02 00 00 00 00 F8 00 00 3F 00 FF 00 00 00 00 00  .....ø..?.ÿ.....
00000020 00 54 1E 00 92 07 00 00 00 00 00 02 00 00 00 00  .T..'...........
00000030 01 00 06 00 00 00 00 00 00 00 00 00 00 00 00 00  ................
00000040 00 00 29 C4 1D 3C 4E 4F 20 4E 41 4D 45 20 20  ..)Ä.<NO NAME
00000050 20 20 46 41 54 33 32 20 20 20 33 C9 8E D1 BC F4    FAT32   3ÉÑ¼ô
00000060 7B 8E C1 8E D9 BD 00 7C 88 4E 02 8A 56 40 B4 08  {ÁÙ½.|^N.ŠV@´.
00000070 CD 13 73 05 B9 FF FF 8A F1 66 0F B6 C6 40 66 0F  Í.s.¹ÿÿŠñf.¶Æ@f.
00000080 B6 D1 80 E2 3F F7 E2 86 CD C0 ED 06 41 66 0F B7  ¶Ñ€â?÷â†ÍÀí.Af.·
00000090 C9 66 F7 E1 66 89 46 F8 83 7E 16 00 75 38 83 7E  Éf÷áf‰Føƒ~..u8ƒ~
000000A0 2A 00 77 32 66 8B 46 1C 66 83 C0 0C BB 00 80 B9  *.w2f‹F.fƒÀ.».€¹
000000B0 01 00 E8 2B 00 E9 48 03 A0 FA 7D B4 7D 8B F0 AC  ..è+.éH. ú}´}‹ð¬
000000C0 84 C0 74 17 3C FF 74 09 B4 0E BB 07 00 CD 10 EB  „Àt.<ÿt.´.».Í.ë
000000D0 EE A0 FB 7D EB E5 A0 F9 7D EB E0 98 CD 16 CD 19  î û}ëå ù}ëà˜Í.Í.
000000E0 66 60 66 3B 46 F8 0F 82 4A 00 66 6A 00 66 50 06  f`f;Fø.‚J.fj.fP.
000000F0 53 66 68 10 00 01 00 80 7E 02 00 0F 85 20 00 B4  Sfh....€~... .´
00000100 41 BB AA 55 8A 56 40 CD 13 0F 82 1C 00 81 FB 55  A»ªUŠV@Í..‚..ûU
00000110 AA 0F 85 14 00 F6 C1 01 0F 84 0D 00 FE 46 02 B4  ª...öÁ..„..þF.´
00000120 42 8A 56 40 8B F4 CD 13 B0 F9 66 58 66 58 66 58  BŠV@‹ôÍ.°ùfXfXfX
00000130 66 58 EB 2A 66 33 D2 66 0F B7 4E 18 66 F7 F1 FE  fXë*f3Òf.·N.f÷ñþ
00000140 C2 8A CA 66 8B D0 66 C1 EA 10 F7 76 1A 86 D6 8A  ÂŠÊf‹Ðf Áê.÷v.†ÖŠ
00000150 56 40 8A E8 C0 E4 06 0A CC B8 01 02 CD 13 66 61  V@Šèàä..̸..Í.fa
00000160 0F 82 54 FF 81 C3 00 02 66 40 49 0F 85 71 FF C3  .‚Tÿ.Ã..f@I.qÿÃ
00000170 4E 54 4C 44 52 20 20 20 20 20 20 20 00 00 00 00  NTLDR       ....
00000180 00 00 00 00 00 00 00 00 00 00 00 00 00 00 00 00  ................
00000190 00 00 00 00 00 00 00 00 00 00 00 00 00 00 00 00  ................
000001A0 00 00 00 00 00 00 00 00 00 00 00 00 00 0A 52 65  ..............Re
000001B0 6D 6F 76 65 20 64 69 73 6B 73 20 6F 72 20 6F 74  move disks or ot
000001C0 68 65 72 20 6D 65 64 69 61 2E FF 0D 0A 44 69 73  her media.ÿ..Dis
000001D0 6B 20 65 72 72 6F 72 FF 0D 0A 50 72 65 73 73 20  k errorÿ..Press
000001E0 61 6E 79 20 6B 65 79 20 74 6F 20 72 65 73 74 61  any key to resta
000001F0 72 74 0D 0A 00 00 00 00 00 AC CB D8 00 00 55 AA  rt.......¬ËØ..Uª
```

图 14.5.3　SD 卡第 1 扇区 512 字节内容

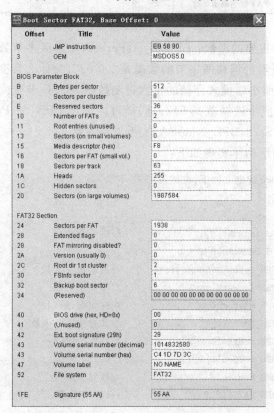

Offset	Title	Value
0	JMP instruction	EB 58 90
3	OEM	MSDOS5.0
	BIOS Parameter Block	
B	Bytes per sector	512
D	Sectors per cluster	8
E	Reserved sectors	36
10	Number of FATs	2
11	Root entries (unused)	0
13	Sectors (on small volumes)	0
15	Media descriptor (hex)	F8
16	Sectors per FAT (small vol.)	0
18	Sectors per track	63
1A	Heads	255
1C	Hidden sectors	0
20	Sectors (on large volumes)	1987584
	FAT32 Section	
24	Sectors per FAT	1938
28	Extended flags	0
28	FAT mirroring disabled?	0
2A	Version (usually 0)	0
2C	Root dir 1st cluster	2
30	FSInfo sector	1
32	Backup boot sector	6
34	(Reserved)	00 00 00 00 00 00 00 00 00 00 00 00
40	BIOS drive (hex, HD=8x)	00
41	(Unused)	0
42	Ext. boot signature (29h)	29
43	Volume serial number (decimal)	1014832580
43	Volume serial number (hex)	C4 1D 7D 3C
47	Volume label	NO NAME
52	File system	FAT32
1FE	Signature (55 AA)	55 AA

图 14.5.4　FAT32 上 DBR 各部分内容

表 14.5.1　DBR 各个字段的含义

字段名称	长度	说　　明	编移量	字段名称	长　度	说　　明	编移量
jmpBoot	3	跳转指令	0	TotSec32	4	该卷总扇区数	32
OEMName	8	这是一个字符串,标识格式化该分区的操作系统的名称和版本号	3	FATSz32	4	FAT 表扇区数	36
				ExtFlags	2	FAT32 特有	40
				FSVer	2	FAT32 特有	42
BytesPerSec	2	每扇区字节数	11	RootClus	4	根目录簇号	44
SecPerClus	1	每簇扇区数	13	FSInfo	2	文件系统信息	48
RsvdSecCnt	2	保留扇区数目	14	BkBootSec	2	通常为 6	50
NumFATs	1	此卷中 FAT 表数	16	Reserved	12	扩展用	52
RootEntCnt	2	FAT32 为 0	17	DrvNum	1	—	64
TotSec16	2	FAT32 为 0	19	Reserved1	1	—	65
Media	1	存储介质	21	BootSig	1	—	66
FATSz16	2	FAT32 为 0	22	VolID	4	—	67
SecPerTrk	2	磁道扇区数	24	FilSysType	11	—	71
NumHeads	2	磁头数	26	FilSysType1	8	—	82
HiddSec	4	FAT 区前隐扇区数	28				

注意几个比较重要的参数：BPB_ByetsPerSec(每扇区字节数)为 512,也许你会注意在 WinHex 查看的偏移两字节的数据是"00 02",为什么会变成 512? 这是因为数据在 SD 卡是按照小端模式存储的十六进制数据,从 SD 卡中读出要变成大端模式也就是"02 00",变成十进制就是 512。同样可以读出 BPB_SecPerClus、BPB_RsvdSecCnt、BPB_FATSz32、BPB_NumFATs 等重要参数。

这部分使用的结构体实现如下：

```
/ * FAT32 中对 BPB 的定义如下,一共占用 90 字节 * /
struct FAT32_BPB
{
unsigned char BS_jmpBoot[3];           //跳转指令              offset：0
unsigned char BS_OEMName[8];           //                     offset：3
unsigned char BPB_BytesPerSec[2];      //每扇区字节数          offset：11
unsigned char BPB_SecPerClus[1];       //每簇扇区数            offset：13
unsigned char BPB_RsvdSecCnt[2];       //保留扇区数目          offset：14
unsigned char BPB_NumFATs[1];          //此卷中 FAT 表数       offset：16
unsigned char BPB_RootEntCnt[2];       //FAT32 为 0            offset：17
unsigned char BPB_TotSec16[2];         //FAT32 为 0            offset：19
unsigned char BPB_Media[1];            //存储介质              offset：21
unsigned char BPB_FATSz16[2];          //FAT32 为 0            offset：22
```

```
unsigned char BPB_SecPerTrk[2];          //磁道扇区数              offset：24
unsigned char BPB_NumHeads[2];           //磁头数                  offset：26
unsigned char BPB_HiddSec[4];            //FAT 区前隐扇区数        offset：28
unsigned char BPB_TotSec32[4];           //该卷总扇区数            offset：32
unsigned char BPB_FATSz32[4];            //FAT 表扇区数            offset：36
unsigned char BPB_ExtFlags[2];           //FAT32 特有             offset：40
unsigned char BPB_FSVer[2];              //FAT32 特有             offset：42
unsigned char BPB_RootClus[4];           //根目录簇号              offset：44
unsigned char FSInfo[2];                 //保留扇区 FSINFO 扇区数  offset：48
unsigned char BPB_BkBootSec[2];          //通常为 6               offset：50
unsigned char BPB_Reserved[12];          //扩展用                  offset：52
unsigned char BS_DrvNum[1];              //                       offset：64
unsigned char BS_Reserved1[1];           //                       offset：65
unsigned char BS_BootSig[1];             //                       offset：66
unsigned char BS_VolID[4];               //                       offset：67
unsigned char BS_FilSysType[11];         //                       offset：71
unsigned char BS_FilSysType1[8];         //"FAT32"                offset：82
};
```

(2) FAT

FAT 表记录了磁盘数据文件的存储链表，对于数据的读取而言是极其重要的，以至于 Microsoft 为其开发的 FAT 文件系统中的 FAT 表创建了一份备份，就是我们看到的 FAT2。FAT2 与 FAT1 的内容通常是即时同步的，也就是说如果通过正常的系统读/写对 FAT1 做了更改，那么 FAT2 也同样被更新。如果从这个角度来看，系统的这个功能在数据恢复时是个"天灾"。

文件分配表区是 FAT 文件系统管理磁盘空间和文件最重要的区域，它保存逻辑盘数据区各簇使用情况，采用位示图法表示。文件所占用的存储空间和空闲空间的管理都是通过 FAT 实现的。FAT 区共保存了两个相同的文件分配表，这样第 1个损坏时，还有第 2 个可用。FAT 表的大小由该逻辑盘数据区共有多少簇所决定，对数个扇区取整。数据区中每簇的使用情况通过查找其在 FAT 表中相应位置的填充值可知晓。FAT32 表中每簇用 4 个字（4×32 位）表示，开头的 8 个字节用来存放该盘介质类型编号，因此有效簇从 02H 开始使用。02H 簇的使用情况由 08H～0BH字节组成的 32 位二进制数指示出来，03H 簇的使用情况由 0CH～0FH 字节组成的32 位二进制数指示出来，以此类推。未被分配使用和已回收的簇相应位置写 0，坏簇相应位置填入特定 0FFFFFF7H 标识，已分配的簇相应位置填入非 0 值。如果该簇是文件的最后一簇，填入的值为 0FFFFFFFH；如果该簇不是文件的最后一簇，填入的值为该文件占用的下一个簇的簇值。这样，正好将文件占用的各簇构成一个簇链，保存在 FAT32 表中。

FAT32 的文件分配表的数据结构依然和 FAT16 相同，所不同的是，FAT32 将记录簇链的二进制位数扩展到了 32 位,故这种文件系统称为 FAT32。32 位二进制位的簇链决定了 FAT 表最大可以寻址 2T 个簇。这样即使簇的大小为 1 扇区,理论上仍然能够寻址 1 TB 范围内的分区。但实际中 FAT32 是不能寻址这样大的空间的,随着分区空间大小的增加,FAT 表的记录数会变得臃肿不堪,严重影响系统的性能。所以,在实际中通常不格式化超过 32 GB 的 FAT32 分区。分区变大时,如果簇很小,文件分配表也随之变大,仍然会有上面的效率问题存在。我们既要有效地读/写大文件,又要最大可能地减少空间的浪费。

根据 FAT 文件白皮书提到的,FAT1 起始地址 = BPB_RsvdSecCnt * BPB_BytetsPerSec,200H×24H = 4800H,用 WinHex 查看这部分的数据,如图 14.5.5 所示。

Offset	0 1 2 3 4 5 6 7	8 9 A B C D E F	
00004800	F8 FF FF 0F FF FF FF FF	FF FF FF 0F FF FF FF 0F	øÿÿ.ÿÿÿÿÿ.ÿÿÿ.
00004810	00 00 00 00 00 00 00 00	00 00 00 00 00 00 00 00	....
00004820	00 00 00 00 00 00 00 00	00 00 00 00 00 00 00 00	....
00004830	00 00 00 00 00 00 00 00	00 00 00 00 00 00 00 00	....
00004840	00 00 00 00 00 00 00 00	00 00 00 00 00 00 00 00	....
00004850	00 00 00 00 00 00 00 00	00 00 00 00 00 00 00 00	....
00004860	00 00 00 00 00 00 00 00	00 00 00 00 00 00 00 00	....
00004870	00 00 00 00 00 00 00 00	00 00 00 00 00 00 00 00	....
00004880	00 00 00 00 00 00 00 00	00 00 00 00 00 00 00 00	....
00004890	00 00 00 00 00 00 00 00	00 00 00 00 00 00 00 00	....
000048A0	00 00 00 00 00 00 00 00	00 00 00 00 00 00 00 00	....
000048B0	00 00 00 00 00 00 00 00	00 00 00 00 00 00 00 00	....
000048C0	00 00 00 00 00 00 00 00	00 00 00 00 00 00 00 00	....
000048D0	00 00 00 00 00 00 00 00	00 00 00 00 00 00 00 00	....
000048E0	00 00 00 00 00 00 00 00	00 00 00 00 00 00 00 00	....
000048F0	00 00 00 00 00 00 00 00	00 00 00 00 00 00 00 00	....
00004900	00 00 00 00 00 00 00 00	00 00 00 00 00 00 00 00	....
00004910	00 00 00 00 00 00 00 00	00 00 00 00 00 00 00 00	....

图 14.5.5　FAT1 中的内容

在 4800H 位置打头的就是"0F FF FF F8　FF FF FF FF",这个就是 FAT1 开始的数据,与计算的结果是一样的。FAT 存放的是文件使用的簇号列表,一个簇号的存放占用 4 字节,而且前两个簇是系统使用的空间,也就是说从第 3 个簇才是用户自定义的簇号存放。

数据存放的单位从大到小是簇、扇区、字节。一个簇由几个扇区组成,一个扇区里面又可以存若干个字节。一个簇的容量 = 一个簇包括的扇区数 × 一个扇区的字节数。

再计算 FAT1 的大小,根据 BPB_FATSz32 和 BPB_ByetsPerSec,一个 FAT 的大小是 BPB_FATSz32×BPB_ByetsPerSec = 792H×200H = F2400H,所以 FAT2 的起始地址为 4800H+BPB_FATSz32×BPB_ByetsPerSec = F6C00H。用 WinHex 查看这部分数据,和计算结果是一样的,如图 14.5.6 所示。

根目录在 FAT2 之后,根目录的起始地址就是 4800H+BPB_FATSz32×BPB_

Offset	0	1	2	3	4	5	6	7	8	9	A	B	C	D	E	F		
000F6C00	F8	FF	FF	0F	FF	FF	FF	FF	FF	FF	FF	0F	FF	FF	FF	0F	øÿÿ.ÿÿÿÿ.ÿÿÿ.ÿÿÿ.
000F6C10	00	00	00	00	00	00	00	00	00	00	00	00	00	00	00	00	....
000F6C20	00	00	00	00	00	00	00	00	00	00	00	00	00	00	00	00	....
000F6C30	00	00	00	00	00	00	00	00	00	00	00	00	00	00	00	00	....
000F6C40	00	00	00	00	00	00	00	00	00	00	00	00	00	00	00	00	....
000F6C50	00	00	00	00	00	00	00	00	00	00	00	00	00	00	00	00	....
000F6C60	00	00	00	00	00	00	00	00	00	00	00	00	00	00	00	00	....
000F6C70	00	00	00	00	00	00	00	00	00	00	00	00	00	00	00	00	....
000F6C80	00	00	00	00	00	00	00	00	00	00	00	00	00	00	00	00	....
000F6C90	00	00	00	00	00	00	00	00	00	00	00	00	00	00	00	00	....
000F6CA0	00	00	00	00	00	00	00	00	00	00	00	00	00	00	00	00	....
000F6CB0	00	00	00	00	00	00	00	00	00	00	00	00	00	00	00	00	....
000F6CC0	00	00	00	00	00	00	00	00	00	00	00	00	00	00	00	00	....
000F6CD0	00	00	00	00	00	00	00	00	00	00	00	00	00	00	00	00	....
000F6CE0	00	00	00	00	00	00	00	00	00	00	00	00	00	00	00	00	....

图 14.5.6　FAT2 中的内容

ByetsPerSec＋ BPB_FATSz32×BPB_ByetsPerSec＝1E9000H。图 14.5.7 为根目录中的内容。

Offset	0	1	2	3	4	5	6	7	8	9	A	B	C	D	E	F		
001E9000	43	54	48	20	20	20	20	20	54	58	54	20	10	0E	C9	99	CTH TXT ..É
001E9010	6B	3A	6B	3A	00	00	A1	99	6B	3A	03	00	1A	00	00	00	k:k:..¡ k:......
001E9020	00	00	00	00	00	00	00	00	00	00	00	00	00	00	00	00	....
001E9030	00	00	00	00	00	00	00	00	00	00	00	00	00	00	00	00	....
001E9040	00	00	00	00	00	00	00	00	00	00	00	00	00	00	00	00	....
001E9050	00	00	00	00	00	00	00	00	00	00	00	00	00	00	00	00	....
001E9060	00	00	00	00	00	00	00	00	00	00	00	00	00	00	00	00	....
001E9070	00	00	00	00	00	00	00	00	00	00	00	00	00	00	00	00	....
001E9080	00	00	00	00	00	00	00	00	00	00	00	00	00	00	00	00	....
001E9090	00	00	00	00	00	00	00	00	00	00	00	00	00	00	00	00	....

图 14.5.7　根目录中的内容

在 1E9000H 处找到根目录起始的位置。目录中各字段含义如表 14.5.2 所列。

① 对于短文件名,系统将文件名分成两部分进行存储,即主文件名＋扩展名。0H～7H 字节记录文件的主文件名,8H～AH 记录文件的扩展名,取文件名中的 ASCII 码值。不记录主文件名与扩展名之间的"."。主文件名不足 8 个字符以空白符(20H)填充,扩展名不足 3 个字符同样以空白符(20H)填充。0H 偏移处的取值若为 00H,表明目录项为空;若为 E5H,表明目录项曾被使用,但对应的文件或文件夹已被删除,这也是误删除后恢复的理论依据。文件名中的第 1 个字符若为"."或"..",表示这个簇记录的是一个子目录的目录项。"."代表当前目录;".."代表上级目录,和我们在 DOS 或 Windows 中使用意思是一样的。如果磁盘数据被破坏,就可以通过这两个目录项的具体参数推算磁盘的数据区的起始位置、猜测簇的大小等,故而是比较重要的。

表 14.5.2　目录中各字段含义

字节偏移(十六进制)	字节数	定　　义	
0H~7H	8	文件名	
8H~AH	3	扩展名	
BH	1	属性字节	00000000(读/写)
			00000001(只读)
			00000010(隐藏)
			00000100(系统)
			00001000(卷标)
			00010000(子目录)
			00100000(归档)
CH	1	系统保留	
DH	1	创建时间的 10 ms 位	
EH~FH	2	文件创建时间	
10H~11H	2	文件创建日期	
12H~13H	2	文件最后访问日期	
14H~15H	2	文件起始簇号的高 16 位	
16H~17H	2	文件的最近修改时间	
18H~19H	2	文件的最近修改日期	
1AH~1BH	2	文件起始簇号的低 16 位	
1CH~1FH	4	表示文件的长度	

② BH 的属性字段：可以看作系统将 BH 的一个字节分成 8 位,用其中的一位代表某种属性的有或无。这样,一个字节中的 8 位每位取不同的值就能反映各个属性的不同取值了。如,00000101 就表示这是个文件,属性是只读、系统。

数据区域地址＝根目录开始地址＋(文件起始簇号－02H)×BPB_ByetsPerSec×BPB_SecPerClus＝1E9000H＋(0003H－02H)×200H×08H＝1EA000H。图 14.5.8 为数据区域地址。

```
Offset    0  1  2  3  4  5  6  7   8  9  A  B  C  D  E  F
001EA000  57 65 6C 63 6F 6D 65 20  74 6F 20 75 73 65 20 43   Welcome to use C
001EA010  54 48 35 35 30 39 56 31  2E 30 00 00 00 00 00 00   TH5509V1.0......
001EA020  00 00 00 00 00 00 00 00  00 00 00 00 00 00 00 00   ................
001EA030  00 00 00 00 00 00 00 00  00 00 00 00 00 00 00 00   ................
001EA040  00 00 00 00 00 00 00 00  00 00 00 00 00 00 00 00   ................
001EA050  00 00 00 00 00 00 00 00  00 00 00 00 00 00 00 00   ................
001EA060  00 00 00 00 00 00 00 00  00 00 00 00 00 00 00 00   ................
001EA070  00 00 00 00 00 00 00 00  00 00 00 00 00 00 00 00   ................
```

图 14.5.8　数据区域地址

现在可以实现 FAT 文件系统。给定 SD 卡,读取指定扇区的数据函数实现原型如下:

```
void SdRead_Sector(Uint32 Sector,Uint16 * data)
{
    Uint32 addr = 0;
    addr = Sector * 512;
    mmc1 = MMC_open(MMC_DEV1);
    MMC_setupNative(mmc1,&Init);
    MMC_sendGoIdle(mmc1);
    for(count = 0;count<4016;count++)
    cardtype = MMC_sendOpCond(mmc1,0x00100000);
    if(cardtype == SD_CARD)
    {
        cid = &cardid;
        SD_sendAllCID(mmc1,cid);                    //获取所有卡的 CID 信息
        card = &cardalloc;
        rca = SD_sendRca(mmc1,card);
    }
    /* 选择传输的卡传输数据,这一步使卡进入传输数据状态 */

    retVal = MMC_selectCard(mmc1,card);
    MMC_read(mmc1,addr,data,512);
    for(count = 0;count< = 6000; ++count)
        MMC_close(mmc1);
}
```

这样就可以读出 SD 卡中扇区的内容:

```
Uint16 data_buff[256];
Uint16 FAT32data_buff[512];
Uchar data[512];
    SdRead_Sector(0,data_buff);
    sd256_fat512();
    FAT32_Init(&Init_Arg);
    temp = FAT32_OpenFile("\\CTH.TXT") ->FileSize;
    data = FAT32_ReadFile(&FileInfo);                  //读取文件数据
```

于是可以读出保持在 SD 卡中的内容:

```
Temp = 26;              //数据存储空间占用 26 字节
data = {Welcome to use Easy5509V1.0};
```

详细原码以及函数实现,请参见本书配套资料。

写文件：向硬盘中写入一个文件首先要做的就是在根目录下建立文件的文件目录项，查找一个空闲簇并找到准备写入文件表项的空闲位。然后分配一个空闲簇作为文件数据的入口簇号，将文件的文件名(8.3 格式)、文件入口首簇号、文件长度等信息写到刚才找到的写文件表项的位置。接着从文件起始簇开始写入数据，当文件占用多个簇时，要先找到一个空闲簇并在 FAT1 表中建立一个簇链，再在分配的空闲簇协商数据。如果是分配给文件的最后一簇，需要在 FAT1 表中写上结束标志以便读取文件，同时备份 FAT2。最后分配的簇号需要写入 FSI_ Nxt_Free 中，用于在查找空闲簇时避免每次从头查找，减少查找工作，提高查询速度。

读文件：读文件相对简单。将所给文件名与根目录开始的目录表项中的文件名逐一比较，如果相同找到文件，从目录表项中取出文件的起始簇号，将该簇对应的数据读到缓冲区中，查看 FAT1 中的簇链；如果是结束标志，文件读完，否则继续读取下一簇文件，直到文件结束。

删除文件也比较简单。只需要找到文件目录项所在位置，将第 1 个字节变为 E5H，然后将 FAT 中对应的链表中各项清 0 即可。

14.5.2 文件系统的移植

随着信息技术的发展，当今社会的信息量越来越大，以往由单片机构成的系统简单地对存储媒介按地址、按字节的读/写已经不满足人们实际应用的需要，于是利用文件系统对存储媒介进行管理成了今后一个发展方向。目前常用的文件系统主要有微软的 FAT12、FAT16、FAT32、NTFS，以及 Linux 系统下的 EXT2、EXT3 等。由于微软 Windows 的广泛应用，在当前的消费类电子产品中，用得最多的还是 FAT 文件系统，如 U 盘、MP3、MP4、数码相机等。一般 CPU 使用的操作系统具有文件系统，所以在开发时不需要文件系统的移植。但是对于不带有文件系统的硬件平台，移植文件系统是比较快捷、缩短开发周期最有效的方式。所以找到一款容易移植和使用、占用硬件资源相对较小而功能又强大的 FAT 开源文件系统，对于单片机系统设计者来说是很重要的。

比较成熟的文件系统有 μC/OSII 的 μC/FS，支持 CF 卡、硬盘、SD/MMC 卡、NAND Flash 等，使用时需要付给 μC/OSII 版权费。国内周立功有限公司开发的 ZLG/FS，基于 LPC2200 等各个系列的 ARM 处理器开发；开源的文件系统比较成功的有 Efsl 和 FatFs。Efsl 是一个免费开源的项目，只需要提供读扇区和写扇区两个函数。FatFs 也是一个开源的项目，接口比 Efsl 多几个简单的函数。

FatFs Module 是一种完全免费开源的 FAT 文件系统模块，专门为小型的嵌入式系统而设计。它完全用标准 C 语言编写，所以具有良好的硬件平台独立性，只需做简单的修改，就可以移植到 8051、PIC、AVR、SH、Z80、H8、ARM 等系列单片机上。它支持 FAT12、FAT16 和 FAT32，支持多个存储媒介；有独立的缓冲区，可以对多个文件进行读/写;并特别对 8 位单片机和 16 位单片机做了优化。FatFs Module 有个简化版本 Tiny - FatFs,它与完全版 FatFs 的不同之处主要有两点:

> 占用内存更少,只要 1 KB RAM;

> 1 次仅支持 1 个存储媒介。

FatFs 和 Tiny - FatFs 的用法一样,只是包含不同的头文件即可,非常方便。这里主要介绍 Tiny - FatFs。

FatFs Module 一开始就是为了能在不同的单片机上使用而设计的,所以具有良好的层次结构,如图 14.5.9 所示。最顶层是应用层,使用者无需理会 FatFs Module 的内部结构和复杂的 FAT 协议,只需要调用 FatFs Module 提供给用户的一系列应用接口函数,如 f_open、f_read、f_write、f_close 等,就可以像在 PC 上读/写文件那样简单。

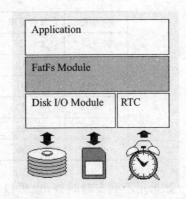

中间层 FatFs Module 实现了 FAT 文件读/写协议。FatFs Module 的完全版提供的是 ff.c、ff.h,简化版 Tiny - FatFs 提供的是 tff.c、

图 14.5.9 FatFs Module 层次结构

tff.h。除非有必要,使用者一般不用修改,使用时将需要版本的头文件直接包含进去即可。

需要使用者编写移植代码的是 FatFs Module 提供的底层接口,它包括存储媒介读/写接口 Disk I/O 和供给文件创建修改时间的实时时钟。

Tiny - FatFs 的移植实际上需要编写 6 个接口函数,下面分别介绍。

① DSTATUS disk_initialize(BYTE drv):存储媒介初始化函数。由于存储媒介是 SD 卡,所以实际上是对 SD 卡的初始化。drv 是存储媒介号码,由于 Tiny - FatFs 只支持一个存储媒介,所以 drv 应恒为 0。执行无误返回 0,错误返回非 0。

② DSTATUS disk_status(BYTE drV):状态检测函数。检测是否支持当前的存储媒介,对 Tiny - FatFs 来说,只要 drv 为 0,就认为支持,然后返回 0。

③ DRESULT disk_read(BYTE drv,BYTE * buff,DWORD sector,BYTE count):读扇区函数。在 SD 卡读接口函数的基础上编写,* buff 存储已经读取的数据,sector 是开始读的起始扇区,count 是需要读的扇区数。1 个扇区 512 字节。执行无误返回 0,错误返回非 0。

④ DRESULT disk_write(BYTE drv,const BYTE * buff,DWORD sector,BYTE count):写扇区函数。在 SD 卡写接口函数的基础上编写,* buff 存储要写入的数据,sector 是开始写的起始扇区,count 是需要写的扇区数。1 个扇区 512 个字节。执行无误返回 0,错误返回非 0。

⑤ DRESULT disk_ioctl(BYTE drv,BYTE ctrl,VoiI * buff):存储媒介控制函

数。ctrl 是控制代码, * buff 存储或接收控制数据。可以在此函数里编写自己需要的功能代码,比如获得存储媒介的大小、检测存储媒介的上电与否、存储媒介的扇区数等。如果是简单的应用,也可以不用编写,返回 0 即可。

⑥ DWORD get_fattime(Void):实时时钟函数。返回一个 32 位无符号整数,时钟信息包含在这 32 位中,如表 14.5.3 所列。

表 14.5.3   时钟信息

bit 字段	取值范围	表示意义
31~25	0~127	年(数据值加上 1980 表示现在的年份)
24~21	1~12	月
20~16	1~31	日
15~11	0~23	时
10~5	0~59	分
4~0	0~30	秒(数据值×2 是表示的秒信息)

如果用不到实时时钟,也可以简单地返回一个数。正确编写完 Disk I/O,移植工作也就基本完成了,接下来的工作就是对 Tiny - FatFs 进行配置。

Tiny - FatFs 是一款可配置可裁剪的文件系统,使用者可以选择自己需要的功能。Tiny - FatFs 总共有 5 个文件,分别是 tff. c、tff. h、diskio. c、diskio. h 和 integer. h。tff. c 和 integer. h 一般不用改动,前面的移植工作主要更改的是 diskio. c,而配置 Tiny -FatFs 则主要修改 tff. h 和 diskio. h。

在 diskio. h 中,使用者可以根据需要使能 disk_write 或 disk_ioctl,代码如下:

```
# define_USE_WRITE 1      / * 1:Enable disk_write function * /
# define_USE_IOCTL 1      / * 1: Enable disk_ioctlfunction * /
```

在 tff. h 中,使用者可以根据需要对整个文件系统进行全面的配置,具体如下。

#define_MCU_ENDIAN。有 1 和 2 两个值可设,默认情况下设为 1,以获得较好的系统性能。如果单片机是大端模式或设为 1 时系统运行不正常,则必须设为 2。

#define_FS_READONLY。设为 1 时将使能只读操作,程序编译时将文件系统中涉及写的操作全部去掉,以节省空间。

#define_FS_MINIMIZE。有 0、1、2、3 共 4 个选项可设。0 表示可以使用全部 Tiny - FatFs 提供的用户函数;1 将禁用 f_stat、f_getfree、f_unlink、f_mkdir、f_chmod 和 f_rename;2 将在 1 的基础上禁用 f_opendir 和 f_readdir;3 将在 1 和 2 的基础上再禁用 f_lseek。使用者可以根据需要进行裁剪,以节省空间。

FatFs 文件系统有一个独立的 Disk I/O 层,非常方便移植,移植时只需要提供下面 6 个函数:

disk_initialize   初始化硬盘驱动；   disk_write   Write sector(s)，写扇区函数；

disk_status   读取硬盘的状态；   disk_ioctl   控制硬盘函数；

disk_read   Read sector(s)，读扇区函数；   get_fattime   获取当前时间。

(1) 初始化函数与状态函数

```
DSTATUS disk_initialize(
     BYTE drv                              /*设备驱动号*/
)
{     if(SD_Initialize()!=0)
     {/*初始化卡失败，没有可以使用的卡*/
         _log_Fat("MMC：Init failure,no valid card found")；
         return STA_NOINIT；
}
_log_Fat("disk_initialize  MMC：Init successful. \n")；
return 0x00；  //初始化成功
}
DSTATUS disk_status(
     BYTE drv                              /*设备驱动号*/
)
{
/*检查卡是否准备好*/
If(SD_ChkCard() == 0)
{/*没有准备好*/
     Return STA_NODISK；                   /*没有卡*/
}
SD_StartSD( )；
If(! SD_GetCardInfo())
{
return 0x00；
}
SD_EndSD( )；
return STA_NOINIT；
}
/*获取系统时间,再次一并做 0 处理*/
DWORD get_fattime(void)
{
     Return 0；
}
```

(2) disk 功能控制接口

```
DRESULT disk_ioctl(
        BYTE drv,                              /*设备驱动号*/
    BYTE ctrl,                                 /*控制代码*/
    void * buff                                /*接收发送数据缓存区*/
)
{
    Switch(ctrl){
      case GET_SECTOR_COUNT:                   /*获取扇区数*/
        SD_Initialize();
        SD_StartSD();
        If(!SD_GetCardInfo())
        {
            * ((DWORD * )buff) = sds.block_num;
            SD_EndSD( );
            return RES_OK;
        }
        SD_EndSD();
        break;
        case GET_BLOCK_SIZE:                   /*获取块大小*/
            SD_Initialize();
        SD_StartSD();
        If(!SD_GetCardInfo())
        {
            * ((DWORD * )buff) = sds.block_len;
            SD_EndSD( );
            return RES_OK;
        }
        SD_EndSD();
            break;
    }
    return RES_PARERR;
}
```

(3) 读/写函数移植

```
DRESULT disk_read   (
    BYTE drv,                                  /*设备驱动号*/
    BYTE * buff,                               /*读取数据缓冲区*/
    DWORD sector,                              /*扇区地址(LBA)*/
    BYTE count                                 /*读取扇区数(1～255)*/
```

```
)
{
    BYTE * pBuf = buff;
    While(count)
{
    If(SD_ReadBlock(sector,pBuf))
        return RES_PARERR;
    sector ++ ;
    pBuf += 512;                          /* SD 卡扇区大小为 512 字节 */
    count -- ;
}
    return RES_OK;
}
# if _READONLY == 0
DRESULT disk_write(
    BYTE drv,                             /* 设备驱动号 */
    const BYTE * buff,                    /* 写数据缓冲区 */
    DWORD sector,                         /* 扇区地址(LBA) */
    BYTE count                            /* 写区数(1～255) */
)
    {
    BYTE * pBuf = (BYTE * )buff;
        While(count)
    {
        If(SD_WriteBlock(sector,pBuf))
            return RES_PARERR;
        sector ++ ;
        pBuf += 512;                      /* SD 卡扇区大小为 512 字节 */
    count -- ;
    }
    return RES_OK;
}
# endif/ * _READONLY * /
```

完整的文件系统程序源代码见本书配套资料,该程序主要实现文件的复制。

14.6 3D16 光立方的设计与制作

在信息化社会的高速发展过程中,LED 显示屏扮演着越来越重要的角色,随着各种信息的传播和人们视觉审美的提高,人们对 LED 显示屏提出了更高的要求。当下二维 LED 显示屏技术已经相当成熟,但是二维平面点阵显示单调、乏味,人们已经不再满足于二维平面显示,从而在二维平面 LED 显示屏基础上开发设计三维 LED 点阵屏——光立方。光立方显示色彩鲜艳画面,立体感强,不仅可以用于室外环境信息传播,还可用于室内环境装饰,给人们带来全新的娱乐体验,具有投影仪、电视墙、液晶显示屏无法比拟的优点。同时,目前较多设计仍停留在简单 8×8×8 光立方设计方案上,而本节将介绍基于 TMS320C5509 最小系统设计的 16×16×16 光立方设计方案,该系统电路结构清晰,控制系统稳定。

3D16 光立方和普通光立方的区别如下。

① 普通 DIY 爱好者自行 DIY 较多为 8×8×8 设计,本节介绍的光立方设计是 16×16×16 的设计,而且底板是一整块 40 cm×40 cm 的 PCB 板,相对较大。

② 一般 DIY 8×8×8 的光立方只需要 512 个 LED,而 16×16×16 的光立方需要 4 096 个 LED,复杂程度较高。

③ 普通光立方只能显示数字,或者字母;3D16 光立方可以显示汉字,可以把你心中想表达的任何语言通过光立方显示出来。

④ 最重要的是:普通光立方如果需要修改动画或者显示的字幕,需要通过字幕软件做好字幕,然后修改代码;而 3D16 光立方只需要在电脑动画仿真软件上做好字幕,并进行电脑仿真,然后将仿真结果导出到光立方实体,就可以让实体显示跟仿真一模一样的动画,从此告别修改程序,让玩转光立方变得更加简单。

14.6.1　3D16 光立方硬件设计方案

3D16 光立方即 16×16×16 光立方,由 4 096 个 LED 构建的三维 LED 点阵模块及其控制系统组成。三维 LED 点阵模块规格约为 36 cm×36 cm×37 cm,分 16 层共阴和 512 列共阳,每个 LED 之间的空间间距约 22 mm。系统的工作原理是在二维 LED 点阵的基础上,扩大 LED 之间的距离,应用层叠技巧搭建成一个实心 LED 立方体,用主控系统直接控制外围驱动电路输出,间接实现对 LED 的亮灭控制。采用逐层扫描的工作方式,利用人们视觉暂留效应,实现动静态文字和图像显示。因为控制涉及的 LED 较多,且要求自由控制每个 LED 的亮灭,所以对控制系统的功能有较高的要求。

硬件系统主要分为 3 大模块:主控模块、驱动模块和显示模块。其中:主控系统发送显示信息和控制驱动电路显示;驱动模块分为阳极驱动模块和阴极驱动模块,驱动电路传输显示信息,以及放大电流驱动三维 LED 点阵模块显示;显示模块显示预设文字或图像信息。设计方案总体结构框图如图 14.6.1 所示,3D16 光立方实物效果图如图 14.6.2 所示。

光立方显示部分由 4 096 个 LED 组成,整体显示需要较大的功率,若功率不够,则显示会出现不亮、半亮等现象,严重影响显示效果。因此,光立方对驱动方式有较高的要求。驱动模块选用 NPN 达林顿连接晶体管 ULN2803 作为共阴层驱动,以八

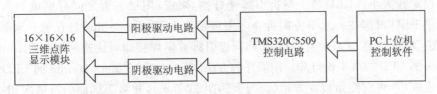

图 14.6.1　3D16 光立方设计方案总体框图

图 14.6.2　3D16 光立方实物效果图

进制三态非反转透明锁存器 74HC573 为主要芯片作为共阳极驱动。

　　8 个共阴层采用逐层扫描的工作方式,使用八重达林顿连接晶体管 ULN2803 放大电流驱动。达林顿连接晶体管 ULN2803 一般用来驱动功率稍大的被动器件,内部设计了二极管防止被击穿,使用的时候不需要外接二极管,同时驱动多路器件的时候可以节省 PCB 空间,方便走线。ULN2803 的引脚 9 和引脚 10 分别接 GND 和 V_{CC};8 个数据输入口 IN1～IN8 分别与主控电路的 GPIO 引脚相连;8 个数据输出端均接 1 个 1 kΩ 限流电阻后,分别与三维 LED 点阵模块的 16 个共阴层相连,工作过程中向数据输入端发送层扫描信号,数据输出端反相输出选中相应层。

　　显示模块利用 LED 在空间上的亮灭实现文字或图形的显示。该设计用到 4 096 个 LED,整体显示需要功率较高。选用小功率插件式长脚草帽型 LED(阳极引脚 27～28 mm,阴极引脚 25～26 mm)可降低对驱动电路的要求,发光集中,LED 点阵整体的通透性强。在孔间距为 16 mm×16 mm 平面模板上,根据所选用 LED 规格大小设定孔大小。LED 统一弯折引脚使灯帽、阴极、阳极三者之间分别成 90°,其中阴极平 LED 根部往一水平方向折 90°,阳极距离 LED 根部 4 mm 处往另一水平方向折 90°。将折好的 LED 放置模板上,将同极引脚首尾焊接即可快速制作一面 16 mm× 16 mm 的 LED 二维平面点阵。用同样的方法制作 16 面 16 mm×16 mm 的 LED 二维平面点阵后,将它们组成立方形(面与面间距 22 mm),并将不同面的行依次相接,构成 16 层共阳、512 列共阴的三维 LED 点阵模块。

14.6.2   软件系统设计

三维 LED 点阵模块是在二维点阵模块的基础上,应用层叠技巧搭建而成的,因此在控制上可以将三维 LED 点阵模块看作一个 512×16 的平面矩阵。从数据结构上分析,控制一个 16×16×16 的三维 LED 点阵模块显示,或者是一个 512×16 的平面 LED 矩阵,就是对长度为 512 字节数组的控制。一个字节有 16 位,512×16＝4 096位,对应了三维 LED 点阵的 4 096 个 LED,每一位有"1"和"0"2 种状态,对应了 LED 的亮和灭。

虽然光立方和二维点阵控制原理相似,采用"逐层扫描"或者"逐行扫描"方式,但是在实际应用中,编程控制却有很大的差别。光立方控制,需要应用三维空间中点、线、面、体的算法规律。在几何上,通常计算一个立方体的体积,需要知道立方体的长、宽、高。在光立方的三维 LED 点阵模块中,任意取一点都可以与其他相应的点构成一个立方体。因此,要控制光立方的任意 LED 亮灭,可以建立三维坐标系 xyz,定义光立方中任一个 LED 的坐标为 (x,y,z),其中 x、y、z 值域为 $[0,15]$。光立方共有 512 束,束用 k 表示,k 的值域为 $[0,512]$。另外,每束上有 16 个 LED,可以用一个字节的 16 位数据定义其显示状态。各束上对应位置的 LED 阴极连在一起构成了层,采用逐层扫描方式可以避免同层不同束 LED 之间的相互影响。

固定画面控制显示过程如下:主控系统控制片选将第 1 层 512 个点的数据有序地发送到 74HC573 进行锁存;发送接通第 1 层且其他层关闭的扫描信号;延迟时间 t;发送关闭所有层信号。以此类推,扫描完 16 层为 1 个周期 T。利用人眼的视觉暂留特性,只要扫描得够快,一个扫描周期的时间就小于人眼的视觉暂留时间。从人眼看来,光立方显示的就是一幅完整的立体图形。

在层扫描工作方式中,无论是动态显示图文还是静态显示图文,在整个显示过程中,主控 TMS320C5509 不断发送数据和不断扫描,每次发送数据只能点亮 1 层,扫描完 1 个周期,即可看到完整的立体图形。为保证点亮每层停留时间相等,需要单片机中断设定 1 个时间基准。采用动画程序和输出显示程序分离设计,运行程序可以分为 3 大部分:第 1 部分是上层的系统应用程序,第 2 部分是显示数据运算程序,第 3 部分是中断刷新显示程序。系统应用程序完成系统环境的初始化设置和循环调用驱动显示子程序等工作;显示数据运算程序负责运算出动画结果,并存放到指定数组中；中断刷新显示程序负责向屏体发送指定数组中显示数据，并产生行扫描信号。上位机动画设计效果如图 14.6.3 所示。

图 14.6.3　上位机动画设计效果

第 **15** 章

DSP+FPGA 复杂系统的设计

随着国防工业以及消费类电子对精度、处理速度等指标地不断提高,系统总体设计方案日趋复杂,电子元器件水平飞速发展,通用信号处理器的功能也越来越复杂、硬件规模越来越大、处理速度也越来越高,而且产品的更新速度加快,生命周期缩短。实现产品功能强、性能指标高、抗干扰能力强、工作稳定可靠、体积小、功耗低、结构紧凑合理已经势在必行,过去单一采用 DSP 处理器搭建信号处理器已经不能满足要求。

20 世纪 80 年代以来,一类先进的门阵列——FPGA 的出现,产生了另一种数字电路设计方法,具有十分良好的应用前景。基于 FPGA 的数字电路设计方式在可靠性、体积、成本上的优势是巨大的。可以由用户编程的 FPGA (Field Programmable Gate Array)芯片相对能弥补 DSP 的不足,故 FPGA+DSP 的通用信号处理结构成为当前以及未来一段时间的主流。

15.1 FPGA 与 DSP 的结构特点

15.1.1 DSP 的结构特点

DSP 是一种具有特殊结构的微处理器。DSP 芯片内部采用程序和数据分开的哈佛结构,具有专门的硬件乘法器,广泛采用流水线操作,提供特殊的 DSP 指令,可以用来快速地实现各种数字信号处理算法。根据数字信号处理的要求,DSP 芯片一般具有如下特点:

① 在一个指令周期内可完成一次乘法和一次加法;

② 程序存储器和数据存储器是两个相互独立的存储器,每个存储器独立编址,可以同时访问指令和数据;

③ 片内具有快速 RAM，通常可通过独立的数据总线在两块中同时访问；

④ 具有低开销或无开销循环及跳转的硬件支持；

⑤ 快速的中断处理和硬件 I/O 支持；

⑥ 具有在单周期内操作的多个硬件地址产生器；

⑦ 可以并行执行多个操作；

⑧ 支持流水线操作，使取指、译码和执行等操作可以重叠执行。

15.1.2　FPGA 的结构特点

FPGA 的结构是由基于半定制门阵列的设计思想而得到的。从本质上讲，FP-GA 是一种比半定制还方便的专用集成电路（Application Specific Integrated Circuit，ASIC）设计技术。

FPGA 的结构主要分为 3 部分：可编程逻辑块、可编程 I/O 模块、可编程内部连线。可编程逻辑块和可编程互连资源的构造主要有两种类型：查找表型和多路开关型。

查找表型 FPGA 的可编程逻辑单元是由功能为查找表的静态随机存取存储器（Static Random Access Memory，SRAM）构成函数发生器，由它来控制执行 FP-GA 应用函数的逻辑。SRAM 的输出为逻辑函数的值，由此输出状态控制传输门或多路开关信号的通断，实现与其他功能块的可编程连接。多路开关型可编程逻辑块的基本构成是一个多路开关的配置。利用多路开关的特性，在多路开关的每个输入接到固定电平或输入信号时，可实现不同的逻辑功能。大量的多路开关和逻辑门连接起来，可以构成实现大量函数的逻辑块。

FPGA 由其配置机制的不同分为两类：可再配置型和一次性编程型。近几年来，FPGA 因其具有集成度高、处理速度快以及执行效率高等优点，在数字系统的设计中得到了广泛应用。

虽然各个厂商的 FPGA 具体结构不一样，但绝大多数 FPGA 都是由逻辑单元阵列、各个逻辑单元之间的可编程互连线、I/O 引脚和其他一些如片上存储器之类的资源组成，其中逻辑单元由 1 个或多个输入查找表（Look-up Table）和几个触发器构成。通过向 FPGA 内的配置存储器（Configuration Memory）RAM 下载比特流文件来实现各个逻辑单元、I/O 引脚以及 FPGA 内其他资源之间的配置和互联。

15.1.3　DSP 和 FPGA 的性能比较

DSP 内部结构使它所具有的优势为：所有指令的执行时间都是单周期，指令采用流水线，内部的数据、地址、指令及直接存储器存取（Direct Memory Access，DMA）总线分开，有较多的寄存器。

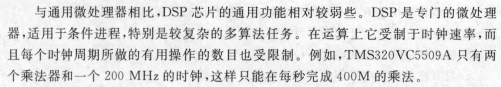

　　与通用微处理器相比,DSP 芯片的通用功能相对较弱些。DSP 是专门的微处理器,适用于条件进程,特别是较复杂的多算法任务。在运算上它受制于时钟速率,而且每个时钟周期所做的有用操作的数目也受限制。例如,TMS320VC5509A 只有两个乘法器和一个 200 MHz 的时钟,这样只能在每秒完成 400M 的乘法。

　　将模拟算法、具体指标要求映射到通用 DSP 中,比较典型的 DSP 通过汇编或高级语言如 C 语言进行编程,实时实现方案。如果 DSP 采用标准 C 程序,这种 C 代码可以实现高层的分支逻辑和判断。例如,通信系统的协议堆栈是很难在 FPGA 上实现的。从效果来说,采用 DSP 器件的优势在于:软件更新速度快,极大地提高了系统的可靠性、通用性、可更换性和灵活性。DSP 适合于顺序算法,并且在浮点运算上相对于 FPGA 具有无可比拟的优势,而 FPGA 对浮点的运算支持率不高。DSP 的另一个优势在于:DSP 编译开发过程比较简单。DSP 只需要编译,并且开发板和驱动程序丰富,外围电路完善,具有丰富的应用范例和库;而 FPGA 开发所需要的相对较复杂。

　　在软件上,DSP 与 FPGA 之间有着巨大的隔阂。熟悉软件的 DSP 程序员要学习如寄存器、门、VHDL 代码等新的偏向硬件的知识才能进入电子工程的世界。这两类设计人员不但在完成设计时所使用的工具不一样,而且在设计中所考虑的问题也不同,如表 15.1.1 所列。

表 15.1.1　DSP 设计者和 FPGA 设计者的差别

类　别	DSP 设计者	FPGA 设计者
设计方法	C、C++、汇编、MATLAB、SimuLink	VHDL、Verilog、综合、映射、布局布线
设计问题	信噪比、误码率、采样率	引脚到引脚延时、流水线和逻辑层次、布局规划

　　FPGA 有很多自由的门,通过将这些门连接起来形成乘法器、寄存器、地址发生器等。这些只要在框图级即可完成,许多块也可以从简单的门到有限冲激响应(Finite Impulse Response,FIR)或快速傅里叶变换(Fast Fourier Transform,FFT)等,这要在很高的级别完成,但其性能受到所有的门数及时钟速度的限制。例如,一个具有 20 万门的 Virtex 器件可以实现 200 MHz 时钟的 10 个 16 位的乘法器。

　　FPGA 包含有大量实现组合逻辑的资源,可以完成较大规模的组合逻辑电路设计。与此同时,它还包含有相当数量的触发器,借助这些触发器,FPGA 又能完成复杂的时序逻辑功能。通过使用各种电子设计自动化(Electronic Design Automatic,EDA)工具,设计人员可以很方便地将复杂的电路在 FPGA 中实现。像微处理器一样,许多 FPGA 可以无限地重新编程,加载一个新的设计方案只需要几百毫秒,甚至现场产品可以很简单而且快速地实现。这样,利用重配置可以减少硬件的开销。

　　超过几兆赫兹的采样率,一个 DSP 仅仅能完成对数据非常简单的运算。而这样简单的运算用 FPGA 则很容易实现,并且能达到非常高的采样速率。在采样速率比

较低时,整体上较复杂的程序可以使用 DSP 来实现,此时用 FPGA 会很困难。

对于较低速的事件,DSP 是有优势的,可以将它们排队,并保证它们都能执行,但是在它们处理前可能会有些延时。而 FPGA 不能处理多事件,因为每个事件都有专用的硬件,但是采用这种专用硬件实现的每个事件的方式可以使各个事件同时执行。

如果需要主工作环境进行切换,DSP 可以通过在程序里分出一个新的子程序的方式来完成;而对于每种配置 FPGA 需要建立专门的资源。如果这些配置比较小,那么在 FPGA 中可以同时存在几种配置;如果配置较大则意味着 FPGA 需要重新配置,而这种方法只在某些时候可以采用。

最后,FPGA 是以框图方式编程的,这样很容易看数据流;DSP 是按照指令的顺序流来编程的。大多数的单处理系统都是以某种框图方式开始设计的。

总之,DSP 和 FPGA 代表着两种数字系统信号处理的过程,各有特点。FPGA 和 DSP 处理器具有截然不同的架构,在一种器件上非常有效的算法用在另一种器件上可能效率会非常低。如果目标要求大量的并行处理或者最大的多通道流量,那么单纯基于 DSP 的硬件系统就可能需要更大的面积、成本或功耗。一个 FPGA 仅在一个器件上就能够提供多个并行乘法和累加运算,从而以较少的器件和较低的功耗提供同样的性能。但对于定期系数更新、决策控制任务或者高速串行处理任务,FPGA 的优化程度远不如 DSP。

FPGA＋DSP 的数字硬件系统正好结合了两者的优点,兼顾了速度和灵活性。本书以通用信号处理系统为例说明 FPGA＋DSP 系统设计和调试的方法和手段。

15.1.4　DSP＋FPGA 系统的设计

DSP＋FPGA 结构最大的特点是结构灵活、有较强的通用性、适于模块化设计,从而能够提高算法效率,同时其开发周期较短,系统易于维护和扩展。

例如,一个由 DSP＋FPGA 结构实现的实时信号处理系统中,低层的信号预处理算法处理的数据量大,对处理速度的要求高,但运算结构相对比较简单,适于用FPGA 进行硬件实现,这样能同时兼顾速度及灵活性;高层处理算法的特点是所处理的数据量较低层算法少,但算法的控制结构复杂,适于用运算速度高、寻址方式灵活、通信机制强大的 DSP 芯片来实现。

FPGA 可以完成模块级的任务,起到 DSP 的协处理器的作用。FPGA 的可编程性使其既具有专用集成电路的速度,又具有很高的灵活性。

DSP 具有软件的灵活性;而 FPGA 具有硬件的高速性,从器件上考察,能够满足处理复杂算法的要求。这样 DSP＋FPGA 的结构为设计中如何处理软硬件的关系提供了一个较好的解决方案。同时,该系统具有灵活的处理结构,对不同结构的算法都有较强的适应能力,尤其适合实时信号处理任务。DSP＋FPGA 模块典型应用系统如图 15.1.1 所示。

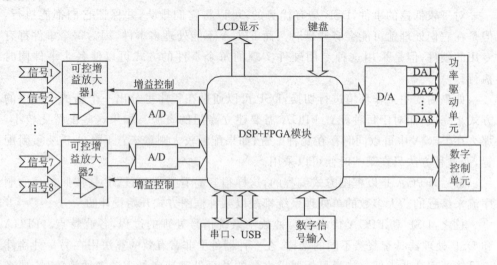

图 15.1.1　DSP＋FPGA 模块典型应用系统

15.2　FPGA 系统的设计

15.2.1　FPGA 系统设计流程

　　FPGA 的设计流程就是利用 EDA 开发软件和编程工具对 FPGA 芯片进行开发的过程。FPGA 开发的一般流程如图 15.2.1 所示。

　　(1) 电路功能设计

　　在系统设计之前,首先要进行的是方案论证、系统设计和 FPGA 芯片选择等准备工作。系统工程师根据任务要求,如系统的指标和复杂度,对工作速度和芯片本身的各种资源、成本等方面进行权衡,选择合理的设计方案和合适的器件类型。一般都采用自顶向下的设计方法,把系统分成若干个基本单元,然后再把每个基本单元划分为下一层次的基本单元,一直这样做下去,直到可以直接使用 EDA 元件库为止。

　　(2) 设计输入

　　设计输入是将所设计的系统或电路以开发软件要求的某种形式表示出来,并输入给 EDA 工具的过程。常用的方法有硬件描述语言(HDL)和原理图输入方法等。原理图输入方式是一种最直接的描述方式,在可编程芯片发展的早期应用比较广泛,它将所需的器件从元件库中调出来,画出原理图。这种方法虽然直观并易于仿真,但效率很低且不易维护,不利于模块构造和重用;更主要的缺点是可移植性差,当芯片升级后,所有的原理图都需要做一定的改动。目前,在实际开发中应用最广的就是

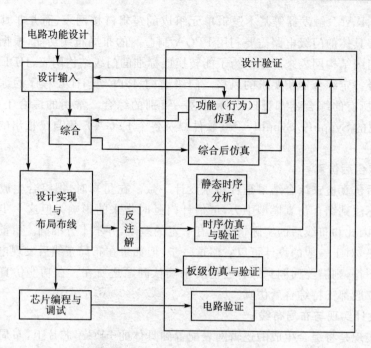

图 15.2.1　FPGA 开发的一般流程

HDL 语言输入法,利用文本描述设计,可以分为普通 HDL 和行为 HDL。普通 HDL 有 ABEL、CUR 等,支持逻辑方程、真值表和状态机等表达方式,主要用于简单的小型设计。而在中大型工程中,主要使用行为 HDL,其主流语言是 Verilog HDL 和 VHDL。这两种语言都是美国电气与电子工程师协会(IEEE)的标准,其共同的突出特点有:语言与芯片工艺无关,利于自顶向下设计,便于模块的划分与移植,可移植性好,具有很强的逻辑描述和仿真功能,而且输入效率很高。

(3) 功能仿真

功能仿真,也称为前仿真,是在编译之前对用户所设计的电路进行逻辑功能验证,此时的仿真没有延时信息,仅对初步的功能进行检测。仿真前,要先利用波形编辑器和 HDL 等建立波形文件和测试向量(即将所关心的输入信号组合成序列),仿真结果将会生成报告文件和输出信号波形,从中便可以观察各个节点信号的变化。如果发现错误,则返回修改逻辑设计。常用的工具有 Model Tech 公司的 Model-Sim、Sysnopsys 公司的 VCS、Cadence 公司的 NC－Verilog 和 NC－VHDL 等软件。虽然功能仿真不是 FPGA 开发过程中的必需步骤,但却是系统设计中最关键的一步。

(4) 综　合

所谓综合就是将较高级抽象层次的描述转化成较低层次的描述。综合优化根据目标与要求优化所生成的逻辑连接,使层次设计平面化,供 FPGA 布局布线软件进行实现。就目前的层次来看,综合优化(Synthesis)是指将设计输入编译成由与门、或门、非门、RAM、触发器等基本逻辑单元组成的逻辑链接网表,而并非真实的门级电路。真实具体的门级电路需要利用 FPGA 制造商的布局布线功能,根据综合后生成的标准门级结构网表来产生。为了能转换成标准的门级结构网表,HDL 程序的编写必须符合特定综合器所要求的风格。门级结构、RTL 级 HDL 程序的综合是很成熟的技术,所有的综合器都可以支持到这一级别的综合。常用的综合工具有 Synplicity 公司的 Synplify/Synplify Pro 软件以及各个 FPGA 厂家自己推出的综合开发工具。

(5) 综合后仿真

综合后仿真检查综合结果是否和原设计一致。在仿真时,把综合生成的标准延时文件反标注到综合仿真模型中去,可估计门延时带来的影响。但这一步骤不能估计线延时,因此和布线后的实际情况还有一定的差距,并不十分准确。目前的综合工具较为成熟,对于一般的设计可以省略这一步,但如果在布局布线后发现电路结构和设计意图不符,则需要回溯到综合后仿真来确认问题之所在。在功能仿真中介绍的软件工具一般都支持综合后仿真。

(6) 设计实现与布局布线

设计实现是将综合生成的逻辑网表配置到具体的 FPGA 芯片上,布局布线是其中最重要的过程。布局将逻辑网表中的硬件原语和底层单元合理地配置到芯片内部的固有硬件结构上,并且往往需要在速度最优和面积最优之间做出选择。布线根据布局的拓扑结构,利用芯片内部的各种连线资源,合理正确地连接各个元件。目前,FPGA 的结构非常复杂,特别是在有时序约束条件时,需要利用时序驱动的引擎进行布局布线。布线结束后,软件工具会自动生成报告,提供有关设计中各部分资源的使用情况。由于只有 FPGA 芯片生产商对芯片结构最为了解,所以布局布线必须选择芯片开发商提供的工具。

(7) 时序仿真与验证

时序仿真,也称为后仿真,是指将布局布线的延时信息反标注到设计网表中来检测有无时序违规(即不满足时序约束条件或器件固有的时序规则,如建立时间、保持时间等)现象。时序仿真包含的延时信息最全,也最精确,能较好地反映芯片的实际工作情况。由于不同芯片的内部延时不一样,不同的布局布线方案也给延时带来不同的影响。因此在布局布线后,通过对系统和各个模块进行时序仿真、分析其时序关系、估计系统性能、检查和消除竞争冒险是非常有必要的。在功能仿真中介绍的软件工具一般都支持综合后仿真。

(8) 板级仿真与验证

板级仿真主要应用于高速电路设计中,对高速系统的信号完整性、电磁干扰等特点进行分析,一般都以第三方工具进行仿真和验证。

(9) 芯片编程与调试

设计的最后一步就是芯片编程与调试。芯片编程是指产生使用的数据文件(Bitstream Generation,位数据流文件),然后将编程数据下载到 FPGA 芯片中。其中,芯片编程需要满足一定的条件,如编程电压、编程时序和编程算法等方面。逻辑分析仪(Logic Analyzer,以下简称 LA)是 FPGA 设计的主要调试工具,但需要引出大量的测试引脚,且 LA 价格昂贵。目前,主流的 FPGA 芯片生产商都提供了内嵌的在线逻辑分析仪(如 Xilinx ISE 中的 ChipScope、Altera Quartus II 中的 Signal-TapII、SignalProb)来解决上述矛盾,它们只需要占用芯片少量的逻辑资源,具有很高的实用价值。

通过仿真,可以观察 HDL 语言在 FPGA 中的逻辑行为。通过综合,可以观察 HDL 语言在 FPGA 中的物理实现形式。通过时序分析,可以分析 HDL 语言在 FP-GA 中的物理实现特性。搭建验证环境,通过仿真的手段可以检验 FPGA 设计的正确性,全面的仿真验证可以减少 FPGA 硬件调试的工作量。把硬件调试与仿真验证方法结合起来,用调试解决仿真未验证的问题,用仿真保证已经解决的问题不在调试中再现,可以建立一个回归验证流程,有助于 FPGA 设计项目的维护。

15.2.2　FPGA 最小系统的设计

本小节介绍在 FPGA 硬件系统设计过程中遇到的问题和解决的方法,主要涉及芯片的选型、FPGA 系统设计的技巧和原则等。

(1) FPGA 芯片的选择依据

如果是在新产品设计时选择 FPGA 芯片厂商,那么可以参考以下的几个原则:

① 如果需要尽快上市,抢占市场,一般选择开发简单的 Altera 或者 Xilinx 产品;

② 如果产品已经稳定,需要提高保密性能和稳定性能,可以考虑 Lattice、Quick-Logic 或者 Actel 公司的反融丝类型或者 Flash 类型的 FPGA;

③ 如果需要很强的抗干扰性能,工作环境十分恶劣,如航空航天,一般选 Actel 公司的产品。

如果自己对某个公司的产品比较熟悉,还是不要轻易更换。因为学习软件和了解芯片结构还是需要一些时间的,而且更换也会引入一些设计风险。人一般会有惯性的思维,往往会把一些经验带到新的项目中,而实际上不同厂商的芯片在设计细节方面还是有些不同的,对这个公司的芯片适合,不一定对另外公司的芯片也适合。

(2) 选择 FPGA 型号

首先选择好了某个系列的 FPGA,接下来就要选择一个具体的型号。需要考虑的因素主要有以下几点。

① 封装:主要在于选择引脚的数目,如果引脚够用,尽量选择表贴封装,如 TQFP 或者 BGA 以及使用的引脚数目。在 FPGA 设计中尽量选用兼容性好的封装。

② 资源:一般在设计的开始阶段,无法估计规模大小,所以需要根据经验来选

择。一般都要选择你确定的封装里面规模最大的型号。一般来说,相同的封装会有不同的容量。资源包括了逻辑资源和存储资源。选择芯片的时候不仅要考虑逻辑资源是否够用,还要保证存储资源是否够用。

③ 升级性:为了方便以后增加功能或者升级性能,FPGA 设计好后必须有一定的升级空间。

(3) FPGA 系统设计的技巧和原则

在设计 FPGA 系统的时候,需要注意以下技巧和原则。

① 接口电平是否匹配:DSP 系统的 I/O 电平与 FPGA 系统 I/O 电平是否一致。

② FPGA 与 DSP 有物理连接,但是未被定义到的引脚应被定义为输入或是三态。

③ 在 FPGA 与 DSP 总线连接方式时,地址线和数据线可以内部互换,方便设计 PCB。FPGA 的通用 I/O 功能定义可以根据需要来指定,在电路图设计的流程中,如果能够根据 PCB 的布局来对应调整原理图中的 FPGA 引脚定义,就可以让 PCB 布线工作更顺利。

④ FPGA 与 DSP 的逻辑关系上和时序上是否符合 DSP 的操作需求,如速度等。

⑤ 预留测试点。目前 FPGA 提供的 I/O 数量越来越多,除了能够满足设计需要的 I/O 外,还有一些剩余 I/O 没有定义,这些 I/O 可以作为预留的测试点来使用。例如在测试与 FPGA 相连的 SDRAM 工作时序状态的时候,直接用示波器测量 SDRAM 相关引脚很困难,而且 SDRAM 工作的频率较高,直接测量会引入额外的阻抗,影响 SDRAM 的正常工作。此时可以使用 FPGA 预留测试点,将要测试的信号从 FPGA 内部指定到这些预留的测试点上,这样既可以测试到这些信号的波形,又不会影响 SDRAM 的工作。同时测试点还具有以下功能:如果电路测试过程中发现需要飞线才能解决问题,那么这些预留的测试点还可以作为飞线的过渡点。

FPGA/CPLD 的设计思想与技巧是一个非常大的话题,在 15.2.6 小节中将会继续介绍。FPGA 的官方网站都会提供一些 FPGA 开发板资料,包括参考设计图纸、开发例程等,有助于加速项目的开发。希望读者尽可能多地阅读官方原版资料,而且官方也会提供专业的疑难解答。

15.2.3 VHDL 语言概述

VHDL(Very-High-Speed Integrated Circuit Hardware Description Language)即超高速集成电路硬件描述语言,在基于 CPLD/FPGA 和 ASIC 的数位系统设计中有着广泛的应用。

VHDL 语言诞生于 1983 年,1987 年被美国国防部和 IEEE 确定为标准的硬件描述语言。自从 IEEE 发布了 VHDL 的第一个标准版本 IEEE 1076 - 1987 后,各大 EDA 公司都先后推出了自己支持 VHDL 的 EDA 工具。VHDL 在电子设计行业得到了广泛的认同。此后 IEEE 又先后发布了 IEEE 1076-1993 和 IEEE 1076-2000 版本。

VHDL 语言具有其他语言无可比拟的优势,具体如下。

① 与其他的硬件描述语言相比,VHDL 具有更强的行为描述能力,从而决定了它成为系统设计领域最佳的硬件描述语言。强大的行为描述能力是避开具体的器件结构,从逻辑行为上描述和设计大规模电子系统的重要保证。

② VHDL 丰富的仿真语句和库函数,使得在任何大系统的设计早期就能查验设计系统的功能可行性,随时可对设计进行仿真模拟。

③ VHDL 语句的行为描述能力和程序结构决定了它具有支持大规模设计的分解和已有设计的再利用功能。符合市场需求的大规模系统高效、高速的完成,必须有多人甚至多个开发组共同并行工作才能实现。

④ 对于用 VHDL 完成的一个确定的设计,可以利用 EDA 工具进行逻辑综合和优化,并自动把 VHDL 描述设计转变成门级网表。

⑤ VHDL 对设计的描述具有相对独立性,设计者可以不懂硬件的结构,也不必管最终设计实现的目标器件是什么,就可以进行独立的设计。

下面是一个 VHDL 语言开发的典型结构,由于篇幅所限,VHDL 语言的详细设计和开发可以参考相应的书籍,在此不做详细介绍。

```
library ieee;
use ieee.std_logic_1164.all; - -库声明
entity TONE is
port(A,B: in std_logic; - -实体定义
C: out std_logic);
end TONE;
architecture EX of TONE is - -结构体定义
begin
C< = A OR B;
end EX; - -VHDL 不区分大小写
```

15.2.4　FPGA 系统的调试

在调试 FPGA 电路时要遵循一定的原则和技巧,才能减少调试时间,避免误操作损坏电路。一般情况下,可以参考以下步骤进行 FPGA 硬件系统的调试。

① 首先在焊接硬件电路时,只焊接电源部分。使用万用表进行测试,排除电源短路等情况后,上电测量电压是否正确。

② 然后焊接 FPGA 及相关的下载电路。再次测量电源地之间是否有短路现象,上电测试电压是否正确,然后将手排除静电后触摸 FPGA 有无发烫现象。

如果此时出现短路,一般是去耦电容短路造成,所以在焊接时一般先不焊去耦电

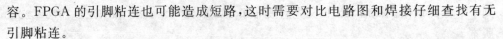

容。FPGA的引脚粘连也可能造成短路,这时需要对比电路图和焊接仔细查找有无引脚粘连。

如果出现电压值错误,一般是电源芯片的外围调压电阻焊错,或者电源的承载力不够造成的。若是后者,则需要选用负载能力更强的电源模块进行替换。如果FPGA的I/O引脚与电源引脚粘连,也可能出现电压值错误的现象。

如果出现FPGA发烫,一般是出现总线冲突的现象,这种情况下需要仔细检查外围总线是否出现竞争问题。特别是多片存储器共用总线时候,比如ASRAM和Flash芯片复用一套总线,若片选信号同时有效就出现总线的冲突。

③ 以上步骤均通过后,电路板上电运行。然后把下载电缆接到JTAG接口上,在主机中运行编程器下载程序,若能正确检测到FPGA,说明配置电路是正确连接的。

④ 焊接时钟电路、复位电路及数码管电路,并向FPGA下载一个数码管跑马灯程序。若程序能够正确运行,说明FPGA已经可以正常工作了。

⑤ 最后焊接所有其他电路,并进行整体功能测试。

15.2.5 MAX II 系列芯片与 Quartus II

本节简要介绍一下Altera公司的MAX II系列芯片和开发工具Quartus II。

MAX II器件系列是一种非易失性、即用性可编程逻辑系列,它采用了一种突破性的新型CPLD架构。这种新型架构的成本是原先MAX器件的一半,功耗是其十分之一,密度是其四倍,性能却是其两倍。这些超级性能是在提供了所有MAX系列CPLD先进特性的架构的基础上,重新采用基于查找表的架构而得到的。这种基于查找表的架构在最小的I/O焊盘约束的空间内提供了最多的逻辑容量。因此,MAX II CPLD是所有CPLD系列产品中成本较低、功耗低和密度较高的器件。

基于成本优化的0.18 μm 6层金属Flash工艺,MAX II器件系列具有CPLD大多数的优点,例如非易失性、即用性、易用性和快速传输延时性。以满足通用性、低密度逻辑应用为目标,MAX II器件成为接口桥接、I/O扩展、器件配置和上电顺序等应用最理想的解决方案。除这些典型的CPLD应用之外,MAX II器件还能满足大量从前在FPGA、ASSP和标准逻辑器件中实现的低密度可编程逻辑需求。MAX II器件提供的密度范围为240～2 210个逻辑单元(LE),最多达272个用户I/O引脚。

Quartus II是Altera公司新一代FPGA/PLD开发软件,适合新器件和大规模FPGA的开发,已经取代之前的设计开发软件Maxplus II。它支持原理图、VHDL、VerilogHDL以及AHDL(Altera Hardware Description Language)等多种设计输入形式,内嵌的综合器、仿真器可以完成从设计输入到硬件配置的完整PLD设计流程。

Quartus II可以在XP、Linux以及Unix上使用,除了可以使用Tcl脚本完成设计流程外,提供了完善的用户图形界面设计方式,具有运行速度快、界面统一、功能集中、易学易用等特点。

Quartus II 支持 Altera 的 IP 核,包含了 LPM/MegaFunction 宏功能模块库,使用户可以充分利用成熟的模块,简化了设计的复杂性,加快了设计速度。对第三方 EDA 工具的良好支持也使用户可以在设计流程的各个阶段使用熟悉的第三方 EDA 工具。

此外,Quartus II 通过和 DSP Builder 工具与 MATLAB/Simulink 相结合,可以方便地实现各种 DSP 应用系统;支持 Altera 的片上可编程系统(SOPC)开发,集系统级设计、嵌入式软件开发、可编程逻辑设计于一体,是一种综合性的开发平台。

Maxplus II 作为 Altera 的上一代 PLD 设计软件,由于其出色的易用性得到了广泛的应用。目前 Altera 已经停止对 Maxplus II 的更新支持,Quartus II 与之相比不仅是支持器件类型的丰富和图形界面的改变,而且在其中包含了许多诸如 Signal-Tap II、Chip Editor 和 RTL Viewer 的设计辅助工具,集成了 SOPC 和 HardCopy 设计流程,并且继承了 Maxplus II 友好的图形界面及简便的使用方法。

Altera Quartus II 作为一种可编程逻辑的设计环境,由于其强大的设计能力和直观易用的接口,越来越受到数字系统设计者的欢迎。

15.2.6　FPGA 常用思想与技巧

FPGA/CPLD 设计常用的思想与技巧:乒乓操作、串/并转换、流水线操作、数据接口同步化,都是 FPGA/CPLD 逻辑设计的内在规律的体现,合理地采用这些设计思想能在 FPGA/CPLD 设计工作中取得事半功倍的效果。

FPGA/CPLD 的设计思想与技巧是一个非常大的话题,由于篇幅所限,本小节仅介绍一些常用的设计思想与技巧,包括乒乓操作、串/并转换、流水线操作和数据接口的同步方法。希望本文能引起工程师们的注意,如果能有意识地利用这些原则指导日后的设计工作,将取得事半功倍的效果。

(1) 乒乓操作

"乒乓操作"是一个常常应用于数据流控制的处理技巧,其处理流程为:输入数据流通过"输入数据选择单元"将数据流等时分配到两个数据缓冲区,数据缓冲模块可以为任何存储模块,比较常用的存储单元为双口 RAM(DPRAM)、单口 RAM(SPRAM)、FIFO 等。

乒乓操作的第 1 个优点是通过"输入数据选择单元"和"输出数据选择单元"按节拍、相互配合地切换,将经过缓冲的数据流没有停顿地送到"数据流运算处理模块"进行运算与处理。乒乓操作的第 2 个优点是可以节约缓冲区空间。巧妙运用乒乓操作还可以达到用低速模块处理高速数据流的效果。

(2) 串/并转换设计技巧

串/并转换是 FPGA 设计的一个重要技巧,它是数据流处理的常用手段,也是面积与速度互换思想的直接体现。

```
prl_temp< = {prl_temp,srl_in};
```

其中,prl_temp 是并行输出缓存寄存器,srl_in 是串行数据输入。

对于排列顺序有规定的串/并转换,可以用 case 语句判断实现。对于复杂的串/并转换,还可以用状态机实现。串/并转换的方法比较简单,在此不必赘述。

(3) 流水线操作设计思想

首先需要声明的是,这里所讲述的流水线是指一种处理流程和顺序操作的设计思想,并非 FPGA、ASIC 设计中优化时序所用的"pipelining"。

流水线处理是高速设计中的一个常用设计手段。如果某个设计的处理流程分为若干步骤,而且整个数据处理是"单流向"的,即没有反馈或者迭代运算,前一个步骤的输出是下一个步骤的输入,则可以考虑采用流水线设计方法来提高系统的工作频率。

流水线设计的关键在于整个设计时序的合理安排,要求每个操作步骤划分合理。

(4) 数据接口的同步方法

数据接口的同步是 FPGA/CPLD 设计的一个常见问题,也是一个重点和难点,很多设计不稳定都是源于数据接口的同步有问题。

下面简单介绍几种不同情况下数据接口的同步方法。

① 输入/输出的延时(芯片间、PCB 布线、一些驱动接口元件的延时等)不可测,或者有可能变动的条件下,如何完成数据同步?

对于数据的延时不可测或变动,需要建立同步机制,可以用一个同步使能或同步指示信号。另外,使数据通过 RAM 或 FIFO 存取,也可以达到数据同步的目的。

把数据存放在 RAM 或 FIFO 的方法如下:将上级芯片提供的数据随路时钟作为写信号,将数据写入 RAM 或 FIFO,然后使用本级的采样时钟(一般是数据处理的主时钟)将数据读出来即可。这种做法的关键是数据写入 RAM 或 FIFO 要可靠。如果使用同步 RAM 或 FIFO,就要求应该有一个与数据相对延时关系固定的随路指示信号,这个信号可以是数据的有效指示,也可以是上级模块将数据打出来的时钟。对于慢速数据,也可以采样异步 RAM 或 FIFO,但是不推荐这种做法。

② 设计数据接口同步是否需要添加约束?

建议最好添加适当的约束,特别是对于高速设计,一定要对周期、建立/保持时间等添加相应的约束。这里附加约束的作用有两点,如下所述。

➤ 提高设计的工作频率,满足接口数据同步要求。通过附加周期、建立/保持时间等约束可以控制逻辑的综合、映射、布局和布线,以减小逻辑和布线延时,从而提高工作频率,满足接口数据同步要求。

➤ 获得正确的时序分析报告。几乎所有的 FPGA 设计平台都包含静态时序分析工具,利用这类工具可以获得映射或布局布线后的时序分析报告,从而对设计的性能做出评估。静态时序分析工具以约束作为判断时序是否满足设计要求的标准,因此要求设计者正确输入约束,以便静态时序分析工具输出正确的时序分析报告。

15.3　FPGA 与 DSP 数据交互

实际应用过程中,DSP 和 FPGA 程序设计往往是由不同的设计人员分工完成,在最后系统联调时,这两者之间的数据传输经常占用大量的调试时间,成为约束工程进度的关键因素。因此,DSP 与 FPGA 之间接口和传输方式的选择与设计,是系统设计中必须要考虑的问题。衡量一个系统的整体性能不仅要看所使用的器件和所完成的功能,还要看各个器件之间的接口形式。本节简要介绍 DSP 与 FPGA 高速并行通信接口 EMIF 方式和 HPI 方式,以供开发者参考。

15.3.1　EMIF 接口方式

EMIF 是 DSP 的外部存储器接口,DSP 通过 EMIF 接外部存储器,如 SDRAM、SRAM、ROM、FIFO Flash 等。利用 EMIF 实现多 DSP 互连,可以达到比较高的速度。目前较常用的有以下 3 种方式。

(1) 利用寄存器的接口方式

利用寄存器(即锁存器件)直接进行数据总线的连接,再利用 DSP 的读/写控制进行数据的读/写。这样的电路接口简单,FPGA 只做 DSP 的外部总线译码,适合 DSP 和 FPGA 的单向通信方式。

(2) 利用双端口 RAM 实现

共享存储器是最简单的互连方案。双端口 RAM 作为全局存储器由 DSP 和 FPGA 共享,而且 FPGA 可以在芯片内部实现共享双端口 RAM。DSP 的 EMIF 的地址线、数据线和控制线分别接到双端口 RAM 对应的地址线、数据线和控制线上,DSP 和 FPGA 通信是通过向共享 RAM 中写入和读取数据两个过程完成的。双端口 RAM 的工作方式几乎可以满足任何类型的多机通信。

(3) 利用 FIFO 实现多 DSP 的互连

FIFO 是一种先进先出的存储器,自身的访问时间一般为几十纳秒,主从 CPU 场合中的从 CPU 或 CPU 外设速度一般要比主 CPU 慢。如果采用 FIFO,那么从 CPU 或外设可以先将数据送往 FIFO;一旦 FIFO 满,FIFO 再向 CPU 申请中断,这样可以省去 CPU 花在等待与查询上的时间,而且中断次数也可以减少,从而提高了传输速度。

TI 公司 TMS320C55x 系列 DSP 构成的多机系统多采用 FIFO 互连结构,通过其外部存储器接口(EMIF)实现 FIFO 与 TMS320C55x 的接口。当把一个 C55x 处理器和外部 FIFO 存储器进行连接时,FIFO 只在一个方向使用。就是说,在用 FIFO 互连的多处理器系统中,要么 C55x 往 FIFO 中只写数据,让 FPGA 从 FIFO 中读数据;要么 C55x 从 FIFO 只读数据,由 FPGA 往 FIFO 写数据。

此方案的优点是能够实现 DSP 与 FPGA 之间数据的高速传输,降低了外部硬件的复杂度。

如图 15.3.1 所示,DSP 利用 CE1 片选将 FPGA 作为一个外部存储器,通过外部存储器接口(EMIF)访问 FPGA。利用 GPIO 接口和 FPGA 进行握手,通过 GPIO5 使能 FPGA 向 DSP 发中断。

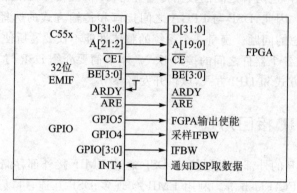

图 15.3.1 DSP 与 FPGA 的 EMIF 方式接口示意图

15.3.2 HPI 接口方式

HPI(HOST‐Port Interface)主机接口,是 TI 高性能 DSP 上配置的与主机进行通信的片内外设。通过 HPI 接口,主机可以非常方便地访问 DSP 的所有地址空间,从而实现对 DSP 的控制。

在 C55x 系列 DSP 中,HPI 接口和 EMIF 接口引脚复用共享一个端口,具体使用由 EBSR(外部总线寄存器)控制。C55x 系列 DSP 内部使用的是增强型主机接口,增强型比标准型更优越之处在于:增强型允许主机访问 DSP 内部的所有片内 RAM,而标准型只能访问 RAM 区中指定的 2 KB。

TMS320C55x 的 HPI 接口是一个 16 位宽的并行端口。主机(HOST)对 CPU 地址空间的访问是通过 EDMA 控制器实现的。

EHPI 的连接方式有两种:复用方式和非复用方式。限于篇幅,本小节只是简要介绍 FPGA 和 DSP 的 HPI 连接方式,具体内容可以参考 TI 的参考文档(SP-RU619,TMS320VC5503/5507/5509 DSP Host Port Interface (HPI) Reference Guide)。

EHPI 如果使用复用连接方式,则地址和数据都将通过数据总线传递,如图 15.3.2所示。

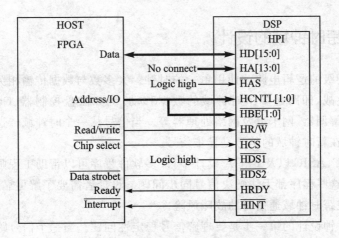

图 15.3.2　DSP 与 FPGA 的 HPI 复用模式连接

在非复用模式下,EHPI 接口地址和数据分别使用单独的总线,如图 15.3.3 所示。在非复用连接方式下,数据和地址分别使用不同的总线,地址信号不必再通过 EHPI 数据总线传递,访问更加方便、快捷。

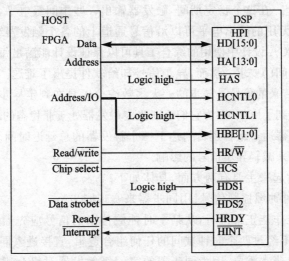

图 15.3.3　DSP 与 FPGA 的 HPI 非复用模式连接

HPI 是由外部主机(这里指 FPGA)发起的数据传输,而且 FPGA 只能读取 DSP 内部 RAM 里的数据。EMIF 是外部存储器接口,这种数据传输主要是由 DSP 发起,此时 FPGA 只能充当从设备接收数据。此种传输模式的优点是传输速度快,且用 FPGA 模拟 DSP 的外部存储设备,省去 EMIF 方式的并行地址线连接,实现简单。除此以外在设计系统的时候,还需要深入考虑系统的数据吞吐量、数据发起方、数据存储位置等方面。

15.3.3　跨时钟域的设计

只有最初级的逻辑电路才使用单一的时钟。大多数与数据传输相关的应用都有与生俱来的挑战，即跨越多个时钟域的数据移动，例如磁盘控制器、CDROM/DVD 控制器、调制解调器、网卡以及网络处理器等。当信号从一个时钟域传送到另一个时钟域时，出现在新时钟域的信号是异步信号。

在现代 IC、ASIC 以及 FPGA 设计中，许多软件程序可以帮助工程师建立几百万门的电路，但这些程序都无法解决信号同步问题。设计者需要了解可靠的设计技巧，以减少电路在跨时钟域通信时的故障风险。

从事多时钟设计的第一步是要理解信号稳定性问题。当一个信号跨越某个时钟域时，对新时钟域的电路来说它就是一个异步信号。接收该信号的电路需要对其进行同步，同步可以防止第一级存储单元(触发器)的亚稳态在新的时钟域里传播蔓延。

亚稳态是指触发器无法在某个规定时间段内达到一个可确认的状态。当一个触发器进入亚稳态时，既无法预测该单元的输出电平，也无法预测何时输出才能稳定在某个正确的电平上。在这个稳定期间，触发器输出一些中间级电平，或者可能处于振荡状态，并且这种无用的输出电平可以沿信号通道上的各个触发器级联传播下去。

现代 IC 与 FPGA 设计中使用的综合工具可以保证设计能满足每个数字电路触发器对建立与保持时间的要求。然而，异步信号却给软件提出了难题。对新的时钟域来说，从其他时钟域传来的信号是异步的。大多数综合工具在判定异步信号是否满足触发器时序要求时遇到了麻烦，因为它们不能确定触发器处于非稳态的时间，所以也就不能确定从一个触发器通过组合逻辑到达下一个触发器的总延迟时间。所以，最好的办法是使用一些电路来减轻异步信号的影响。

同步措施归纳起来主要有两方面，具体如下。

① 对于跨越时钟域控制信号，用同步器来实现同步。

为了使同步工作能正常进行，从某个时钟域传来的信号应先通过原时钟域上的一个触发器，然后不经过两个时钟域间的任何组合逻辑，直接进入同步器的第一个触发器中。这个要求非常重要，因为同步器的第一级触发器对组合逻辑所产生的毛刺非常敏感。如果一个足够长的信号毛刺正好满足建立/保持时间的要求，则同步器的第一级触发器会将其放行，给新时钟域的后续逻辑送出一个虚假的信号。

一个经同步后的信号在两个时钟沿后就成为新时钟域中的有效信号。信号的延时是新时钟域中 1~2 个时钟周期。一种粗略的估算方法是同步器电路在新时钟域中造成两个时钟周期的延时，设计者需要考虑同步延时将对跨时钟域的信号时序造成的影响。

② 对于跨越时钟域的数据总线，要通过 FIFO 或 RAM 达到同步的目的。

数据在时钟域之间的传递是多个随机变化的控制信号在时钟域之间传递的一种

实例。这种情况下,用同步器来处理同步问题往往不能收到满意的效果,因为多位数据的变化将会使同步器的采样错误率大大增加。

　　常用的数据同步方法有两种:一种是用握手信号;另一种是用 FIFO,一个时钟存数据,另一个时钟取数据。

15.3.4　DSP 与 FPGA 的数据交互

　　FPGA 要传输给 DSP 的数据比较多、数据量大,经过工程实践表明,采用通过 EDMA 通道同步读取 FIFO 的方式实现通信是非常有效的方法。但是接口处的 FIFO 比较多,而且读取速度比较高,这势必导致 FPGA 内部对接口处资源的竞争,甚至会导致时序的不满足。在实际工程调试中表现在 DSP 接收到的数据乱序、周期循环甚至乱码。

　　要解决好 FPGA 和 DSP 的数据交互问题,要注意以下两个方面。

　　(1) 三态门的设计

　　在设计过程中,DSP 和 FPGA 的互连采用了总线连接的方式,数据交互是通过一个 32 位的双向数据总线来完成的,而要实现双向总线,就需要使用 FPGA 构造三态总线,使用三态缓冲器实现高、低电平和高阻 3 个状态。

　　在设计过程中,FPGA 给 DSP 发中断信号,DSP 在中断信号到来时,根据系统要求将不同的控制字写入数据总线,然后通过数据总线从 FPGA 中不同的 FIFO 读取数据,这一切都通过 DSP 在地址线上给出不同的地址来完成。为了合理分配总线的使用,设计中使用这样的策略:利用片选信号 DSP_CE3,地址 DSP_DDR[9~0]作为三态缓冲器的控制信号,由于 DSP 对 FPGA 的读/写地址都不同,当片选信号 DSP_CE3 有效时,FPGA 根据地址来确定读写方式以及读/写哪些信息,否则置为高阻态,这样就避免了可能产生的总线阻塞现象,使 DSP 和 FPGA 之间的数据交互能够顺利进行。

　　(2) 加有效的时序约束

　　由于接口 FIFO 比较多,为了合理分配 FPGA 内部接口处的资源,满足系统的时序要求,需要加必要的时序约束。

　　偏置约束可以优化以下延时路径:从输入引脚到同步元件偏置输入;从同步元件到输出引脚偏置输出。为了确保芯片数据采样和下级芯片之间正确交换数据,需要约束外部时钟和数据输入/输出引脚间的时序关系。偏置约束的内容告诉综合器:布线器输入数据到达的时刻或者输出数据稳定的时刻,从而保证与下一级电路的时序关系。更多关于约束的内容见官方公布的设计参考文档。

15.4 DSP 系统的扩展设计

本节主要介绍一种 DSP 与 MAX II 系列芯片的连接方式、扩展接口和关键实现程序,做一些简单性的扩展功能,以达到抛砖引玉的效果,提高入门开发者的设计实战经验。DSP 扩展功能框图如图 15.4.1 所示。

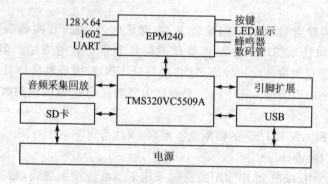

图 15.4.1 DSP 扩展功能框图

本节介绍基于 DSP 扩展的设计开发例程,并给出详细注释,以期加快初学者的学习进度。主要包括以下实验:

> 数码管与 LED 显示实验;
> 按键实验;
> 串口扩展实验;
> LCD 液晶模块显示实验。

在本书配套资料中包含这些例程的详细代码,有一点请注意,Altera 的软件版本不断升级,所以设计开发软件要根据自己的实际情况来选择,不一定最高版本就是最好的,但是低版本软件不能打开高版本的例程。

15.4.1 EPM240T100C5 电路设计

DSP 与外部的连接选用 MAX II 系列的芯片 EPM240T100C5,该芯片有 240 个逻辑单元,等效宏单元是 192 个,资源比较丰富,内有 8Kbit Flash 的存储空间;12 MHz 的晶振,为 CPLD 提供主时钟。其电路配置和 DSP 的连接如图 15.4.2所示。

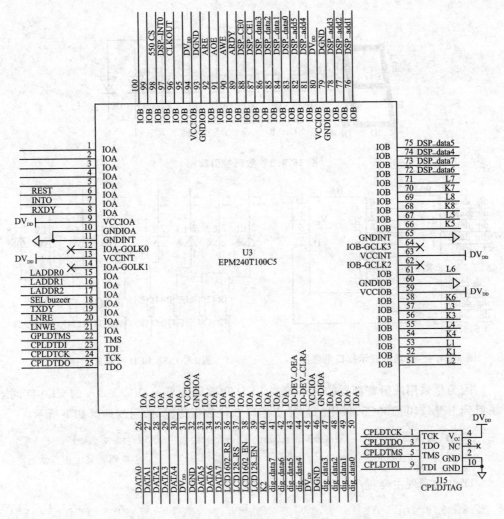

图 15.4.2　DSP 与 EPM240T100C5 的总线扩展连接

15.4.2　数码管与 LED 显示实验

7 段数码管的原理很简单,它由 8 个发光二极管组成。这 8 个发光二极管有一个公共端必须接 GND(共阴极数码管)或者 V_{cc}(共阳极数码管),对这 8 个发光二极管的另一端进行控制,相应地就控制这些发光二极管的亮灭,不同的亮灭就产生 0～F 的数字组合。希望显示什么样的数字字母,只需要给相应的控制端口输出译码信号即可。数码管引脚如图 15.4.3 所示,数码管显示接口电路如图 15.4.4 所示,LED 控制显示接口如图 15.4.5 所示。

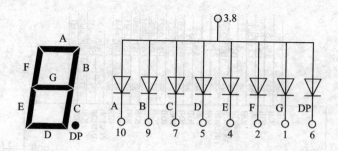

图 15.4.3　数码管引脚图

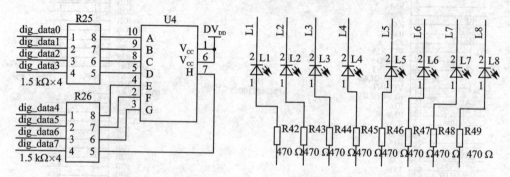

图 15.4.4　数码管显示接口电路图　　　　图 15.4.5　LED 控制显示接口

　　因为是采用映射寄存器的方式控制 LED 和数码管显示,VC5509A 的 CE0 空间映射到 EPM240T100C5,采用的是异步接口 8 位数据传输,映射的地址如下所示:

```
#define led8          (*((unsigned int *)0x200001))      //LED 接口地址
#define DIG_DATA      (*((unsigned int *)0x200002))      //数码管显示接口地址
```

DSP 的实现主要程序如下所示:

```
main()
{
int temp;
    /* 初始化 CSL 库 */
    CSL_init();
        /* EMIF 为全 EMIF 接口 */
    CHIP_RSET(XBSR,0x0a01);
        /* 设置系统的运行速度为 144 MHz */
    PLL_config(&myConfig);
        /* 初始化 DSP 的 EMIF */
    EMIF_config(&emiffig);
while(1)
    {
    /* 显示 0～9 的数字,也可以采用查找表的形式精简程序 */
```

```
        DIG_DATA = 0x06;
        Delay(800);
        DIG_DATA = 0x5b;
        Delay(800);
        DIG_DATA = 0x4f;
        Delay(800);
        DIG_DATA = 0x66;
        Delay(800);
        DIG_DATA = 0x6d;
        Delay(800);
        DIG_DATA = 0x7d;
        Delay(800);
        DIG_DATA = 0x07;
        Delay(800);
        DIG_DATA = 0x7f;
        Delay(800);
        DIG_DATA = 0x6f;
        Delay(800);
        DIG_DATA = 0x3f;
        Delay(800);
        led8 = 0x55;        //控制 LED 的亮与灭
        Delay(1000);
        led8 = 0xaa;
        Delay(1000);
    }
```

因为 EPM240T100C5 的程序在这几个实验中具有共同点,在 15.4.6 小节会介绍 EMP240T100C5 的程序开发。

15.4.3　按键实验

键盘分为编码式键盘和非编码式键盘。键盘上闭合键的识别由专门的硬件编码实现,产生键编码号或键值的键盘称为编码键盘,如常用的计算机的键盘;而靠软件编程来识别的键盘称为非编码式键盘。

在按键按下或者释放的时候都会出现一个不稳定的抖动时间,如果不处理好这个抖动时间,就无法处理好按键编码以及后续的控制。

按键检测需要消抖,一般有硬件和软件两种方式。硬件就是加去抖动电路,这样从根本上解决按键抖动问题。除了用专用电路以外,用可编程 FPGA/CPLD 设计相应的逻辑和时序电路对按键信号进行处理,同样可以达到去抖动的目的。在此主要介绍使用 DSP 延时的方法来实现按键的消抖与显示。按键的电路设计如图 15.4.6 所示。

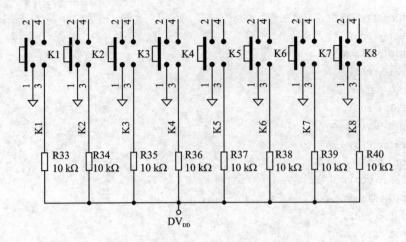

图 15.4.6 按键电路

在实际的电路中,按键对应的地址为:

```
#define USE_SW          ( * ((unsigned int * )0x200005))
```

DSP 实现的详细程序如下所示:

```
main()
{   int temp,k,i;                          //初始化 CSL 库
    CSL_init();                            //EMIF 为全 EMIF 接口
    CHIP_RSET(XBSR,0x0a01);                //设置系统的运行速度为 144 MHz
    PLL_config(&myConfig)                  //初始化 DSP 的 EMIF
    EMIF_config(&emiffig);
    while(1)
    {
    temp = USE_SW;                         //读取按键值
    if(temp!= 0xff)                        //不全为 1 表示有按键按下
      {
      Delay(20);                           //延时再次判断
    temp = USE_SW;
     if(temp!= 0xff)
        {
        k = 0xff - temp;                   //读取键值并等待键松开
        while(temp!= 0xff)
          {
          temp = USE_SW;
          }
                i = 0;
                while(k!= 0)
                  {
```

```
                    k = k>>1;

                    i++;
                    }                              //转换为键码,并显示
            DIG_DATA = Code[i-1];                 //数码管显示键值
                }
            }
        }
    }
```

15.4.4　串口扩展实验

串行通信是 DSP 系统常用的通信方式之一,C55x 系列的 DSP 部分不具有串口通信功能,并且 DSP 在数据通信方面的处理能力相对较弱。例如 VC5509A 提供了 3 个高速多通道缓存串口(McBSP),可以实现与其他 DSP 和编/解码器等器件相连,但是多通道缓存串口同时肩负着数据接收和发送传输作用,经常用于语音图像信号采集的专用通道被占用;使用时还要对 McBSP 的采样率、时钟、数据接口等做出详细的设置以达到通信的要求,大大增加系统设计的复杂性,降低了系统的工作效率。所以,一般串口通信需要通过外部扩展芯片实现。本小节结合实例介绍一种通过数据地址总线扩展 RS232 串口电路的方法。

RS232 串行口进行通信采用 3 线式接法,即 RX(数据接收)、TX(数据发送)、GND(地)3 个引脚,通信双方按帧格式发送、接收数据。一帧通常包括 1 位起始位("0"电平)、5～8 位数据位、1 位(或无)校验位、1 位或 1 位半停止位("1"电平),起始位表示数据传送开始,数据位为低位在前、高位在后,停止位表示一帧数据结束。

利用并行口扩展串行口的接口芯片种类较多,其中 16C550 系列通信控制器普遍应用于计算机控制系统和通信设备,以实现 CPU 与串行口和 MODEM 的通信。16C550 配备 1 个串行口,16C552 配备 2 个串行口,而 16C554 配备 4 个串行口。16C550 系列器件的实质是实现串行口与 CPU 并行口的转换,其自身有较强的数字逻辑功能。16C550 系列器件的串行口工作方式均可编程,有的还带有开关量输入/输出接口,可以作为 CPU 的开关量扩展接口用。

SC16C550 是用于串行数据通信的通用异步收发器(UART)。它的基本功能是将并行数据转换成串行数据,反之亦然。UART 可处理速率高达 3 Mbps 的串行数据。

SC16C550 的引脚与 ST16C550、TL16C550 和 PC16C550 兼容。编程控制寄存器可使能 SC16C550 更多的特性。增加的特性包括:16 字节接收和发送 FIFO,自动硬件或软件流控制和红外编码或解码。在 FIFO 模式下,通过使用 RTS 输出和 CTS 输入信号自动控制串行数据流,可选的自动流控制特性大大降低了软件规模,提高了

系统效率。SC16C550 也通过 FIFO 触发点和 TXRDY、RXRDY 信号来实现 DMA 模式数据传输。片内的状态寄存器为用户提供错误指示、器件的工作状态和调制/解调器接口控制。可通过调整系统中断来满足用户的要求,内部的环回模式实现了片内的故障诊断。

SC16C550 可工作在 5 V、3.3 V 和 2.5 V 的电压下和工业级温度范围内,有塑料 DIP40、PLCC44 和 LQFP48 这 3 种封装形式。

如图 15.4.7 所示,DSP 的并行总线通过 EPM240T100C5 的译码连接,通过并/串转换芯片 SC16C550,再通过电平转换芯片 SP3232,完成 RS232 电平的发送与接收。

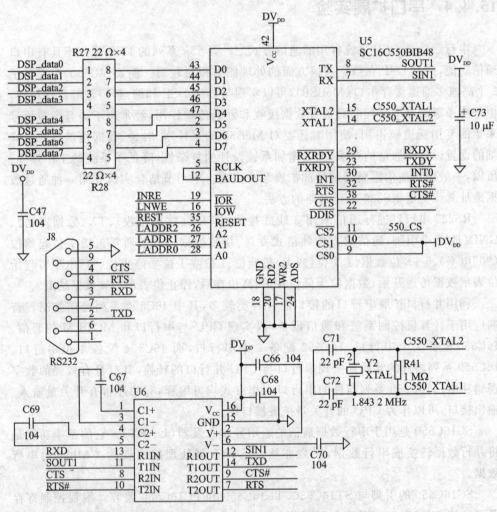

图 15.4.7 并行总线扩展串口通信电路图

在 DSP 端口,定义的 16C550 的寄存器地址以及关键实现代码如下:

```
# define UART_BASE_ADDR          0x200008
# define RBR                    * ((int * )(UART_BASE_ADDR + 0))
# define THR                    * ((int * )(UART_BASE_ADDR + 0))
# define IER                    * ((int * )(UART_BASE_ADDR + 1))
# define IIR                    * ((int * )(UART_BASE_ADDR + 2))
# define FCR                    * ((int * )(UART_BASE_ADDR + 2))
# define LCR                    * ((int * )(UART_BASE_ADDR + 3))
# define MCR                    * ((int * )(UART_BASE_ADDR + 4))
# define LSR                    * ((int * )(UART_BASE_ADDR + 5))
# define MSR                    * ((int * )(UART_BASE_ADDR + 6))
# define SCR                    * ((int * )(UART_BASE_ADDR + 7))
# define DLL                    * ((int * )(UART_BASE_ADDR + 0))
# define DLM                    * ((int * )(UART_BASE_ADDR + 1))
# define DLL_DATA 0x48//定义 UART 分频系数,在 11.059 26 MHz 时,波特率为 9 600 bps
# define DLM_DATA 0x00
main()
{
    unsigned int temp,data,i,k;
    CSL_init();                          //初始化 CSL 库
    CHIP_RSET(XBSR,0x0a01);              //EMIF 为全 EMIF 接口
    PLL_config(&myConfig);              //设置系统的运行速度为 144 MHz
    EMIF_config(&emiffig);             //初始化 DSP 的 EMIF
    INTconfig();
        LCR = 0x80;                      //设置波特率
    temp = LCR;
    DLL = DLL_DATA;
    DLM = DLM_DATA;
    temp = DLL_DATA;
    LCR = 0x00;
    LCR = 0x03;                          //8 位数据,1 个停止位
    FCR = 0x00;
    MCR = 0x08;
    IER = 0x00;
        while(1)
        {
        for(k = 0;k<16;k ++ )
           {
                THR = str1[k];
                delay(200);              //发送 16 个字节数据
           }
        for(k = 0;k<16;k ++ )
```

```
                {
                    THR = str2[k];              //发送 16 个字节数据
                    delay(200);
                }
            delay(5000);
    }
```

通过串口调试助手,可以在 PC 接收到发送的数据,验证硬件电路的正确性。

15.4.5 LCD 液晶模块显示实验

在 DSP 系统设计中需要人机界面显示,本小节主要介绍扩展的 1602 字符液晶和 128×64 字符液晶显示的功能实现。1602 字符液晶属于工业字符型液晶,能够同时显示 16×2 即 32 个字符。

1602 字符型 LCD 通常有 14 条或 16 条引脚线,多出来的 2 条线是背光电源线 V_{cc}(15 脚)和地线 GND(16 脚),其控制原理与 14 脚的 LCD 完全一样。1602 字符型 LCD 引脚说明如图 15.4.8 所示,具体的引脚信息如表 15.4.1 所列,寄存器选择控制表如表 15.4.2 所列。

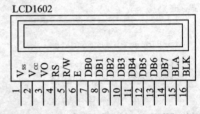

图 15.4.8 1602 字符型 LCD 引脚说明

表 15.4.1 1602 字符液晶引脚功能说明

引 脚	符 号	功能说明
1	V_{SS}	一般接地
2	V_{DD}	接电源(+5 V)
3	VO	液晶显示器对比度调整端,接正电源时对比度最弱,接地电源时对比度最高(对比度过高时会产生"鬼影",使用时可以通过一个 10 kΩ 的电位器调整对比度)
4	RS	RS 为寄存器选择,高电平 1 时选择数据寄存器,低电平 0 时选择指令寄存器
5	R/W	R/W 为读/写信号线,高电平 1 时进行读操作,低电平 0 时进行写操作
6	E	E(或 EN)端为使能(enable)端,下降沿使能
7	DB0	低 4 位三态、双向数据总线 0 位(最低位)
8	DB1	低 4 位三态、双向数据总线 1 位
9	DB2	低 4 位三态、双向数据总线 2 位
10	DB3	低 4 位三态、双向数据总线 3 位
11	DB4	高 4 位三态、双向数据总线 4 位
12	DB5	高 4 位三态、双向数据总线 5 位

续表 15.4.1

引　脚	符　号	功能说明
13	DB6	高 4 位三态、双向数据总线 6 位
14	DB7	高 4 位三态、双向数据总线 7 位(最高位)(也是 busy flag)
15	BLA	背光电源正极
16	BLK	背光电源负极

表 15.4.2　寄存器选择控制表

RS	R/W	操作说明
0	0	写入指令寄存器(清除屏等)
0	1	读 busy flag(DB7),以及读取位址计数器(DB0～DB6)值
1	0	写入数据寄存器(显示各字形等)
1	1	从数据寄存器读取数据

1602 字符液晶模块内部的字符发生存储器(CGROM)已经存储 160 个不同的点阵字符图形,这些字符有:阿拉伯数字、英文字母的大小写、常用符号和日文假名等,每一个字符都有一个固定的代码,比如大写的英文字母"A"的代码是 01000001B(41H),显示时模块把地址 41H 中的点阵字符图形显示出来,我们就能看到字母"A"。

因为 1602 识别的是 ASCII 码,实验可以用 ASCII 码直接赋值;在软件编程中还可以用字符型常量或变量赋值,如'A'。

12864 液晶模块是通用型 128×64 点阵图形液晶显示模块,带中文字库,具有 4位/8 位并行、2 线或 3 线串行多种接口方式,内部含有国标一级、二级简体中文字库的点阵图形液晶显示模块;其显示分辨率为 128×64,内置 8 192 个 16×16 点汉字和 128 个 16×8 点 ASCII 字符集。利用该模块灵活的接口方式和简单、方便的操作指令,可构成全中文人机交互图形界面;可以显示 8×4 行、16×16 点阵的汉字,也可完成图形显示。由该模块构成的液晶显示方案与同类型的图形点阵液晶显示模块相比,不论硬件电路结构或显示程序都要简洁得多。

12864 液晶模块基本特性如下。

➢ 电源电压(V_{DD}:＋4.5～＋5.5 V)。

➢ 显示分辨率:128×64 点。

➢ 内置汉字字库,提供 8 192 个 16×16 点阵汉字(简繁体可选)。

➢ 内置 128 个 16×8 点阵字符。

➢ 2 MHz 时钟频率。

➢ 显示方式:STN、半透、正显。

> 驱动方式:1/32DUTY,1/5BIAS。
> 视角方向:6 点。
> 背光方式:黄绿 LED 背光。
> 通信方式:串行、并口可选。
> 内置 DC - DC 转换电路,无需外加负压。
> 无需片选信号,简化软件设计。
> 工作温度:0~+55 ℃。存储温度:—20~+60 ℃。

12864 液晶模块与 1602 字符液晶的电路设计如图 15.4.9 所示。

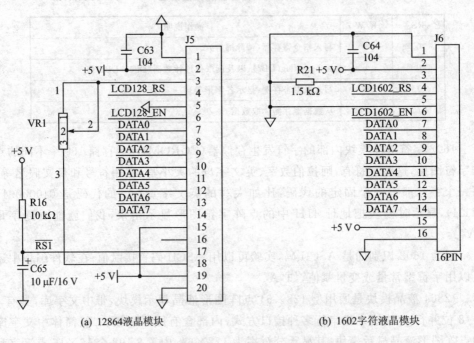

(a) 12864液晶模块　　　　　　　　　　　　(b) 1602字符液晶模块

图 15.4.9　12864 液晶模块与 1602 字符液晶的电路设计

在设计电路时,1602 字符液晶的数据总线和 12864 液晶模块的数据总线复用,故两个模块片选和使能具有不同的控制方式。LCD 命令寄存器地址为 0x200003,LCD 数据寄存器地址为 0x200006,具体如图 15.4.10 和图 15.4.11 所示。

bit15~bit 4	bit 3	bit 2	bit 1	bit 0
保留	LCD12864_EN	LCD12864_RS	LCD1602_EN	LCD1602_RS

图 15.4.10　LCD 命令寄存器说明

bit7~bit0

7	6	5	4	3	2	1	0
R	R	R	R	R	R	R	R

图 15.4.11　LCD 数据寄存器说明

控制 1602 字符液晶模块的代码以及详细注释如下：

```
# define LCD_REG( * ((unsigned int * )0x200003))
# define LCD_DATA( * ((unsigned int * )0x200006))
//LCD1602 写数据或者命令子程序
void  wr_lcd(unsigned char dat_comm, unsigned int content)
{
  //EN 高变低电平,液晶开始操作
  //RS 高电平为数据寄存器,低电平为指令寄存器
    Delay(40);
    if(dat_comm)
    {
        LCD_REG = 0x01;
        LCD_DATA = content;                //数据端口
        LCD_REG = 0x03;                    //en = 0
        delaynum(80);
        LCD_REG = 0x00;                    //en = 0
    }
    else
    {
        LCD_REG = 0x00;
        LCD_DATA = content;
        LCD_REG = 0x02;                    //rs = = 1   en = = 0   写指令端口
        delaynum(80);
        LCD_REG = 0x00;                    //en = 0
    }
    Delay(100);
}
//主函数,完成 LCD1602 字符液晶模块的显示
main()
{
    int temp,k;
    CSL_init();                           //初始化 CSL 库
    CHIP_RSET(XBSR,0x0a01);               //EMIF 为全 EMIF 接口
    PLL_config(&myConfig);                //设置系统的运行速度为 144 MHz
    EMIF_config(&emiffig);                //初始化 DSP 的 EMIF
      wr_lcd(comm,0x01);                  //清屏指令
      wr_lcd(comm,0x38);                  //设定 LCD 为 16×2、5×7 矩阵、8 位数据接口
      wr_lcd(comm,0x0f);                  //显示 ON,光标 ON,闪烁 ON
      wr_lcd(comm,0x06);                  //文字不动,光标
    while(1)
    {
```

```
        wr_lcd(comm,0x80);                    //第 1 行字符地址
        for(k = 0;k<16;k ++ )
        {   wr_lcd(dat,str1[k]);
            delay(200);
         }
        wr_lcd(comm,0xc0);                    //第 2 行数据指针的地址
        for(k = 0;k<16;k ++ )
          {
               wr_lcd(dat,str2[k]);
               delay(200);
          }
        delay(10000);
    }
}
```

对于 12864 液晶显示模块,基本程序实现也是先进行初始化,然后再编写输出命令或数据子程序,然后完成数据的显示功能,其主要代码实现如下:

```
/**********************************
* LCD12864 写命令或者指令程序函数 *
* 入口:命令或者数据,写入内容      *
**********************************/
void  wr_lcd(unsigned char dat_comm, unsigned char content)
{
    Delay(40);
    if(dat_comm)
    {
    LCD_REG = 0x04;                     //rs == 1   en == 0   写数据端口
    LCD_DATA = content;
    LCD_REG = 0x0c;                     //rs == 1   en = 1;
    delaynum(100);
    //LCD_REG = 0x04;                    //en = 0
    LCD_REG = 0x00;                     //en = 0
    }
    else
    {
    LCD_REG = 0x00;                     //rs == 0   en == 0   写地址端口
    LCD_DATA = content;
    LCD_REG = 0x08;                     //en = 1;
    delaynum(100);
    LCD_REG = 0x00;                     //en = 0
    }
```

```
}
/ ************************************
 * LCD12864 显示字符串函数 *
 ***********************************/
//入口:待显示的字符串
void lcd(char * string)
{
    while( * string)
        {
            wr_lcd(dat, * string);
            string + + ;
        }
}
main()
{
    int temp,k;
    unsigned char * tab = stra1;
    CSL_init();                          //初始化 CSL 库
    CHIP_RSET(XBSR,0x0a01);              //EMIF 为全 EMIF 接口
    PLL_config(&myConfig);              //设置系统的运行速度为 144 MHz
    EMIF_config(&emiffig);              //初始化 DSP 的 EMIF
while(1)
  {
    wr_lcd(comm,0x30);                  //
    wr_lcd(comm,0x01);                  ////清屏
    wr_lcd(comm,0x06);                  ////整体显示开,游标开
    wr_lcd(comm,0x0c);
    wr_lcd(comm,0x80);                  ////第 1 行第 1 个字节地址
    lcd("红尘教你学 DSP");
    wr_lcd(comm,0x90);                  ////第 2 行第 1 个字节地址
    lcd("ahong007@yeah.");
    wr_lcd(comm,0x88);                  ////第 3 行第 1 个字节地址
    lcd(" net          ");
    wr_lcd (comm,0x98);                 ////第 4 行第 1 个字节地址
    lcd("FYD12864 液晶显示");
    Delay(5000);
  }
}
```

15.4.6　EPM240T100C5 的程序实现

　　本小节主要介绍在前几个小节中介绍的数码管与 LED 显示实验、按键实验、串口扩展实验以及 LCD 液晶模块显示实验等有关的 EPM240T100C5 的代码实现,并给出详细的程序注释。

```vhdl
library ieee; -- 使用 ieee 库
use ieee.std_logic_1164.all;
use ieee.std_logic_arith.all;

entity boot5509 is        -- 实体声明
port(DSP_CE:        in     std_logic;                        -- DSP 的片选
     DSP_ADD :      in     std_logic_vector(2 downto 0);     -- DSP 的地址
     DSP_WR,DSP_RD:in      std_logic;                        -- DSP 的读/写信号
     DSP_DATA:      inout std_logic_vector(7 downto 0);      -- DSP 的数据总线
     Led_8:         out    std_logic_vector(7 downto 0);     -- LED 显示输出
     Key8:          in     std_logic_vector(7 downto 0);     -- 按键输入
     Dig_led :      inout std_logic_vector(7 downto 0);      -- 数码管输出
     Lcd_reg :      out    std_logic_vector(7 downto 0);     -- LCD 显示模块的数据输出
     UART_reg:      out    std_logic_vector(7 downto 0));    -- UART 串口数据输出
end entity boot5509;

architecture fun of boot5509 is
    signal   latch_addr: std_logic_vector(2 downto 0);       -- 地址所存信号
    signal   latch_data1,latch_data2,latch_data3,latch_data4: std_logic_vector(7
downto 0);
    signal   wr_led8,wr_digled,wr_lcdreg,wr_uartreg : std_logic;
begin
pr0: process(DSP_CE)
begin
    if falling_edge(DSP_CE) then       -- DSP 的片选有效时锁存 DSP 的地址信号
       latch_addr< = DSP_ADD;
    end if;
end process;
    wr_led8< = '0'    when(latch_addr = "010") else '1';     -- 锁存 LED 数据
    wr_digled< = '0'  when(latch_addr = "011") else '1';     -- 锁存数码管数据
    wr_lcdreg< = '0'  when(latch_addr = "100") else '1';     -- 锁存 LCD 显示数据
    wr_uartreg< = '0' when(latch_addr = "101") else '1';     -- 锁存 UART 的数据信号
-- LED 显示模块
led8: process(wr_led8)
      begin
```

```
                if falling_edge(wr_led8) then      -- 地址有效的时候输出 LED 显示
                    if DSP_WR = '0' then
                        Led_8 < = DSP_DATA;
                    end if;
                end if;
            end process;

-- 数码管显示模块
digdata: process(wr_digled)
            begin
                if falling_edge(wr_digled) then      -- 地址有效的时候输出数码管显示
                    if    DSP_WR = '0' then
                        Dig_led < = DSP_DATA;
                    elsif DSP_RD = '0' then
                        DSP_DATA < = Dig_led;
                    end if;
                end if;
            end process;

-- LCD 数据模块
lcdreg: process(wr_lcdreg)
            begin
                if falling_edge(wr_lcdreg) then      -- 地址有效的时候输出 LCD 显示
                    if DSP_WR = '0' then
                        Lcd_reg < = DSP_DATA;
                    end if;
                end if;
            end process;

-- UART 模块或命令
uartreg: process(wr_uartreg)
            begin
                if falling_edge(wr_lcdreg) then      -- 地址有效的时候输出 UART 数据
                    if DSP_WR = '0' then
                        UART_reg < = DSP_DATA;
                    end if;
                end if;
            end process;
end fun;
```

第 **16** 章

OMAP 双核处理器

16.1 OMAP 处理器概述

开放式多媒体应用平台(Open Multimedia Application Platform,OMAP),是 TI 公司推出的第三代移动通信的开发平台,它采用一种独特的双核结构,把高性能、低功耗的 DSP 与控制性能强的 ARM 微处理器结合起来,从而以高性能、低功耗实现多媒体应用。OMAP 的高性能和低功耗使其逐渐成为一种事实上的工业标准。

本章将介绍 OMAP 双核处理器的软硬件结构及其发展过程的 5 代处理器,并具体介绍 OMAP4470、OMAP5430、OMAP-DM5x 协处理器及 OMAP-vox 家族芯片的特点及性能。

(1) OMAP 的开放性

开放性是 OMAP 的最大特点,OMAP 的开放性主要表现在以下几个方面。

① 对于用户来说,基于 OMAP 平台的应用是开放的。用户可以针对产品的操作系统下载对应的应用程序,也可下载基于 DSP 的多媒体应用程序。也就是说,OMAP 平台透过先进的操作系统平台不仅开放了 ARM,而且开放了 DSP。通过 DSP/BIOS,DSP 的资源就如同 ARM 的外设一样通过操作系统的 API 被调用。DSP/BIOS 技术使得在 OMAP 平台上实现了双核的无缝连接。

② 对于独立的软件制造商(ISV)来说,为 OMAP 平台开发商业应用软件的标准是开放的。算法的兼容性及可评估性是关键。只有算法的性能、占用资源及接口方式是标准的,算法才能离架。TI 公司出台了 XDAIS (eXpressDSP 算法标准)算法,解决了 DSP 算法的标准化问题,所有 XDAIS 兼容算法都必须得到 TI 公司的兼容性测试,而且 DSP/BIOS 提供 XDAIS 兼容算法接口。ISV 开发的 XDAIS 兼容算法可直接用于 OMAP 平台。

③ 对于原始设备制造厂商(OEM)来说,可以开放先进的操作系统。OMAP 平

台可以支持多种操作系统,如 Microsoft 的 Windows CE、Symbian 的 EPOS、ATI 的 NUCLEUS、WindRiver 的 VXWORKS 及 Linux 等。OEM 厂商可以按照自己的需求和 LICENCE 情况去定制。同时,OEM 厂商还可根据自己的特点和产品的功能去开放地选购算法和软件。

(2) OMAP 的硬件平台

OMAP 硬件平台主要由 DSP 核、ARM 核及业务控制器(Traffic Controller)组成。这 3 个部分可以独立地进行时钟管理,有效地控制功耗。OMAP 平台中,ARM 处理器主要用来实现对整个系统的控制,包括运行操作系统、界面控制、网络控制和 DSP 数据处理的控制等;DSP 子系统则主要用来实现各种媒体数据的高效处理,包括文字、音频、视频等。OMAP 的软件结构支持高级操作系统,通过标准应用编程接口(API)支持各种应用开发。

(3) OMAP 的软件平台

OMAP 的软件结构建立在两个操作系统上,一是基于 ARM 的操作系统,如 Windows CE、Linux 等;二是基于 DSP 的 DSP/BIOS。连接两个操作系统所使用的核心技术是 DSP/BIOS,它是实现和使用 OMAP 的关键。对于软件开发者来说,DSP/BIOS 提供了一种使用 DSP 的无缝接口,允许开发者在 GPP(通用处理器,包括 ARM)上使用标准应用编程接口访问并控制 DSP 的运行环境。这样,开发者就可以按照与单 RISC 处理器上相同的方式在 OMAP 平台上进行开发,而不需要为两种处理器分别编程,这使编程工作大为简化。在 OMAP 体系结构下,开发者可以像对待单个 GPP 那样对 OMAP 的双处理器平台进行编程。开发多媒体应用程序时,可以通过标准的多媒体应用编程接口(1VIIVI API)使用多媒体引擎;多媒体引擎对相关 DSP 任务通过 DSP 应用编程接口(DSP API)使用 DSP/BIOS;最后由 DSP/BIOS 对数据、I/O 流和 DSP 任务控制进行协调。高层应用开发人员并不需要太多了解 DSP 或 DSP/BIOS 的 API。

总体说来,OMAP 主要具有以下几个特点。

① 功耗低。OMAP 在一个芯片内集成了 ARM 核和 DSP 核,减少了额外的功耗,且各部分可以独立地进行时钟管理,有效地控制功耗。

② 可编程性好。OMAP 的实现主要是依赖于两个可编程的微处理器核,通过改写程序就可以完全改变其功能。

③ 开放性好。OMAP 本身是一种具有标准接口的开放式体系结构,这个体系结构可以使用第三方开发的新程序和新功能。其标准化的接口允许软件很容易从一个平台移植到另一个平台,支持代码的重复使用。

16.2　OMAP 处理器结构

TI 公司于 1999 年 5 月推出 OMAP 架构。OMAP310 和 OMAP710 处理器是两

种单核产品,仅集成了 TI-enhanced ARM925。对于不同要求 DSP 性能的低处理密度的无线设备,这两种产品可提供可选的替代方案。OMAP1510 为 OMAP 平台的主处理器,该器件集成了超低功耗数字信号处理器(DSP)、TIEnhanced ARM925 及高级操作系统(OS)功能。

16.2.1　OMAP1 代处理器

真正第一代移动智能终端处理器 OMAP1 是 TI 公司于 2003 年推出的,具体产品只有 OMAP1710,如图 16.2.1 所示。OMAP1710 是当时业界第一款采用 90 nm 工艺制程技术的处理器产品,它包括一个基于 ARM926TEJ 的内核子系统,一个 TMS320C55x DSP 内核子系统,以及一系列用于处理视频编解码、静态图像压缩、JAVA 和安全性能的软/硬件加速器。

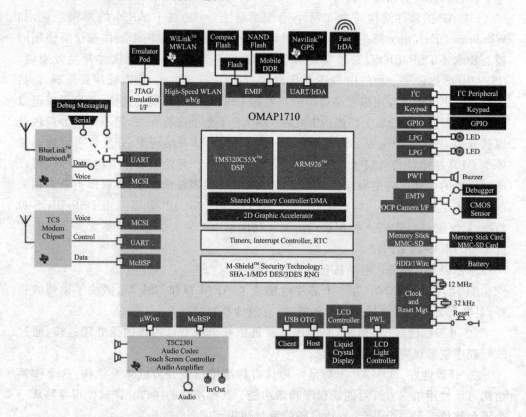

图 16.2.1　OMAP1710 处理器芯片核心架构图

也许读者现在会对这款 OMAP1710 处理器感到些许陌生,但相信很多人都用过搭载这款处理器的产品,因为当时诺基亚旗下众多经典 Symbian 智能手机均搭载这款处理器,这其中就包括当时的大众流行街机 N70 和 N73,此外还有诺基亚 6630、

6680、6681、E50、E60、E61、E62、E65、E70、N71、N72、N80、N90、N91、N92 等至今让人怀念的经典手机产品。

OMAP1710 所集成的 ARM926 架构处理器主频最高为 220 MHz,拥有 32 KB 的指令缓存以及 16 KB 的数据缓存,支持 JAVA 硬件加速功能,其内置的内存控制器最大可支持 128 MB DDR 内存,综合性能方面相比前代产品提升了 40%。得益于 OMAP1710 采用的低压 90 nm 工艺制程技术,处理器已经可以在 1.05~1.3 V 之间动态调整,并且还为应用处理、数字基带和实时时钟提供独立电源,以便于对功耗进行精确控制,这也是为何早期诺基亚 Symbian 手机在续航方面拥有出色表现的原因之一。作为 TI 公司 TCS wireless chipsets 通信解决方案中一个重要的可选处理器,OMAP1710 能使手机顺利工作在 GSM、GPRS、EDGE 和 UMTS 这些当时主流的网络模式下;另外,在兼容性方面 TI 也对其进行最大限度地优化,可以支持包括 Linux、Windows Mobile 以及 Symbian OS 等当时主流的智能平台。

16.2.2　OMAP2 代处理器

在 OMAP1 代处理器推出两年后,TI 就在前代产品的基础上推出了更为强大的 OMAP2 代处理器,该系列产品型号包括 OMAP2420、OMAP2430 以及 OMAP2431。相比前代产品,OMAP2 代处理器虽然继续沿用低压 90 nm CMOS 工艺制程技术,但集成了更为先进的 ARM11 架构处理器内核,支持当时所有的移动电话标准,并兼容任何调制解调器芯片组,具有并行处理的优点。

OMAP2420 除了集成有最高主频为 330 MHz 的 ARM11 处理器内核之外,还拥有 TI 的 220 MHz TMS320C55x 型 DSP 引擎、2D/3D 图形加速器、高级 IVA1 成像视频和音频加速器等。系统硬件可支持蓝牙、红外和高速 USB 传输,兼容 A-GPS 定位功能,还可利用 WLAN 功能无线上网,并支持第三方 SD、MMC 存储卡扩展。OMAP2420 处理器核心架构图如图 16.2.2 所示。

在图形处理方面,OMAP2420 嵌入了 Imagination Technologies 公司研发的 PowerVR MBX 型 GPU,首次支持 OpenGL ES 1.1 以及 OpenVG 标准。其内置的专用 2D/3D 图形加速器可每秒生成 200 万个多边形,能处理 400 像素甚至更高的静态图片。而其集成的高级 IVA1 加速器还可协助 OMAP2420 最多支持 400 万像素摄像头,实现 30 帧/秒的 VGA(480×640 像素)视频记录,并能提供接近 Hi-Fi 级的 3D 环绕音效,而且还支持 TV-OUT 输出功能。

同系列的 OMAP2430 虽然也集成了最高主频为 330 MHz 的 ARM11 架构处理器内核,但是却除去了 OMAP2420 上的 220 MHz DSP 通信单元,将通话功能集成到了 ARM11 处理器上,或许 TI 的这一策略是出于成本控制以及节电的考虑。虽然 OMAP2430 依旧集成了专用的 2D/3D 图形硬件加速器,但性能却有所缩水,降低为每秒处理 100 万个多边形。

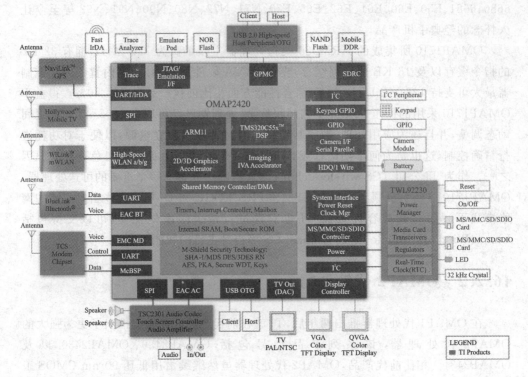

图 16.2.2　OMAP2420 处理器核心架构图

16.2.3　OMAP3 代处理器

TI 的 OMAP3 代处理器平台包括早期推出的 OMAP34xx(3410/3420/3430)系列以及后续的 OMAP36xx(3610/3620/3630/3640)系列处理器,其中 OMAP3430 最为引人关注。

OMAP3430 率先集成了 ARM 公司基于 ARMv7 指令集研发的最新 Cortex - A8 架构处理器,主频最高为 600 MHz,最高支持 256 MB DDR 内存。由于 TI 完全采用 ARM 公司提供的内核架构,并没有修改,因此 OMAP3430 也成为业界第一款集成Cortex - A8 架构内核的量产处理器芯片,相比此前的 ARM11 架构处理器在整体性能方面提升了 3 倍。

同时,OMAP3430(见图 16.2.3)也是业界第一款采用 65 nm 工艺制程技术的处理器,更先进的制程技术使得 OMAP3430 在降低内核电压进而降低功耗的同时带来更为高效的性能。在多媒体方面,OMAP3430 集合了更先进的 IVA2+加速器,使得在多媒体处理方面比前代提升 4 倍之多,可支持 MPEG4、H.264 等 DVD 视频的编解码,分辨率最高可达到 720P。此外,OMAP 也嵌入了 Imagination PowerVR SGX530 GPU 芯片,并支持 OpenGL ES 2.0 和 OpenVG 标准 API 接口规范,而其内置的 2D/3D 图形硬件加速器可以提供更加逼真的用户界面和游戏画面效果。另外，OMAP3430 还内置有 ISP 图形信号处理器，既可以提高图像质量又可减少外部组件，从而降低系统成本和整体功耗。OMAP3430 最高可支持 1 200 万像素的摄像头以及 XGA 级(1 024×768 像素)系统显示。

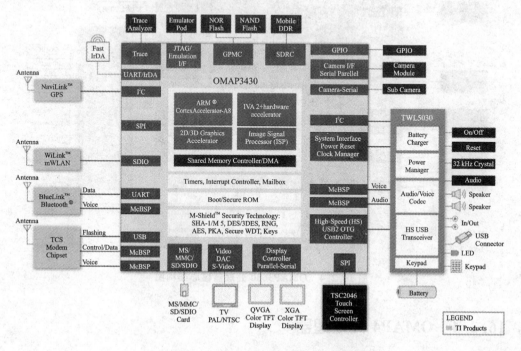

图 16.2.3　OMAP 3430 处理器核心架构图

在功耗方面，OMAP3430 搭载了 TI 独有的电源管理技术，通过 SmartReflex 技术可以根据设备活动、操作模式和温度来动态控制内核电压、频率和功率，进而降低处理器整体功耗。

需要注意的是，由于 65 nm 工艺制程技术对于 Cortex - A8 架构处理器来说在功耗控制上仍有不可控的问题，因此 TI 将 OMAP3430 所集成的 SGX530 GPU 运行频率由默认的 200 MHz 降至 110 MHz。后续推出的 OMAP36xx 系列处理器，虽然也集成了 ARM Cortex - A8 架构处理器，但芯片本身采用了更为先进的 45 nm 工艺制程技术，先进的制程技术不仅让芯片本身拥有更小的发热和耗电，在性能方面也得到了充分发挥。其中，OMAP3610/3620/3630 处理器的默认主频已提升至 720 MHz，而 OMAP3640 更是提升至 1 GHz，最大限度地发挥了 Cortex - A8 架构的性能。OMAP3630 处理器核心架构图如图 16.2.4 所示。

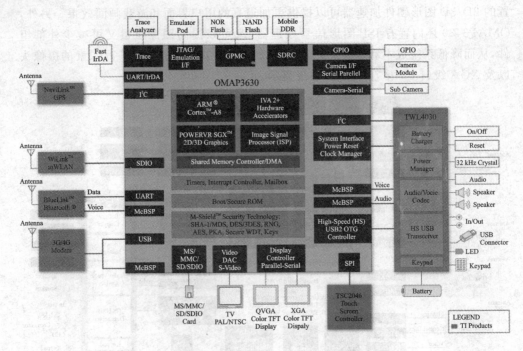

图 16.2.4　OMAP3630 处理器核心架构图

16.2.4　OMAP4 代处理器

OMAP3 代处理器后,TI 也发布了其 OMAP4 系列双核处理器平台,具体产品包括 OMAP4430/4440/4460/4470。OMAP4 系列集成有双核心 ARM Cortex - A9MP 架构处理器,默认主频从 1～1.8 GHz 不等。相比之前的 Cortex - A8 架构在整体性能上提升了 1.5 倍,在制程技术方面则依旧沿用了 45 nm 工艺制程技术。

其中,OMAP4430 的默认设计主频为 1 GHz,拥有 1 MB 二级缓存,内存方面支持双通道 LPDDR2 1066。在 GPU 方面更是搭载了超频版的 PowerVR SGX540,将默认的 200 MHz 提升至 300 MHz,拥有支持包括 OpenGL ES v2.0、OpenGL ES v1.1、OpenVG v1.1 和 EGL v1.3 等主要 API,相比先前的 SGX530 在整体性能方面提升 2 倍之多。另外,OMAP4430 还集成了 ISP 图像信号处理器以及 IVA3 多媒体加速器,可实现 1080P 多标准视频的编解码功能。

2010 年年末,TI 发布了最新的 OMAP4440 处理器,虽然同样采用双核心 Cortex - A9MP 架构处理器,但处理器主频已由 OMAP4430 上的 1 GHz 提升至 1.5 GHz,同时还集成了两个 Cortex - M3 核心用于在更高的能效下处理高时效性应用以及任务管理工作,其中也包括 PowerVR SGX540 图形显示核心。在升级配置后,其图形性能有了 25% 的提升,网页载入时间可减少 30%,1080P 视频播放性能提升 1 倍。

2011 年上市的 OMAP4460 处理器则进一步在 OMAP4430 的基础上提升了 CPU 和 GPU 运行频率,其他方面则基本与 OMAP4430 保持一致。TI 处理器长久以来稳定的效能表现和良好的兼容性也在 OMAP4460 上得到继承。

2012 年在 CES 大会上最新发布的 OMAP4470 处理器采用智能型多内核架构,在保持低功耗的同时最大限度提升产品性能。处理器不仅同样集成双核心 Cortex - A9MP 处理器,同时也集成了两个 266 MHz 的实时电源效率 Cortex - M3 核心。其中,CPU 主频更是提升到了 1.8 GHz,并且支持双通道 466 MHz LPDD2 内存,相较 OMAP4430 在页面浏览效果上提升 80%。而图形核心方面,也由 OMAP4430/4460 上的 PowerVR SGX 540 升级为 PowerVR SGX 544,基于渲染管线的成倍提升以及 384 MHz 的 GPU 频率,OMAP4470 的图形性能相比 OMAP4430 已提升 2.5 倍,此外也全面支持微软 DirectX 9、OpenGL ES、OpenVG 与 Open CL 等 API 标准,开始支持 ARM 版 Windows8 系统平台。

另外,OMAP4470 还加入了硬件图形合成引擎,内置了独立的 2D 图形显示核心,可以在不需要 GPU 的情况下进行图像合成输出,最大可提供 QXGA(1 536× 2 048 像素)分辨率显示、3 屏高清输出以及 HDMI 3D 立体支持。

16.2.5　OMAP5 代处理器

随着基于 28 nm 工艺制程技术的逐步成熟,以及拥有更高性能和更低功耗设计的 ARM Cortex - A15 多核架构处理器的发布,移动处理器芯片领域将再一次迎来全面升级,TI 最新的 OMAP5 系列处理器也就由此诞生。

OMAP5 系列处理器均采用目前业界最先进的低功耗 28 nm 工艺制程技术,包含有各种内核,其中包括 ARM Cortex - A15 多核架构处理器、多个图形内核以及各种专用处理器。为了满足不同的需求,OMAP5 系列主要包括 OMAP5430 以及 OMAP5432 两款产品,它们在大体架构上并无区别,只是封装尺寸、内存通道控制以及外部 I/O 等方面稍有不同。其中,OMAP5430 主要针对智能手机、平板电脑等设备,而 OMAP5432 则针对尺寸偏大的诸如笔记本电脑等设备。

OMAP5430 拥有两个最高主频可达 2 GHz 的 ARM Cortex - A15 内核处理器,以及两个可实现低功耗负载和实时响应的 ARM Cortex - M4 处理器,支持双通道 LPDDR2 内存(OMAP5432 支持双通道 DDR3/DDR3L 内存)。由于 28 nm 工艺制程技术的 Cortex - A15 相比于 40 nm 工艺制程技术的 Cortex - A9,不仅单线程运算效能提升了 1.5 倍,而且浮点运算性能提升了 1.6 倍,这使得该芯片在整体性能上相比上一代提升了近 3 倍。

在视频方面,OMAP5430 内置有 IVA3 HD 多媒体加速器,保证其能够轻松应付 1080P60 全高清视频的编解码以及 1080P 3D 立体电影的编解码。其内置的多核成像和视觉处理单元,能够让 OMAP5430 最大支持 2 400 像素的静态图片拍摄以及 1080P 全高清视频拍摄功能。在图形处理方面,OMAP5430 集成了 PowerVR SGX544 - MP2 多核心 GPU。

在功耗控制方面,OMAP5 平台上全新多核心管理架构可以让多核心分配处理更加智能有效,而 TI 的 SmartReflex 3 能源管理技术则更进一步保证 OMAP5 芯片能够在低功耗下实现高性能。

此外,OMAP5 平台组件还可提供包括 WiLink 无线链接、电池管理以及音频管理等功能。

16.3 OMAP 软件平台开发

16.3.1 软件体系结构

OMAP 的软件体系结构基于两个操作系统:一个是基于 ARM 的嵌入式操作系统,一个是基于 DSP 的实时操作系统内核 DSP/BIOS。如何使两个操作系统协同工作,是实现开放的软件平台的关键。这一基础技术首次正式应用在 OMAP 平台上的 DSP/BIOS。对于应用软件开发人员来说,DSP/BIOS 提供了一种便于使用的接口,允许开发人员在 GPP(通用编程处理器)上利用一套标准 APIs 进入和控制 DSP 的运行环境,从而实现两个操作系统上的任务无缝链接,使应用程序能够以独立于设备的方式,高效地交换信息和数据。

DSP/BIOS 桥的各功能组件如图 16.3.1 所示。

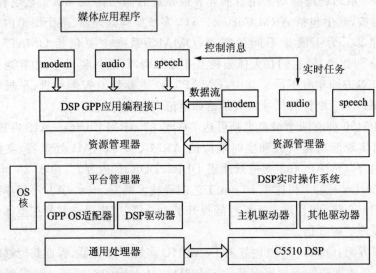

图 16.3.1　DSP/BIOS 功能组件

资源管理器负责动态调度 DSP 资源,监控 DSP 资源,动态装入 DSP 代码,发生请求冲突时,负责实现 DSP 资源的管理策略。资源管理器在平台管理器之上。平台管理器负责静态装入 DSP 代码,启动或停止 DSP 实现数据流。平台管理器位于 GPP OS 适配器及负责与 DSP 通信的连接驱动器之上。

DSP 上的 RTOS 是基础,它通过主机连接驱动器与 GPP 通信。在 DSP RTOS 的上面是资源管理(RM)服务器。RM 服务器的主要职责是在资源管理器的控制下动态地创建、执行和删除 DSP 处理节点,其他职责包括改变任务的优先级并响应资源管理器的配置命令和状态查询。一个专门的流用来接收来自资源管理器的命令,另一个专门的流用来发响应信号给资源管理器。

DSP 任务节点是 DSP 上单独执行的线程,它实现信号处理算法。任务节点通过固定长度的短消息和与设备无关的流式 I/O 互相通信或与 GPP 通信。

DSP/BIOS 提供了 GPP 程序与 DSP 任务间直接连接的抽象。这种通信连接分为两种类型的子连接:消息子连接和数据流子连接。消息是短的、固定长度的数据包,每种子连接都按顺序传递信息,哪个消息先得到消息链,哪个就先被传递。同样,哪个数据流先得到数据流链,哪个也就先被传递。每种子连接都独立地进行操作,子连接之间不按顺序传递。例如,GPP 先发送数据流,然后发送消息,如果消息的优先级高,则消息比数据流先到 DSP。此外,一个 GPP 的客户程序应该详细说明 DSP 任务的输入与输出。DSP 任务利用消息对象来传送控制和状态信息,利用数据流对象来传送实时数据。GPP 客户程序与 DSP 任务间的关系如图 16.3.2 所示。

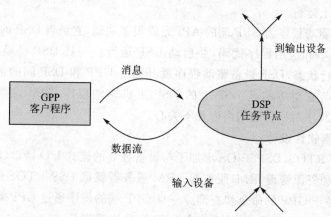

图 16.3.2　GPP 客户程序与 DSP 任务间的关系图

16.3.2　应用程序设计

在 OMAP 上开发程序通常分为 2 部分:一部分是使用 Embedded Visual C 开发 ARM 端程序,另一部分是使用 TI CCS 开发 DSP 端程序。前者主要是为了使设计的算法与 XDAIS (eXpressDSP 算法标准)兼容,在 ARM 端程序中调用一些 DSP/BIOS 的 API,实现在 DSP 发出的数据流中进行缓冲、暂停、继续、删除 DSP 任务并进行资源状态查询等,而具体的功能实现则是在 DSP 端完成。

(1) GPP 端软件设计

对于 GPP 操作系统来说,DSP/BIOS 增加了 API,使 GPP 的多个客户程序(也就是 DSP 的用户)能够同时利用 DSP 的资源。GPP 应用程序或设备驱动程序使用 DSP/BIOS 增加的 API,与运行在 DSP 上的关联任务通信。例如,GPP 波形设备驱动程序可以利用 DSP/BIOS 的 API 发送消息给 DSP 任务,处理从 A/D 转换器到 D/A 转换器的数据流。GPP 应用程序和驱动程序可以通过 API 实现:

> 初始化 DSP 上的信号处理任务;
> 与 DSP 任务交换信息;
> 与 DSP 任务双向交换数据流;
> 停止、激活、删除 DSP 任务;
> 进行资源的状态查询。

GPP 端 DSP/BIOS API 以库的形式实现,它调用特定硬件的设备驱动程序,如果没有一个针对特定硬件的设备驱动程序,API 是不能工作的。对于 GPP API 来说,这些专用于 DSP 子系统的设备驱动程序执行 I/O 操作和控制操作,就像其他 GPP 外设的设备驱动程序一样。每个 DSP 设备驱动程序支持特定的 DSP 子系统,如果存在同一个 DSP 硬件的多个实例,那么这个 DSP 设备驱动程序的多个实例都会在 GPP OS 上运行。

DSP 设备驱动程序为 GPP 端的 API 完成很多功能,它负责 DSP 的自举工作,为 DSP 装入 RTOS 和应用程序代码,并启动 DSP 运行。一旦 DSP 已经初始化,并且 RTOS 进入运行状态,DSP 设备驱动程序就开始了 GPP 和 DSP 间的消息和数据流的传递工作。与它对等的是 DSP 上的 DSP 主机驱动程序,DSP 设备驱动程序和 DSP 主机驱动程序对所传递的内容并不关心。

(2) DSP 端软件设计

对于 DSP RTOS,DSP/BIOS 增加了与设备独立的流式 I/O 接口(STRM)、消息接口(NODE)和资源管理(RM)服务器。RM 服务器就像 DSP RTOS 的一个任务一样运行,并服务于 GPP 的命令和查询。一旦 GPP 端的程序通过 GPP 端的 API 发出请求,RM 服务器就会响应,启动或停止 DSP 信号处理节点。

由于 RM 服务器启动的任务采用 STRM 和 NODE 界面,作为对应的 GPP 客户程序的服务器,根据 GPP 客户程序发出的信息进行信号处理工作。典型的应用是,一个 DSP 任务用设备独立的流式 I/O 把数据从源端传送到宿主端,并在数据传送过程中进行特定的处理和转换。

(3) 处理器间的交互通信

MPU 与 DSP 之间的通信有 3 种实现方式:mailbox 寄存器、MPU 接口和共享内存。这里主要介绍 mailbox 寄存器方式。

ARM 和 DSP 之间通过一个邮箱以中断机制通信，该机制在处理器之间提供了灵活的软件协议。该邮箱位于系统的共享存储空间中（ARM 的位地址为 0xFFFC：F000，DSP 的字地址为 0x0F800）。系统有 4 套邮箱寄存器，2 套用于 ARM 向 DSP 发送信息和产生中断，另外 2 套用于 DSP 向 ARM 发送信息和产生中断。每套邮箱寄存器包含 2 个 16 位寄存器和 1 个 1 位标志寄存器，其中 1 个 16 位寄存器由产生中断的处理器传递 1 个数据字到被中断的处理器，另外 1 个 16 位寄存器用于传递命令字。

2 个处理器间的通信这样实现：当 1 个处理器将合适的命令写到寄存器后，该寄存器会产生中断，对另外 1 个处理器的标志寄存器进行正确设置。被中断的处理器通过读标志寄存器响应中断并清空标志寄存器。每套邮箱寄存器中还有 1 个附加的数据字寄存器，可以在每次中断时在处理器间传送 2 个字的数据，而不只有命令字。

图 16.3.3 显示了 GPP 客户程序调用 DSP/BIOS 流程图。

下面简单介绍 GPP 客户程序调用 DSP/BIOS 加载信号处理任务的流程。

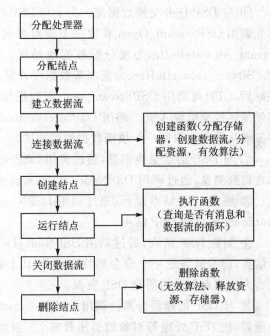

图 16.3.3　GPP 客户程序调用 DSP/BIOS 流程图

① 引导 GPP 为每个 DSP 子系统加载设备驱动程序。每个设备驱动程序在初始化时负责各自 DSP 子系统的上电、复位、装入基本代码映像文件及开始 DSP 的运行，初始化完成后 DSP 将置于低功耗状态。

② 选择和连接一个 DSP。希望使用 DSP 的 GPP 应用程序或驱动程序可以调用 API 函数 DSP_Manageres_EnumProcessorInfo 获得可用的 DSP 信息，然后调用 DSPProcessor_Attach 函数申请资源，返回一个 DSP 处理器对象的句柄用于以后 API 的函数调用。

③ 分配和连接 DSP 结点。GPP 调用 DSPNode Allocate 函数，为被选择的处理器分配 DSP 结点；DSPNode Allocate 函数为一个 DSP 结点在 GPP 端申请资源，并返回此结点数据结构的句柄。只要分配结点后就能通过 DSPNode_Connect 函数调用，与其他已分配的结点建立数据流。

④ 在 DSP 上创建结点。在 GPP 上分配并连接好后,可调用 DSPNode_Creat 函数在 DSP 上创建此结点。这时 GPP 上的资源管理器会发送命令到运行在 DSP 上的资源管理服务器,其任务是分配结点默认的资源并在 DSP RTOS 创建一个任务;运行该结点创建阶段函数,分配执行状态所需的、与特定应用相关的所有资源。创建成功后结点得到所需资源,但被挂起处于运行前的停止状态。

⑤ 开始执行 DSP 任务。GPP 调用 DSPNode_Run 函数,DSP 任务结点就进入实时执行状态。一旦任务结点运行,GPP 客户程序就可以与任务结点双向交换数据流和短消息。

⑥ 与 DSP 任务交换数据流。为了与 DSP 任务交换数据流,GPP 客户程序必须首先调用 DSPStream_Open 获取一个流对象句柄。然后 GPP 客户程序调用 DSP-Stream_AllocateBuffe,为流分配数据缓冲区。如果缓冲区预先分配好,也可调用 DSPStream_repareBuffer,为流准备数据缓冲区。当流对象的数据缓冲区分配和准备好后,GPP 可调用 DSPStream_ssue 函数把填满数据的缓冲区提交给输出流或把空缓冲区提交给输入流。调用 DSPStream_Reclaim 则从输出流要求取回一个空缓冲区或从输入流取回一个填满数据的缓冲区。

⑦ 与 DSP 结点交换消息,通过调用 DSPNode_GetMessage 函数从特定的 DSP 结点得到消息,通过调用 DSPNode_utMessage 函数发送消息到特定的 DSP 结点。

⑧ 终止 DSP 结点运行,通过调用 DSPNode_Terminate 函数,使 RM 发送一个 shutdown 消息给 DSP 结点。

⑨ 删除 DSP 结点,通过调用 DSPNode_Delete 函数从一个 DSP 上删除一个任务结点,使 RM 发送一个命令到特定的 DSP 上的 RMS。其目的是清除资源管理服务器为此结点创建的所有 DSP 资源。

⑩ 与 DSP 处理器分离。调用 DSPProcessor_Detach 函数释放不再需要的 DSP 处理器,使 DSP 处理器对象的引用数减 1。当此 DSP 的最后一个 GPP 客户程序调用 DSPProcessor_Detach 函数后,处理器对象和其他 GPP 端的处理器资源才会被释放。

第 **17** 章

TMS320C55x 在医疗电子中的应用

17.1　DSP 与医疗电子

在许多需要高速信号处理的应用中,医疗产品是最有可能在不久的将来,享受到数字信号处理技术所带来的利益的。从穿戴在身上的个人健康监测仪,一直到个人用的医疗诊断工具和助听器,TI 公司新推出的 TMS320C55x DSP 核所具有的许多优点将让使用者得到超过想象的受益。

利用以 C55x 核为基础的 DSP 元件,内耳植入器和助听器就可以排除许多应用障碍,例如功能、方便性以及产品的客户化。这些问题在过去的许多年里,一直使用其他技术,使它们无法付诸实现。这些 DSP 核也能让个人健康监测器拥有更大的弹性,并且提供资讯的即时传输能力。不但如此,利用这些微小的半导体芯片,新一代的个人医疗装置也会逐渐浮现,例如穿戴在身上的交互式健康监测器或是更先进的助听器,它们可以协助听力受损或是有听觉障碍的人,让他们首度听到真正的声音。监测个人健康的许多装置都必须使用电池,但是受到电力的限制,它们能够记录资料的时间都非常短,而且也无法针对病情做修改来满足使用者的特定需求。不但如此,包括助听器在内,许多装置虽然能够改善人们的生活,但是它们对于不同环境的反应却非常缺乏弹性,而且厂商也无法根据每位患者的要求,将这些产品做最佳的规划。C55x DSP 就能够克服这些缺点,并且让这些可穿戴在身上的医疗仪器成为真正的个人化产品。

(1) 内耳植入器

内耳植入器证明了 TI 公司领先业界的低功率 DSP 元件,在提升个人医疗系统的工作功能上所带来的冲击,它可以协助重度听力障碍患者,让他们恢复有限的听力。内耳植入器包含一个以 DSP 为基础的信号处理单元,它是戴在耳朵后面的(就像是一个助听器)一个钱币大小的磁盘,它负责接收处理单元的信号,并且传送到头

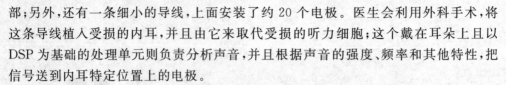

部;另外,还有一条细小的导线,上面安装了约 20 个电极。医生会利用外科手术,将这条导线植入受损的内耳,并且由它来取代受损的听力细胞;这个戴在耳朵上且以 DSP 为基础的处理单元则负责分析声音,并且根据声音的强度、频率和其他特性,把信号送到内耳特定位置上的电极。

TI 公司一直在与内耳植入器的制造商合作,希望能够强化这些产品的工作功能,让病人戴着更舒服,使用也更方便。在这些助听器当中,TI 公司的 TMS320C55x 是目前应用较为广泛的 DSP 元件,它可以缩小内耳植入器的体积,让它从一个挂在皮带上的产品,缩小成一个藏在耳朵后面的小型装置。新推出的 C55x DSP 核可以进一步强化内耳植入器的运算功能,并且将功耗降为原来的三分之一,这可以大幅延长电池的使用时间。这个概念也可以应用于电子视觉装置,让盲人也能看到东西;不但如此,同样的电子处理技术还可以用来控制四肢的神经脉冲信号,让残障的朋友也能拥有行动的能力。

(2) DSP 与助听器

虽然 DSP 技术可以大幅强化数字助听器的工作功能,但是由于它们通常耗电大,因此无法应用在绝大多数的装置中;而 C55x DSP 核的推出,则让厂商首次有机会克服这项电力消耗的障碍。全球约有 3 亿人受到某种听力困扰,但是只有 5% 的人使用助听仪器。事实上,助听仪器的应用并不广泛,这是因为目前的技术无法处理复杂的听力问题,也无法让产品完全的客户化,因此它们不能满足使用者的特定需求。但是随着 C55x DSP 核的出现,利用 DSP 技术,新一代的助听器就能提供编程能力,满足使用者的个别听力要求,并且能够适应音频再生时的信号动态变化。

目前助听器的工作方式是先进行取样,根据声音的频率加以分类,然后再按照使用者对于不同频率的听力反应,将结果对应输出。使用 DSP 的助听器仍然采用了这种对应方式,但是会加入一些新技术来弥补前者的不足,例如噪音的消除、回声的消除、音调的移动、语音的加强以及波束的形成,后者可以集中声音的来源。除此之外,通过适应性的滤波技术,助听器可以根据不同的声音环境,对频率响应曲线做连续性的修改,这种功能只有可编程的元件才能做到,像 DSP 芯片。如果使用者的两耳分别戴着助听器,而且每只耳朵所需的处理方式也不相同,那么通过 C55x DSP 核的协助,这两个助听器(它们与处理的程度有关)就可以相互匹配,让声音同时抵达两只耳朵。

(3) 私人健康检测仪

随着医疗费用的不断增加,业界也在积极努力,希望能尽量发挥电子设备的潜力,以便调理和治疗各种慢性病,例如心脏病、气喘和糖尿病;并且监测重要的健康信号,例如心跳速率、呼吸、血液的含氧量和身体中的脂肪。目前的装置大都需要通过使用者的操作,才能将这些资料记录下来,并且稍后做离线分析。相比之下,医疗仪器专家可以把 C55x DSP 核应用在他们的系统中,以便提供即时监测的功能,而且这些功能还可以通过编程,在特定事件发生时自行启动,而不必再依照使用者的介入。

医疗专家已经证实,由于 C55x DSP 核的功率消耗极低,运算速度又很快,因此特别适合支持那些由电池供电的监测装置。

17.2 心电图(ECG)MDK 开发方案

TI 公司的 TMS320C5515 DSP 医疗开发套件(Rev. B)支持完整的医疗应用开发,如心电图(ECG)、数字听诊器和脉冲血氧计等。典型应用包括模拟前端(AFE)、信号处理算法以及用户控制与交互。TMS320C5515 是低功耗定点数字信号处理器(DSP),采用 TMS320C55x DSP 处理器核,内核工作电压为 1.05/1.3 V,I/O 电压为 1.8/2.5/2.75/3.3 V,指令周期为 16.67/13.33/10/8.33 ns,时钟速率为 60 MHz、75 MHz、100 MHz 和 120 MHz,具有 320 KB 片内 RAM。本节有介绍 TMS320C5515 主要特性、方框图以及医疗开发套件(MDK)硬件方框图、ECG 前端方框图等,方便开发者进行设计。

17.2.1 ECG 设计

TMS320C5515 定点数字信号处理器是 TI 公司 TMS320C5000 定点数字信号处理器(DSP)产品系列的成员之一,面向低功耗应用,内部框架图如图 17.2.1 所示。

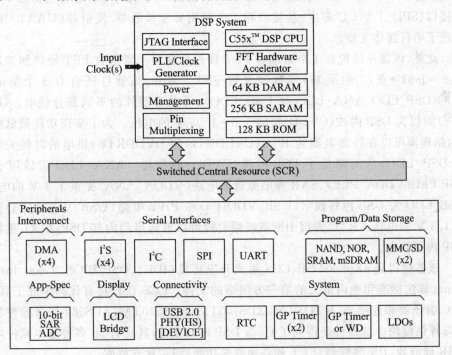

图 17.2.1 TMS320C5515 定点数字信号处理器

TMS320C55x DSP 架构通过提高并行化和集中精力节省功耗而实现了高性能与低功耗。CPU 支持由 1 条程序总线、1 根 32 位数据读出总线、2 根 16 位数据读出总线、2 根 16 位数据写入总线和其他外设与 DMA 活动专用总线组成的内部总线结构。这些总线提供了在单个周期内执行 4 次 16 位数据读出和 2 次 16 位数据写入操作的功能。该器件还包含 4 个 DMA 控制器,每个都具有 4 根通道,无需 CPU 干预即可在 16 条独立通道的环境下实现数据传送。在 CPU 活动过程中或独立于 CPU 活动,每个 DMA 控制器每周期都可以执行 1 次 32 位数据传送。

C55x CPU 提供了 2 个乘累加(MAC)单元,每个单元在单个周期内都可以执行 1 次 17 位×17 位乘法和 1 次 32 位加法。中央 40 位运算/逻辑单元(ALU)得到了另一个 16 位 ALU 的支持。ALU 的使用受控于指令集,提供了优化并行活动与功耗的能力。这些资源存放在 C55x CPU 的地址单元(AU)和数据单元(DU)内。

C55x CPU 支持可变字节宽度指令集,从而提高了代码密度。指令单元(IU)从内部或外部存储器获取 32 位程序,并针对程序单元(PU)排列指令。程序单元对指令进行解码,将任务指向地址单元(AU)和数据单元(DU)资源,管理受到全面保护的流水线。提前转移功能可以避免执行条件指令时发生流水线排空的情况。

通用输入和输出功能以及 10 位 SAR ADC,为 LCD 显示器、键盘和媒体界面提供了充足的状态、中断和比特位 I/O 引脚。通过 2 个多媒体卡/安全数字(MMC/SD)外设、4 个 Inter-IC Sound Bus(I²S Bus)模块、1 个具有 4 种芯片选择的串行端口接口(SPI)、1 个 I²C 多主-从接口和 1 个通用异步接收器/发射器(UART)接口,实现了串行媒体支持。

此外,该器件还包含 1 个紧耦合 FFT 硬件加速器。紧耦合 FFT 硬件加速器支持 8~1 024 点(2 的乘幂)实数和复数 FFT。另外,该器件还含有 3 个集成式 LDO(DSP_LDO、ANA_LDO 和 USB_LDO),可以为器件的不同部分供电。DSP_LDO 可以为 DSP 内核(CVDD)提供 1.3~1.05 V 的电压。为了实现功耗最低的操作,编程器可以在外部电源为 RTC(CVDDRTC 和 DVDDRTC)供电的时候关闭内部 DSP_LDO,从而降低了 DSP 内核(CVDD)的功耗。ANA_LDO 设计用于为 DSP PLL(VDDA_PLL)、SAR 和电源管理电路(VDDA_ANA)提供 1.3 V 的电压。USB_LDO 为 USB 内核数字(USB_VDD1P3)和 PHY 电路(USB_VDDA1P3)提供了 1.3 V 的电压。RTC 警报中断或唤醒引脚可以重新启动内部 DSP_LDO,重新为 DSP 内核供电。

该器件得到 eXpressDSP、CCS 集成开发环境(IDE)、DSP/BIOS、Texas Instruments 算法标准和业内最大的第三方网络的支持。CCS IDE 具有代码生成工具,包括 C 编译器和连接器、RTDXTM、XDS100TM、XDS510TM、XDS560 仿真器驱动器与评估模块。该器件还得到了 C55x DSP 库的支持,其具有 50 多种基本软件内核(FIR 滤波器、IIR 滤波器、FFT 和各种数学功能)和芯片支持库。

17.2.2　TMS320C5515 主要特性

- 高性能/低功耗 C55x 定点 DSP。
- 16.67/13.33/10/8.33 ns 指令周期时间。
- 60 MHz、75 MHz、100 MHz 和 120 MHz 时钟速率。
- 320 KB 片上 RAM。
- 16/8 位外部存储器接口(EMIF)。
- 2 个多媒体卡/安全数字 I/F。
- 具有 4 种芯片选择的串行端口 I/F(SPI)。
- 4 个 Inter – IC Sound Bus(I²S Bus)。
- USB 2.0 全速和高速器件。
- 带有异步接口的 LCD 桥。
- 紧耦合 FFT 硬件加速器。
- 10 位 4 –输入 SAR ADC。
- 具有晶体输入的实时时钟(RTC)。
- 4 个内核绝缘电源域。
- 4 个 I/O 绝缘电源域。
- 3 个集成式 LDO。
- 提供工业温度器件。
- 1.05 V 内核电压,1.8/2.5/2.75/3.3 V I/O 电压。
- 1.3 V 内核电压,1.8/2.5/2.75/3.3 V I/O 电压。

17.2.3　医疗开发套件(MDK)

大量新兴医疗应用,如心电图(ECG)、数字听诊器和脉冲血氧计,要求以极低的功耗实现较高的 DSP 处理性能。TMS320C5515 数字信号处理器是这类应用的较理想之选。C5515 是 TI 公司 C5000 定点 DSP 平台的成员之一。为了利用 C5515 开发各种医疗应用,TI 公司开发了基于 C5515 DSP 的 MDK,如图 17.2.2 所示。典型医疗应用包括:

- 模拟前端,包括用于从身体上采集感兴趣的信号的传感器;
- 信号处理算法,可以实现信号调节,进行测量与测量分析,进而确定健康状况;
- 用户控制与交互,包括信号处理结果的图形显示和实现远程病患监测的连接功能。

MDK 设计支持完整的医疗应用开发。它包含下列元件:

- C5515 重点目标医疗应用(ECG、数字听诊器和脉冲血氧计)专用的模拟前端

板(FE 板),使用了 TI 面向医疗应用的模拟元件;

➤ C5515 DSP 评估模块(EVM)主板;

➤ 医疗应用软件,包括实例演示。

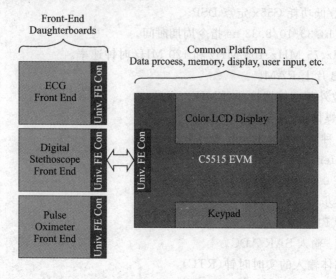

图 17.2.2　MDK 硬件框图

心电图(ECG/EKG)是记录心脏的电活动,用于检查心脏病,可以通过有选择地在皮肤上放置电极(电接触点)来测量电波。

MDK ECG 系统的主要特性:

➤ 利用 10 电极输入实现 12 引线 ECG 输出;

➤ 除纤颤器保护电路;

➤ 带宽为 0.05~150 Hz 的诊断质量 ECG;

➤ 心搏率显示;

➤ 持续断线检测;

➤ 在 EVM LCD 屏幕上实时显示 12 引线 ECG 波形,一次可以选择 1 条引线;

➤ EVM LCD 屏幕上 Y 轴(振幅)的变焦选项;

➤ 在 PC 上实时显示 12 引线 ECG 波形,一次可以选择 3 条引线;

➤ PC 应用中,X 轴(时间)和 Y 轴(振幅)上的变焦功能;

➤ PC 应用中,冻结屏幕选项;

➤ 记录 ECG 数据,离线查看 PC 应用上录制的 ECG 数据选项。

MDK ECG 系统包含下列元件:

➤ C5515 EVM;

➤ ECG 前端板;

➤ ECG 电缆。

(1) C5515 EVM

EVM 带有全套免费板上器件,适于各种应用环境。了解 C5515 EVM 方面的详情,请参照与 EVM 一起提供的医疗开发套件。

MDK ECG 系统内采用的 C5515 EVM 的主要元件和接口包括:

➢ TI 公司推出的工作频率为 100 MHz 的 TMS320C5515;

➢ C5512 提供的用户通用串行总线(USB)端口;

➢ 内部集成电路(I^2C)、串行外设接口(SPI)、电可擦除可编程只读存储器(EEP-ROM);

➢ 外部存储器接口(EMIF)、I^2C、通用异步接收器/发射器(UART)、SPI 接口;

➢ SAR;

➢ 外部 IEEE 标准 1149.1 - 1990、IEEE 标准测试存取端口和边界扫描架构(JTAG)仿真接口;

➢ 嵌入式 JTAG 控制器;

➢ 彩色 LCD 显示器;

➢ 电键(用户开关)。

EVM 由 +5 V 外部电源或电池供电,与 TI 公司 CCS 集成开发环境(IDE)协同工作。CCS 通过外部仿真器或板上仿真器与 EVM 板通信。

(2) ECG 前端板

ECG 前端板上(见图 17.2.3),电极采集的电势穿过 ECG 前端板内的除纤颤器

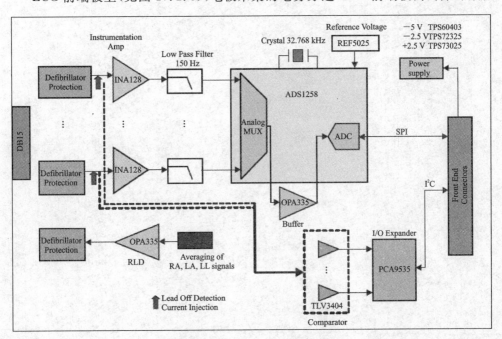

图 17.2.3　ECG 前端板框图

保护(DP)电路。然后,前端板从 12 条 ECG 引线中分离出了 8 条,为 DSP 子系统提供数字输入。前端板可以通过通用前端连接器与 EVM 板相连。前端板利用 I^2C 和 I^2S 接口通过通用前端连接器与 C5515 EVM 板相连,并且由其供电。

前端板上的 16 通道模/数转换器(ADC)(ADS1258)可以配置成 500 Hz 采样速率和 24 位数据分辨率。ADC 利用 SPI 与 C5515 相连。

(3) ECG 电缆

ECG 电缆由 4 个肢电极和 6 个胸电极组成。该电缆通过 DB15 连接器与前端板相连。ECG 电极从 ECG 仿真器/病患采集 ECG 信号,然后将它们发送给 ECG 前端板;使用了现成的 ECG 电缆。

附录 **A**

下载 **DSP** 资料的一些常用网站

www. hellodsp. com
HELLODSP 完全免费,众多热心网友加盟的精彩论坛

http://www. ti. com. cn/
TI 公司中文网站。官方网站的信息以及数据手册都在此可以找到

http://dsp. blueidea. com/product/asic/
DSP 专业资讯网

http://www. dspzixun. com/shouye. htm。
DSP 技术资讯中心

http://www. 61ic. om
61ic,部分内容收费,而且转载资料比较多

www. study-kit. com/
开发板之家

更多的与 DSP 相关的网站地址请查看本书配套资料。

附录 **B**

C54x 与 C5510 寄存器

CPU 寄存器如表 B.1 所列。

表 B.1 CPU 寄存器

C54x 寄存器	C5510 寄存器	地址（HEX）	说　明
IMR	IER0	00	中断屏蔽寄存器 0
IFR	IFR0	01	中断标志寄存器 0
—	ST0_55	02	C55x 使用的状态寄存器 0
—	ST1_55	03	C55x 使用的状态寄存器 1
—	ST2_55	04	C55x 使用的状态寄存器 3
—	—	05	保留
ST0	ST0	06	状态寄存器 0
ST1	ST1	07	状态寄存器 1
AL	AC0L	08	C55x 中的累加器 0 对应于 C54x 中的累加器 A
AH	AC0H	09	
AG	ACOG	0A	
BL	AC1L	0B	C55x 中的累加器 1 对应于 C54x 中的累加器 A
BH	AC1H	0C	
BG	AC1G	0D	
TREG	T3	0E	临时寄存器 3
TRN	TRN0	0F	过渡寄存器 0

续表 B.1

C54x 寄存器	C5510 寄存器	地址(HEX)	说　明
AR0	AR0	10	辅助寄存器 0~7
AR1	AR1	11	
AR2	AR2	12	
AR3	AR3	13	
AR4	AR4	14	
AR5	AR5	15	
AR6	AR6	16	
AR7	AR7	17	
SP	SP	18	数据堆栈指针
BK	BK03	19	AR0~AR3 循环缓冲大小寄存器
BRC	BRC0	1A	块重复寄存器
RSA	RSA0L	1B	C54x 中是块重复起始地址寄存器,C55x 中是块重复起始地址寄存器 0 的低位部分
REA	REA0L	1C	C54x 中是块重复结束地址寄存器,C55x 中是块重复结束地址寄存器 0 的低位部分
PMST	PMST	1D	处理模式状态寄存器
XPC	XPC	1E	程序计数器扩展寄存器
—	—	1F	保留
—	T0	20	临时寄存器 0
—	T1	21	临时寄存器 1
—	T2	22	临时寄存器 2
—	T3	23	临时寄存器 3
—	AC2L	24	累加器 2
—	AC2H	25	
—	AC2G	26	
—	CDP	27	系数指针寄存器
—	AC3L	28	累加器 3
—	AC3H	29	
—	AC3G	2A	
—	DPH	2B	扩展数据页指针的高位部分
—	MDP05	2C	保留
—	MDP67	2D	保留
—	DPH	2E	数据页指针

续表 B.1

C54x 寄存器	C5510 寄存器	地址(HEX)	说　明
—	PDP	2F	外设数据页指针
—	BK47	30	AR4～AR7 循环缓冲大小寄存器
—	BKC	31	CDP 循环缓冲大小寄存器
—	BSA01	32	AR[0：1]循环缓冲起始地址寄存器
—	BSA23	33	AR[2：3]循环缓冲起始地址寄存器
—	BSA45	34	AR[4：5]循环缓冲起始地址寄存器
—	BSA67	35	AR[6：7]循环缓冲起始地址寄存器
—	BSAC	36	CDP 循环缓冲起始地址寄存器
—	BIOS	37	为 BIOS 保留,用来存储 BIOS 操作所需要的数据表指针的真实存储位置,该寄存器为 16 位
—	TRN1	38	过渡寄存器 1
—	BRC1	39	块重复计数器 1
—	BRS1	3A	BRC1 的备份寄存器
—	CSR	3B	计算单指令重复寄存器
—	RSA0H	3C	块重复起始地址寄存器 0
—	RSA0L	3D	
—	REA0H	3E	块重复结束地址寄存器 0
—	REA0L	3F	
—	RSA1H	40	块重复起始地址寄存器 1
—	RSA0L	41	
—	REA1H	42	块重复结束地址寄存器 1
—	REA1L	43	
—	RPTC	44	单指令重复计数器
—	IER1	45	中断屏蔽寄存器 1
—	IFR1	46	中断标志寄存器 1
—	DBIER0	47	调试中断屏蔽寄存器 0
—	DBIER1	48	调试中断屏蔽寄存器 1
—	IVPD	49	中断矢量指针(指向 DSP)
—	IVPH	4A	中断矢量指针(指向主机)
—	ST2_55	4B	C55x 使用的状态寄存器 2
—	SSP	4C	系统堆栈指针
—	SP	4D	数据堆栈指针
—	SPH	4E	扩展堆栈指针高位部分
—	CDPH	4F	扩展系数指针高位部分

外部存储器接口寄存器如表 B.2 所列。

表 B.2　外部存储器接口寄存器

端口地址	寄存器名称	说　明
0x0800	EGCR	全局控制寄存器
0x0801	EMIRST	全局复位寄存器
0x0802	EMIBE	总线错误状态寄存器
0x0803	CE01	片选 0 空间控制寄存器 1
0x0804	CE02	片选 0 空间控制寄存器 2
0x0805	CE03	片选 0 空间控制寄存器 3
0x0806	CE11	片选 1 空间控制寄存器 1
0x0807	CE12	片选 1 空间控制寄存器 2
0x0808	CE13	片选 1 空间控制寄存器 3
0x0809	CE21	片选 2 空间控制寄存器 1
0x080A	CE22	片选 2 空间控制寄存器 2
0x080B	CE23	片选 2 空间控制寄存器 3
0x080C	CE31	片选 3 空间控制寄存器 1
0x080D	CE32	片选 3 空间控制寄存器 2
0x080E	CE33	片选 3 空间控制寄存器 3
0x080F	SDC1	SDRAM 控制寄存器 1
0x0810	SDPER	SDRAM 周期寄存器
0x0811	SDCNT	SDRAM 计数寄存器
0x0812	INIT	SDRAM 初始化寄存器
0x0813	SDC2	SDRAM 控制寄存器 2

DMA 配置寄存器如表 B.3 所列。

表 B.3　DMA 配置寄存器

端口地址	寄存器名称	说　明
全局寄存器		
0x0E00	DMAGCR	DMA 全局控制寄存器
0x0E02	DMAGSCR	DMA 软件兼容寄存器
0x0E03	DMAGTCR	DMA 超时控制寄存器
通道 0 寄存器		
0x0C00	DMACSDP0	通道 0 源和目的参数寄存器
0x0C01	DMACCR0	通道 0 控制寄存器

端口地址	寄存器名称	说　明
0x0C02	DMACICR0	通道 0 中断控制寄存器
0x0C03	DMACSR0	通道 0 状态寄存器
0x0C04	DMACSSAL0	通道 0 源起始地址寄存器(低 16 位)
0x0C05	DMACSSAU0	通道 0 源起始地址寄存器(高 16 位)
0x0C06	DMACDSAL0	通道 0 目的起始地址寄存器(低 16 位)
0x0C07	DMACDSAU0	通道 0 目的起始地址寄存器(高 16 位)
0x0C08	DMACEN0	通道 0 单元数寄存器
0x0C09	DMACFN0	通道 0 帧数寄存器
0x0C0A	DMACFI0/DMACSFI0	通道 0 帧索引寄存器/通道 0 源帧索引寄存器
0x0C0B	DMACEI0/DMACSEI0	通道 0 单元索引寄存器/通道 0 源单元索引寄存器
0x0C0C	DMACSAC0	通道 0 源地址计数器
0x0C0D	DMACDAC0	通道 0 目的地址计数器
0x0C0E	DMACDEI0	通道 0 目的单元索引寄存器
0x0C0F	DMACDFI0	通道 0 目的帧索引寄存器
通道 1 存器		
0x0C20	DMACSDP1	通道 1 源和目的参数寄存器
0x0C21	DMACCR1	通道 1 控制寄存器
0x0C22	DMACICR1	通道 1 中断控制寄存器
0x0C23	DMACSR1	通道 1 状态寄存器
0x0C24	DMACSSAL1	通道 1 源起始地址寄存器(低 16 位)
0x0C25	DMACSSAU1	通道 1 源起始地址寄存器(高 16 位)
0x0C26	DMACDSAL1	通道 1 目的起始地址寄存器(低 16 位)
0x0C27	DMACDSAU1	通道 1 目的起始地址寄存器(高 16 位)
0x0C28	DMACEN1	通道 1 单元数寄存器
0x0C29	DMACFN1	通道 1 帧数寄存器
0x0C2A	DMACFI1/DMACSFI1	通道 1 帧索引寄存器/通道 1 源帧索引寄存器
0x0C2B	DMACEI1/DMACSEI1	通道 1 单元索引寄存器/通道 1 源单元索引寄存器
0x0C2C	DMACSAC1	通道 1 源地址计数器
0x0C2D	DMACDAC1	通道 1 目的地址计数器
0x0C2E	DMACDEI1	通道 1 目的单元索引寄存器
0x0C2F	DMACDFI1	通道 1 目的帧索引寄存器
通道 2 寄存器		
0x0C40	DMACSDP2	通道 2 源和目的参数寄存器

续表 B.3

端口地址	寄存器名称	说　明
0x0C41	DMACCR2	通道 2 控制寄存器
0x0C42	DMACICR2	通道 2 中断控制寄存器
0x0C43	DMACSR2	通道 2 状态寄存器
0x0C44	DMACSSAL2	通道 2 源起始地址寄存器(低 16 位)
0x0C45	DMACSSAU2	通道 2 源起始地址寄存器(高 16 位)
0x0C46	DMACDSAL2	通道 2 目的起始地址寄存器(低 16 位)
0x0C47	DMACDSAU2	通道 2 目的起始地址寄存器(高 16 位)
0x0C48	DMACEN2	通道 2 单元数寄存器
0x0C49	DMACFN2	通道 2 帧数寄存器
0x0C4A	DMACFI2/DMACSFI2	通道 2 帧索引寄存器/通道 2 源帧索引寄存器
0x0C4B	DMACEI2/DMACSEI2	通道 2 单元索引寄存器/通道 2 源单元索引寄存器
0x0C4C	DMACSAC2	通道 2 源地址计数器
0x0C4D	DMACDAC2	通道 2 目的地址计数器
0x0C4E	DMACDEI2	通道 2 目的单元索引寄存器
0x0C4F	DMACDFI2	通道 2 目的帧索引寄存器
通道 3 寄存器		
0x0C60	DMACSDP3	通道 3 源和目的参数寄存器
0x0C61	DMACCR3	通道 3 控制寄存器
0x0C62	DMACICR3	通道 3 中断控制寄存器
0x0C63	DMACSR3	通道 3 状态寄存器
0x0C64	DMACSSAL3	通道 3 源起始地址寄存器(低 16 位)
0x0C65	DMACSSAU3	通道 3 源起始地址寄存器(高 16 位)
0x0C66	DMACDSAL3	通道 3 目的起始地址寄存器(低 16 位)
0x0C67	DMACDSAU3	通道 3 目的起始地址寄存器(高 16 位)
0x0C68	DMACEN3	通道 3 单元数寄存器
0x0C69	DMACFN3	通道 3 帧数寄存器
0x0C6A	DMACFI3/DMACSFI3	通道 3 帧索引寄存器/通道 3 源帧索引寄存器
0x0C6B	DMACEI3/DMACSEI3	通道 3 单元索引寄存器/通道 3 源单元索引寄存器
0x0C6C	DMACSAC3	通道 3 源地址计数器
0x0C6D	DMACDAC3	通道 3 目的地址计数器
0x0C6E	DMACDEI3	通道 3 目的单元索引寄存器
0x0C6F	DMACDFI3	通道 3 目的帧索引寄存器

端口地址	寄存器名称	说　明
		通道 4 寄存器
0x0C80	DMACSDP4	通道 4 源和目的参数寄存器
0x0C81	DMACCR4	通道 4 控制寄存器
0x0C82	DMACICR4	通道 4 中断控制寄存器
0x0C83	DMACSR4	通道 4 状态寄存器
0x0C84	DMACSSAL4	通道 4 源起始地址寄存器(低 16 位)
0x0C85	DMACSSAU4	通道 4 源起始地址寄存器(高 16 位)
0x0C86	DMACDSAL4	通道 4 目的起始地址寄存器(低 16 位)
0x0C87	DMACDSAU4	通道 4 目的起始地址寄存器(高 16 位)
0x0C88	DMACEN4	通道 4 单元数寄存器
0x0C89	DMACFN4	通道 4 帧数寄存器
0x0C8A	DMACFI4/DMACSFI4	通道 4 帧索引寄存器/通道 4 源帧索引寄存器
0x0C8B	DMACEI4/DMACSEI4	通道 4 单元索引寄存器/通道 4 源单元索引寄存器
0x0C8C	DMACSAC4	通道 4 源地址计数器
0x0C8D	DMACDAC4	通道 4 目的地址计数器
0x0C8E	DMACDEI4	通道 4 目的单元索引寄存器
0x0C8F	DMACDFI4	通道 4 目的帧索引寄存器
		通道 5 寄存器
0x0CA0	DMACSDP5	通道 5 源和目的参数寄存器
0x0CA1	DMACCR5	通道 5 控制寄存器
0x0CA2	DMACICR5	通道 5 中断控制寄存器
0x0CA3	DMACSR5	通道 5 状态寄存器
0x0CA4	DMACSSAL5	通道 5 源起始地址寄存器(低 16 位)
0x0CA5	DMACSSAU5	通道 5 源起始地址寄存器(高 16 位)
0x0CA6	DMACDSAL5	通道 5 目的起始地址寄存器(低 16 位)
0x0CA7	DMACDSAU5	通道 5 目的起始地址寄存器(高 16 位)
0x0CA8	DMACEN5	通道 5 单元数寄存器
0x0CA9	DMACFN5	通道 5 帧数寄存器
0x0CAA	DMACFI5/DMACSFI5	通道 5 帧索引寄存器/通道 5 源帧索引寄存器
0x0CAB	DMACEI5/DMACSEI5	通道 5 单元索引寄存器/通道 5 源单元索引寄存器
0x0CAC	DMACSAC5	通道 5 源地址计数器
0x0CAD	DMACDAC5	通道 5 目的地址计数器
0x0CAE	DMACDEI5	通道 5 目的单元索引寄存器
0x0CAF	DMACDFI5	通道 5 目的帧索引寄存器

时钟产生寄存器如表 B.4 所列。

表 B.4　时钟产生寄存器

端口地址	寄存器名称	说　明
0x1C00	CLKMD	时钟模式寄存器

定时器寄存器如表 B.5 所列。

表 B.5　定时器寄存器

端口地址	寄存器名称	说　明
0x1C00	TIM0	定时器 0 定时计数寄存器
0x1C01	RPD0	定时器 0 周期寄存器
0x1C02	TCR0	定时器 0 控制寄存器
0x1C03	PRSC0	定时器 0 预定标寄存器
0x2400	TIM1	定时器 1 定时计数寄存器
0x2401	RPD1	定时器 1 周期寄存器
0x2402	TCR1	定时器 1 控制寄存器
0x2403	PRSC1	定时器 1 预定标寄存器

多通道缓冲串口寄存器 0 如表 B.6 所列。

表 B.6　多通道缓冲串口寄存器 0

端口地址	寄存器名称	说　明
0x2800	DRR20	McBSP0 数据接收寄存器 2
0x2801	DRR10	McBSP0 数据接收寄存器 1
0x2802	DXR20	McBSP0 数据发送寄存器 2
0x2803	DXR10	McBSP0 数据发送寄存器 1
0x2804	SPCR20	McBSP0 串口控制寄存器 2
0x2805	SPCR10	McBSP0 串口控制寄存器 1
0x2806	RCR20	McBSP0 接收控制寄存器 2
0x2807	RCR10	McBSP0 接收控制寄存器 1
0x2808	XCR20	McBSP0 发送控制寄存器 2
0x2809	XCR10	McBSP0 发送控制寄存器 1
0x280A	SRGR20	McBSP0 采样速率发生寄存器 2
0x280B	SRGR10	McBSP0 采样速率发生寄存器 1
0x280C	MCR20	McBSP0 多通道控制寄存器 2
0x280D	MCR10	McBSP0 多通道控制寄存器 1
0x280E	RCERA0	McBSP0 接收通道使能寄存器 A

端口地址	寄存器名称	说　明
0x280F	RCERB0	McBSP0 接收通道使能寄存器 B
0x2810	XCERA0	McBSP0 发送通道使能寄存器 A
0x2811	XCERB0	McBSP0 发送通道使能寄存器 B
0x2812	PCR0	McBSP0 引脚控制寄存器
0x2813	RCERC0	McBSP0 接收通道使能寄存器 C
0x2814	RCERD0	McBSP0 接收通道使能寄存器 D
0x2815	XCERC0	McBSP0 发送通道使能寄存器 C
0x2816	XCERD0	McBSP0 发送通道使能寄存器 D
0x2817	RCERE0	McBSP0 接收通道使能寄存器 E
0x2818	RCERF0	McBSP0 接收通道使能寄存器 F
0x2819	XCERE0	McBSP0 发送通道使能寄存器 E
0x281A	XCERF0	McBSP0 发送通道使能寄存器 F
0x281B	RCERG0	McBSP0 接收通道使能寄存器 G
0x281C	RCERH0	McBSP0 接收通道使能寄存器 H
0x281D	XCERG0	McBSP0 发送通道使能寄存器 G
0x281E	XCERH0	McBSP0 发送通道使能寄存器 H

注：McBSP 寄存器中，末尾的数字表示 0~2 的各个通道。

多通道缓冲串口寄存器 1 如表 B.7 所列。

表 B.7　多通道缓冲串口寄存器 1

端口地址	寄存器名称	说　明
0x2C00	DRR21	McBSP1 数据接收寄存器 2
0x2C01	DRR11	McBSP1 数据接收寄存器 1
0x2C02	DXR21	McBSP1 数据发送寄存器 2
0x2C03	DXR11	McBSP1 数据发送寄存器 1
0x2C04	SPCR21	McBSP1 串口控制寄存器 2
0x2C05	SPCR11	McBSP1 串口控制寄存器 1
0x2C06	RCR21	McBSP1 接收控制寄存器 2
0x2C07	RCR11	McBSP1 接收控制寄存器 1
0x2C08	XCR21	McBSP1 发送控制寄存器 2
0x2C09	XCR11	McBSP1 发送控制寄存器 1
0x2C0A	SRGR21	McBSP1 采样速率发生寄存器 2
0x2C0B	SRGR11	McBSP1 采样速率发生寄存器 1
0x2C0C	MCR21	McBSP1 多通道控制寄存器 2

续表 B.7

端口地址	寄存器名称	说　明
0x2C0D	MCR11	McBSP1 多通道控制寄存器 1
0x2C0E	RCERA1	McBSP1 接收通道使能寄存器 A
0x2C0F	RCERB1	McBSP1 接收通道使能寄存器 B
0x2C10	XCERA1	McBSP1 发送通道使能寄存器 A
0x2C11	XCERB1	McBSP1 发送通道使能寄存器 B
0x2C12	PCR1	McBSP1 引脚控制寄存器
0x2C13	RCERC1	McBSP1 接收通道使能寄存器 C
0x2C14	RCERD1	McBSP1 接收通道使能寄存器 D
0x2C15	XCERC1	McBSP1 发送通道使能寄存器 C
0x2C16	XCERD1	McBSP1 发送通道使能寄存器 D
0x2C17	RCERE1	McBSP1 接收通道使能寄存器 E
0x2C18	RCERF1	McBSP1 接收通道使能寄存器 F
0x2C19	XCERE1	McBSP1 发送通道使能寄存器 E
0x2C1A	XCERF1	McBSP1 发送通道使能寄存器 F
0x2C1B	RCERG1	McBSP1 接收通道使能寄存器 G
0x2C1C	RCERH1	McBSP1 接收通道使能寄存器 H
0x2C1D	XCERG1	McBSP1 发送通道使能寄存器 G
0x2C1E	XCERH1	McBSP1 发送通道使能寄存器 H

注：McBSP 寄存器中，末尾的数字表示 0~2 的各个通道。

多通道缓冲串口寄存器 2 如表 B.8 所列。

表 B.8　多通道缓冲串口寄存器 2

端口地址	寄存器名称	说　明
0x3000	DRR22	McBSP2 数据接收寄存器 2
0x3001	DRR12	McBSP2 数据接收寄存器 1
0x3002	DXR22	McBSP2 数据发送寄存器 2
0x3003	DXR12	McBSP2 数据发送寄存器 1
0x3004	SPCR22	McBSP2 串口控制寄存器 2
0x3005	SPCR12	McBSP2 串口控制寄存器 1
0x3006	RCR22	McBSP2 接收控制寄存器 2
0x3007	RCR12	McBSP2 接收控制寄存器 1
0x3008	XCR22	McBSP2 发送控制寄存器 2
0x3009	XCR12	McBSP2 发送控制寄存器 1
0x300A	SRGR22	McBSP2 采样速率发生寄存器 2

端口地址	寄存器名称	说　明
0x300B	SRGR12	McBSP2 采样速率发生寄存器 1
0x300C	MCR22	McBSP2 多通道控制寄存器 2
0x300D	MCR12	McBSP2 多通道控制寄存器 1
0x300E	RCERA2	McBSP2 接收通道使能寄存器 A
0x300F	RCERB2	McBSP2 接收通道使能寄存器 B
0x3010	XCERA2	McBSP2 发送通道使能寄存器 A
0x3011	XCERB2	McBSP2 发送通道使能寄存器 B
0x3012	PCR2	McBSP2 引脚控制寄存器
0x3013	RCERC2	McBSP2 接收通道使能寄存器 C
0x3014	RCERD2	McBSP2 接收通道使能寄存器 D
0x3015	XCERC2	McBSP2 发送通道使能寄存器 C
0x3016	XCERD2	McBSP2 发送通道使能寄存器 D
0x3017	RCERE2	McBSP2 接收通道使能寄存器 E
0x3018	RCERF2	McBSP2 接收通道使能寄存器 F
0x3019	XCERE2	McBSP2 发送通道使能寄存器 E
0x301A	XCERF2	McBSP2 发送通道使能寄存器 F
0x301B	RCERG2	McBSP2 接收通道使能寄存器 G
0x301C	RCERH2	McBSP2 接收通道使能寄存器 H
0x301D	XCERG2	McBSP2 发送通道使能寄存器 G
0x301E	XCERH2	McBSP2 发送通道使能寄存器 H

注：McBSP 寄存器中,末尾的数字表示 0~2 的各个通道。

附录 C

VC5510 中断

中断表如表 C.1 所列。

表 C.1　中断表

硬件中断名	软件中断名	矢量地址（HEX）	优先级	功　　能
RESET	SINT0	0	0	硬件或软件复位
NMI	SINT1	8	1	非屏蔽中断
INT0	SINT2	10	3	外部中断 0
INT2	SINT3	18	5	外部中断 2
TINT0	SINT4	20	6	定时器 0 中断
RINT0	SINT5	28	7	McBSP0 接收中断
RINT1	SINT6	30	9	McBSP1 接收中断
XINT1	SINT7	38	10	McBSP1 发送中断
—	SINT8	40	11	软件中断 8
DMAC1	SINT9	48	13	DMA 通道 1 中断
DSPINT	SINT10	50	14	主机中断
INT3	SINT11	58	15	外部中断 3
RINT2	SINT12	60	17	McBSP2 接收中断
XINT2	SINT13	68	18	McBSP2 发送中断
DMAC4	SINT14	70	21	DMA 通道 4 中断
DMAC5	SINT15	78	22	DMA 通道 5 中断
INT1	SINT16	80	4	外部中断 1
XINT0	SINT17	88	8	McBSP0 发送中断
DMAC0	SINT18	90	12	DMA 通道 0 中断
INT4	SINT19	98	16	外部中断 4

硬件中断名	软件中断名	矢量地址(HEX)	优先级	功 能
DMAC2	SINT20	A0	19	DMA 通道 2 中断
DMAC3	SINT21	A8	20	DMA 通道 3 中断
TINT1	SINT22	B0	23	定时器 1 中断
INT5	SINT23	B8	24	外部中断 5
BERR	SINT24	C0	2	总线出错中断
DLOG	SINT25	C8	25	数据记录中断
RTOS	SINT26	D0	26	实时操作系统中断
—	SINT27	D8	27	软件中断 27
—	SINT28	E0	28	软件中断 28
—	SINT29	E8	29	软件中断 29
—	SINT30	F0	30	软件中断 30
—	SINT31	F8	31	软件中断 31

15	14	13	12	11	10	9	8
DMAC5	DMAC4	XINT2	RINT2	INT3	DSPINT	DMACI	保留

7	6	5	4	3	2	1	0
XINT1	RINT1	RINT0	TINT0	INT2	INT0	保留	

图 C.1 IFR0 和 IER0 寄存器

15　　　　　　11		10	9	8
保留		RTOS	DLOG	BERR

7	6	5	4	3	2	1	0
INT5	TINT1	DMAC3	DMAC2	INT4	DMAC0	XINT0	INT1

图 C.2 IFR1 和 IER1 寄存器

图 C.1 和图 C.2 说明:

➤ 中断标志寄存器 IFR0 和 IFR1 包含所有可屏蔽中断的标志位。当一个可屏蔽中断请求发给 CPU 时,CPU 把 IFR 中相应的标志位设置为 1,表明中断被挂起或等待 CPU 的响应。通过读 IFR 来识别挂起中断,向 IFR 写入 0 来清除挂起中断。

➤ 中断使能寄存器 IER0 和 IER1 控制可屏蔽中断的使能状态。将 IER0 或 IER1 中相应的使能位设置为 1 时,允许一个可屏蔽中断;将相应的使能位清 0,则禁止一个可屏蔽中断。

附录 **D**

TMS320C55x 的状态寄存器

C55x 的状态寄存器如图 D.1 所示。

ST0_55

15	14	13	12	11	10	9	8~0
ACOV2	ACOV3	TC1	TC2	CARRY	ACOV0	ACOV1	DP
R/W-0	R/W-0	R/W-1	R/W-1	R/W-1	R/W-0	R/W-0	R/W-0

ST1_55

15	14	13	12	11	10	9	8
BRAF	CPL	XF	HM	INTM	M40	SATD	SXMD
R/W-0	R/W-0	R/W-1	R/W-0	R/W-1	R/W-0	R/W-0	R/W-1

7	6	5	4~0
C16	FRCT	C54CM	ASM
R/W-0	R/W-0	R/W-1	R/W-0

ST2-55

15	14~13	12	11	10	9	8
ARMS	保留	DBGM	EALLOW	RDM	保留	CDPLC
R/W-0		R/W-1	R/W-0	R/W-0		R/W-0

7	6	5	4	3	2	1	0
AR7LC	AR6LC	AR5LC	AR4LC	AR3LC	AR2LC	AR1LC	AR0LC
R/W-0	R/W-0	R/W-0	R/W-0	R/W-0	R/W-0	R/W-0	R/W-0

ST3_55

15	14	13	12	11~8
CAFRZ	CAEN	CACLR	HINT	保留
R/W-0	R/W-0	R/W-0	R/W-1	

7	6	5	4	3	2	1	0
CBERR	MPNMC	SATA	AVIS	保留	CLKOFF	SMUL	SST
R/W-0	R/W-pin	R/W-0	R/W-0		R/W-0	R/W-0	R/W-0

注：R/W 可读/可写。
-X X 为 DSP 复位后的值，如果 X=pin，则 X 的值反映复位后引脚的状态。BIT 向状态寄存器保护地址的写操作无效。在读操作中，该位的值通常为 0。

图 D.1 C55x 的状态寄存器

状态寄存器 ST0_55 如表 D.1 所列。

表 D.1　状态寄存器 ST0_55

比　特	字　段	复位值	说　明
15	ACOV2	0	累加器 2(ACC2)的溢出标志,与 M40 有关
14	ACOV3	0	累加器 3(ACC3)的溢出标志,与 M40 有关
13	TC1	1	测试控制标志 1,存放着某些指令的测试结果
12	TC2	1	测试控制标志 2,存放着某些指令的测试结果
11	CARRY	1	进位、借位标志,与 M40 有关
10	ACOV0	0	累加器 0(ACC0)的溢出标志,与 M40 有关
9	ACOV1	0	累加器 1(ACC1)的溢出标志,与 M40 有关
8~0	DP	0	数据页指针,用于 C54x 兼容模式

状态寄存器 ST1_55 如表 D.2 所列。

表 D.2　状态寄存器 ST1_55

比　特	字　段	复位值	说　明
15	BRAF	0	块重复激活标志,用于 C54x 兼容模式
14	CPL	0	编译模式,用于确定使用哪种直接寻址方式
13	XF	1	外部标志,用于驱动外部引脚 XF 的输出电平
12	HM	0	保持模式,在响应外部总线征用申请时,决定是否也停止内部程序的执行。0,DSP 继续执行;1,DSP 停止程序执行
11	INTM	1	全局中断控制。0,打开所有可屏蔽中断;1,关闭
10	M40	0	D 单元计算模式。0,32 比特模式,符号为比特 31;1,40 比特模式,符号位为比特 39
9	SATD	0	D 单元饱和模式。0,不执行饱和操作;1,结果溢出时进行饱和操作
8	SXMD	1	D 单元符号扩展模式
7	C16	0	双 16 比特算术模式,用于 C54x 兼容模式
6	FRCT	0	分数模式。0,关闭,乘法结果不移位;1,打开,乘法结果左移一位以调整小数点
5	C54CM	1	C54x 兼容模式。0,不兼容,CPU 只支持 C55x 的代码;1,兼容,可以运行 C54x 的代码
4~0	ASM	0	累加器移位的位数,用于 C54x 兼容模式

状态寄存器 ST2_55 如表 D.3 所列。

表 D.3　状态寄存器 ST2_55

比　特	字　段	复位值	说　明
15	ARMS	0	AR 模式开关,决定辅助寄存器间接寻址模式
14～13	保留	0	保留
12	DBGM	1	调试模式。0,使能;1,关闭
11	EALLOW	0	仿真访问使能
10	RDM	0	舍入模式。0,按极大值舍入;1,按接近值舍入
9	保留	0	保留
8	CDPLC	0	CDP 的寻址模式。0,线性寻址;1,循环寻址
7～0	AR7LC～AR0LC	0	AR7～AR0 的寻址模式。0,线性寻址;1,循环寻址

附录 E

TMS320C55x 的汇编指令集

TMS320C55x 的汇编指令集如表 E.1 所列。

表 E.1   TMS320C55x 的汇编指令集

助记符指令	代数指令
绝对位距	
ABDST Xmem,Ymem,Acx,Acy	Abdst(Xmem,Ymem,Acx,Acy)
绝对值	
ABS[src,]dst	dst=|src|
累加器、辅助寄存器或临时寄存器的内容交换	
SWAP ARx,Tx	swap(ARx,Tx)
SWAP Tx,Ty	swap(Tx,Ty)
SWAP ARx,ARy	swap(ARx,ARy)
SWAP ACx,ACy	swap(ACx,ACy)
SWAPP ARx,Tx	swap(pair(ARx),pair(Tx))
SWAPP T0,T2	swap(pair(T0),pair(T2))
SWAPP AR0,AR2	swap(pair(AR0),pair(AR2))
SWAPP AC0,AC2	swap(pair(AC0),pair(AC2))
SWAP4 AR4,T0	swap(block(AR4),block(T0))
累加器、辅助寄存器或临时寄存器装载	
MOV k4,dst	dst=k4
MOV −k4,dst	dst=−k4
MOV K16,dst	dst=K16
MOV Smem,dst	dst=Smem
MOV [uns(]high_byte(Smem)[)],dst	dst=uns(high_byte(Smem))

续表 E.1

助记符指令	代数指令
MOV [uns(]low_byte(Smem)[)],dst	dst=uns(low_byte(Smem))
MOV K16<<#16,ACx	ACx=K16<<#16
MOV K16<<#SHFT,ACx	ACx=K16<<#SHFT
MOV [rnd(]Smem<<Tx[)],ACx	ACx=rnd(Smem<<Tx)
MOV low_byte(Smem)<<#SHIFTW,ACx	ACx=low_byte(Smem)<<#SHIFTW
MOV high_byte(Smem)<<#SHIFTW,ACx	ACx=high_byte(Smem)<<#SHIFTW
MOV Smem<<#16,ACx	ACx=Smem<<#16
MOV [uns(]Smem[)],ACx	ACx=uns(Smem)
MOV [uns(]Smem[)]<<#SHIFTW,ACx	ACx=uns(Smem)<<#SHIFTW
MOV [40]dbl(Lmem),ACx	ACx=M40(dbl(Lmem))
MOV Xmem,Ymem,ACx	LO(ACx)=Xmem,HI(ACx)=Ymem
MOV dbl(Lmem),pair(HI(ACx))	pair(HI(ACx))=Lmem
MOV dbl(Lmem),pair(LO(ACx))	pair(LO(ACx))=Lmem
MOV dbl(Lmem),pair(TAx)	pair(TAx)=Lmem
累加器、辅助寄存器或临时寄存器装载	
MOV src,dst	dst=src
MOV HI(ACx),Tax	Tax=HI(ACx)
MOV Tax,HI(ACx)	HI(ACx)=Tax
累加器、辅助寄存器或临时寄存器存储	
MOV src,Smem	Smem=src
MOV src,high_byte(Smem)	high_byte(Smem)=src
MOV src,low_byte(Smem)	low_byte(Smem)=src
MOV HI(ACx),Smem	Smem= HI(ACx)
MOV [rnd()HI(ACx)[]],Smem	Smem= HI(rnd(ACx))
MOV ACx<<Tx,Smem	Smem=LO(ACx<<Tx)
MOV [rnd()HI(ACx<<Tx)[]],Smem	Smem=HI(rnd(ACx<<Tx))
MOV ACx<<#SHIFTW,Smem	Smem=LO(ACx<<#SHIFTE)
MOV HI(ACx<<#SHIFTW),Smem	Smem=HI(ACx<<#SHIFTE)
MOV [rnd()HI(ACx<<#SHIFTE)[]],Smem	Smem= HI(rnd(ACx<<#SHIFTE))
MOV[uns()[rnd()HI(saturate(ACx))[]]],Smem	Smem=HI (saturate(uns(rnd(ACx))))
MOV[uns ( ) [rnd ( ) HI (saturate (ACx << Tx)) []]],Smem	Smem=HI (saturate(uns(rnd(ACx<<Tx))))

助记符指令	代数指令
MOV[uns() [rnd() HI(saturate(ACx << #SHIFTW))[]]],Smem	Smem = HI(saturate(uns(rnd(ACx << #SHIFTW))))
MOV ACx,dbl(Lmem)	dbl(Lmem) = ACx
Mov[uns()saturate(ACx)[]],dbl(Lmem)	dbl(Lmem) = saturate(uns(ACx))
MOV pair(HI(ACx)),dbl(Lmem)	Lmem = pair(HI(ACx))
MOV pair(LO(ACx)),dbl(Lmem)	Lmem = pair(LO(ACx))
MOV pair(Tax),dbl(Lmem)	Lmem = pair(Tax)
MOV ACx>>#1,dual(Lmem)	HI(Lmem)=HI(ACx)>>#1, LO(Lmem)=LO(ACx)>>#1
MOV ACx,Xmem,Ymem	Xmem = LO(ACx),Ymem = HI(ACx)
加　法	
ADD[src,]dst	dst = dst+src
ADD k4,dst	dst = dst+ k4
ADD K16,[src,]dst	dst = dst+K16
ADD Smem,[src,]dst	dst = dst+Smem
ADD ACx<<Tx,ACy	ACy= ACy+(ACx<<Tx)
ADD ACx<<#SHIFTW,ACy	ACy=ACy+(ACx<<#SHIFTW)
ADD K16<<#16,[ACx,]ACy	ACy=ACx+(K16<<#16)
ADD K16<<#SHFT,[ACx,]ACy	ACy=ACx+(K16<<#SHFT)
ADD Smem<<Tx,[ACx,]ACy	ACy=ACx+(Smem<<Tx)
ADD Smem<<#16,[ACx,]ACy	ACy=ACx+(Smem<<#16)
ADD [uns()Smem[]],CARRY,[ACx,]ACy	ACy=ACx+ uns(Smem)+ CARRY
ADD [uns()Smem[]],[ACx,]ACy	ACy=ACx+uns(Smem) Y
ADD [uns()Smem[]]<<#SHIFTW,[ACx,]ACy	ACy=ACx+(uns(Smem)<< #SHIFTW)
ADD dbl(Lmem),[ACx,]ACy	ACy=ACx+dbl(Lmem)
ADD Xmem,Ymem,ACx	ACx=(Xmem<<#16)+(Ymem<<#16)
ADD K16,Smem	Smem= Smem+K16
ADD [R]V[ACx,]ACy	ACy+rnd(ACy+|ACx|)
比特比较	
BAND Smem,k16,TCx	TCx= Smem&k16
比特计数	
BCNT ACx,ACy,TCx,Tx	Tx=count(ACx,ACy,TCx)

续表 E.1

助记符指令	代数指令
比特扩展	
BFXPA k16,ACx,TCx,Tx	dst＝field_expand(ACx,k16)
比特抽取	
BFXTR k16,ACx,dst	dst＝field_extract(ACx,k16)
换位取反	
NOT[src,]dst	dst＝~src
换位与	
AND src,dst	dst＝dst&src
AND k8,src,dst	dst＝src&k8
AND k16,src,dst	dst＝ src&k16
AND Smem,src,dst	dst＝ src& Smem
AND ACx<<#SHIFTW[,ACy]	ACy＝ ACy&(ACx<<#SHIFTW)
AND k16<<#16,[ACx,]ACy	ACy＝ ACx&(k16<<#16)
AND k16<<#SHFT,[ACx,]ACy	ACy＝ ACx&(k16<<#SHFT)
AND k16,Smem	Smem＝ Smem&k16
按位或	
OR src,dst	dst＝dst│src
OR k8,src,dst	dst＝dst│k8
OR k16,src,dst	dst＝dst│k16
OR Smem,src,dst	dst＝dst│Smem
OR ACx<<#SHIFTW[,ACy]	ACy＝ACy│(ACx<<#SHIFTW)
OR k16<<#16,[ACx,]ACy	ACy＝ACx│(k16<<#16)
OR K16<<#SHFT,[ACx,]ACy	ACy＝ACx│(K16<<#SHFT)
OR k16,Smem	Smem＝ Smem│k16
按位异或	
XOR src,dst	dst＝ dst^src
XOR k8,src,dst	dst＝ dst^k8
XOR k16,src,dst	dst＝ dst^k16
XOR Smem,src,dst	dst＝ dst^Smem
XOR ACx<<#SHIFTW[,ACy]	ACy＝ACy^(ACx<<#SHIFTW)
XOR k16<<#16,[ACx,]ACy	ACy＝ACx^(k16<<#16)
XOR K16<<#SHFT,[ACx,]ACy	ACy＝ACx^(K16<<#SHFT)
XOR k16,Smem	Smem＝ Smem^k16

助记符指令	代数指令
条件跳转	
BCC l4,cond	If(cond)goto l4
BCC L8,cond	If(cond)goto L8
BCC L16,cond	If(cond)goto L16
BCC L24,cond	If(cond)goto L24
无条件跳转	
BACx	goto ACx
BL7	goto L7
BL16	goto L16
BP24	goto L24
辅助寄存器不为 0 时跳转	
BCC L16,ARn_mod!=#0	If(ARn_mod!=#0)goto L16
条件调用	
CALLCC L16,cond	If(cond) call L16
CALLCC L24,cond	If(cond) call P16
无条件调用	
CALL ACx	call ACx
CALL L16	call L16
CALL P24	call P24
比较并跳转	
BCC[U]L8,src RELOP K8	Compare(uns(src RELOP K8))goto L8
比较并求极值	
MAXDIFF ACx,ACy,ACz,ACw	max_diff(ACx,ACy,ACz,ACw)
DMAXDIFF ACx,ACy,ACz,ACw,TRNx	max_diff_dbl(ACx,ACy,ACz,ACw,TRNx)
MINDIFF ACx,ACy,ACz,ACw	min_diff(ACx,ACy,ACz,ACw)
DMINDIFF ACx,ACy,ACz,ACw,TRNx	min_diff_dbl(ACx,ACy,ACz,ACw,TRNx)
条件加减	
ADDSUBCC Smem,ACx,TCx,ACy	ACy=adsc(Smem,ACx,TCx)
ADDSUBCC Smem,ACx,TC1,TC2,ACy	ACy=adsc(Smem, ACx,TC1,TC2)
ADDSUB2CC Smem, ACx,Tx,TC1,TC2,ACy	ACy=adsc(Smem,ACx,Tx,TC1,TC2)
条件位移	
SFTCC ACx,TCx	ACx=sftc(ACx,ACy)

续表 E.1

助记符指令	代数指令
条件减法	
SUBC Smem,[ACx]ACy	subc(Smem,ACx,ACy)
双 16 比特算术运算	
ADDSUB Tx,Smem,ACx	HI(ACx)＝Smem＋Tx LO(ACx)＝Smem－Tx
SUBADD Tx,Smem,ACx	HI(ACx)＝Smem－Tx LO(ACx)＝Smem＋Tx
ADD dual(Lmem),[ACx,]ACy	HI(ACy)＝HI(Lmem)＋HI(ACx) LO(ACy)＝LO(Lmem)＋LO(ACx)
SUB dual(Lmem),[ACx,]ACy	HI(ACy)＝ HI(ACx)－HI(Lmem) LO(ACy)＝ LO(ACx)－LO(Lmem)
ADD ACx,dual(Lmem),ACy	HI(ACy)＝HI(Lmem)－HI(ACx) LO(ACy)＝LO(Lmem)－LO(ACx)
SUB dual(Lmem),Tx,ACx	HI(ACx)＝Tx－HI(Lmem) LO(ACx)＝Tx－LO(Lmem)
ADD dual(Lmem),Tx,ACx	HI(ACx)＝HI(Lmem)＋Tx LO(ACx)＝LO(Lmem)＋Tx
SUB Tx,dual(Lmem),ACx	HI(ACx)＝HI(Lmem)－Tx LO(ACx)＝LO(Lmem)－Tx
ADDSUB Tx,dual(Lmem),ACx	HI(ACx)＝HI(Lmem)＋Tx LO(ACx)＝LO(Lmem)－Tx
SUBADD Tx,dual(Lmem),ACx	HI(ACx)＝HI(Lmem)－Tx LO(ACx)＝LO(Lmem)＋Tx
双乘加减	
MPY[R][40][uns ( ) Xmem [ )],[uns ( ] Cmem [)],ACx:: MPY[R][40] [uns()Xmem[]],[uns()Cmem[]],ACy	ACx＝ M40 (rnd (uns (Xmem) * uns (coef (Cmem)))), ACy＝ M40 (rnd (uns (Ymem) * uns (coef (Cmem))))
MAC[R][40][uns ( ) Xmem [ )],[uns ( ) Cmem [)],ACx:: MPY[R][40][uns()Ymem[]],[uns()Cmem[]],ACy	ACx＝M40(rnd(ACx＋(uns(Xmem) * uns(coef (Cmem))))), ACy＝ M40 (rnd (uns (Ymem) * uns (coef (Cmem)))))

助记符指令	代数指令
MAS[R][40][uns( ]Xmem[ )],[uns( ]Cmem[ )],ACx:: MPY[R][40][uns()Ymem[]],[uns()Cmem[]],ACy	ACx＝M40(rnd(ACx－(uns(Xmem) * uns(coef(Cmem))))), ACy＝M40(rnd(uns(Ymem) * uns(coef(Cmem))))
AMAR Xmem::MPY[R][40][uns()Ymem[]],[uns()Cmem[]],ACx	mar(Xmem),ACx＝M40(rnd(uns(Ymem) * uns(coef(Cmem))))
MAC[R][40][uns( ]Xmem[ )],[uns( ]Cmem[ )],ACx:: MAC[R][40][uns()Ymem[]],[uns()Cmem[]],ACy	ACx＝M40(rnd(ACx＋(uns(Xmem) * uns(Cmem)))), ACy＝M40(rnd(ACy＋(uns(Ymem) * uns(Cmem))))
MAS[R][40][uns( ]Xmem[ )],[uns( ]Cmem[ )],ACx:: MAC[R][40][uns()Ymem[]],[uns()Cmem[]],ACy	ACx＝M40(rnd(ACx－(uns(Xmem) * uns(Cmem)))), ACy＝M40(rnd(ACy＋(uns(Ymem) * uns(Cmem))))
AMAR Xmem::MAC[R][40][uns()Ymem[]],[uns()Cmem[]],ACx	mar(Xmem),ACx＝M40(rnd(ACx＋(uns(Ymem) * uns(Cmem))))
MAS[R][40][uns( ]Xmem[ )],[uns( ]Cmem[ )],ACx:: MAS[R][40][uns()Ymem[]],[uns()Cmem[]],ACy	ACx＝M40(rnd(ACx－(uns(Xmem) * uns(Cmem)))), ACy＝M40(rnd(ACy－(uns(Ymem) * uns(Cmem))))
AMAR Xmem::MAS[R][40][uns()Ymem[]],[uns()Cmem[]],ACx	mar(Xmem),ACx＝M40(rnd(ACx－(uns(Ymem) * uns(Cmem))))
MAC[R][40][uns( ]Xmem[ )],[uns( ]Cmem[ )],ACx>>#16:: MAC[R][40][uns()Ymem[]],[uns()Cmem[]],ACy	ACx＝M40(rnd((ACx>>#16)＋(uns(Xmem) * uns(Cmem)))), ACy＝M40(rnd(ACy＋(uns(Ymem) * uns(Cmem))))
MPY[R][40][uns( ]Xmem[ )],[uns( ]Cmem[ )],ACx:: MAC[R][40][uns()Ymem[]],[uns()Cmem[]],ACy>>#16	ACx＝M40(rnd(uns(Xmem) * uns(coef(Cmem)))), ACy＝M40(rnd((ACy>>#16)＋(uns(Ymem) * uns(coef(Cmem)))))

续表 E.1

助记符指令	代数指令
MAC[R][40][uns(]Xmem[)],[uns(]Cmem[)], ACx>>#16:: MAC[R][40][uns()Ymem[]],[uns()Cmem[]], ACy>>#16	ACx=M40(rnd((ACx>>#16)+(uns(Xmem) * uns(Cmem)))), ACy=M40(rnd((ACy>>#16)+(uns(Ymem) * uns(Cmem))))
MAS[R][40][uns()Xmem[)],[uns()Cmem [)],ACx:: MAC[R][40][uns()Ymem[]],[uns()Cmem[]], ACy>>#16	ACx=M40(rnd(ACx−(uns(Xmem) * uns (Cmem)))), ACy=M40(rnd((ACy>>#16)+(uns(Ymem) * uns(Cmem))))
AMAR Xmem::MAC[R][40][UNS(]Ymem[)],[uns (]Cmem[)],Acx>>#16	mar(Xmem),ACx=M40(rnd((ACX>>#16) +(uns(Ymem) * uns(Cmem))))
AMAR Xmem,Ymem,Cmem	mar(Xmem),mar(Ymem),mar(Cmem)
条件执行	
XCC[label,]cond	if(cond)execute(AD_Unit)
XCCPART[label,]cond	if(cond)execute(D_Unit)
扩展辅助寄存器移动	
MOV xsrc,xdst	xdst=xsrc
有限冲击响应滤波	
FIRSADD Xmem,Ymem,Cmem,ACx,ACy	firs(Xmem,Ymem,Cmem,ACx,ACy)
FIRSSUB Xmem,Ymem,Cmem,ACx,ACy	firsn(Xmem,Ymem,Cmem,ACx,ACy)
空　闲	
IDLE	idle
隐含的并行指令	
MPYM[R][T3=]Xmem,Tx,ACy ::MOV HI(ACx<<T2),Ymem	ACy=rnd(Tx * Xmem), Ymem=HI(ACx<<T2)[,T3=Xmem]
MACM[R][T3=]Xmem,Tx,ACy ::MOV HI(ACx<<T2),Ymem	ACy=rnd(ACy+(Tx * Xmem)), Ymem=HI(ACx<<T2)[,T3=Xmem]
MASM[R][T3=]Xmem,Tx,ACy:: MOV HI(ACx<<T2),Ymem	ACy=rnd(ACy−(Tx * Xmem)), Ymem=HI(ACx<<T2)[,T3=Xmem]
ADD Xmem<<#16,ACx,ACy ::MOV HI(ACy<<T2),Ymem	ACy=ACx+(Xmem<<#16), Ymem=HI(ACy<<T2)
SUB Xmem<<#16,ACx,ACy ::MOV HI(ACy<<T2),Ymem	ACy=(Xmem<<#16)−ACx, Ymem=HI(ACy<<T2)

助记符指令	代数指令
MOV Xmem<<#16,ACx,ACy ::MOV HI(ACy<<T2),Ymem	ACy=Xmem<<#16, Ymem=HI(ACy<<T2)
MACM[R][T3=]Xmem,Tx,ACx ::MOV Ymem<<#16,ACy	ACx=rnd(ACx+(Tx * Xmem)), ACy=Ymem<<#16[,T3=Xmem]
MASM[R][T3=]Xmem,Tx,ACx ::MOV Ymem<<#16,ACy	ACx=rnd(Acx-(Tx * Xmem)), ACy=Ymem<<#16[,T3=Xmem]
最小均方	
LMS Xmem,Ymem,ACx,ACy	lms(Xmem,Ymem,ACx,ACy)
线性/循环寻址修饰符	
<instruction>.LR	linear()
<instruction>.CR	circular()
扩展辅助寄存器装载	
AMAR Smem,Xadst	Xadst=mar(Smem)
AMAR k23,Xadst	Xadst=k23
MOV dbl(Lmem),Xadst	Xadst=dbl(Lmem)
逻辑位移	
SFTL dst,#1	dst=dst<<<#1
SFTL dst,#-1	dst=dst>>>#1
SFTL ACx,Tx[,ACy]	ACy=ACx<<<Tx
SFTL ACx,#SHIFTW[,ACy]	ACy=ACx<<<#SHIFTW
最大/最小值	
MAX [src,]dst	dst=max(src,dst)
MIN [src,]dst	dst=min(src,dst)
存储器映射寄存器访问修饰符	
mmap	mmap()
存储器比特测试/清零/置位/取反	
BTST src,Smem,TCx	TCx=bit(Smem,src)
BNOT src,Smem	cbit(Smem,src)
BCLR src,Smem	bit(Smem,src)=#0
SET src,Smem	bit(Smem,src)=#1
BTSTSET k4,Smem,TCx	TCx=bit(Smem,k4),bit(Smem,k4)=#1
BTSTCLR k4,Smem,TCx	TCx=bit(Smem,k4),bit(Smem,k4)=#0
BTSTNOT k4,Smem,TCx	TCx=bit(Smem,k4),cbit(Smem,k4)

续表 E.1

助记符指令	代数指令
BTST k4,Smem,TCx	TCx=bit(Smem,k4)
存储器单元比较	
CMP Smem=K16,TCx	TCx=(Smem==K16)
存储器单元延时	
DELAY Smem	delay(Smem)
存储器单元间的移动	
MOV Cmem,Smem	Smem=Cmem
MOV Smem,Cmem	Cmem=Smem
MOV K8,Smem	Smem=K8
MOV K16,Smem	Smem=K16
MOV Cmem,dbl(Lmem)	Lmem=del(Cmem)
MOV dbl(Lmem),Cmem	del(Cmem)=Lmem
MOV dbl(Xmem),dbl(Ymem)	del(Ymem)=del(Xmem)
MOV Xmem,Ymem	Ymem=Xmem
修改辅助寄存器	
AADD TAx,TAy	mar(TAy+TAx)
AADD P8,TAx	mar(TAx+P8)
ASUB TAx,TAy	mar(TAy−TAx)
AMOV TAx,TAy	mar(TAy=TAx)
ASUB P8,TAx	mar(TAx−P8)
AMOV P8,TAx	mar(TAx=P8)
AMOV D16,TAx	mar(TAx=D16)
AMAR Smem	mar(Smem)
堆栈指针的修改	
AADD K8,SP	SP=SP+K8
乘 法	
SQR[R][ACx,]ACy	ACy=rnd(ACx * ACx)
MPY[R][ACx,]ACy	ACy=rnd(ACy * ACx)
MPY[R]Tx,[ACx,]ACy	ACy=rnd(ACx * Tx)
MPYK[R]K8,[ACx,]ACy	ACy=rnd(ACx * K8)
MPYK[R]K16,[ACx,]ACy	ACy=rnd(ACx * K16)
MPYM[R][T3=]Smem,Cmem,ACx	ACx=rnd(Smem * coef(Cmem))[,T3=Smem]
MQRM[R][T3=]Smem,ACx	ACx=rnd(Smem * Smem)[,T3=Smem]

续表 E.1

助记符指令	代数指令
MPYM[R][T3=]Smem,[ACx,]ACy	ACy=rnd(Smem * ACx)[,T3=Smem]
MPYMK[R][T3=]Smem,K8,ACx	ACx=rnd(Smem * K8)[,T3=Smem]
MPYM[R][40][T3=][uns(]Xmem[)],[uns(]Ymem[)],ACx	ACx=M40(rnd(uns(Xmem) * uns(Ymem)))[,T3=Ymem]
MPYM[R][U][T3=]Smem,Tx,ACx	ACx=rnd(uns(Tx * Smem))[,T3=Ymem]
乘　加	
SQA[R][ACx,]ACy	ACy=rnd(ACy+(ACx * ACx))
MAC[R]ACx,Tx,ACy[,ACy]	ACy=rnd(ACy+(ACx * Tx))
MAC[R]ACy,Tx,ACx,ACy	ACy=rnd((ACy * Tx)+ACx)
MACK[R]Tx,K8,[ACx,]ACy	ACy=rnd(ACx+(Tx * K8))
MACK[R]Tx,K16,[ACx,]ACy	ACy=rnd(ACx+(Tx * K16))
MACM[R][T3=]Smem,Cmem,ACx	ACx = rnd (ACx + (Smem * Cmem))[, T3 = Smem]
MACM[R]Z[T3=]Smem,Cmem,ACx	ACx = rnd (ACx + (Smem * Cmem))[, T3 = Smem],delay(Smem)
SQAM[R][T3=]Smem,[ACx,]ACy	ACy = rnd (ACx + (Smem * Smem))[, T3 = Smem]
MACM[R][T3=]Smem,[ACx,]ACy	ACy=rnd(ACy+(Smem * ACx))[,T3=Smem]
MACM[R][T3=]Smem,Tx,[ACx,]ACy	ACy=rnd(ACx+(Tx * Smem))[,T3=Smem]
MACMK[R][T3=]Smem,K8,[ACx,]ACy	ACy=rnd(ACx+(Smem * K8))[,T3=Smem]
MACM[R][40][T3=][uns(]Xmem[)],[uns(]Ymem[)],[ACx,]ACy	ACy= M40 (rnd (ACx + (uns (Xmem) * uns (Ymem))))[,T3=Ymem]
MACM[R][40][T3=][uns(]Xmem[)],[uns(]Ymem[)],[ACx,]ACy	ACy=M40(rnd((ACx>>♯16)+(uns(Xem) *
乘　减	
SQS[R][ACx,]ACy	ACy=rnd(ACy−(ACx * ACx))
MAS[R]Tx,[ACx,]ACy	ACy=rnd(ACy−(ACx * Tx))
MASM[R][T3=]Smem,Cmem,ACx	ACx = rnd (ACx − (Smem * Cmem))[, T3 = Smem]
SQSM[R][T3=]Smem,[ACx,]ACy	ACy = rnd (ACx − (Smem * Smem))[, T3 = Smem]
MASM[R][T3=]Smem,[ACx,]ACy	ACy=rnd(ACy−(Smem * ACx))[,T3=Smem]
MASM[R][T3=]Smem,Tx,[ACx,]ACy	ACy=rnd(ACx−(Tx * Smem))[,T3=Smem]

续表 E.1

助记符指令	代数指令
MASM[R][40][T3=][uns()Xmem()],[uns()Ymem()],[ACx],ACy	ACy= M40 (rnd (ACx － (uns (Xmem) * uns (Ymem))))[,T3=Xmem]
二进制补码	
NEG[src,]dst	sdt=－src
空操作	
NOP	nop
NOP_16	nop_16
归一化	
MANT ACx,ACy::NEXP ACx,Tx	ACy=mant(ACx),Tx=－exp(ACx)
EXP ACx,Tx	Tx=exp(ACx)
端口寄存器存取	
port(Smem)	readport()
port(Smem)	writeport()
扩展辅助寄存器存储	
POPBOTH xdst	xdst=popboth()
MOV XAsrc,dbl(Lmem)	dbl(Lmem)=XAsrc
PSHBOTH xsrc	pshboth(xsrc)
堆栈操作	
POP dst1,dst2	dst1,dst2=pop()
POP dst	dst=pop()
POP dst,Smem	dst,Smem=pop()
POP ACx	ACx=dbl(pop())
PSH Smem	Smem=pop()
PSH dbl(Lmem)	dst(Lmem)=pop()
PSH src1,src2	push(src1,src2)
PSH src	push(src)
PSH src,Smem	push(src,Smem)
PSH ACx	dbl(push(ACx))
PSH Smem	push(Smem)
PSH dbl(Lmem)	push(dbl(Lmem))
寄存器比特测试/清零/置位取反	
BTST Baddr,src,TCx	TCx=bit(src,Baddr)
BNOT Baddr,src	cbit(src,Baddr)

助记符指令	代数指令
BCLR Baddr,src	bit(src,Baddr)=♯0
BSET Baddr,src	bit(src,Baddr)=♯1
BTSTP Baddr,src	bit(src,pair(Baddr))
寄存器比较	
CMP[U]src RELOP dst,TCx	TCx=uns(src RELOP dst)
CMPAND[U]src RELOP dst,TCy,TCx	TCx=TCy&uns(src RELOP dst)
CMPAND[U]src RELOP dst,! TCy,TCx	TCx=!TCy&uns(src RELOP dst)
CMPOR[U]src RELOP dst,TCy,TCx	TCx=TCy|uns(src RELOP dst)
CMPOR[U]src RELOP dst,! TCy,TCx	TCx=!TCy|uns(src RELOP dst)
无条件块重复	
RPTBLOCAL pmad	localrepeat{}
RPTB pmad	blockrepeat{}
有条件的单指令重复	
RPTCC k8,cond	while(cond&&(RPTC<k8))repeal
无条件的单指令重复	
RPT CSR	repeat(CSR)
RPTADD CSR,TAx	repeat(CSR),CSR +=TAx
RPT k8	repeat(k8)
RPTADD CSR,k4	repeat(CSR),CSR +=k4
RPTADD CSR,k4	repeat(CSR),CSR -=k4
RPT k16	repeat(k16)
条件返回	
RETCC cond	if(cond) return
无条件返回	
RETCC	return
中断返回	
RETI	return_int
循环左移/右移	
ROL BitOut,src,BitIn,dst	dst=BitOut\src\BitIn
ROL BitI,src,BitOut,dst	dst=BitIn//src//BitOut
圆 整	
ROUND[Acx,]Acy	ACY=rnd(ACx)

助记符指令	代数指令
饱　和	
SAT [R][ACx],ACy	ACy=saturated(rnd(ACx))
带符号的移位	
SFTS dst,#−1	dst=dst>>#1
SFTS dst,#1	dst=dst<<#1
SFTS ACx,Tx[,ACy]	ACy=ACx<<Tx
SFTSC ACx,Tx[,ACy]	ACy=ACx<<CTx
SFTS ACx,#SHIFTW[,ACy]	ACy=ACx<<#SHIFTW
SFTSC ACx,#SHIFTW[,ACy]	ACy=ACx<<C#SHIFTW
软件中断	
INTR k5	INTR k5
软件复位	
RESET	reset
软件捕获	
TRAP k5	trap(k5)
CPU 寄存器装载	
MOV k12,BK03	BK03=k12
MOV k12,BK47	BK47=k12
MOV k12,BKC	BKC=k12
MOV k12,BRC0	BRC0=k12
MOV k12,BRC1	BRC1=k12
MOV k12,CSR	CSR=k12
MOV k7,DPH	MDP=k7
MOV k9,PDP	PDP=k9
MOV k16,BSA01	BOF01=k16
MOV k16,BSA23	BOF23=k16
MOV k16,BSA45	BOF45=k16
MOV k16,BSA67	BOF67=k16
MOV k16,BSAC	BOFC=k16
MOV k16,CDP	CDP=k16
MOV k16,DP	DP=k16
MOV k16,SP	SP=k16
MOV k16,SSP	SSP=k16

助记符指令	代数指令
MOV Smem,BK03	BK03＝Smem
MOV Smem,BK47	BK47＝Smem
MOV Smem,BKC	BKC＝Smem
MOV Smem,BSA01	BSA01＝Smem
MOV Smem,BSA23	BSA23＝Smem
MOV Smem,BSA45	BSA45＝Smem
MOV Smem,BSA67	BSA67＝Smem
MOV Smem,BSAC	BSAC＝Smem
MOV Smem,BRC0	BRC0＝Smem
MOV Smem,BRC1	BRC1＝Smem
MOV Smem,CDP	CDP＝Smem
MOV Smem,CSR	CSR＝Smem
MOV Smem,DP	DP＝Smem
MOV Smem,DPH	DPH＝Smem
MOV Smem,PDP	PDP＝Smem
MOV Smem,SP	SP＝Smem
MOV Smem,SSP	SSP＝Smem
MOV Smem,TRN0	TRN0＝Smem
MOV Smem,TRN1	TRN1＝Smem
MOV dbl(Lmem),RETA	RETA＝dbl(Lmem)
CPU 寄存器移动	
MOV TAx,BRC0	BRC0＝TAx
MOV TAx,BRC1	BRC1＝TAx
MOV TAx,CDP	CDP＝TAx
MOV TAx,CSR	CSR＝TAx
MOV TAx,SP	SP＝TAx
MOV TAx,SSP	SSP＝TAx
MOV BRC0,TAx	TAx＝BRC0
MOV BRC1,TAx	TAx＝BRC1
MOV CDP,TAx	TAx＝CDP
MOV RPTC,TAx	TAx＝RPTC
MOV SP,TAx	TAx＝SP
MOV SSP,TAx	TAx＝SSP

续表 E.1

助记符指令	代数指令
CPU 寄存器存储	
MOV BK03,Smem	Smem＝BK03
MOV BK47,Smem	Smem＝BK47
MOV BKC,Smem	Smem＝BKC
MOV BSA01,Smem	Smem＝BSA01
MOV BSA23,Smem	Smem＝BSA23
MOV BSA45,Smem	Smem＝BSA45
MOV BSA67,Smem	Smem＝BSA67
MOV BSAC,Smem	Smem＝BSAC
MOV BRC0,Smem	Smem＝BRC0
MOV BRC1,Smem	Smem＝BRC1
MOV CDP,Smem	Smem＝CDP
MOV CSR,Smem	Smem＝CSR
MOV DP,Smem	Smem＝DP
MOV DPH,Smem	Smem＝DPH
MOV PDP,Smem	Smem＝PDP
MOV SP,Smem	Smem＝SP
MOV SSP,Smem	Smem＝SSP
MOV TRN0,Smem	Smem＝TRN0
MOV TRN1,Smem	Smem＝TRN1
MOV RETA,dbl(Lmem)	Dbl(Lmem)＝RETA
平方差	
SQDST Xmem,Ymem,ACx,ACy	Sqdst(Xmem,Ymem,ACx,ACy)
状态比特的清零/设置	
BCLR k4,STx_55	bit(STx,k4)＝♯0
BEST k4,STx_55	bit(STx,k4)＝♯1
减　法	
SUB [src,]dst	dst＝dst－src
SUB k4,dst	dst＝dst－k4
SUB K16,[src,]dst	dst＝src－K16
SUB Smem,[src,]dst	dst＝src－Smem
SUB src,Smem,dst	dst＝Smem－src
SUB ACx＜＜Tx,ACy	ACy＝ACy－(ACx＜＜Tx)

助记符指令	代数指令
SUB ACx<<#SHIFTW,ACy	ACy＝ACy－(ACx<<#SHIFTW)
SUB Smem<<Tx,[ACx,]ACy	ACy＝ACy－(Smem<<Tx)
SUB Smem<<#16,[ACx,]ACy	ACy＝ACx－(mem<<#16)
SUB ACx,Smem<<#16,ACy	ACy＝(Smem<<#16)－ACx
SUB[uns(]Smem[)],BORROW,[ACx,]ACy	ACy＝ACx－uns(Smem)－BORROW
SUB[uns(]Smem[)],[ACx,]ACy	ACy＝ACx－uns(Smem)
SUB[uns(]Smem[)],<<#SHIFTW,[ACx,]ACy	ACy＝ACx－(uns(Smem)<<#SHIFTW)
SUB dbl(Lmem),[ACx,]ACy	ACy＝ACx－dbl(Lmem)－ACx
SUB ACx,dbl(Lmem),ACy	ACy＝dbl(Lmem)－ACx
SUB Xmem,Ymem,ACx	ACx＝(Xmem<<#16)－(Ymem<<#16)

附录 F

TMS320C55xDSP 库函数

FFT 函数如表 F.1 所列。

表 F.1 FFT

函　数	功能说明
void cfft(DATA * x, ushortnx ,type)	计算复向量 x 基-2nx 点的 FFT,输入为自然顺序,输出为位反转顺序
Void cfft32(LDATA * x, ushortnx ,type)	计算 32 位复向量 x 基-2nx 点的 FFT,输入为自然顺序,输出为位反转顺序
void cifft(DATA * x, ushortnx ,type)	计算复向量的基-2nx 点 IFFT,输入为自然顺序,输出为位反转顺序
Void cifft32(LDATA * x, ushortnx ,type)	计算 32 位复向量 x 基-2nx 点的 FFT,输入为自然顺序,输出为位反转顺序
Void cbrev(DATA * x, DATA * r,ushort n)	将复向量 x 元素的位置进行 16 位反转
Void cbrev32(LDATA * a, LDATA * r,ushort n)	将复向量 x 元素的位置进行 32 位反转
Void rfft(DATA * x, ushortnx ,type)	输入向量 x 有 nx 个实元素,函数计算 x 的基-2 实 DIT FFT,由于实 FFT 是对称的,所以输出只包含 nx/2 个复元素,并以自然顺序存放
Void rifft(DATA * x, ushortnx ,type)	输入向量 x 有 nx 个实元素以位反转存放,函数计算 x 的基-2 实 DIT IFFT,输出包含 nx/2 个复元素,并以自然顺序存放
Void rfft32(DATA * x, ushortnx ,type)	输入向量 x 有 nx 个 32 位实元素,函数计算 x 的基-2 实 DIT FFT,由于实 FFT 是对称的,所以输出只包含 nx/2 个复元素,并以自然顺序存放
Void rfft32(DATA * x, ushortnx ,type)	输入向量 x 有 nx 个 32 位实元素以位反转存放,函数计算 x 的基-2 实 DIT IFFT,输出包含 nx/2 个复元素,并以自然顺序存放

滤波和卷积函数如表 F.2 所示。

表 F.2　滤波和卷积

函　数	功能说明
Ushort fir(DATA * x, DATA * h, DATA * r, DATA * dbuffer,ushortnx,ushortnh)	输入向量 x 有 nx 个实元素,h 是有 nh 个元素的系统向量,并按自然顺序排列,函数计算实 FIR 滤波(直接型),并将结果存入向量 r 中,数组缓冲 dbuffer 保留延时后的输入数据
Ushort fir2(DATA * x, DATA * h, DATA * r, DATA * dbuffer,ushortnx,ushortnh)	输入向量 x 有 nx 个实元素,h 是有 nh 个元素的系统向量,并按自然顺序排列,函数计算实 FIR 滤波(直接型),并将结果存入向量 r 中,要求 r 必须是 32 位边界对齐的。数组缓冲 dbuffer 保留延时后的输入数据
Ushort firs(DATA * x, DATA * h, DATA * r, DATA * dbuffer,ushortnx,ushort nh2)	输入向量 x 有 nx 个实元素,h 是包含了对称滤波器前一部分系数 nh2 个元素的向量,输入向量 r 有 nx 个实元素,函数计算 nh2 个对称系数结构的实 FIR 滤波,并将结果存入向量 r 中
Ushort cfir(DATA * x, DATA * h, DATA * r, DATA * dbuffer,ushortnx,ushortnh)	输入向量 x 有 nx 个实元素,h 是有 nh 个元素的系统向量,函数计算复 FIR 滤波(直接型),并将结果存入向量 r 中,数组缓冲 dbuffer 保留延时后的输入数据
Ushort convol(DATA * x, DATA * h, DATA * r, ushortnr,ushortnh)	计算实向量 x 和 h 的卷积,结果存入向量 r
Ushort convol1 (DATA * x, DATA * h, DATA * r, ushortnr,ushortnh)	计算实向量 x 和 h 的卷积,结果存入向量 r。该函数利用 C55x 双 MAC 的特点并进行处理函数循环的叠代,运算速度是 convol 的两倍。要求 nr 为偶数
Ushort convol2 (DATA * x, DATA * h, DATA * r, ushort nr,ushort nh)	计算实向量 x 和 h 的卷积,结果存入向量 r。该函数利用 C55x 双 MAC 的特点并进行处理函数循环的迭代,运算速度是 convol 的两倍。要求 nr 为偶数,通过要求 r 组数是 32 位边界对齐而比 convol1 提高速度
Ushort iircas4(DATA * x, DATA * h, DATA * r, * dbuffer, ushort nbiq ,ushort nx)	x 是长度为 nx 的输入向量,h 是滤波系数向量,r 是长度为 nx 的输出向量,函数计算 nbiq 个二阶传递函数(直接 II 型)级联的 IIR 滤波,每个二阶传递函数有 4 个系数
Ushort iircas5(DATA * x, DATA * h, DATA * r, DATA * dbuffer, ushort nbiq ,ushort nx)	x 是长度为 nx 的输入向量,h 是滤波系数向量,r 是长度为 nx 的输出向量,函数计算 nbiq 个二阶传递函数(直接 II 型)级联的 IIR 滤波,每个二阶传递函数有 5 个系数

续表 F.2

函　数	功能说明
Ushort iircas5(DATA * x, DATA * h, DATA * r, DATA * dbuffer, ushort nbiq ,ushort nx)	x 是长度为 nx 的输入向量,h 是滤波系数向量,r 是长度为 nx 的输出向量,函数计算 nbiq 个二阶传递函数(直接 I 型)级联的 IIR 滤波,每个二阶传递函数有 5 个系数
Ushort iirlat(DATA * x, DATA * h, DATA * r, DATA * dbuffer, int nx,int nh)	输入向量 x 有 nx 个实元素,h 是有 nh 个元素的系统向量,r 是长度为 nx 的输出数据向量,函数计算格型结构实 IIR 滤波,并将结果存入向量 r 中。延时缓冲 dbuffer 作为处理缓冲存放中间结果
Ushort firlat(DATA * x, DATA * h, DATA * r, DATA * dbuffer, int nx,int nh)	输入向量 x 有 nx 个实元素,h 是有 nh 个元素的系统向量,r 是长度为 nx 的输出数据向量,函数计算格型结构实 FIR 滤波,并将结果存入向量 r 中。延时缓冲 dbuffer 作为处理缓冲存放中间结果
Ushort firdec(DATA * x, DATA * h, DATA * r, DATA * dbuffer, ushort nx, ushort D)	x 和 r 分别是有 nx 和 nx/D 个实元素的输入向量,h 为有 nh 个元素的系数向量,函数计算抽取 FIR 滤波(直接型),并将结果存入向量 x 中
Ushort firterp(DATA * x, DATA * h, DATA * r, DATA * dbuffer, ushort nh, short nx, ushort I)	x 和 r 分别是有 nx 和 nx/D 个实元素的输入向量,h 为有 nh 个元素的系数向量,函数计算抽取 FIR 滤波(直接型),并将结果存入向量 r 中
Ushort hilb16(DATA * x, DATA * h, DATA * r, DATA * dbuffer, ushort nh, short nx)	x 和 r 分别是有 nx 和 nx/D 个实元素的输入向量,h 为有 nh 个元素的系数向量,函数计算抽取 FIR 滤波(直接型)hilbert 变化,并将结果存入向量 r 中
Ushort iir32(DATA * x, LDATA * h, DATA * r, LDATA * dbuffer, ushort nbiq, short nr)	x 是长度为 nr 的输入向量,h 是 32 位滤波器系数向量,r 是长度为 nr 的输出向量,函数计算具有 32 位系数的级联(直接型 II)的双精度 IIR 滤波

自适应滤波函数如表 F.3 所列。

表 F.3　自适应滤波

函　数	功能说明
ushort dlms(DATA * x,DATA * h,DATA * r,DATA * des, DATA * dbuffer,DATA * step,ushotr nh,ushort x)	x 是长度为 nx 的输入向量,h 是长度为 nh 的系数向量,r 是长度为 nx 的输出数据向量,des 是期望输出数组,dbuffer 指向延时缓冲。函数是自适应延时 LMS FIR 滤波,步长 step,输入数据存储在 dbuffer 中,滤波输出结果存储在 r 中,该函数利用 LMS 指令完成滤波和修改系数

函 数	功能说明
ushort oflag = dlmsfast(DATA * x, DATA * h, DATA * r, DATA * des, DATA * dbuffer, DATA * step, ushotr nh, ushort nx)	x 是长度为 nx 的输入向量,h 是长度为 2xnh 的系数向量,n≥10,且为偶数 hr 是长度为 nx 的输出数据向量,des 是期望输出数组,dbuffer 指向延时缓冲。函数是自适应延时 LMS FIR 滤波,步长 step,输入数据存储在 dbuffer 中,滤波输出结果存储在 r 中,于 dlms 不同的是修改系数和滤波分开处理来降低执行周期

相关函数如表 F.4 所列。

表 F.4 相 关

函 数	功能说明
ushort acorr(DATA * x, DATA * r, ushort nx, ushort nr, type	计算长度为 nx 实向量 x 的 nr 点的自相关的正数部分,并将结果存入实向量 r 中
ushort corr(DATA * x, DATA * y, DATA * r, ushort nx, ushort ny, type	x 和 y 分别为有 nx 和 ny 个实元素的输入向量,r 为存有 nx+ny-1 个实元素的输入向量。函数计算向量 x 和 y 的相关,结果存入实向量 r 中

三角函数如表 F.5 所列。

表 F.5 三角函数

函 数	功能说明
ushort sine(DATA * x, DATA * r, ushort nx)	x 中是以 q15 格式存放的归一化弧度值,函数计算向量中每个元素的 sine 值
ushort atan2_16(DATA * q, DATA * i, DATA * r, short nx)	计算 q/i 的反正切
ushort atan16(DATA * x, DATA * r, ushort nx)	计算向量 x 的反正切,并将结果存入 r

数学函数如表 F.6 所列。

表 F.6 数学函数

函 数	功能说明
ushort add(DATA * x, DATA * y, DATA * r, ushort nx, ushort scale)	两个向量相加
ushort expn(DATA * x, DATA * r, ushort nx)	利用泰勒级数计算输入向量 x 指数

续表 F.6

函　数	功能说明
short bexp(DATA ＊ x,ushort nx)	计算输入向量的指数,并返回最小指数
ushort logn(DATA ＊ x, DATA ＊ r,ushort nx)	利用泰勒级数对向量 x 的元素计算以 e 为底的对数(自然对数)
ushort log_2(DATA ＊ x, DATA ＊ r,ushort nx)	利用泰勒级数对向量 x 的元素计算以 2 为底的对数
ushort log_10(DATA ＊ x, DATA ＊ r,ushort nx)	利用泰勒级数对向量 x 的元素计算以 10 为底的对数
short maxidx(DATA ＊ x,ushort ng,ushort ng_size)	将向量 x 分成 ng 组,每组长度为 ng_size,ng_size 必须为 2～34 之间的偶数,函数返回 x 中最大元素的下标值
short maxidx34(DATA ＊ x,ushort nx)	返回向量 x 中最大元素的下标值,x 的长度 nx≤34
short maxval(DATA ＊ x,ushort nx)	返回向量 x 中的最大元素
void maxvec(DATA ＊ x, ushort nx, DATA ＊ r_val, DATA ＊ r_idx)	查找输入向量的最大元素值及其下标
short minidx(DATA ＊ x,ushort nx)	返回向量 x 中最小元素的下标值
short minval(DATA ＊ x,ushort nx)	返回向量 x 中最小元素
void minvec(DATA ＊ x,ushort nx,DATA ＊ r _val, DATA ＊ r_idx)	查找输入向量的最小元素值及其下标
ushort mul32(LDATA ＊ x, LDATA ＊ y, LDATA ＊ r, ushort nx)	函数完成两个 32 位向量的相乘,结果也是 32 位
short neg(DATA ＊ x,DATA ＊ r,ushort nx)	对 16 位向量的元素取反
short neg32(LDATA ＊ x,LDATA ＊ r,ushort nx)	对 32 位向量的元素取反
short power(DATA ＊ x,LDATA ＊ r,ushort nx)	计算向量 x 的平方和(功率)
void recip16(DATA ＊ x,LDATA ＊ r,DATA ＊ rexp, ushort nx)	计算 16 位向量 x 的倒数,并返回指数部分
void ldiv16(LDATA ＊ x, DATA ＊ y, DATA ＊ r,DATA ＊ rexp,ushort nx)	函数完成 32 位对 16 位数据的除法,结果以指数的形式返回
ushort sqrt_16(DATA ＊ x,DATA ＊ r,ushort nx)	函数计算向量 x 中元素的平方根,并将结果存放在 r 中
short sub(DATA ＊ x, DATA ＊ y, DATA ＊ r,DATA nx,ushort scale)	两个向量相减

矩阵函数如表 F.7 所列。

表 F.7　矩　阵

函　数	功能说明
ushort mmul(DATA * x1, short row1, short col1, DATA * x2, short row2, short col2, DATA * r)	矩阵 x1[row1×col1]和 x2[row2×col2]相乘
ushort mtrans(DATA * x, short row, short col, DATA * r)	对矩阵 x[row×col]进行转置得到 r[col×row]

其他函数如表 F.8 所列。

表 F.8　其　他

函　数	功能说明
ushort fltoq15(float * x, DATA * r, ushort nx)	将存放在向量 x 中的浮点数转化为 Q15 格式数据并存放在向量 r 中
ushort q15tofl(DATA * x, float * r, ushort nx)	将存放在向量 x 中的 Q15 格式数据转化为浮点数并存放在向量 r 中
ushort rand16(DATA * r, ushort nx)	产生有 nr 个元素的 16 位随机数数组
void rand16init(void)	初始化 rand16 中使用的全局变量

图像压缩/解压函数如表 F.9 所列。

表 F.9　图像压缩/解压

函　数	功能说明
void IMG_dequantize_8x8(short * quantize_tbl, short * deq_data);	quantize_tbl 是按行存放 8×8 量化表整数格式的数组,函数对输入矩阵反量化,输入和输出数据格式是 Q16.0
void IMG_fdct_8x8(short * fdct_data, short * inter_buffer);	fdct_data 是按行存放 8×8 数据块的数组,函数利用内嵌硬件模块完成 8×8 图像块的 2-D DCT,结果存入 fdct_data,输入和输出数据格式是 Q16.0
void IMG_idct_8x8(short * idct_data, short * inter_buffer);	idct_data 是按行存放 8×8 数据块的数组,函数利用内嵌硬件模块完成 8×8 图像块的 2-D DCT,结果存入 idct_data,输入数据格式是 Q13.3,输入和输出数据格式是 Q16.0
void IMG_jpeg_make_recip_tbl(short * quantize_tbl);	quantize_tbl 是按行存放 8×8 量化表整数格式的数组,函数计算量化表的倒数表,输入和输出数据格式是 Q16.0。倒数量化表在 IMG_jpeg_quantize 中可以避免除法操作而降低计算量

函　　数	功能说明
void IMG_jpeg_quantize(short * quantize_in-put, short * zigzag, short * recip_tbl, int * quantize_output);	quantize_input 按行存放 8×8 矩阵整数格式的数组，zigzag 矩阵是按行存放 8×8 zigzag 表的数组，函数将输入矩阵量化
void IMG_jepg_vlc(int * input_data, int * output_stream, int type);	input_data 是存放 8×8 之字形量化 DCT 系数的数组，type 表示亮度或色度数据块，函数由 8×8 之字形量化 DCT 系数产生 JPEG 基线哈夫曼编码。该函数使用前必须由 IMG_jpeg_initialization 初始化亮度和色度编码表
void IMG_jpeg_vld(int * input_stream, int * lastdc, int * output_data, int type, vldvar_t * hufvar, huff_t * infor);	input_stream 指向 JPEG 基线可变长度码，函数由 JPEG 基线可变长度编码(CLC)宏块产生解码的 IDCT 系数。该函数使用前必须初始化 VLC 变量和建立吉利哈弗曼查询表
void IMG_mad_8×8(unsigned short * ref_da-ta, unsigned short * src_data, int pitc, int sx, int sy, unsigned int * match)	ref_data 指向构成搜索区域左上角的参考图像的像素，src_data 指向 8×8 原始图像，pitc 为参考图像的宽度，sx 和 sy 是搜索空间的水平和垂直尺寸，函数利用绝对差值在 8×8 参考图像的左上角确定与 src_data 中最匹配的位置
void IMG_mad_16×16(unsigned short * ref_data, unsigned short * src_data, int pitc, int sx, int sy, unsigned int * match)	ref_data 指向构成搜索区域左上角的参考图像的像素，src_data 指向 16×16 原始图像，pitc 为参考图像的宽度，sx 和 sy 是搜索空间的水平和垂直尺寸，函数利用绝对差值在 16×16 参考图像的左上角确定与 src_data 中最匹配的位置
void IMG_mad_16×16_4step(short * src_data, short * search_window, unsigned int * match)	src_data 指向打包的整数格式缓冲器，该缓冲器包含按行存放的 16×16 源数据，每两个像素被打包成一个 16 位整数，search_window 指向打包的整数格式缓冲器，该缓冲器包含按行存放的 48×48 的搜索窗，函数利用内嵌硬件模块采用 4 步搜索完成运动估计
void IMG_pix_inter_16×16(short * reference_window, short * pixel_inter_block, int offset, short * align_variable);	reference_window 指向打包的整数格式缓冲器，该缓冲器包含按行存放的 48×48 图像块，每 4 个像素被打包成一个 32 位汉字，offset 确定左上角的下标，函数利用内嵌硬件模块在参考窗口中的 16×16 原数据完成像素插值
unsigned sad_16×16(unsigned short * srcI-mg, unsigned hort * refImg, int pitch)	srcImg 为 8×8 源块，refImg 是参考图像，pitch 是参考图像的宽度，函数计算源块和参考图像中指定 8×8 区域的绝对误差和
void IMG_sw_fdct_8×(short * fdct_data, short * inter_buffer);	srcImg 为 16×16 源块，refImg 是参考图像，pitch 是参考图像的宽度，函数计算源块和参考图像中指定 16×16 区域的绝对误差和

函 数	功能说明
void IMG_sw_idct_8×8 (short * idct_data, short * inter_buffer)；	idct_data 是按行存放 8×8 数据块的数组,函数完成 8×8 图像块的 2D IDCT,结果存入 idct-data,输入数据格式是 Q13.3,输出数据格式是 Q16.0
void IMG_wave_decom_one_dim(short * in_data, short * wksp, int * wavename, int length,int level)；	in_data 是输入向量,wavename 指向小波滤波器系数,length 确定输入和中间数据数组的长度,level 确定分解层次,函数完成一维小波塔式分解
void IMG_wave_decom_two_dim (short * * image, short * wksp, int width, int hength,int * wavename,int level)；	image 是 width×heigh 的图像矩阵,wavename 指向小波滤波器系数,level 确定分解层次,函数完成二维小波塔式分解
void IMG_wave_recom_one_dim(short * in_data, short * wksp, int * wavename, int length,int level)；	in_data 是输入向量,wavename 指向小波滤波器系数,length 确定输入和中间数据数组的长度,level 确定重构层次,函数完成一维小波塔式重构
void IMG_wave_recom_two_dim (short * * image, short * wksp, int width, int hength,int * wavename,int level)；	image 是 width×heigh 的图像矩阵,wavename 指向小波滤波器系数,level 确定重构层次,函数完成二维小波塔式重构
void IMG_wavep_decom_one_dim(short * in_data, short * wksp, int * wavename, int length,int level)；	in_data 是输入向量,wavename 指向小波滤波器系数,length 确定输入和中间数据数组的长度,level 确定分解层次,函数完成一维小波包分解
void IMG_wavep_decom_two_dim (short * * image, short * wksp, int width, int height, int * wavename,int level)；	image 是 width×height 的图像矩阵,wavename 指向小波滤波器系数,level 确定分解层次,函数完成二维小波包分解
void IMG_wavep_recon_one_dim(short * in_data, short * wksp, int * wavename, int length,int level)；	in_data 是输入向量,wavename 指向小波滤波器系数,length 确定输入和中间数据数组的长度,level 确定分解层次,函数完成一维小波包重构
void IMG_wavep_recon_two_dim (short * * image, short * wksp, int width, int height, int * wavename,int level)；	image 是 width×height 的图像矩阵,wavename 指向小波滤波器系数,level 确定分解层次,函数完成二维小波包重构

图像分析函数如表 F.10 所列。

表 F.10   图像分析

函　数	功能说明
void IMG_boundary(short * in_data, int rows, int cols, int * out_coord, int * out_gray)	in_data 是原图像数组, rows 和 cols 确定图像的行和列, out_coord 是边界像素坐标数组, out_gray 是边界像素值数组, 函数的结果是得到一个背景像素值为 0 的图像的边界
void IMG_histogram(short * in_data, short * out_data, int size)	in_data 是原图像数组, size 确定图像的尺寸, 函数分析输入图像的直方图, 输入图像的值范围在 0～255 之间
Void IMG_perimeter(short * in_data, int cols, short * out_side)	in_data 包含图像一行值的输入数组, cols 确定行的长度, 函数分析一个二值图像的边界
Void threshold(short * in_data, short * out_data, short cols, short rows, short threshold_value)	in_data 指向源图缓冲器, rows 和 cols 确定图像的行和列, threshold_value 确定阈值, 函数根据特定的灰度值产生输入图像的二值图像

图像滤波/格式转换函数如表 F.11 所列。

表 F.11   图像滤波/格式转换

函　数	功能说明
void IMG_conv_3x3(unsigned char * input_data, unsigned char * output_data, unsigned char * mask, int column, int shift)	input_data 是指向 8 位像素的输入图像, mask 指向 8 位的模板, column 确定输入图像的列数, 函数将列输入像素的三行与模板进行乘法累加产生一行输出像素
void IMG_corr_3x3(unsigned char * input_data, unsigned char * output_data, unsigned char * mask, int row, int column, int shift, int round_val)	input_data 是指向 8 位像素的输入图像, mask 指向 8 位的模板, row 和 column 确定输入图像的水平和垂直尺寸, 函数将输入图像和 3×3 模板逐点相乘累加, 圆整和移位后产生一个 8 位的值
Void IMG_scale_by_2(int * input_image, * output_image, int row, int column)	input_image 指向扩展两列后的源图, row 和 column 确定扩展后输入图像的水平和垂直尺寸, 函数利用内嵌硬件模块采用线性像素插值方法完成图像 2 倍的缩放
void IMG_ycbcr422_rgb565(short coeff[], short * y_data, short * cb_data, short * cr_data, short * rgb_data, num_pixels)	coeff 是矩阵系数, y_data 是亮度系数, cb_data 和 cr_data 分别是蓝色和红色数据, rgb_data 是 RGB5:6:5 打包像素, num_pixels 是待处理的像素数量, 函数将 YCbCr 转换为 RGB

后　记

　　笔者是从学生时代手刻铜板 PCB 走过来的(想象一下：一把刀，一个完整的铜板，铅笔划线，然后一刀一刀刻出一条条导线，十多个 LED 组成心形流水灯电路……，甩面包板上焊接电路或金工实习焊接收音机几条大街)，维修学校的录音录像设备、宿舍的遥控器、朋友们的耳机(现在维修家电、手机等很久了)，利用 Protel 画 PCB，再从船舶大世界买来烙铁、导线、电子元件等，一个个简单而不简约的电子制作由此诞生。

　　一般在二百人左右的企业中，研发团队有六十人左右，硬件工程师既负责设计电路画 PCB，又要与采购供应商沟通物料型号及周期，和负责 Layout 的人员沟通 PCB 生成细节，还要和 SMT 厂协商；这不算完，底层驱动程序得做好，样品测试得跟着，时不时地用烙铁焊导线、用刀片割导线；批量测试得跟着，及时拿到测试工程师的不合格品继续维修；客户那里有问题，还有可能到现场解决问题；bug 太多就得考虑第二版、第三版……硬件工程师真是个全才而且必须全才，任何细节问题都要考虑得清清楚楚、明明白白。

　　硬件工程师天天与电子电路打交道，发生阴沟里翻船的事情很正常：某项目 12 V 的电路板输入，使用的大电容是钽电容，耐压值 C 级 16 V，结果不合格的 12 V 电源适配器直接引爆钽电容，幸好没有伤及无辜；某板对板连接器对接，公板和母板都是从左到右编号的，所以对接的时候连接器是插进去了，但信号是反的，公板和母板必然有一个要重新 Layout；设计电路时使用 Lattice 公司的 CPLD LCMXO2280C，采购时用 LCMXO2280E，因某 I/O 功能不同导致不能启动；硬件工程师 PCB 封装画错或电路设计错误更是常有的事，一次搞定原理图和 PCB 不太容易，飞导线能解决还是可接受的。

　　以上所举事例皆是作为硬件工程师，单枪匹马设计电路 PCB Layout 所出现的问题。当一个团队有比较完善的项目管理时，项目团队能很好地评审，公开讨论，集思广益，肯定能够降低出错概率。作为缺乏团队意识的硬件工程师，出错是必然的；

作为产品经理管辖之下的设计，出错就是不可接受的！

任何正规设计而非 ODM 代工的硬件产品，大概需要的人才包括项目经理、硬件工程师、软件/驱动工程师、外观及结构设计师、采购生产测试等配套人员，这涉及设计、研发、采购、生产等多个部门。其中，硬件工程师的工作还可以细分为原理图和线路板的绘制、模拟电路或数字电路的设计以及 RF、固件代码编程等。软件/驱动工程师的工作包括应用端 APP 的开发、服务器端的开发和数据库的创建等。

再从时间的角度来分析项目的过程：首先是立项，也就是先把产品的功能、实现方式、应用场景、客户群体确定下来；其次，硬件工程师需要做方案设计、芯片选型、画原理图、布线路板，设计师同时做外观设计和结构设计，等线路板打样回来并焊接调试完毕后，软件工程师则继续进行代码编程，测试功能。这样整个原型机设计测试好之后就进入生产准备阶段，也就是投入磨具和采购物料，通常这个周期有点长。正常来说，一个项目从立项到量产一般需要 3 个月的时间，PCB 大约需要 P2 到 P3 版才可以称之为量产版。

由此可见，做一个硬件产品比单纯地做一个软件产品的周期和链条要长，而且硬件是一个很靠经验的技术活，任何的试错都要付出高昂的成本代价，只有具备丰富的经验才能够避免走弯路，可以说毫无捷径可言。

感谢我的家庭领导杭欢欢同学，在成书过程中全力支持，一直严格要求。

陈泰红

2015 年 11 月于北京

参考文献

[1] Texas Instruments Incorporated. TMS320VC55x 系列 DSP 的 CPU 与外设[M]. 彭启琮,武乐琴,张舰,等编译. 北京：清华大学出版社,2005.

[2] Texas Instruments Incorporated. TMS320C55X 系列 DSP 指令系统、开发工具与编程指南[M]. 李海森,周天,黎子盛,等编译. 北京：清华大学出版社,2007.

[3] 彭启琮,管庆. DSP 集成开发环境——CCS 及 DSP/BIOS 的原理与应用[M]. 北京：电子工业出版社,2004.

[4] Texas Instruments. Code Composer Studio Development Tools v3.3 Getting Started Guide,2006.

[5] Texas Instruments. TMS320VC5509A Fixed-Point Digital Signal Processor,2007.

[6] Texas Instruments. TMS320C5000 DSP/BIOS Application Programming Interface(API) Reference Guide,2004.

[7] Texas Instruments. TMS320C55x Assembly Language Tools User's Guide,2002.

[8] Texas Instruments. TMS320C55x Optimizing C/C++ Compiler User's Guide,2003.

[9] Texas Instruments. TMS320C55x Chip Support Library API User's Guide,2002.

[10] Texas Instruments. TMS320C55x DSP Peripherals Overview Reference Guide,2002.

[11] Texas Instruments. Avionics Products Portfolio from Texas Instruments,2009.

[12] Texas Instruments. Medical Applications Guide,2007.

[13] Texas Instruments. Texas Instruments Embedded Processors for Medical Imaging,2010.